U0363904

南京農業大學
NANJING AGRICULTURAL UNIVERSITY

年鉴

南京农业大学档案馆 编

2014

中国农业出版社

图书在版编目（CIP）数据

南京农业大学年鉴.2014／南京农业大学档案馆编
.—北京：中国农业出版社，2015.11
ISBN 978-7-109-21078-3

Ⅰ.①南… Ⅱ.①南… Ⅲ.①南京农业大学—2014—
年鉴 Ⅳ.①S-40

中国版本图书馆CIP数据核字（2015）第261306号

中国农业出版社出版
（北京市朝阳区麦子店街18号楼）
（邮政编码 100125）
责任编辑 刘 伟 冀 刚

中国农业出版社印刷厂印刷 新华书店北京发行所发行
2015年12月第1版 2015年12月北京第1次印刷

开本：787mm×1092mm 1/16 印张：23 插页：6
字数：560千字
定价：108.00元
（凡本版图书出现印刷、装订错误，请向出版社发行部调换）

6月11~13日，中国共产党南京农业大学第十一次代表大会隆重召开

10月20日，纪念金陵大学暨中国创办四年制农业本科教育100周年座谈会

4月30日，学校第七届学术委员会成立

11月13日，学校召开第五届教职工代表大会第四次会议

6月3日，学校举行"千人计划"专家胡水金教授聘任仪式

1月10日，周光宏教授团队科研成果获国家科技进步二等奖

6月16日，江苏省"现代作物生产协同创新中心"建设启动会

6月24日，"绿色农药创制与应用技术国家地方联合工程研究中心"启动建设

1月16日，学校与加州大学戴维斯分校共建"全球健康联合研究中心"签约仪式

5月27日，学校与江苏省农业科学院签署全面战略合作框架协议

6月29日，学校与江苏省农垦集团有限公司签署校企合作框架协议

6月28日，学校与呼伦贝尔农垦集团签署战略合作协议

4月21日，学校与苏宁现代农业股份有限公司签署共建现代农业研究院协议

9月20日，第二届"世界农业奖"颁奖典礼

9月21日，在全球农业与生命科学高等教育协会联盟（GCHERA）成员代表会议上，校长周光宏教授当选为GCHERA副主席

11月，学校学子在2014年"创青春"全国大学生创业大赛中获"两金一银"的优异成绩

8月5日，学校与南京理工大学完成牌楼置换土地手序交接工作

7月16日，学校第三实验楼项目通过教育部专家组可行性论证

（图片由宣传部提供）

《南京农业大学年鉴》编委会

主　任：左　惟　周光宏

副主任：陈利根　董维春

委　员（以姓名笔画为序）：

王　恬　包　平　全思懋

刘　亮　刘兆磊　刘志民

刘营军　许　泉　李友生

吴　群　张红生　欧名豪

罗英姿　单正丰　胡正平

侯喜林　姜　东

《南京农业大学年鉴 2014》编辑部

主　　编：刘兆磊

副 主 编：段志萍　刘　勇

参编人员（以姓名笔画为序）：

王俊琴　张　丽　张丽霞

张彩琴　周　复　顾　珍

高　俊　黄　洋　韩　梅

编　辑　说　明

　　《南京农业大学年鉴 2014》全面系统地反映 2014 年南京农业大学事业发展及重大活动的基本情况，包括学校教学、科研和社会服务等方面的内容，为南京农业大学的教职员工提供学校的基本文献、基本数据、科研成果和最新工作经验，是兄弟院校和社会各界了解南京农业大学的窗口。《南京农业大学年鉴》每年一期。

　　一、《南京农业大学年鉴 2014》力求真实、客观、全面地记载南京农业大学年度历史进程和重大事项。

　　二、年鉴分专题、学校概况、机构与干部、党建与思想政治工作、人才培养、发展规划与学科、师资队伍建设、科学研究与社会服务、对外交流与合作、财务审计与资产管理、校园文化建设、办学支撑体系、后勤服务与管理、学院（部）基本情况、新闻媒体看南农、2014 年大事记和规章制度等栏目。年鉴的内容表述有专文、条目、图片和附录等形式，以条目为主。

　　三、本书内容为 2014 年 1 月 1 日至 2014 年 12 月 31 日间的重大事件、重要活动及各个领域的新进展、新成果、新信息。依实际情况，部分内容时间上可有前后延伸。

　　四、《南京农业大学年鉴 2014》所刊内容由各单位确定的专人撰稿，经本单位负责人审定，并于文后署名。

《南京农业大学年鉴 2014》编辑部

目　录

七、科学研究与社会服务

十、校园文化建设 ……………………………………………………………… (257)

一、专 题

坚定信心　凝聚力量　深化改革　攻坚克难
努力开创世界一流农业大学建设新局面

——在中国共产党南京农业大学第十一次代表大会上的报告

左　惟

（2014 年 6 月 12 日）

各位代表、同志们：

现在，我代表中国共产党南京农业大学第十届委员会，向大会做报告，请予以审议。

中国共产党南京农业大学第十一次代表大会，是在学校深入贯彻落实《国家中长期教育改革和发展规划纲要（2010—2020 年）》、全面实施学校"十二五"发展规划、加快建设世界一流农业大学的关键时期，召开的一次重要会议。大会的主题是：高举中国特色社会主义伟大旗帜，以邓小平理论、"三个代表"重要思想、科学发展观为指导，深入贯彻落实中共十八大和十八届三中全会精神，巩固和深化党的群众路线教育实践活动成果，团结带领全校共产党员和师生员工，解放思想，振奋精神，坚定信心，凝聚力量，深化改革，攻坚克难，努力开创世界一流农业大学建设新局面。

第一部分　第十次党代会以来的工作回顾

2007 年第十次党代会召开以来，在教育部党组和江苏省委的正确领导下，学校党委始终坚持社会主义办学方向，遵循高等教育发展规律，坚持走"规模适中、特色鲜明，以提升内涵和综合竞争力为核心"的研究型大学发展道路，团结带领全校共产党员和师生员工，大力推进学校改革发展，不断加强和改进学校党的建设，学校各项事业不断迈上新台阶。

一、加强顶层设计和战略规划，学校科学发展能力进一步提升

学校党委紧紧把握时代脉搏，深入研究学校发展面临的新形势、新情况、新任务，不断提升科学发展的能力。

发展目标进一步明确。通过历次党委常委会和党委全委（扩大）会议，及时研究新问题，明确不同阶段的任务目标；完成《南京农业大学发展规划》修订和学校"十二五"发展规划的编制工作。在深入把握新时期高等教育发展要求和学校办学优势、特色的基础上，2011 年，学校党委十届十三次全委（扩大）会议正式提出了以建设世界一流农业大学为目标，以师资队伍建设、办学空间拓展为两大任务，把世界一流、中国特色、南农品质三者有机结合，科学谋划发展、改革、特色、和谐、奋进五大篇章的"1235"发展战略，开启了学校跨越发展的新征程。

现代大学制度不断完善。制定大学章程。2009 年正式发布《南京农业大学章程（试行）》；2013 年，根据教育部要求，启动对学校章程的全面修订。学术管理进一步规范。整合全校学科资源，成立植物科学、动物科学、生物与环境、食品与工程、人文社会科学五大学部，进一步完善了以学术委员会为总领，学位委员会以及教育教学指导委员会、学术规范委员会、职称评定与教师学术评价委员会等专门委员会分工负责，五大学部分类指导的学术治理结构，为教授治学提供了有效保障。

大学文化进一步彰显。理清学校历史溯源，确认 1902 年为学校办学起点，隆重举办110 周年校庆纪念活动。传承中央大学和金陵大学文脉，结合学校长期办学品格，将"诚朴勤仁"确立为新的校训。实施学校《中长期文化建设规划纲要（2011—2020 年）》，重点打造了校友馆、《南京农业大学发展史》等一批文化精品项目。加强宣传工作，充分发挥校内外媒体在舆论引导和学校文化建设中的重要作用。学校先后荣获"全国文明单位"、"江苏省文明单位"和"江苏省教育宣传工作先进单位"等称号。

二、深化综合改革，学校各项事业取得显著成就

学校党委始终将全面提高教育质量摆在突出位置，着力加强内涵建设，有力推动各项事业快速发展。

教育质量全面提高。实施"本科教学质量和教学改革工程"，建立并不断完善人才分类培养体系和拔尖创新人才培养模式；加强实践教学改革，在国家级实验教学示范中心、国家大学生校外实践教育基地和部级农科教合作人才培养基地建设方面取得重要进展；加强教学改革研究，获 2 项国家级和一批省级教学成果奖。推进研究生教育教学改革，优化课程体系和结构，加强实践基地和企业研究生工作站建设，研究生培养质量不断提升。获全国优秀博士学位论文 8 篇、提名 12 篇。深入实施学生工作"三大战略"，学校多次被评为"全国大学生暑期社会实践活动先进单位"，1 个学生团队在国际大学生竞赛中获得冠军，一批学生团队、个人在国内各类竞赛中取得优异成绩，大学生就业率和就业质量不断提升。留学生教育取得实质性进展，成为"接受中国政府奖学金来华留学生院校"，获"中国政府奖学金——高校研究生项目"自主招生资格。继续教育发展迅速，教育方式和人才培养类型不断拓展，取得社会效益和经济效益双丰收。

学科水平快速提升。进一步明确学科建设在学校建设中的引领地位，不断完善以农业和生命科学为特色，农工结合、文理交叉、布局合理、协调发展的学科体系。"211 工程"三期建设项目以优异成绩通过国家验收；4 个一级学科、4 个二级学科被认定为国家重点学科（含培育），涉及农学、管理学和工学 3 个主要学科门类；8 个学科入选江苏高校优势学科建设工程；5 个学科入选"十二五"江苏省一级学科重点学科。农业资源与环境学科排名全国

第一，实现了在农学门类一级学科排名第一的突破。新增 4 个博士一级学科和 16 个硕士一级学科，实现在经济学门类博士学位授权的突破。交叉学科发展迅速，新的学科增长点逐渐显现。4 个学科领域进入全球前 1%（ESI），学校在世界农科领域的影响力快速提升。

师资队伍不断优化。实施人才强校战略，多措并举广纳贤才，着力提升教师队伍规模与质量。2007 年以来，累计招聘教师 384 人，专任教师总数达 1 501 人，增长 17.1%，其中具有博士学位教师增长 22.3%。"十二五"以来，学校加大了人才引进和培养力度，实施了"钟山学者"计划，新增"千人计划"专家、"长江学者"、国家教学名师、国家杰出青年科学基金获得者 13 名，学校高水平师资队伍建设迈出新步伐。

科研实力显著增强。2013 年到位纵向科研经费 4.47 亿元，是 2007 年的 3.15 倍，国家自然科学基金年资助金额突破亿元。2007 年以来，先后主持"973"、"863"和行业重大专项等项目 48 项。以第一完成单位获得省部级以上科研成果奖励 95 项，其中国家科技奖一等奖 1 项、二等奖 7 项，教育部高等学校科学研究优秀成果奖（人文社会科学）一等奖 1 项；累计发表 SCI、SSCI 论文 4 000 余篇，科研成果首次以 Article Research 形式在 *Nature* 上发表。全面参与"2011 计划"，国家和省级协同创新中心建设取得重要进展。科研平台建设成绩显著，新建 5 个国家级和一批部省级科研平台。

社会服务成效显著。深入开展产学研合作，与地方政府、企事业单位开展合作项目近千项。2013 年横向到位经费 8 970 万元，是 2007 年 7.2 倍。在持续开展"科技大篷车"、"双百工程"和"挂县强农富民工程"等工作的基础上，积极探索科教兴农新模式，建立了一批包括南京农业大学淮安研究院在内的服务"三农"新平台。获批成立全国首批"高等学校新农村发展研究院"。发挥人文社会科学智力支持和政策咨询作用，连续两年发布《江苏新农村发展系列报告》，产生了良好的社会影响。

教育国际化稳步推进。国际交流与合作的层次、水平进一步提升，来校各类留学生规模不断扩大。新建"中美食品安全与质量联合研究中心"、"全球健康联合研究中心"、"南京农业大学—康奈尔大学国际技术转移中心"和"中澳粮食安全联合研究中心"等多个国际合作平台。倡议设立"世界农业奖"并成功开展首届评选和颁奖活动。建立全球首个农业特色孔子学院，入选教育部全国首批"教育援外基地"，加入"中非高校 20＋20 合作计划"，教育援外工作不断拓展。

办学条件有效改善。学校财力持续增强，2013 年总收入 14.54 亿元，是 2007 年的 2.5 倍。确立"两校区一园区"发展思路，白马教学科研基地建设有序推进。完成牌楼片区土地置换，新建理科实验楼、多功能风雨操场、青年教师公寓、学生宿舍和浦口校区科技综合楼，一定程度缓解了基础办学条件不足的矛盾。校园环境不断美化，家属区环境得到改善，节约型校园建设取得成效，校园信息化水平明显提升。后勤社会化改革进一步深入，服务质量和师生满意度不断提高。校办产业逐步规范，经济效益显著提高。

三、加强党建和思想政治工作，党的建设科学化水平不断提升

坚持"围绕中心抓党建，抓好党建促发展"，不断提升党的建设科学化水平。

领导班子活力进一步增强。坚持和完善党委领导下的校长负责制，完善党委常委会和校长办公会议事规则，严格执行"三重一大"决策制度，凡学校重大事项均按照集体领导、民主集中、个别酝酿、会议决定的原则由党委常委会讨论决定，党委领导核心作用得到充分发

挥。完善集体领导与个人负责相结合的制度，班子主要领导以身作则，班子成员之间加强沟通与协调，班子整体合力和工作活力不断增强。

思想政治建设进一步巩固。深入开展学习实践科学发展观活动，切实加强党员干部理论武装。完善校院两级党委中心组、党校的学习和办学机制，大力开展师生员工思想政治教育和党建思政理论研究。开展"师德标兵"、"师德先进个人"评选表彰和学习宣传活动，大力加强师德师风建设。加强思想政治理论课教育教学改革，大学生思想政治教育的主渠道作用得到充分发挥。学校两次被评为"江苏省高校思想政治工作先进集体"。

基层党组织建设进一步加强。深入开展"创先争优"活动，有效激发了各级党组织和广大党员的生机活力。实行常委会工作报告和党务工作例会制度，积极推进党内民主。成功召开第二次和第三次组织工作会议。加强制度建设，制定、修订党内文件28项。优化基层组织设置，现有院级基层党组织30个，下辖党支部438个，基层党组织的凝聚力和服务学校中心工作的能力不断增强。完善发展党员培训体系，实施党员发展"三投票、三公示、一答辩"制度，切实提升党员发展质量。学校党委多次被评为"江苏省高校先进基层党组织"。

干部队伍素质进一步提升。深入开展党的群众路线教育实践活动，党员干部作风建设进一步加强。深化干部人事制度改革，在加强干部交流和构建干部正常退出、能上能下机制方面迈出了新步伐。先后完成两轮中层干部聘任。加强干部培训，通过举办高等教育研修班、中青年干部培训班，推荐参加省委党校高校干部培训班、选派青年干部到基层挂职锻炼等，干部队伍的整体素质和能力得到显著提升。重视并切实做好后备干部选拔培养工作。

党风廉政建设进一步推进。完善工作领导体制和责任体系，全面加强党风廉政建设和反腐败工作。深入落实中央《建立健全惩治和预防腐败体系2008—2012年工作规划》，建立重点部门和关键岗位廉政风险防范体系。坚持开展岗位廉洁教育和新任中层干部廉政谈话，持续开展"校园廉洁文化周"活动，将党风廉政建设与学术道德、师德师风以及校园文化建设相结合，努力营造风清气正的校园氛围。加强行政监察，严格招投标制度，扎实开展审计工作。重视信访监督，严肃查处违纪违法行为。

和谐校园建设不断巩固和加强。完善校院两级教职工代表大会制度，推进党务、校务公开，积极拓展师生员工参与学校民主管理的有效途径。落实绩效津贴改革，教职工待遇明显改善。加强统战工作，民主党派和党外人士在学校建设、参政议政和社会服务中的作用得到有效发挥。各级工会、共青团、校友组织和广大离退休老同志充分发挥自身优势，为学校事业发展凝聚了强大力量。安全保卫工作扎实有效。学校成功通过"平安校园"省级认定，先后3次被评为"江苏省高校和谐校园"。

7年来，学校事业发展不断取得新的成就，综合办学实力迈上了新的台阶，学校展现出了更加美好的发展前景。这些成绩的取得是上级党组织正确领导和全校共产党员团结奋斗的结果，是广大师生员工齐心协力、艰苦努力的结果。在此，我代表学校党委，向全校共产党员、师生员工和离退休老同志，向所有长期关心、支持学校改革发展的各级领导和各界朋友，表示崇高敬意和衷心感谢！

回顾过去7年的工作，我们最深刻的体会是：

第一，必须坚持党的教育方针，牢牢把握社会主义办学方向，加强和改进党的领导，不断完善党委领导下的校长负责制，坚持民主集中制原则，扎实推进党风廉政建设，着力营造团结进步、风清气正的校园氛围。

第二，必须坚持遵循高等教育发展规律，走内涵发展、特色发展、科学发展、和谐发展道路，正确处理好党委领导与校长负责、学术权力与行政权力、当前任务与长远目标、重点突破与全面推进等辩证关系，不断推进学校事业科学发展。

第三，必须坚持以人才强校为根本、学科建设为主线、科技创新为动力、社会服务为己任，大力推进教育国际化，在服务科教兴国、人才强国的国家战略中，不断提升整体办学水平。

第四，必须坚持走群众路线，全心全意依靠教职工办学，充分尊重并发挥广大师生员工的积极性、创造性，不断增强事业发展的凝聚力。

在总结成绩和经验的同时，必须清醒地认识到，我们的工作与党和国家赋予高等教育的历史使命相比，与世界一流农业大学发展目标相比，与广大师生员工的热切期望相比，还存在许多不足和问题：一是对高等教育重大理论和实践问题的研究还不够，领导班子和领导干部的办学治校能力有待进一步加强；二是人才分类培养体系和拔尖创新人才培养模式还不够完善，人才培养理念和培养质量有待进一步提升；三是学科整体实力有待进一步增强，人才队伍相对薄弱的现状尚未根本改变，服务国家战略需求、解决行业重大问题的能力有待进一步提高；四是学校发展的空间制约依然存在，师生员工的工作、学习和生活条件有待进一步改善。我们必须认真面对、高度重视上述不足和问题，并在今后的工作中切实加以改进。

第二部分　　发展形势与奋斗目标

建设世界一流农业大学，是学校长期的战略任务和奋斗目标。实现这一目标，既是贯彻落实《国家中长期教育改革和发展规划纲要（2010—2020 年）》，适应我国建设高等教育强国、人力资源强国和创新型国家的时代要求，也是学校主动融入世界高等教育先进水平坐标系，全面提升综合办学实力的战略举措，更是弘扬百年南农精神、传承学校优秀办学传统的必然选择。

一、发展形势

建设世界一流农业大学使命光荣，机遇与挑战并存。

经过 10 多年的快速发展，学校办学层次与办学实力不断提升，实现了由单科性向多科性、中小规模向中大规模、本科教育为主向本科与研究生教育并重、教学为主向教学与科研并重的转型，构建了高水平研究型大学的基本框架，为实现世界一流农业大学建设目标奠定了坚实基础。

中共十八大确立了"两个一百年"的奋斗目标，高等教育作为教育事业的高端和龙头，作为科技第一生产力和人才第一资源的重要结合点，在建设人力资源强国和创新型国家，推动经济社会发展，实现国家奋斗目标的过程中，承担着十分重要的使命。近年来，党和国家对高等教育发展提出了新的更高要求。《国家中长期教育改革和发展规划纲要（2010—2020年）》提出，到2020年要建成一批国际知名、有特色、高水平大学；中共十八届三中全会指出，要进一步深化教育领域综合改革，促进高校办出特色、争创一流。

中央 1 号文件连续 11 年聚焦"三农"，农业发展进入最好的历史时期，农业高校也进入了发展的重要战略机遇期。中共十八大指出，解决好"三农"问题是全党工作的重中之重，要加快发展现代农业，推动城乡发展一体化；中央 1 号文件多次强调，要以科技创新引领支撑现代农业发展，改善农业科技创新条件，发挥高校在农业科研和农技推广中的重要作用；《国家农业科技创新体系建设方案》提出，到 2020 年要建成若干世界一流的农业科学研究中心和具有国际竞争力的技术研发中心；2013 年年底，教育部、农业部和国家林业局联合发布《关于推进高等农林教育综合改革的若干意见》，提出要为高等农林教育改革与发展提供政策支持和制度保障。

所有这些，为学校世界一流农业大学的建设，提供了广阔的发展空间和重要的发展机遇。

但我们必须看到，当前，新一轮全球高等教育的变革与调整正在深入进行，教育国际化竞争日趋激烈；国内"985"高校的政策和资源优势越发明显，部分高水平综合性高校的涉农研究和教育，将给学校跨越发展带来更大挑战；"2011 计划"的实施，将对高校的现有地位和发展带来重大影响；兄弟高校在完成基本办学条件建设的基础上，正在全力加强内涵建设，竞争优势逐步凸显，而学校依然面临内涵建设和基本办学条件建设的双重压力，学校不进则退的压力将长期存在。全校上下要深刻认识当前学校发展面临的形势，紧紧围绕发展战略目标，进一步解放思想，深化改革，真抓实干，不断优化发展方式，突出工作重点，切实加快发展步伐。

二、奋斗目标

建设世界一流农业大学是一项系统工程。世界一流既要拥有一流的学科、师资队伍和科技创新能力，还要拥有一流的人才培养体系和社会服务能力，为国家、社会做出突出贡献；既要在可比办学指标上与世界一流涉农大学相当，更要形成独具特色的发展模式和体现一流大学本质属性的先进文化。

建设世界一流农业大学，是一个由重点突破到整体赶超的过程，更是一个不断追求卓越的过程。要深刻认识建设世界一流农业大学的复杂性、艰巨性和长期性。既要坚持国际公认标准，又要体现中国国情和学校特色；既要实现核心办学指标的突破，也要实现学校综合实力的同步提升。当前，要进一步坚定走"有特色、高水平"的发展道路，紧紧围绕世界一流农业大学的丰富内涵，深入实施"1235"发展战略，通过"三步走"，逐步实现学校发展战略目标。

第一步：2014—2020 年，建设攻坚期。通过高水平学科建设、高水平师资队伍建设、校园文化与基础设施建设、加快国际化进程，提高人才培养质量和科技创新能力，促进农业与生命科学领域主干学科快速发展，初步实现建设世界一流农业大学的战略目标，学校涉农学科进入世界大学前 50 名。

第二步：2020—2030 年，巩固提升期。进一步丰富世界一流农业大学的建设内涵，大力加强世界级科学家和学术团队建设，显著提升学校的国际竞争力和社会影响力，实现以农业与生命科学为优势、多学科协调发展，在世界涉农大学中的影响力进一步提升，力争进入世界大学 500 强。

第三步：到 21 世纪中叶，全面突破期。促进人才培养、学科建设、师资队伍建设、科学研究、社会服务和文化传承创新的全面协调和可持续发展，主要办学指标达到国际一流水平，成为一所优势更加明显、学科更加综合的国际知名大学。

第三部分　今后5年的工作任务

今后5年，是学校建设世界一流农业大学的攻坚期，也是最为关键的时期。我们将团结带领全校广大师生员工，紧紧围绕发展目标，深入实施"1235"发展战略，以人才强校为根本、学科建设为主线、科技创新为动力、社会服务为己任、文化传承创新为使命，不断提升综合办学实力；以推进人事制度改革、完善校院二级管理体制、优化学科布局和拓展办学空间为重点，不断激发整体发展活力；加强党建和思政工作，大力提升党的建设科学化水平，全力推动学校事业发展再上新台阶。

一、以提升质量为核心，坚持特色发展、内涵发展，切实加快世界一流农业大学建设进程

深化教育教学改革，进一步提升人才培养质量。牢固确立人才培养在学校工作中的中心地位，进一步提升人才培养理念，完善培养模式，着力培养信念执著、品德优良、知识丰富、本领过硬的高素质专门人才和拔尖创新人才。以学风建设为核心，加强教育教学管理，扎实推进教育教学一体化进程。以实施"本科教学质量与教学改革工程"和"卓越农林人才教育培养计划"为重点，切实构建与世界一流农业大学相适应、满足学生差异化发展需要的本科人才培养体系；加强特色专业、骨干课程和教学实习基地建设；改革教学和考核方法，促进科研与教学相融合；加强第一课堂与第二课堂的有效对接，不断提升素质教育的内涵和质量。深化研究生培养机制改革，以研究生奖助体系和培养模式改革为突破口，完善研究生各具特色的分类培养体系；推进全英文课程建设，提高研究生教育国际化水平；统筹学科建设和研究生培养工作，保障研究生培养质量；进一步明确各管理主体权限划分和职能边界，管理内容与质量目标全面接轨，构建更加科学、有效的研究生教育管理体系。加强留学生教育资源建设，扩大留学生学历生规模，重点提升留学生培养质量，增强对海外尤其是发达国家优质生源的吸引力。创新继续教育办学模式，大力发展非学历继续教育，稳步推进学历继续教育，树立良好声誉，确保教学质量。

科学规划团队布局，着力打造一支结构合理、充满活力的高水平师资队伍。高校之间新一轮的竞争说到底是人才队伍的竞争。要牢固树立人才资源是学校第一资源的思想，围绕学校总体和阶段性发展目标，科学布局学科团队的规模与架构。根据学科群建设发展目标与建设方案，多途径引进和培养优秀学术人才；面向全球招贤纳士，建设国际化师资队伍；改善教师队伍学缘结构、知识结构和年龄结构，不断提升师资队伍整体水平。实施"高端人才造就计划"，以"钟山学者"队伍建设为平台，加强战略科学家、拔尖人才和领军人物的引进和培养，新增一批院士、"千人计划"专家、"长江学者"和国家杰出青年科学基金获得者。实施"创新团队支持计划"，以优势学科、重点实验室等为依托，围绕重大需求，凝聚学术队伍，整合人力物力资源，大力加强创新团队和学术梯队建设。实施"杰出青年教师培育计划"，建立健全青年教师在岗继续教育机制，充分利用国家公派奖学金项目和校级项目，加大青年骨干教师到国内外高水平大学和高水平实验室进修学习的派出力度，注重进修学习效果的考核。实施"优秀后备人才储备计划"，通过建立师资博士后制度，逐步形成"非升即走"的用人机制。完善教师考核体系，建立健全学术道德监督机制，进一步营造良好的学术

风气。

强化优势和特色，着力构建与世界一流农业大学相匹配的学科体系。学科是大学人才培养、科学研究和社会服务的基本单元。学科水平直接影响一所大学的办学质量。要坚定学科建设的引领地位，围绕发展目标优化学科布局。以高水平学科建设为主线，进一步强化学科优势和特色；跟踪学科前沿，以国家和行业发展急需的重点领域和重大需求为导向，着力加强若干优势学科和交叉学科建设。对标国际一流高校，通过国家、省级协同创新中心和重点学科建设，大力推进"高峰学科攀登计划"，促进优势学科群体国际竞争力进一步增强，1～2个学科群进入全球前1‰（ESI），5～6个学科群进入全球前1%（ESI）。实施"交叉学科培育计划"，组建若干具有前沿性和引领性的新兴学科与交叉学科，在部分交叉学科领域产生具有较大影响的创新性成果，形成新的学科增长点。实施"非农学科提升计划"，增强理科、工科和人文社会科学等学科的发展动力，提升基础学科在主干学科稳步发展、新兴学科和交叉学科形成与快速发展中的支撑能力，形成以涉农学科群为核心、相关学科群为支撑，布局合理、交叉渗透、充满活力和多学科协调发展的学科体系。

增强科技创新能力，进一步提升服务经济社会发展水平。科学研究是知识创新的引擎。科技创新能力是一所大学硬实力最重要的体现，直接关系到人才培养质量和学术水平的提高。要切实巩固和加强科学研究在学校发展过程中的支柱地位，高度重视并进一步提升教师队伍整体学术素质和科技创新能力。坚持面向国家和区域重大需求，大力开展国家急需的战略性和涉及国计民生的重大问题研究；积极支持科学自由探索，扎实开展科技前沿基础性研究；鼓励围绕我国农业现代化的热点难点问题，与世界一流涉农大学开展合作研究。加强科技资源整合，创新科研组织方式，扎实推进科研平台建设和"2011计划"的组织实施，促进跨学科、跨学院、跨学校的科技创新平台和创新团队建设，新增国家级科研平台、国家级协同创新中心2～3个。完善科研评价方式和激励机制，努力在重点（大）项目申报、重大成果产出等方面不断取得新的突破，力争获得国家级科技奖励5～8项。繁荣哲学和社会科学，促进人文社会科学与自然科学交叉融合，积极推进教育部人文社科基地的培育和组建工作，努力开创人文社会科学研究新局面。坚持走"农科教"相结合的道路，加强新农村发展研究院和江苏农村发展学院建设，发挥学校创新研究优势，加强各类基地的规划与建设，完善产学研和科技成果转化的管理、运行和激励机制，推进校企合作，促进科技成果转化，提升服务行业和地方经济社会发展水平，力争在标志性成果方面取得新突破。实施好国家部委和地方政府服务"三农"项目，在"科技大篷车"、"双百工程"和专家工作站等工作的基础上，不断探索服务"三农"的新模式。

加强国际交流与合作，扎实推进学校国际化进程。国际化是大学迈向世界一流的重要手段和有效途径，是世界一流大学发展的普遍规律。要坚持扩大开放办学，在与海外知名高校、科研院所和国际组织的深度合作中，进一步开拓国际视野，确立追赶目标，找出发展差距，明确发展路径，提升发展水平。充分发挥"世界农业奖"的载体作用，加强国际合作平台建设，开展多层次、多类型的交流与合作，积极培育重大国际合作项目，加大学校在国际组织中的参与度，不断提升国际影响力。发挥学院在国际化办学中的基础地位，推动学院确立国际化目标和参照系。加强管理部门与学院之间有效联动，推动国际化在学院、学科和教师层面的快速发展。鼓励教师出国研修、访学和参与国际学术活动，结合师资队伍国际化进程，着实提升引智项目的层次和综合效益。加强人才培养的国际合作，推动学生出国留学、短期修学、参加国际学术会议和各类专业竞赛，大力培养具有中国情怀、世界眼光的国际化人才。深化教育援外工作，办好农业特色孔子学院，创立教育援外品牌，充分发挥教育援外在推进学校国际化中的重要作用。加强国际高等教育研究，及时了解国际同行动态，为学校世界一流大学建设提供理论支撑和经验借鉴。

二、解放思想、改革创新，进一步完善内部治理，提升管理服务水平，努力构建与世界一流农业大学相适应的文化、制度和支撑体系

弘扬大学精神，注重文化传承创新，着力提升文化软实力。大学文化是大学的灵魂，是引领大学走向一流不可或缺的精神动力，也是大学汇聚一流人才、造就一流毕业生、培育一流成果、产生一流影响的基石。要坚持以文化传承创新为重要使命，深入实施学校中长期文化建设规划纲要，不断完善文化设施、文化阵地和文化环境建设，打造文化精品，大力传承和弘扬以"诚朴勤仁"为核心的南农精神。加强文化创新和培育，将一流大学特质、时代精神和南农品质有机结合，不断丰富学校文化内涵，构筑新时期全体南农人的精神家园。创新文化传播和文化育人方式，将学校文化和南农精神融入学校办学的方方面面，增强师生对学校文化的认同和自信，发挥文化引领功能，不断提升学校的文化软实力。坚持正面导向原则，加强新闻宣传和舆论引导工作，始终以先进文化占领学校思想文化阵地。

坚持以人为本，强化师生主体地位，着力促进校园和谐。加强师生教学科研与学习生活基本条件建设，促进教职工待遇与学校事业同步发展，让学校改革发展的成果惠及广大师生员工，不断提升师生员工的幸福指数。坚持以教师的发展为本，牢固树立服务意识，在学校各项制度的制定中，充分体现尊重人、关心人、激励人的思想。坚持以学生的成长成才为本，尊重青年学生的人格人性和身心发展规律，维护学生合法权益，把教育管理与服务咨询相结合，努力构建师生相互尊重、教学相长、有利于学生全面发展的育人环境。坚持以师生的健康安全为本，加强食品安全、医疗卫生和校园安全稳定工作，不断完善平安校园建设。

坚持依法治校，推进民主管理，着力完善内部治理。坚持党委领导下的校长负责制和学院党政共同负责制，强化教授治学和学术民主管理的理念和原则，不断完善党委领导、校长负责、教授治学和民主管理的内部治理架构。完成学校章程修订，建立完善与章程相配套、覆盖学校各方面的、系统的制度体系。加强学术组织建设，完善学术委员会制度，落实学术委员会对学术领域重大事项决策、审议、评定和咨询等权力。加强校院两级教职工代表大会和学校工会会员代表大会制度建设，扎实推进党务公开、校务公开，畅通民主管理渠道，充分发挥广大师生员工在学校发展中民主参与、民主监督和民主决策的重要作用。牢固树立法治理念，加强普法宣传和法制教育，切实营造维护制度权威、严格遵章办事的良好氛围。

加强改革创新，完善体制机制，着力提升整体办学活力。围绕建立现代大学制度，深化管理体制改革，进一步简政放权，加快建立科学高效的运行机制。确立效益观念，加强办学成本核算，在保证公平的前提下，建立以提高绩效为导向的资源配置和考核、分配制度。构建学校与社会的和谐关系，在遵循教育规律、市场规律和学术准则的前提下，加强与社会各类组织的合作，积极探索利用社会资源办学的有效方式。理顺学校与学院关系，明确学院办学主体和创新主体地位，探索科学、有效的评价机制和与授权相适应的责任机制，有效激发学院的活力和办学积极性。深化人事制度改革，探索聘任、考核和分配新机制，建立相对稳定与有序流动相结合、激励与约束相结合，有利于高层次人才汇聚和各类优秀人才脱颖而

出、充满生机的用人机制。加强学校企业的规范化管理，提升企业品牌和竞争力，不断增强学校经营性资产活力。

加强资源整合，完善内部管理，着力提升服务保障能力。优化配置办学资源，按照"整体规划，分步实施"的战略思路，加强"两校区一园区"统筹建设，全面推进校区协调发展。加快白马教学科研基地建设，初步建成国内乃至世界一流的现代农业科技示范园区；加快新校区建设进程，力争获得新校区立项并开工建设。积极整合、挖掘校内存量资源，尽最大努力缓解新校区建成前的办学空间制约。多渠道筹集办学资金，强化财务管理，提高资金使用效率，保障学校财政安全，确保事业发展的资金供给。完善资产管理，努力提高国有资产的配置效率和使用效益。加快校园信息化建设，改善信息化基础条件，完善公共信息服务体系，提高学校信息化管理和服务水平。加大后勤服务基础设施建设，提升节约型校园建设水平。继续深化后勤社会化改革，积极引进社会优质资源参与后勤服务，不断提高后勤管理和服务的专业化水平。

三、大力提升党的建设科学化水平，努力为世界一流农业大学建设提供强大的思想、政治和组织保证

以思想政治建设为重点，进一步加强党员干部党性修养和理论武装。思想建设是党的建设的根本。要坚持以党性教育为抓手，切实加强道路自信、理论自信和制度自信教育，引导党员干部牢固树立正确的世界观、价值观、事业观，坚定政治立场，明辨大是大非，永葆共产党员的政治本色。牢牢把握党对学校意识形态工作的领导权、管理权和话语权，以理想信念教育为核心，以爱国主义教育为基础，以社会主义核心价值观为引领，着力加强大学生思想政治教育和青年教师思想政治教育。按照理论武装、指导实践和推动工作的要求，进一步完善校院两级党委中心组、党校的学习和办学机制，深入开展学习型党组织建设。健全完善思想政治理论课教育教学机制，加强学校党建和思想政治研究会建设，将思想政治建设与学校的改革发展相结合，进一步增强思想政治工作的针对性和实效性。

以增强办学治校能力为重点，进一步加强领导班子和干部队伍建设。建设世界一流农业大学，关键要建设一支与之相适应的干部队伍。要坚持以领导班子建设为抓手，加强整体合力、战略思维和执行力建设，进一步提升各级领导班子团结协作、把握全局、科学决策和解决实际问题的能力。坚持党管干部的原则和德才兼备、以德为先、注重实绩、群众公认的用人标准，建设一支信念坚定、视野开阔，熟悉高等教育规律，能够履行高水平大学管理职能的高素质干部队伍。严格执行《南京农业大学中层干部管理规定》，不断完善干部工作机制。坚持多种选拔任用方式并举，构建有效管用、简便易行的选人用人机制。健全干部任期管理、监督、考核和激励制度，完善考核结果反馈机制，将结果作为任用干部的重要依据。完善干部培训平台，统筹各类培训渠道，不断提升干部培训实效。加强后备干部队伍建设，尤其加大年轻干部、女干部和党外干部的培养选拔，不断优化干部队伍结构，提升干部队伍整体活力。重视并加强党务工作队伍建设，完善党务工作政策和激励机制，努力创造有利于党务工作者成长的条件和环境。

以抓基层、强基础为重点，进一步发挥基层党组织战斗堡垒和党员先锋模范作用。基层党组织是党的全部工作和战斗力的基础。加强学校党的基层组织建设，是坚持社会主义办学方向、维护学校稳定、促进学校又好又快发展的内在要求。要全面贯彻《中国共产党普通高

等学校基层组织工作条例》，以组织坚强有力、学习氛围浓厚、党员作用突出、事业得到发展、人文氛围和谐和师生员工满意作为党组织建设的目标任务，不断增强党组织工作覆盖面和工作活力。在加强学习型党组织建设的基础上，不断推进服务型、创新型党组织建设，用学校中心工作的成效衡量和检验基层党组织建设的成效。健全党内生活，扩大党内民主，实行党代会代表任期制和提案制，试行党代会常任制。完善党内激励、关怀和帮扶机制，拓宽党员和党代会代表履行职责、发挥作用的有效途径，切实尊重和保障党员主体地位和民主权利。认真贯彻落实"控制总量、优化结构、提高质量、发挥作用"的党员发展新十六字方针，加强党建带团建，不断完善发展党员质量保障体系。

以党风廉政建设为重点，进一步巩固党的群众路线教育实践活动成果。党委是党风廉政建设的领导者、执行者和推动者。要坚持党要管党、从严治党，严格责任追究，一级抓一级，层层传导压力，督促各级领导干部认真履行"一岗双责"。进一步深入贯彻中央八项规定精神，全面落实党的群众路线教育实践活动整改方案，持之以恒抓好作风建设，坚决防止形式主义、官僚主义、享乐主义和奢靡之风，永葆共产党员的清正廉洁本色。加强理想信念、学术道德和科研行为规范教育，坚决纠正学术不端行为和不正之风，深化对重点对象、重点领域和关键环节的监督，着力推进校院两级严格执行"三重一大"决策制度，努力从源头上防治腐败。贯彻落实中央《建立健全惩治和预防腐败体系2013—2017年工作规划》，深入开展廉政风险防控工作，加大信访举报和案件查办工作力度，构建符合学校实际的惩治和预防腐败体系。

以党群工作为重点，进一步凝聚促进学校事业发展的各方力量。学校事业是全体南农人的事业，团结凝聚并发挥好各方面力量，对加快世界一流农业大学建设步伐具有重要意义。深入贯彻中央统战工作精神，加强党外代表人士队伍建设，努力维护好民主党派和党外人士与学校党委同心同德、同舟共济、携手奋进的良好局面。发挥工会桥梁纽带作用，丰富教职工精神文化生活，增强教职工凝聚力。做好共青团工作，加强对学生会、研究生会和学生社团的指导，切实提高学生自我管理、自我服务和自我成长的能力。健全校友工作机制，加强校友会组织建设，挖掘校友资源，充分发挥校友的重要力量。一如既往地做好老龄工作，坚持政治上尊重、思想上关心、生活上照顾，充分发挥离退休老同志在关心、支持学校事业发展中的重要作用。

各位代表，同志们！建设世界一流农业大学，是全体南农人的共同奋斗目标。这一目标承载了几代南农人对学校发展的美好愿望，赋予了全校共产党员新时期神圣的使命，任务艰巨，责任重大。让我们高举中国特色社会主义伟大旗帜，以邓小平理论、"三个代表"重要思想、科学发展观为指导，紧紧依靠全校广大师生员工，大力传承和弘扬以"诚朴勤仁"为核心的南农精神，进一步解放思想，振奋精神，坚定信心，凝聚力量，深化改革，攻坚克难，为开创世界一流农业大学建设新局面而努力奋斗！

在南京农业大学党的群众路线教育实践活动总结大会上的讲话

左 惟

（2014 年 2 月 24 日）

尊敬的顾部长、沈书记、

同志们：

根据《中共中央关于在全党深入开展党的群众路线教育实践活动的意见》（中发〔2013〕4 号）和教育部党组的统一部署，学校党的群众路线教育实践活动于 2013 年 7 月 6 日正式启动。活动开展以来，在教育部第五督导组的精心指导下，学校党委紧紧围绕"治四风、聚力量、集民智、促发展"活动主题，以"为民务实清廉"为主要内容，坚决反对形式主义、官僚主义、享乐主义和奢靡之风，认真贯彻"照镜子、正衣冠、洗洗澡、治治病"总要求，结合学校实际，加强领导，周密部署，精心组织，扎实推进教育实践活动各环节工作，顺利完成了各个阶段的工作任务，取得了明显成效，达到了预期目标。

经教育部第五督导组同意，今天我们在这里隆重召开全校党的群众路线教育实践活动总结大会。会后将对教育实践活动开展情况进行民主评议。教育部第五督导组全体领导莅临大会，顾部长将做重要讲话。

下面，我代表学校党委对学校党的群众路线教育实践活动进行总结。

一、主要做法

学校党委对本次教育实践活动高度重视，认真贯彻中央和教育部党组的指示精神，严格按照各环节的工作要求，统筹规划、周密部署、精心安排，扎实有效地组织了全校各级党组织和党员干部认真开展党的群众路线教育实践活动。主要做法有以下几个方面：

（一）坚持将加强组织领导贯穿始终，周密安排部署教育实践活动

学校党委高度重视党的群众路线教育实践活动，并把这项活动作为加强党的建设、改进干部作风、促进学校科学发展的重要契机，校领导班子认真研究谋划，扎实有效推进。一是积极做好各项前期准备工作，确保思想到位。在深入领会中央和教育部党组相关文件精神的基础上，结合学校实际，超前谋划，从思想上、组织上和工作上认真做好教育实践活动筹备工作，为开展好教育实践活动奠定了坚实的思想和工作基础。二是大力开展宣传发动工作，确保认识到位。学校党委在 2013 年 7 月 6 日召开动员大会以后，及时下发了《关于认真做好党的群众路线教育实践活动各环节工作的通知》。各级党组织层层进行思想动员，使每个党员干部明确每一环节的目标任务、措施要求，有力增强参与活动的主动性和针对性。三是及时成立组织机构，确保职责到位。学校成立了由党委书记和校长任组长、全体党委常委组

成的教育实践活动领导小组，领导小组下设办公室和督导组。各院级党组织相应成立了活动组织机构，学校领导小组多次召开会议，及时对每个环节的工作进行研究部署，确保了整个教育实践活动有组织、有计划、有步骤地进行。四是坚持统筹推进，确保落实到位。严格按照《南京农业大学深入开展党的群众路线教育实践活动实施方案》和计划安排，积极做好沟通联络、综合协调、督促检查、宣传引导和氛围营造等方面工作，保证各环节工作有机衔接，严格要求，突出重点，抓住关键，有条不紊，扎实推进了教育实践活动扎实有效地开展。

（二）坚持将深化理论学习贯穿始终，深入开展调查研究工作

校领导班子坚持把学习教育贯穿活动始终，在丰富学习内容、创新学习方式和注重学习效果上下功夫，引导党员干部不断提高思想认识，改进工作作风。

一是认真抓好学习。在学习内容上，组织广大党员干部深入学习了《论群众路线——重要论述摘编》、《党的群众路线教育实践活动学习文件选编》和《厉行节约、反对浪费——重要论述摘编》等规定书目，深入学习习近平总书记一系列重要讲话精神和教育部党组有关通知精神，自觉把思想和行动统一到中央和教育部党组的要求上来。在学习形式上，采取集中学习与个人自学相结合、面上学习与专题学习相结合等多种形式，大大增强了学习的针对性和实效性。

二是深入开展调研。学校党委明确要求领导干部必须带着学习主题下学院、访师生，集中开展调研。通过专题调研形式进一步提高党员干部的学习认识，理清工作思路，推动工作开展。期间，校党委领导班子成员均已深入分管、联系单位开展实地调研，倾听广大师生对学校领导班子在改进工作作风方面的意见建议和推动学校科学发展的期待。暑假期间，校领导班子成员分别赴校内外、省内外调研，广泛走访师生员工和广大校友，为建设世界一流农业大学凝聚发展力量。先后召开了征求意见座谈会 49 次，发放和回收了 1 097 套民主评议表，梳理出有关"四风"方面表现 13 条。

三是广泛征求意见。通过设置意见箱、电子邮箱等多种形式，在校内外广泛征求意见和建议，汲取师生员工的智慧和力量，认真查找影响和制约学校科学发展的突出问题，为分析检查和整改落实提供了重要依据。经过分类整理，共征求到意见建议 9 类 40 条。

（三）坚持将查摆分析问题贯穿始终，认真开展批评与自我批评

查摆问题、开展批评，是教育实践活动承上启下的关键环节。搞好这一环节的工作，把"四风"方面的突出问题查找准、剖析透，以整风精神开展批评和自我批评，对于确保教育实践活动不走过场、取得实效至关重要。在第二环节，学校着眼于查找"四风"问题的具体表现，找准找实影响和制约学校科学发展的突出问题，形成了高质量的学校领导班子对照检查材料，成功召开了领导班子专题民主生活会。

一是深入开展谈心交心，形成了高质量的对照检查材料。在学习调研、征求意见的基础上，学校深入开展了谈心交心活动，校领导班子成员之间，班子成员与分管部门、联系学院主要负责同志等逐一开展了谈心。大家互相帮助找准问题，诚恳地开展批评和自我批评，既肯定成绩，又指出问题和不足。深入查找了班子和个人在工作思路、工作作风、工作方法等方面存在的问题，并认真撰写了对照检查材料。学校党委召开常委会，对领导班子对照检查

材料进行了逐一分析和集中修改。教育部第五督导组向领导班子反馈了民主测评和个别谈话征求的群众意见后，学校党委召开会议，对意见和建议进行了梳理、认领，要求班子成员对每一条意见建议进行分析，逐一做出回应。可以说，领导班子对照检查材料的形成和修改过程是发扬民主、倾听意见、深化认识、达成共识的过程，也是校、院两级领导班子进一步理清发展思路、确立奋斗目标、明确努力方向的过程。

二是精心组织准备，成功召开了领导班子专题民主生活会和情况通报会。2013 年 11 月 25 日，学校召开了校领导班子教育实践活动专题民主生活会，教育部第五督导组全体领导到会指导。专题民主生活会按照校领导班子对照检查、班子成员对照检查、班子成员相互批评、个人表态发言和督导组长讲话等程序进行。会议氛围和谐、团结、真诚，班子每位成员都认真做了对照检查，并逐一进行了相互批评。大家既联系分管工作的实际，更联系自己在思想、工作和作风方面的实际，切实找准存在的问题；既分析了造成问题的客观原因，更深入剖析了产生问题的主观原因，为认真整改、抓紧解决存在问题打下了良好的思想基础。在民主生活会上，大家坚持严肃认真、实事求是、民主团结、触及灵魂，既有"红红脸、出出汗"的紧张和严肃，又有"加加油、鼓鼓劲"的宽松与和谐，达到了进一步沟通思想、提高认识、增进团结、转变作风、共同提高和推动工作的目的。学校领导班子专题民主生活会达到了预期的效果，得到了教育部第五督导组的充分肯定。随后，学校专门召开了校领导班子专题民主生活会情况通报会，向近期退出班子的校领导、全体中层干部、教职工代表、学生代表和离退休老同志代表通报了校领导班子专题民主生活会有关情况。在此期间，分管校领导亲自参加了各院级党组织和机关党委所属各部门组织的专题民主生活会，各单位也及时召开了专题民主生活会情况通报会，向单位的教职员工通报了专题民主生活会的相关情况。

（四）坚持将边学边查边改贯穿始终，切实抓好整改落实工作

整改落实、建章立制，是教育实践活动取得实效的关键所在。对于解决"四风"方面的突出问题，形成践行党的群众路线的长效机制，取信于广大师生员工至关重要。我们坚持把抓好整改落实作为教育实践活动取得实效的根本，切实抓好整改工作。

一是认真制订整改方案。学校根据教育部党组要求和教育实践活动安排，在学习教育、听取意见，查摆问题、开展批评的基础上，坚持从实际出发，制订了《南京农业大学党的群众路线教育实践活动整改方案》、《南京农业大学党的群众路线教育实践活动专项整治方案》和《南京农业大学党的群众路线教育实践活动制度建设计划》，并在学校办公系统进行了公示，充分体现了开门搞整改的工作要求。

二是着力整改"四风"方面普遍存在的突出问题。学校对查摆剖析出来的问题进行再梳理、再归类，进一步聚焦"四风"问题。对文山会海、不求实效等形式主义问题，对脱离实际、消极应付等官僚主义问题，对精神懈怠、不思进取等享乐主义问题，对不注重节约等奢靡之风问题，都提出了整改落实举措，明确了整改落实责任。

三是着力抓好专项整治。紧紧依靠师生员工，集中时间、集中力量解决突出问题，把专项整治作为整改落实的重要举措。重点对"文山会海、检查评比泛滥"、"门难进、脸难看、事难办"、"公款送礼、公款吃喝、奢侈浪费"、"超标配备公车、多占办公用房"、"'三公'经费开支过大"和"侵害群众利益行为"6 个方面作为专项集中整治重点，明确了整治措施、完成时限、牵头部门和责任人，明确了检查评估方式和监督问责形式。

　　四是着力建立健全长效机制。建立健全反对"四风"、改进作风的各项规章制度，进一步完善廉政风险防控体系建设。围绕解决突出问题，在前段工作基础上，进一步对贯彻党的群众路线制度建设情况进行了梳理，着力完善已有制度，加快制定新的制度，废止不适用的制度。把建立健全工作制度、管理制度、考核制度和督促检查制度作为重要内容。重点围绕建立完善密切联系群众制度、党内生活制度和领导班子民主集中制、校风政风教风学风制度、厉行节约反对浪费规定、遵守政治纪律制度和廉政风险防控体系、推进教育改革发展 6 个方面制度建设任务，学校确定了 25 项制度建设计划，制订了制度建设任务分工表，明确了分管领导、牵头单位、责任人和完成时间。

（五）坚持将舆论宣传引导贯穿始终，努力营造浓厚活动氛围

　　在党的群众路线教育实践活动中，我们注重创新宣传形式，着力提高宣传效果，积极营造教育实践活动的浓厚氛围，增强教育实践活动的实效性。

　　一是开通了教育实践活动专题网站。及时报道学校教育实践活动进展情况，迅速传达中央及教育部党组相关文件精神，提供了丰富的学习辅导资料，搭建了学习交流的良好平台。

　　二是在校报开辟了教育实践活动专栏。及时发现和挖掘教育实践活动中的先进典型，认真总结提炼好经验、好做法，交流校内各单位活动进展情况。

　　三是认真做好教育实践活动信息报送。学校职能部门注重总结教育实践活动中一些好的经验和做法，将有关信息及时向教育部党的群众路线教育实践活动领导小组办公室报送。在教育部《党的群众路线教育实践活动简报》中，先后有两期刊登了学校教育实践活动的进展情况和经验做法。

二、主要成效

　　通过全校师生的积极参与和共同努力，学校教育实践活动基本实现了学校党委提出的目标要求，取得了明显成效，全体党员干部得到一次很好的党性锻炼，达到了进一步增进团结、转变作风、共同提高和推动工作的目的。

（一）党员干部作风建设得到了进一步转变

　　通过教育实践活动，全校党员领导干部接受了一次深刻的马克思主义理论教育，进一步加深了对党的群众路线的理解和把握。真正懂得了"为了谁、依靠谁、我是谁"，在实际工作中进一步密切了和师生的联系，增强了深入基层调查研究、听取师生员工意见的意识，展现出了新的工作作风和良好形象。一是牢固树立党员领导干部的群众观念，切实增强工作的深入性和实效性。坚持把党员干部深入基层、深入群众、深入实际调查研究、发现问题、解决困难、推动工作纳入目标考核体系。不断增强工作的深度和厚度，提高工作的针对性和创造力，融洽党群干群之间的关系。学校召开了全校机关作风建设会议，机关作风求真务实，坚决克服形式主义和拖拉疲沓现象，积极营造宽松和谐的发展环境，工作效率和服务质量有力提升，得到了全校师生员工的认可。二是民主作风得到提升。学校和各二级单位都召开了高质量的民主生活会，认真解决各级党组织领导班子和班子成员在"四风"方面存在的突出问题，促使党员领导干部牢固树立宗旨意识和马克思主义群众观点，切实改进工作作风，密切联系师生，凝心聚力，全力推进世界一流农业大学建设。

（二）党员干部素质能力得到了进一步提高

通过开展党的群众路线教育实践活动，学校党员干部整体素质有了明显提升。2013年中层干部换届结束后，现任正处级干部平均年龄47.63岁，比换届前下降2.23岁；现任副处级干部平均年龄41.99岁，比换届前下降1.54岁；现任处级干部具有高级职称的占81.2%，比换届前提高1.6个百分点，具有研究生学历的占80.3%，比换届前提高4.3个百分点；此外，19位正处级干部、29位副处级干部在本次干部换届聘任中轮岗交流。党员领导干部对学校面临的机遇与挑战有了更加清晰的认识，对事关学校科学发展的一系列重大问题进一步达成了共识，对推进改革创新的重要性、艰巨性和复杂性有了更加清醒的认识，尤其是提高了谋划全局、统筹协调的能力，增强了攻坚克难的信心，激发了加快发展的动力。学校领导班子进一步明确了改进工作作风、加强自身建设的具体措施，为大力推进学校科学发展奠定了坚实的基础。

（三）学校科学发展的思路得到了进一步明晰

通过教育实践活动，学校提出的"建设世界一流的农业大学"目标进一步牢固确立，在实施人才强校战略，着力加强学科和人才队伍建设，加快提高师资队伍整体水平；不断深化教育教学改革，着力构建与世界一流农业大学相适应的人才培养模式和质量保障体系，着力提高人才培养质量；充分发掘科技创新潜力，着力增强服务经济社会发展能力；推进学校体制机制创新，着力构建科学高效的运行机制；全心全意依靠师生员工办学，着力改善师生员工学习、工作和生活条件；以改革创新精神加强党的建设和精神文明建设，着力营造良好育人环境等多个方面形成了新的发展思路和举措。

（四）学校的体制机制得到了进一步完善

按照制度建设计划"完善已有制度，制定新的制度，废止不适用的制度"的工作要求，学校对现有政策、制度、办法进行了系统梳理和完善。先后出台了《关于规范研究生科研劳务费发放的通知》、《关于规范我校校内转账业务的通知》、《关于规范公务用车费用报销的通知》、《南京农业大学公房管理办法（试行）》和《南京农业大学学院用房定额配置及有偿使用实施细则（试行）》等一系列制度。修订完善了《南京农业大学中层干部管理规定》等多个重要文件，为学校的又好又快发展提供了制度保证。

在整个教育实践活动中，教育部第五督导组组长顾海良部长、副组长沈伟国书记、闫国华校长以及其他同志多次来校指导检查工作，对学校顺利开展教育实践活动并取得较好成效给予了精心指导和大力帮助。

各院级基层党组织和机关党委所属部门严格按照学校党委要求，坚持将开展教育实践活动与推动工作相结合，团结带领师生员工，做了大量卓有成效的工作。

在此，我代表学校党委，向教育部第五督导组的各位领导，向全校各级党组织、党员干部和师生员工表示衷心的感谢！

三、主要体会

回顾和总结学校党的群众路线教育实践活动，我们深深地体会到，要确保教育实践活动实现预期目标，真正将开展教育实践活动转变为推动学校科学发展的重要机遇和动力，必须始终把握好以下几个方面。

（一）必须始终坚持群众路线的优良传统

群众路线是我们党的根本工作路线，是党领导人民取得革命、建设和改革胜利的重要法宝。深入开展党的群众路线教育实践活动，必须把紧紧依靠师生员工、充分发扬民主贯穿始终，广泛调动师生员工的积极性，凝聚师生员工的智慧和力量；必须注重吸收广大师生员工参与，认真听取师生员工的意见和建议，真诚接受师生员工监督，把师生员工的满意度作为评价活动成效的重要依据，在师生员工中形成推动科学发展的强大合力；必须切实解决师生员工的实际困难，让师生员工感受到教育实践活动带来的新变化、新成效，真正做到相信群众、依靠群众和服务群众。

（二）必须始终坚持党员领导干部带头的作风

这次教育实践活动，党员领导干部带头是开展好教育实践活动的关键。在教育实践活动中，我们紧紧抓住校、院领导班子和党员领导干部这个重点，将开展教育实践活动作为改进领导干部作风、提高领导班子领导科学发展能力的重要契机，学校明确了党政一把手的领导责任和工作责任。校、院领导班子和党员领导干部在活动中坚持以身作则，切实担起责任，带头开展学习，带头开展调研，带头查找和分析问题，带头开展批评和自我批评，带头落实整改工作，既把自己摆进去，又把全校党员干部调动起来，迅速形成了上级示范、领导带头和上行下效的生动局面，较好带动了全校教育实践活动的扎实有效开展。

（三）必须始终坚持"为民务实清廉"

权为民所用、情为民所系、利为民所谋，是中国共产党人坚持执政为民的必然要求。执政既是一种权力，更是一种责任。这个责任就是全心全意为人民服务，作为学校的领导干部，就是事事处处把广大师生员工的根本利益实现好、维护好和发展好。务实，就是坚持兢兢业业、勤奋工作、埋头苦干，扎扎实实地做好各项工作，推动所在单位或部门健康可持续发展。清廉，就是要坚持严于律己、廉洁奉公，时刻把师生员工的利益放在首位，树立清廉形象，弘扬正气。

四、今后努力方向

经过半年的努力，学校党的群众路线教育实践活动取得了阶段性成效，达到了预期目标，但与教育部党的群众路线教育实践活动领导小组的要求相比，与学校建设世界一流农业大学的迫切要求相比，与师生员工的期望相比，还存在一些不足和差距。主要表现在：一是对群众路线的认识还需进一步强化。部分党员干部投入教育实践活动的时间和精力不够，理论学习的深度和认识的高度有待进一步增强。二是活动开展尚不平衡。学院、部门和单位之间工作仍然存在不平衡现象，个别单位查摆问题还不够彻底，剖析原因还不够深入，整改和努力方向还不够具体。三是整改落实的举措还需进一步落实。由于整改落实、建章立制阶段时间紧、任务重，有些整改任务的落实与干部群众的期待还有差距，整改落实进度需要进一步加快，创新体制机制的成果还需进一步巩固等。

同志们，这次教育实践活动的时间是有限的，但坚持并践行党的群众路线是实现学校健康可持续发展的重要保证，必须持之以恒、常抓不懈。我们一定要以总结这次教育实践活动为新的起点，同心同德，再接再厉，不断巩固和扩大活动成果，把通过这次教育实践活动凝聚的共识、取得的成效和积累的经验转化为促进学校科学发展的强大动力和自觉行动。为此，要着力做好以下工作：

（一）进一步抓好学习教育

要充分利用学习贯彻习近平总书记系列重要讲话精神集中轮训的契机，把抓好学习贯彻工作与开展党的群众路线教育实践活动紧密结合起来，以讲话精神为遵循，进一步教育引导全校党员干部牢固树立群众观点，大力培养为民情怀，并通过学习教育、查找问题和整改落实，推动讲话精神的贯彻落实。同时，把加强马克思主义群众观点教育作为一项长期任务，进一步建立完善学习制度，经常学、反复学、持久学，进一步推动形成全校党员干部自觉贯彻执行党的群众路线的良好导向。着重把学习教育成果转化为个人的价值追求和行为指南，升华对党的群众路线的认识，夯实努力干事创业的思想基础，提升做好群众工作的能力。

（二）进一步贯彻落实整改方案

要认真按照《南京农业大学党的群众路线教育实践活动整改方案》、《南京农业大学党的群众路线教育实践活动专项整治方案》和《南京农业大学党的群众路线教育实践活动制度建设计划》提出的任务和要求，切实加强组织领导，逐条研究、逐个检查、逐项落实，并适时组织开展整改落实"回头看"工作，建立整改情况通报、反馈和督察制度，确保各项整改措施落实到位。对于梳理出要废除、完善和新建的制度，要加强系统设计，确保制度的协调衔接和相互补充，努力构建充满活力、富有效率、更加开放和更有利于学校科学发展的制度体系，建立起保障和促进学校科学发展的长效机制，使教育实践活动成果真正经得起实践的检验。要坚持"开门"搞整改，整改情况及时向师生员工公布，主动请师生员工监督，自觉接受师生员工评判。

（三）进一步加强党的建设和领导班子建设

要以学习贯彻落实中共十八届三中全会和第 22 次全国高校党建工作会议精神为契机，继续坚持以改革创新精神加强各级党组织建设，进一步健全和完善基层党组织的工作体制和运行机制，充分发挥各级党组织的政治核心和战斗堡垒作用，不断增强党组织的凝聚力、战斗力。要根据领导班子对照检查材料提出的问题，进一步加强校、院领导班子和干部队伍思想作风、工作作风、领导作风和生活作风建设，不断提高科学决策能力、开拓创新能力、群众工作能力和反腐倡廉能力，努力把各级领导班子和干部队伍建设成为善于领导科学发展、永葆生机活力的集体，为推动学校各项事业又好又快发展提供坚强的思想和组织保证。

（四）进一步建立健全作风建设的长效机制

作风问题具有反复性和顽固性，必须经常抓、长期抓，我们在教育实践活动中创造了很多好的经验和做法，要进一步加以总结、凝练与完善，并用制度的形式固定下来，坚持下去，逐步形成作风建设的长效机制。认真完善集体学习、谈心谈话、民主生活会和自学等制度，促进理论学习的长期化、经常化和制度化。坚持用制度固化作风建设成果，建立领导班子专题民主生活会长效机制，进一步完善规范民主生活会制度，深入推进学校作风建设制度化、规范化。我们要以更加强烈的责任意识、更加务实的工作作风、更加良好的能力素质、更加清正的自身形象，坚持党的群众路线，争做清正廉洁表率，让党员干部的作风建设成为日常工作中的自觉行动。

　　同志们，深入开展党的群众路线教育实践活动，意义重大，影响深远。需要全校上下持之以恒、常抓不懈。我们要以此次教育实践活动为新的起点，全校各级党组织、各级党政领导班子和广大师生员工团结一心、与时俱进、锐意进取、勇于超越，不断开创学校科学发展新局面，为早日把学校建设成为世界一流农业大学而努力奋斗！

在 2014 年党风廉政建设工作会议上的讲话

左 惟

（2014 年 2 月 26 日）

同志们：

刚才，盛书记代表学校纪委对 2013 年党风廉政建设和反腐败工作进行了总结，同时根据中纪委三次全会精神和教育系统党风廉政建设工作暨全国治理教育乱收费部际联席会视频会议的要求，对学校 2014 年党风廉政建设工作进行了全面部署，我完全赞同。下面，我代表学校党委就学校党风廉政建设和反腐败工作，讲四个方面的意见。

一、认真学习，准确把握党风廉政建设和反腐败斗争的新要求

中共十八大以来，新一届中央领导集体高度重视党风廉政建设和反腐败工作，提出了新的理念、思路、举措和要求，坚定不移改进作风，坚定不移惩治腐败，坚持"老虎"、"苍蝇"一起打，取得了明显成效。2013 年年底，中央颁布了《建立健全惩治和预防腐败体系2013—2017 年工作规划》（简称《工作规划》），明确了今后几年惩治和预防腐败的目标任务。《工作规划》是新形势下加强党风廉政建设和反腐败工作的指导性文件，我们将结合教育部的贯彻意见制订学校具体实施办法，重点抓好责任分解和任务分工，构建具有高校特点的惩防体系。前不久，习近平总书记在中纪委三次全会上进一步指出，要以猛药去疴、重典治乱的决心，以刮骨疗毒、壮士断腕的勇气，坚决把党风廉政建设和反腐败斗争进行到底，充分反映了我们党坚决反对腐败、建设廉洁政治的坚强意志和坚定信心，为我们做好新形势下党风廉政建设和反腐败工作指明了方向。

学校各级党组织和全体党员干部，要认真学习贯彻习近平总书记的讲话精神和党风廉政建设的新要求，充分认识反腐败斗争所面临的严峻形势和艰巨复杂的任务，狠抓"作风建设"、"惩治腐败"和"预防腐败"三大工作重点，同时切实加强组织管理，切实遵守组织制度，切实执行组织纪律，坚决把思想和行动统一到中央决策部署上来。

二、严格责任，全面落实党风廉政建设责任制

刚才，换届后的二级单位党政主要负责人签订了新一轮的党风廉政建设责任书，新上岗的中层干部签订了廉政承诺书，这是一级抓一级、层层抓落实的具体举措，十分及时，十分必要。我们必须做到"言必信、行必果"，按照"一岗双责"的要求全面落实党风廉政建设责任制。

学校党委将自觉担负好党风廉政建设和反腐败工作主体责任，坚持党要管党、从严治党，加强对党风廉政建设和反腐败工作的统一领导，通过教育、管理和检查考核等有效方式，保障学校各项权力正确行使。各二级单位的领导班子，特别是党政主要负责同志，必须

牢固树立不抓党风廉政建设就是严重失职的意识，主要领导是第一责任人，班子成员根据工作分工对职责范围内的党风廉政建设负领导责任。要将党风廉政建设与业务工作一同部署、一同落实、一同检查、一同考核。要守土有责、守土尽责，以身作则，以上示下，带好班子，带好队伍，构建起本单位本部门有利于学校发展的工作环境和精神氛围。校纪委要自觉担负好监督责任，加大问责工作力度，健全责任分解、检查监督和倒查追究的完整链条，做到有错必究、有责必问。对发生重大腐败案件和不正之风长期滋生蔓延的单位，实行"一案双查"，既要追究当事人责任，又要追究相关领导责任。

三、规范管理，强化对重点岗位和关键环节的监督

过去的一年，个别高校在招生、基建和校办产业等方面发生的腐败案件，已经引起了全社会的高度关注，我们必须引以为戒。我们学校虽然 10 多年没有发生职务犯罪案件，但一些问题还是存在的。从学校党委、纪委平时了解和掌握的情况来看，有少数干部在廉洁自律方面仍然存在着苗头性、倾向性问题。2013 年财政部驻江苏专员办对学校的专项财政检查，也暴露出学校内部管理不完全到位、有些制度不落实的问题，个别领导干部以及个别科研人员对自己要求不严，法纪意识淡薄，一些行为已经处于违纪违法的边缘，应当引起足够的警惕。我们不能对这些问题睁一只眼闭一只眼，更不能搞一团和气、好人主义。必须坚持抓早抓小、防微杜渐，做到早发现、早提醒、早纠正、早查处，绝不能养痈遗患。

2014 年，学校将继续加大对重点岗位和关键环节的监督，围绕学术诚信、基建工程、科研经费、招生录取、物资采购、财务管理和校办企业"七大关口"，进一步深化廉政风险防控工作，把可能出现的风险点找出来，优化办事流程，加强防范，形成监督约束机制。要坚持民主集中制，进一步完善"三重一大"集体决策制度，推进该项制度在各学院、各部门的贯彻执行。要完善党务公开、校务公开和二级单位办事公开制度，健全学校财务预决算制度，规范并控制"三公"经费支出。要进一步健全完善规章制度，做到依靠制度管权、管事、管人，努力形成运转协调、优势互补和廉洁高效的反腐倡廉工作格局，把权力关进制度的笼子里。要强化监督保障工作，切实发挥纪检监察部门的工作职能，对校内信访举报反映的问题和违纪违法行为要坚决查深、查透、查实，该追究责任的决不姑息迁就；要加强纪检监察干部队伍建设，严格要求、严格管理，切实增强执纪问责的水平和能力。

四、狠抓落实，持之以恒纠正"四风"

经过深入开展党的群众路线教育实践活动，学校在解决形式主义、官僚主义、享乐主义和奢靡之风问题上取得了实效，但这只是开了一个头，离中央的要求和师生员工的期盼还有很大的差距。作风问题是滋生腐败的温床，加强作风建设是反腐败的治本之策，但作风问题具有很强的顽固性和反复性，抓一抓就好转、松一松就反弹，甚至变本加厉。我们有少数干部思想认识仍然不够到位，在厉行节约、反对浪费方面不够自觉，表现出时紧时松，不能持之以恒；在密切联系群众、深入基层调查研究方面，还没有形成常态化机制；相关制度也不健全、不落实。

这一次中纪委三次全会就解决"四风"问题再一次重申了相关要求，如严禁到风景名胜区开会，严禁用公款互相宴请、赠送节礼、违规消费，严禁到私人会所活动、变相

公款旅游等。对此，我们必须严格遵照执行，做到令行禁止，要结合党的群众路线教育实践活动整改落实工作，坚决纠正"四风"，不断提高服务意识，廉洁高效地为师生员工服务，为学校的改革发展服务，以优良的工作作风带教风、促学风，保持风清气正的校园环境。

同志们，学校建设世界一流农业大学目标宏伟、任重艰巨。我们一定要以高度的政治责任感、强烈的忧患意识和扎实的工作作风，深入开展党风廉政建设和反腐败工作，为学校事业持续健康发展提供坚强保证！

谢谢大家！

在第五届教职工代表大会暨第十届工会会员代表大会第三次会议上的讲话

左 惟

（2014 年 4 月 9 日）

各位代表、同志们：

大家晚上好！

经过全体代表的共同努力，南京农业大学第五届教职工代表大会暨第十届工会会员代表大会第三次会议，圆满完成各项议程，即将胜利闭幕。

此次大会议程紧凑、内容丰富。各位代表以高度负责的态度，积极履行职责，认真听取了 2013 年《学校工作报告》、《财务工作报告》、《提案工作情况报告》和《工会工作报告》，并围绕上述报告进行了深入讨论，提出了许多好的意见和建议。在此，我代表学校党委，对大会的圆满成功，表示热烈祝贺！向各位代表，并通过你们向为学校建设发展付出辛勤劳动的广大教职员工，表示衷心的感谢和崇高的敬意！

借此机会，我就进一步加强教职工代表大会制度（简称教代会制度）建设，推进民主办学，谈几点意见，与大家交流。

一、加强教代会制度建设是建立中国特色现代大学制度的本质要求

教代会制度是我国改革开放的时代产物，经过 30 多年的探索和实践，已经成为中国特色社会主义民主政治的有机组成部分。作为教职工依法参与学校民主管理和民主监督的基本形式，教代会在推进学校民主办学和依法治校进程中，发挥着越来越重要的作用。

当前，我国正在深化教育领域综合改革，大力推进中国特色现代大学制度建设。对大学内部而言，建立中国特色现代大学制度的关键在于坚持并不断完善"党委领导、校长负责、教授治学、民主管理"的内部治理结构，实现在党委统一领导下，多种权力合理配置，相互补充，相互协调，激发整体办学活力。作为教职工有序参与学校民主管理的组织形式，教代会在学校内部治理结构中的重要性不言而喻。在探索建立中国特色现代大学制度的今天，我们尤其要重视并不断加强教代会制度建设，拓宽、深化教职工参与学校民主管理、民主决策、民主监督的渠道，营造民主、宽松、开放和谐的校园文化氛围，为促进学校事业科学发展创造有利的制度环境。

二、充分发挥教代会的重要作用

长期以来，学校教代会紧紧围绕学校中心工作，积极履行民主管理与监督职能，在推进依法治校、民主办学和团结凝聚广大教职工智慧与力量等方面做出了重要贡献。下一步，我们要继续支持和加强教代会建设，不断完善工作机制，更好地发挥教代会在学校事业发展中的重要作用。

积极支持教代会依法履行职权，引导教职工积极参与学校民主管理。制度的生命在于落实。要全力支持教代会依照有关法律和制度，独立自主地开展工作，并为其履行职责创造良好条件。要充分发挥教代会的讨论建议权、讨论通过权和评议监督权，凡涉及学校重大发展规划、重大改革方案和重大决策举措，都应向教代会报告，听取广大教职工意见；凡与群众利益直接相关的改革方案和民生举措，都应提交教代会充分讨论并审议通过。通过这种办法，一方面，可以集思广益，使学校的决策更加科学、更加民主；另一方面，也可以此统一思想，凝聚共识，把学校决策变为广大教职工的自觉行动。

充分发挥教代会平台作用，积极推进党务、校务公开。推行党务、校务公开，是新形势下高校践行党的群众路线的重要举措，有利于进一步密切党群、干群关系，促进学校党风廉政建设，促进学校的管理科学化和决策民主化。随着学校事业的快速发展，项目多、资金多、规模大、廉政风险大，因此必须加大信息公开力度，把教代会作为党务、校务公开的重要载体和有效途径，把事业发展情况、财务运行情况和其他重大事项，按程序提交教代会讨论并听取意见，切实维护教职工的知情权、参与权、表达权和监督权，让权力在阳光下运行。

充分发挥教代会桥梁纽带作用，为学校事业发展凝聚强大力量。当前，学校正处在加快建设世界一流农业大学的关键时期。从外部看，建立创新型国家和人才资源强国的国家战略，对高等教育事业改革发展提出了新的更高要求，创造了难得的历史机遇，也带来了高校之间的激烈竞争；从学校内部看，建设世界一流农业大学任务艰巨，任重道远，机遇与挑战并存。在这种形势下，加强教代会制度建设，根本目的就是要充分调动广大教职工的积极性、主动性和创造性，集思广益、凝聚智慧、激发信心、传递正能量，团结动员广大教职工发扬主人翁精神，把握机遇、应对挑战、破解难题、加快发展。

三、不断加强和完善教代会自身建设

一是要加强制度建设。不断完善教代会工作机制，逐步建立组织健全、议事规范和监督完善的教代会制度，提高教代会工作的规范化、科学化水平。二是要抓好代表队伍建设。加强对教代会代表的培训，不断提升代表的大局意识和履职议事能力。三是要做好提案工作。鼓励教代会代表围绕学校事业发展和教职工关心的实际问题，提出高质量、有价值和建设性的提案；同时，要健全提案办理制度，完善立案、交办、研究、落实和答复等环节，做到条条有答复、件件有落实。四是要抓好二级教代会建设。当前，学校各单位二级教代会建设的水平还不平衡，质量还需要进一步提高。我们要认真总结分析，继续扎实推进二级教代会建设，完善相关制度，规范议事程序，促进作用发挥，保证教职工对本单位工作行使民主参与、民主管理和民主监督的权利，推动中心工作发展。

学校各级党组织要充分认识新时期加强教代会工作的重要意义，努力做到思想上重视、政治上把关、制度上保障，不断完善"党委领导、行政支持、工会运作、教职工参与"的教代会工作机制。要及时总结工作经验，物化成果，将经验成果转化为指导和推进教代会建设的政策、制度，不断开创教代会工作的新局面。

同志们！当前，学校事业发展正处在关键时期。实现世界一流农业大学奋斗目标，是全体南农人的共同梦想。让我们更加紧密地团结起来，增强主人翁责任感，以更加开阔的视野、更加扎实的作风，不断推动学校发展取得新成就，共同创造南京农业大学的美好明天！

谢谢大家！

在庆祝中国共产党建党93周年暨
七一表彰大会上的讲话

左 惟

（2014年7月1日）

同志们：

下午好！

今天，我们在这里隆重集会，共同庆祝我们的中国共产党成立93周年，表彰学校先进基层党组织、优秀共产党员、优秀党务工作者和"最佳党日活动"。在此，我代表学校党委，向全校各级党组织和全体共产党员，致以节日的问候！向受表彰的先进集体和个人，表示热烈的祝贺和崇高的敬意！

93年前，中国共产党在国家危难、民族存亡的历史关头，在马克思主义与中国工人运动相结合的进程中应运而生。90多年来，中国共产党历经风雨，由小变大，由弱变强；把马克思主义普遍真理与中国革命、建设实际相结合，创立了毛泽东思想、邓小平理论、"三个代表"重要思想和科学发展观；团结带领全国各族人民，实现了民族独立和人民解放，建立了社会主义新中国，成功开辟了中国特色社会主义光辉道路，把一个积贫积弱、连火柴都不能生产的半殖民地半封建国家，用半个多世纪的时间建设成为能飞太空、能潜深海、已经傲然屹立于世界民族之林的伟大的社会主义国家，尤其是在改革开放的30多年来，更是推动社会主义现代化建设取得了举世瞩目的成就。

中共十八大以来，以习近平同志为总书记的党中央高举中国特色社会主义伟大旗帜，在科学把握世情、国情和党情的基础上，以对党和国家、对民族高度负责的精神，总揽全局、运筹帷幄，对全面深化改革进行了科学的顶层设计和战略部署，提出了一系列新思想、新观点和新论断，确立了"两个一百年"的奋斗目标，为中华民族伟大复兴开创了光辉前景。

中国近代史充分说明，中国共产党是用马克思主义先进理论武装起来的党，是能够肩负民族重任、经受各种困难和风险考验的党，是坚持立党为公、执政为民的党；中国共产党不愧为中国工人阶级和中国人民、中华民族的先锋队，不愧为中国特色社会主义事业的坚强领导核心。

长期以来，学校党委在教育部党组和江苏省委的正确领导下，坚持社会主义办学方向，遵循高等教育发展规律，坚持走"规模适中、特色鲜明，以提升内涵和综合竞争力为核心"的研究型大学发展道路，团结带领全校广大师生员工，齐心协力、艰苦奋斗、锐意进取、开拓创新，确立了世界一流农业大学奋斗目标，大力推进学校改革发展，不断加强和改进学校党的建设，学校各项事业不断迈上新台阶。在学校事业发展过程中，学校各级党组织紧紧围绕中心工作，立足校情，联系实际，充分发挥了政治核心和战斗堡垒作用；广大共产党员、师生员工积极投身学校改革发展，以满腔热情和创造精神，在学校事业发展中做出了积极贡献。在此，我谨代表学校党委，向全校各级党组织和广大共产党员、师生员工、离退休老同志，向所有长期以来关心和支持学校建设与发展的各级领导和朋友们，致以崇高的敬意和衷心的感谢！

刚才，受表彰的先进基层党组织、优秀共产党员和优秀党务工作者代表分别做了很好的发言。希望受表彰的集体和个人，以此为新的起点，再接再厉，继续发挥表率和模范作用；希望全校各级党组织和全体共产党员，要以身边的先进典型和先进事迹为榜样，在各自的工作岗位上，勤奋工作，敬业奉献，努力为世界一流农业大学建设贡献更大力量！

当前，学校发展正站在新的历史起点。刚刚召开的学校第十一次党代会确立了学校"三步走"发展策略，提出：到 2020 年，学校涉农学科进入世界大学前 50 名；到 2030 年，力争学校综合实力进入世界大学 500 强；到 21 世纪中叶，主要办学指标达到国际一流水平，成为一所优势更加明显、学科更加综合的国际知名大学。我们要以高度的历史责任感和强烈的事业使命感，勇于迎接挑战，抢抓发展机遇，加倍努力工作，以不辜负时代的重托和广大师生员工的信任。

在此，我代表学校党委，向全校各级党组织和广大共产党员，提出三点希望和要求：

一、深入贯彻落实学校第十一次党代会精神，切实加快学校事业发展步伐

学校第十一次党代会是在学校深入贯彻落实《国家中长期教育改革和发展规划纲要（2010—2020 年）》、加快建设世界一流农业大学的关键时期召开的一次重要会议。大会全面总结了第十次党代会以来学校发展所取得的成就和经验，深入分析了当前学校发展面临的机遇和挑战，进一步丰富了世界一流农业大学建设内涵，明确了学校中长期发展目标，对今后 5 年的发展任务进行了部署。

"一打纲领不如一个行动"，不抓落实，再好的决策、规划和目标都会失去意义。全校各级党组织要将学习贯彻第十一次党代会精神，作为当前和今后一段时期的主要工作任务，引导广大共产党员和师生员工把思想和行动统一到第十一次党代会精神上来，把智慧和力量凝聚到落实第十一次党代会确定的发展目标上来。

未来 5 年，是学校事业发展的攻坚期。能否实现党代会提出的发展任务，事关学校"三步走"发展目标能否顺利实现。学校全体共产党员和有关职能部门要围绕党代会确定的任务目标，进一步解放思想、更新观念、拓宽视野，进一步细化工作举措、优化发展方式、突出工作重点。各级党组织和广大共产党员要有攻坚克难的政治担当和破解难题的政治智慧，要做正能量的传播者、改革创新的探索者、遵纪守规的示范者，团结带领广大师生员工解放思想，真抓实干，切实推动学校各项事业又好又快发展。

二、加强基层党组织建设，不断增强党组织的凝聚力和战斗力

基层党组织是党战斗力的基础。加强学校党的基层组织建设，是坚持社会主义办学方向、维护学校改革发展稳定的根本保证，是团结带领广大师生员工、加快世界一流农业大学建设步伐的现实需要。

要全面贯彻《中国共产党普通高等学校基层组织工作条例》，主动适应高等教育改革和学校内部管理机制、党员队伍构成等新变化，以组织坚强有力、学习氛围浓厚、党员作用突出、事业得到发展、人文氛围和谐、师生员工满意作为党组织建设的目标任务，不断增强党

组织工作覆盖面和工作活力。

要大力推进学习型、服务型和创新型党组织建设，努力增强各级党组织和广大共产党员的理论素养和推动发展的本领，用中心工作的成效衡量和检验基层党组织建设的成效，使党组织真正成为所在单位科学发展的引领者、组织者和推动者。

三、加强党风廉政建设，切实巩固党的群众路线教育实践活动成果

根据中央和教育部党组统一部署，2013年下半年学校集中开展了以为民务实清廉为主要内容的党的群众路线教育实践活动。在校院两级党组织和全校广大师生员工的共同努力下，教育实践活动开展顺利，取得了显著成效。

但必须认识到，作风问题具有反复性和顽固性，必须经常抓、长期抓。各级党组织和广大党员干部要进一步深入贯彻中央八项规定精神，全面落实党的群众路线教育实践活动整改方案，持之以恒抓好作风建设，坚决防止形式主义、官僚主义、享乐主义和奢靡之风，永葆共产党员的清正廉洁本色。

要加强理想信念、学术道德和科研行为规范教育，坚决纠正学术不端行为和不正之风，从源头上防治腐败。要深入落实中央《建立健全惩治和预防腐败体系2013—2017年工作规划》，深化对重点对象、重点领域和关键环节的监督，切实加强党风廉政建设，以优良的党风正校风、促教风、带学风，为学校改革发展注入源源不断的正能量。

同志们！回顾党的历史，我们深感光荣和自豪；展望学校未来发展，我们使命光荣、责任重大。希望全校各级党组织和广大共产党员要始终牢记党的宗旨，发扬党的优良传统，紧密团结全校广大师生员工，进一步解放思想，振奋精神，坚定信心，扎实工作，为开创世界一流农业大学建设新局面而努力奋斗！

谢谢大家！

深化改革　乘势而上
全面加快世界一流农业大学建设

——在南京农业大学第五届教职工代表大会暨第十届工会会员代表大会第三次会议上的工作报告

周光宏

（2014 年 4 月 9 日）

各位代表，同志们：

现在，请允许我代表学校向大会做学校工作报告，请予以审议。

一、2013 年学校工作回顾

2013 年，学校紧紧围绕世界一流农业大学建设目标，扎实推进"1235"发展战略，在全校师生员工的共同努力下，学校各项事业继续保持了良好的发展势头。

（一）完善学校管理制度，提升科学发展能力

在过去的一年，学校将学术委员会作为校内最高学术机构，完善了以学术委员会为核心的学术管理体系与组织架构，经过一年多的试行，正式建立了植物科学学部、动物科学学部、生物与环境学部、食品与工程学部和人文社会科学学部 5 大学部，为充分发挥教授治学作用提供了保障，我校学术委员会制度符合教育部刚刚颁布的《高等学校学术委员会规程》。根据学校事业发展需要，新建立了教师发展中心、新农办、档案馆，独立建制设立了人文社科处和校医院，进一步理顺了内部管理体制。2013 年学校启动了南京农业大学章程修订工作，章程将成为我校现代大学制度建设的基础，为学校的科学发展、依法治校提供依据。

（二）深入实施"1235"发展战略，各项事业快速发展

1. 人才培养　本科教育教学。实施以"实践·创新·质量"为主题的"教学年"活动，深入开展了教育思想大讨论，加强本科人才培养模式改革，进一步完善质量保障体系建设，发布了《本科教学质量报告》。通过成立江苏农村发展学院，设立"菁英班"、草业科学"国际班"等途径，多渠道培养本科创新人才。全面推进本科教学工程，加强专业建设、课程建设、教材建设和学风建设，推进实验教学中心与基地建设，较好地保证了我校本科培养质量。3 门课程入选"国家精品视频公开课"，9 门课程获得"国家级精品资源共享课"立项，获得省教育教学成果奖特等奖 1 项、一等奖 3 项，18 位教师入选教育部高等学校各类教学指导委员会。

研究生教育。学位授予质量不断提高，全年授予博士学位 381 人、硕士学位 1 563 人，获得全国优秀博士学位论文 1 篇、提名奖 4 篇，江苏省优秀博士学位论文 7 篇，国务院学位委员会办公室抽检博士学位论文全部合格。推进专业学位研究生实践基地建设，获批建设省级企业研究生工作站 20 个，设立第二批校级企业研究生工作站 22 个，并承办了教育部召开的全国专业学位研究生培养模式改革推进会。完成本硕博课程统一编码，优化了全校课程体系的管理与贯通。

留学生教育和继续教育。招收各类留学生 598 人，留学生招生渠道更加多元化，专业分布更广，校园国际化氛围日益浓厚。录取继续教育新生 5 909 人，举办各类培训班 52 个，新增大学生"村官"培训项目，全年培训学员 3 083 人次，社会效益和经济效益进一步提升。

招生就业工作。做好各类招生工作，举办中学生校园行、金善宝夏令营等活动，遴选优质生源基地中学，生源质量稳步提高。推进研究生招生改革，试行博士生招生申请审核制，提高硕博连读生和直博生比例。全年招收本科生 4 499 人、全日制研究生 2 540 人。加强就业指导与服务，2013 届本科生就业率 97.5%、升学率 25.6%，研究生就业率 96.4%。

素质教育。深入实施学生工作"三大战略"，完善"2+3"辅导员模式，成立学院学生工作办公室，构建大学工体系与整体流动机制。开展"中国梦"等各类教育活动，组织"亚青会"志愿服务等学生实践活动，充分发挥第二课堂在学生成长成才中的重要作用。积极开展体育工作和心理健康教育，学生身心素质不断提升。

2. 师资队伍建设　新增国家杰出青年科学基金获得者 2 人、"长江学者" 1 人，实现在人文社会科学领域"长江学者"的突破。40 余人次入选教育部新世纪优秀人才计划、江苏省特聘教授等各类人才工程，1 个团队入选教育部"创新团队"。进一步推进了"钟山学者"计划，聘任"钟山特聘教授" 2 人，遴选第二批"钟山学术新秀" 31 人。

全年引进高层次人才 33 人，其中教授 16 人，近两年引进的人才是前 10 年总和。公开招聘教学科研人员 84 人，其中 80% 以上有外校和国际教育背景，学缘结构得到进一步改善。博士后全年进站 37 人，其中外籍博士后 3 人。

完成教学科研人员第二轮岗位分级和职员评聘，618 人岗位晋级、208 人职员晋级。改革职称评审机制，以学部制模式组织职称评审，103 人获得副高及以上职称。建立非编人事代理制度，制定《南京农业大学教职工处罚条例》，人事管理及奖惩机制进一步完善。

3. 学科建设　农业科学、植物与动物科学、环境生态学 3 个 ESI 学科排名持续快速上升，2014 年年初，生物与生物化学进入世界前 1%，成为我校第四个 ESI 学科。在第三轮全国一级学科评估中，农业资源与环境排名第一，在农学门类实现排名第一的突破，作物学、食品科学与工程排名进入全国前 10%。顺利完成 8 个江苏高校优势学科一期项目建设，获得省财政投入 1.25 亿元。

4. 科学研究与服务社会　项目与成果。年度到位科研经费 5.36 亿元，达到历史新高，其中纵向经费 4.47 亿元、横向经费 0.89 亿元，国家自然科学基金立项经费首次突破亿元。以第一单位获部省级及以上科技成果奖 9 项，其中国家科技进步二等奖 1 项。1 项成果获得高等学校人文社会科学一等奖。以第一通讯作者单位发表 SCI 论文 868 篇、SSCI 论文 8 篇，首次以 Article Research 形式在 *Nature* 上发表科研成果。获得专利、品种权和软件著作权等授权 244 项。在 2013 年世界大学科研论文质量排名中，我校农业领域排名较 2013 年上升

32 名，居世界 109 位。

平台建设。作物遗传与种质创新国家重点实验室顺利通过整改评估。牵头组建协同创新中心 7 个，目前已有 3 个中心入选江苏高校协同创新中心。新增国家有机类肥料工程技术研究中心、绿色农药创制与应用技术国家地方联合工程研究中心 2 个国家级平台和猪链球菌病诊断国际参考实验室。

服务社会。系统开展江苏农村研究，出版《江苏新农村发展系列报告》，集体发出南农声音，获得社会良好反响。全面推进新农村发展研究院建设，新建 1 个综合示范基地、3 个特色产业基地和 2 个专家工作站。积极开展科教兴农工程，承办全国科普日江苏主场活动，服务社会能力进一步提升。

5. 国际合作　主动组织国际合作事务，倡议设立世界农业奖，并成功举办了首届颁奖典礼，世界顶尖涉农大学汇聚南农，康奈尔大学国际植物育种专家 Ronnie Coffman 教授获奖，该奖的设立受到国内、国际的关注，初步得到国际同行认可。

全年新签校际合作协议 17 个，与康奈尔大学共建了全国农业高校中首个国际技术转移中心，与悉尼大学签订共建中澳粮食安全联合实验室备忘录，全球首个农业特色孔子学院在肯尼亚揭牌，与 Nature 出版集团合作创办的英文期刊 *Horticulture Research* 正式上线。新增引智基地 1 项，Brett Tyle 教授获得中国政府友谊奖。举办"农业及生命科学教育与创新世界对话"等 7 个国际会议和 17 个援外培训班，全年接待海外代表团 54 个。设立学生国际交流专项基金，推进人才培养国际化，全年派出学生 470 余人次出国（出境）学习交流。

6. 办学条件与服务保障　财务工作。全年各项收入 14.54 亿元，比上年增长 11%；支出 14.78 亿元，比上年增长 12%。多方争取各项专项经费，获批中央高校改善基本办学条件专项 1 亿元、发展长效机制专项 4 000 万元。积极配合财政部江苏专员办顺利完成教育资金专项检查，对存在的问题进行了全面整改，财务管理制度进一步完善。

校区发展与基本建设。积极争取教育部和南京市对校区建设的支持，新校区建设工作取得新进展。白马教学科研基地建设稳步推进，修建性规划获得通过，园区管理用房、道路和水利水电等基础工程进展顺利。卫岗校区各项建设有序实施，第三实验楼获得立项，并在多方努力下突破了高度的限制，即将开展规划设计。新体育馆进入装修阶段，即将交付使用。

资产管理与后勤服务。年末固定资产总额 19.35 亿元，较上年增长 8.56%。完成全校资产信息核查，实现了资产"账实相符"。启动公房有偿使用改革试点工作。建成水电能耗监控系统，完成地下水管网检修改造工程，全年节约用水约 41.3 万吨。加强饮食质量标准和成本管理，确保食品安全和价格稳定。资产经营公司实现经营性资产的保值增值，超额完成经营性任务，引进 1 155 万元社会资金支持校办企业发展。

监察审计与招投标工作。强化行政监察，重点做好招生、基建和采购等关键领域的经常性监督。加强重点项目、重点资金和重点环节经济活动的审计，完成审计项目 259 项，总金额 21.4 亿元。规范招投标工作，严格工作程序，确保学校利益得到有效维护，完成各类招标、跟标 360 余项，累计金额 1.75 亿元。

安全稳定工作。推进办公楼、学生宿舍门禁系统建设，新建高性能数字化监控平台，改善校园治安消防基础设施。加强门卫管理和值班巡逻，定期开展安全检查与整改工作，及时排查不安全、不稳定因素，校园安全得到有效保障。

改善民生工作。完成校内岗位绩效津贴的调整，上调住房公积金缴存比例，补发了

3 000多人的住房租金补贴，经过近 3 年的努力，南农人的工资收入实现了大幅增长。卫岗青年教师公寓即将投入使用，牌楼青年教师公寓获得立项，学生宿舍开通了网络、安装了开水器，部分教室配备了空调，师生工作学习条件得到一定程度改善。拆除家属区违建12处，完成了通邮到户工程，家属区环境进一步优化。

（三）加强党建和思想政治工作，提升学校整体活力

1. 党的群众路线教育实践活动　根据中央和教育部党组统一部署，7月6日，我校正式启动党的群众路线教育实践活动。学校紧紧围绕"治四风、聚力量、集民智、促发展"主题，认真贯彻"照镜子、正衣冠、洗洗澡、治治病"总要求，扎实推进各环节的工作，顺利完成了教育实践任务。教育实践活动，使全校各级领导班子和党员干部密切联系群众、落实民主管理、尽心服务师生的工作作风得到进一步加强，求真务实、真抓实干、推动学校跨越发展的信心得到进一步激发，严格自律、拒腐防变的自觉性得到进一步增强，全校上下风清气正、昂扬向上、努力进取的良好局面得到进一步巩固和发扬，为学校未来的发展奠定了坚实的基础。

2. 思想政治教育　深入开展中共十八大、十八届三中全会精神学习宣传活动。充分发挥校院两级党委中心组和党校的作用，全年举办培训班 40 余次，培训人员 3 600 余人。制订《南京农业大学加强和改进青年教师思想政治工作的实施意见》，加强青年教师思想政治工作。推进思想政治理论课教学改革，切实发挥思政课在大学生思想政治教育工作中的主阵地作用。

3. 基层组织和干部队伍建设　完善基层党组织设置，保证党组织工作的全覆盖，促进党的工作科学开展。做好党员发展工作，全年发展学生党员 1 357 名、教职工党员 14 名，党员发展质量不断提高。修订完善《南京农业大学中层干部管理规定》，完成中层干部任期考核和换届聘任工作，选拔任用处级干部 61 人，干部轮岗交流 48 人，干部队伍结构更加合理。加强干部培训和后备干部队伍建设，举办学校中层干部高等教育研修班和中青年干部培训班，积极推荐干部参加各级培训，选派 13 名干部赴地方挂职。

4. 大学文化建设　推进实施《南京农业大学中长期文化建设规划纲要》，大力弘扬以"诚朴勤仁"为核心的南农精神。编写出版《漫游中国大学——南京农业大学》，展示了学校百年办学传统和人文内涵。积极做好宣传工作，全年对外宣传报道 1 400 余篇次，其中国家级媒体报道 70 余次，有效增强了学校的社会知名度和美誉度。

5. 群团工作　切实维护各民主党派和党外人士共同心系学校发展的良好局面。深化教代会制度建设，保障教职工对学校工作的知情权、参与权和监督权。发挥工会桥梁纽带作用，关心青年教职工，切实维护教职工合法权益。扎实推进共青团工作，努力以先进思想、先进文化引导青年学生成长。加强校友工作，构建校院两级校友工作体系，召开首届校友代表大会，成立校友企业家俱乐部，探索加强校友联系的新途径。关心离退休老同志，积极发挥老同志在学校建设发展、关心下一代工作中的重要作用。

6. 反腐倡廉工作　以贯彻中央八项规定等改进作风的要求为契机，积极开展反腐倡廉教育，加强党员干部作风、教师师德师风及教育行风建设，努力营造风清气正的校园文化氛围。加强制度建设和廉政风险防控工作，初步形成了重点部门和关键岗位的廉政风险防范体系。

各位代表，同志们，2013 年是学校实施"十二五"发展规划承上启下的一年。一年来，在全校广大师生员工共同努力下，学校各方面工作取得了可喜的成绩，在建设世界一流农业大学的道路上迈下了更加坚实的脚步。在此，我代表学校，对广大师生员工的辛勤工作表示衷心的感谢！

二、今后一段时期的重点工作

学校当前各项事业快速推进，保持着蓬勃发展的良好势头。在肯定成绩的同时，我们也必须清醒的认识到，学校发展还面临着许多的困难和挑战，制约学校发展的瓶颈问题依然存在，办学空间制约尤为突出，制度改革已经进入深水区，来自于外部的竞争压力越来越大。我们要始终团结和依靠广大师生员工，紧紧围绕学校发展目标，以"1235"发展战略为行动指南，进一步细化各项工作举措，加强工作执行与落实，推进学校各项事业向前迈进。今后一个时期，我们要重点做好以下几方面工作：

（一）深化教育改革，加快大学制度建设和管理体制创新

深入贯彻中共十八届三中全会和中央农村工作会议精神，抓住国家推进高等农林教育综合改革有利契机，进一步深化教育教学改革，形成多层次、多类型和多样化的人才培养体系，提升学校服务生态文明、农业现代化和社会主义新农村建设的能力和水平。在国家宏观政策指导下，通过大学章程的修订，完善大学内外部治理结构，健全议事规则与决策程序，面向社会，依法自主办学，实行科学管理。以完善学术委员会和学部运行机制为突破口，促进学术权力的发挥。

（二）推进校区建设，努力解决学校发展的空间制约

坚定不移推进"两校区一园区"建设。加快新校区建设进程，想方设法，克服困难，力争早日获批新校区选址、完成建设方案论证。全面推进白马教学科研基地各项工程建设，年内开始承担实验功能。加快第三实验楼和牌楼青年教师公寓建设，努力缓解当前空间紧张局面。

（三）深化人事制度改革，构筑学校发展的人才优势

继续强化人才强校理念，在近两年师资队伍建设成绩的基础上，进一步加大人才引进力度。在保证增量的同时，通过深化人事制度改革，完善工作量考核办法，鼓励和引导教学科研人员追求学术卓越。从 2014 年起实施师资博士后制度，保证师资队伍质量和规模。继续推进"钟山学者"计划，发挥"钟山特聘教授"的学术领军作用，促进"钟山学术新秀"快速成长，以团队形式遴选首席教授、学术骨干。

（四）加强国际合作与交流，推进教育国际化

国际化是我校建设世界一流农业大学的内在要求和策略选择。学校把 2014 年定为"国际化推进年"，要以此为契机，研究制定有效措施与政策，设立量化考核目标，全面提升学校国际化水平。创新国际深度合作的机制和模式，继续做好世界农业奖的组织工作，探索与国外著名涉农高校联合举办实质性合作学院，支持学院聘请国际顶尖专家学者，鼓励师生出

国访学研修，开拓国际视野。加强全英文课程体系建设，扩大留学生规模。拓展国际培训项目，推进孔子学院建设，打造援外教育精品。

（五）着力加强人才培养工作，提高教育教学质量

人才培养是高校的根本任务，是一项长期系统工程。实施"教学年"活动以来，我校教风、学风得到明显的改善。我们要牢固确立人才培养的基础地位，巩固"教学年"活动成果，创新人才培养模式，完善教学评价机制，努力促进教学质量和教风学风再上新台阶。认真贯彻教育部《关于加强学位与研究生教育质量保证和监督体系建设的意见》，完善研究生收费制与资助体系建设，提高学术型研究生的学位论文质量和专业学位研究生的实践能力。要以实施"卓越农林人才培养计划"为契机，进一步优化人才培养方案，加强精品核心课程建设，启动"大规模开放网络课程"（MOOCs）的开发与建设工作，迎接教育部即将开展的本科教学审核性评估工作。

（六）完善科研管理体制，提升科学研究和服务社会水平

2012年学校"科技年"以来，通过对科研的重视及科研政策的引导，我校科研工作取得了显著的成绩。我们要乘着良好势头，贯彻落实国家关于改进加强科研项目和资金管理的意见，完善科研管理体制，提早谋划"十三五"科技工作，拓宽项目渠道，努力在科研立项、科研成果和平台建设工作中再创佳绩，为农业科学等学科群冲击世界前1‰奠定基础。加快新农村发展研究院基地和管理体制建设，推进江苏农村发展学院共建工作和实质性运转。结合国家和区域需求，加强顶层设计，合理布局各级、各类产学研合作基地，促进成果转化，提升学校服务社会水平。

各位代表、同志们，2014年是学校完成"十二五"发展规划的关键之年，也是以"十二五"中期完成情况，来全面检验和促进学校世界一流农业大学建设之年。让我们全体南农人齐心协力，坚定信念，攻坚克难，乘势而上，化梦想为理想，化理想为理念，化理念为行动，全力推动南京农业大学向世界一流农业大学迈进！

谢谢大家！

在南京农业大学 2014 届本科生
毕业典礼暨学位授予仪式上的讲话

周光宏

（2014 年 6 月 20 日）

同学们、老师们：

早上好！今天，我们在这里隆重举行南京农业大学 2014 届本科生毕业典礼暨学位授予仪式。首先，请允许我代表全体校领导，代表全体教职员工，向你们完成学业、顺利毕业表示热烈的祝贺！同时，也向辛勤培育你们的老师、全力支持你们的家人表示崇高的敬意！

这个季节，校园里最靓丽的风景——就是你们，看到穿着学士服、脸上充满自信笑容的你们在校园里各处留影留念，大家知道学校的毕业季到了。和往年一样，我们心情喜悦、但又依依不舍；和往年又不太一样，今年的毕业季给了大家更多的期待。首先，是大家翘首以盼的新体育馆终于建成了，学校全体毕业生可以相聚在一起隆重举行这样一场令人难忘的仪式，南农同学和老师多年来期盼，终于在你们这届毕业生得以实现。另外，也给校长履行一项重要职责提供了平台，这个职责就是亲手为每位毕业生颁发证书！作为校长也很幸运，今年终于有机会和我们 3 000 多位毕业生一一握手。

此时此刻，看到同学们因为成长、因为收获而自信的笑容，我们感到非常的欣慰和荣耀。回首 4 年前，同学们满怀理想，走进了这所享有学术盛誉的百年学府，成为一名"南农人"，在这里你们开始了独立的人生、经历了多彩的大学生活，走上了追寻梦想的人生旅途。1 400 多个日日夜夜，你们勤学善思，收获了学业的成功；你们拼搏进取，获得了能力素质的飞跃；你们将真挚情感献给了老师、同学，凝结成珍贵的师生情、同窗情；你们以自己的成长成才，回报了亲人的恩情和期盼。再一次祝贺你们。

同学们在校的 4 年也见证了母校的快速发展。2011 年，我们开启了建设世界一流农业大学的伟大征程，学校核心学科在世界的排名由你们入校时的 230 位上升到今天的 109 位，4 年间提升了 100 多位。这 4 年，学校还获得国家科技奖励 6 项、全国百篇优秀博士学位论文 6 篇，新增"千人计划"专家、"长江学者"和国家杰出青年科学基金获得者 12 名；学校国际化进程不断加快，发起设立了"世界农业奖"，建设了农业特色"孔子学院"，赢得了国际声誉；同时，"两校区一园区"建设也拉开了帷幕。就在不久前，学校胜利召开了第十一次党代会，提出了到 2020 年建成世界一流农业大学、到 2030 年学校整体进入世界大学 500 强的宏伟目标。到那时，你们正处人生的辉煌年代，你们可以自豪地说："我毕业于一所世界 500 强大学！"

学校已经在为实现她的梦想而阔步前进。你们也即将翻开人生新的一页，即将大展宏图。在你们踏上新征程之前，我想大家一定会铭记"诚朴勤仁"校训，同时再送给同学们"人生论文"的 3 个"关键词"与大家共勉：

一是"梦想"。人是要有梦想的，也就是我们常说的"志存高远"。希望同学们牢固树立远大的理想和抱负，将个人的发展，与祖国富强、社会进步紧密联系在一起，把"人生梦"融入到"中国梦"之中，创造人生的辉煌。

二是"行动"。空想不会让目标变得更近，只有行动才能让梦想成为现实。古往今来，唯有脚踏实地、勇于实践、敢于担当、勇于挑战，才能取得事业上的成功。"读万卷书"，还要"行万里路"，希望同学们用实实在在的行动来实现自己的价值和理想。

三是"坚持"。"不积跬步，无以至千里。不积小流，无以成江海。"成功在于失败后的执着坚持，不要害怕挫折，因为人类最美好的品德往往是在逆境中培养形成的。希望同学们在事业上永不言败，勇往直前。

同学们，今天，大家即将告别室友、同窗和老师。从现在起，你们将成为南京农业大学的校友。每年我们都能听到来自世界各地关于我们校友的杰出事迹，在未来的岁月里，我们将期待着你们的精彩故事，分享你们每一个人的成就和幸福。

最后，祝大家事业顺利、生活幸福，常回母校看看！谢谢！

（本专题由党委办公室、校长办公室提供）

二、学校概况

［南京农业大学简介］

南京农业大学坐落于钟灵毓秀、虎踞龙蟠的古都南京，是一所以农业和生命科学为优势和特色，农、理、经、管、工、文、法学多学科协调发展的教育部直属全国重点大学，是国家"211工程"重点建设大学和"985优势学科创新平台"高校之一。现任党委书记左惟教授，校长周光宏教授。

南京农业大学前身可溯源至1902年三江师范学堂农业博物科和1914年金陵大学农学本科。1952年，全国高校院系调整，由金陵大学农学院和中央大学农学院以及浙江大学农学院部分系科合并成立南京农学院。1963年被确定为全国两所重点农业高校之一。1972年学校搬迁至扬州，与苏北农学院合并成立江苏农学院。1979年迁回南京，恢复南京农学院。1984年更名为南京农业大学。2000年由农业部独立建制划转教育部。

学校设有农学院、工学院、植物保护学院、资源与环境科学学院、园艺学院、动物科技学院、无锡渔业学院、动物医学院、食品科技学院、经济管理学院、公共管理学院（含土地管理学院）、人文社会科学学院、生命科学学院、理学院、信息科技学院、外国语学院、农村发展学院、金融学院、草业学院、思想政治理论课教研部和体育部21个学院（部）。设有61个本科专业、32个硕士授权一级学科、14种专业学位授予权、16个博士授权一级学科和13个博士后流动站。现有各类在校生32 000余人，其中全日制本科生17 000余人，研究生8 500余人。教职员工2 700余人，其中：博士生导师340人、中国工程院院士2名、国家及部级有突出贡献中青年专家39人、"长江学者"和"千人计划"专家11人、教育部创新团队3个、国家教学名师2人，获国家杰出青年科学基金14人，入选国家其他各类人才工程和人才计划100余人次。

学校的人才培养涵盖了本科生教育、研究生教育、留学生教育、继续教育及干部培训等各层次，建有"国家大学生文化素质教育基地"、"国家理科基础科学研究与教学人才培养基地"、"国家生命科学与技术人才培养基地"和植物生产、动物科学类、农业生物学虚拟仿真国家级实验教学中心，是首批通过全国高校本科教学工作优秀评价的大学之一，2000年获教育部批准建立研究生院。

学校拥有作物学、农业资源与环境、植物保护和兽医学4个一级学科国家重点学科，蔬菜学、农业经济管理和土地资源管理3个二级学科国家重点学科以及食品科学国家重点培育学科，有8个学科进入江苏高校优势学科建设工程，农业科学、植物与动物学、环境生态学、生物与生物化学4个学科领域进入ESI学科排名全球前1%。

学校建有作物遗传与种质创新国家重点实验室、国家肉品质量安全控制工程技术研究中心、国家信息农业工程技术中心、国家大豆改良中心、国家有机类肥料工程技术研究中心、农村土地资源利用与整治国家地方联合工程研究中心和绿色农药创制与应用技术国家地方联合工程研究中心等 63 个国家及部省级科研平台。"十一五"以来，学校科研经费达 27 亿元，获得国家及部省级科技成果奖 100 余项，其中作为第一完成单位获得国家科技进步一等奖 1 项、二等奖 7 项、技术发明奖二等奖 2 项。学校凭借雄厚的科研实力，主动服务社会、服务"三农"，创造了巨大的经济社会效益，多次被评为国家科教兴农先进单位。

学校国际交流日趋活跃，国际化程度不断提高，先后与 30 多个国家和地区的 150 多所高校、研究机构建立了学生联合培养、学术交流和科研合作关系。开展了中美本科"1+2+1"、中澳本科"2+2双学位"、中法和中英"硕士双学位"等中外合作办学项目。建有"中美食品安全与质量联合研究中心"、"南京农业大学—康奈尔大学国际技术转移中心"和"猪链球菌病诊断国际参考实验室"等多个国际合作平台。2007 年成为教育部"接受中国政府奖学金来华留学生院校"。2008 年成为全国首批"教育援外基地"。2012 年获批建设全球首个农业特色孔子学院。学校倡议发起设立了"世界农业奖"，并成功举办了两届颁奖活动。

学校校区总面积 9 平方公里，建筑面积 72 万米^2，资产总值 29 亿元。图书资料收藏量超过 206 万册（部），拥有外文期刊 1 万余种和中文电子图书 100 余万种。学校教学科研和生活设施配套齐全，校园环境优美。

在百余年办学历程中，学校秉承以"诚朴勤仁"为核心的南农精神，始终坚持"育人为本、德育为先、弘扬学术、服务社会"的办学理念，先后培养造就了包括 51 位院士在内的 20 余万名优秀人才。

展望未来，作为近现代中国高等农业教育的拓荒者，南京农业大学将以人才强校为根本、学科建设为主线、教育质量为生命、科技创新为动力、服务社会为己任、文化传承为使命，朝着世界一流农业大学目标迈进！

（撰稿：吴 玥 审稿：刘 勇）

［南京农业大学 2014 年工作要点］

中共南京农业大学委员会
2013—2014 学年第二学期工作要点

本学期党委工作的指导思想和总体要求：深入学习贯彻中共十八大和十八届三中全会精神，全面落实第二十二次全国高校党建工作会议任务和要求，全力做好党的群众路线教育实践活动整改落实工作，围绕世界一流农业大学建设目标，进一步加强和改进学校党的建设，坚定信念、深化改革，抢抓机遇、攻坚克难，扎实推进学校各项事业又好又快发展。

一、以召开学校第十一次党代会为契机，全面提升学校党的建设科学化水平

1. 加强基层党组织建设 深入贯彻落实《中国共产党普通高等学校基层组织工作条例》，严格实施《南京农业大学院级基层党组织工作细则》和《南京农业大学党支部工作细则》，切实增强基层党组织的吸引力、号召力和凝聚力。充分发扬民主，严格组织程序，开展院级基层党组织换届选举。精心做好各项筹备工作，确保学校第十一次党代会顺利成功召开。制订《党代会代表任期制实施意见》，为党代表履行职责、发挥作用提供制度保障。

2. 加强和改进思想政治建设 完善思想政治工作方式方法，牢牢把握党对学校意识形态工作的领导权、管理权和话语权。修订完善校院两级党委中心组学习制度，开展"走基层、增底气、聚人气——党委中心组理论学习'落地'工程"，切实提升党委中心组学习成效。采取形式多样的学习方式，引导师生员工深入学习领会习近平总书记系列讲话精神。加强党校师资队伍和课程建设，不断提升党校教学质量和培训实效。

3. 加强领导班子和党员干部队伍建设 总结党的群众路线教育实践活动经验，扎实做好各项整改落实工作，进一步加强和改进各级领导班子和党员干部作风建设。修订完善《中共南京农业大学常务委员会议事规则》、《学院党政联席会议制度》和《学院贯彻执行"三重一大"决策制定暂行规定》，确保决策的科学、民主。加强干部培训，举办第 7 期中层干部高级研修班和第 3 期中青年干部培训班，做好江苏省委党校第 12 期高校党政干部培训班承办工作。深入推进大学生党员素质工程，着力建设一支素质优良、结构合理、规模适度和作用突出的大学生党员队伍。

二、加强战略研究与规划管理，不断完善学校发展顶层设计

4. 加强发展战略研究 加强对高等农林教育综合改革国家政策措施的跟踪研究。继续开展与国内外同类型高水平高校的对比研究。围绕世界一流农业大学建设目标，重点就学校学科发展战略边界、重点优势学科和师资队伍配备等开展专项研究，拟订以学科为导向的人

力资源管理与开发方案。适时举办学校第八次建设与发展论坛。

5. 开展"十二五"中期检查 研究制定量化考核指标，对各学院、各单位"十二五"规划实施情况进行检查评估，确保各二级单位的建设目标、建设重点、建设进度和主要举措与学校发展目标相一致。

6. 完善现代大学制度 落实章程修订计划，加快工作进展，确保如期完成《南京农业大学章程（试行）》修订工作并报教育部核准。以学校章程为根本，建立完善与章程相配套的管理体制机制和规章制度，加快推进我校内部治理体系和治理能力的现代化。

三、加强文化建设和宣传工作，不断提升学校软实力和社会美誉度

7. 推进大学文化传承与创新 深入实施学校中长期文化建设规划纲要，加强文化设施和校园网络文化建设，开展"师德标兵"、"师德先进个人"和校园文化建设优秀成果评选表彰，进一步弘扬和传承以"诚朴勤仁"为核心的南农精神，充分发挥大学文化育人功能。

8. 加强新闻宣传和舆论引导 充分发挥校报、橱窗和南农新闻网等传统校园媒体作用，为迎接学校第十一次党代会营造良好氛围。开通运营学校微信官方平台，完善学校官方微博功能，着力加强新媒体舆论引导能力建设。围绕学校重点工作，加强宣传策划，进一步做好对外宣传工作。

四、加强纪检、监察、审计和招投标工作，深入推进反腐倡廉建设

9. 加强党风廉政建设 贯彻中央《建立健全惩治和预防腐败体系 2013—2017 年工作规划》，认真开展责任分解和任务分工，构建具有高校特点的惩防体系。落实党风廉政建设责任制，签订新一轮党风廉政建设责任书和领导干部廉政承诺书。完善党务公开、校务公开和二级单位办事公开制度。推进"三重一大"决策制度在二级单位的执行。开展反腐倡廉教育，深化廉洁文化创建活动。

10. 加强监察、审计和招投标工作 强化权力运行监督，着力防止不作为、乱作为等问题。大力开展争创无职务犯罪先进单位活动。深化领导干部经济责任审计，加强工程审计和各类专项审计，强化对科研经费监管，着力规范和控制"三公"经费支出。完善招投标制度，规范工作程序，确保招投标工作顺利开展。

五、以世界一流农业大学建设目标为引领，全面加快学校各项事业发展步伐

11. 加强教育教学工作 深入贯彻落实《教育部关于全面提高高等教育质量的若干意见》和《教育部农业部国家林业局关于推进高等农林教育综合改革的若干意见》。做好迎接教育部本科教学工作审核性评估各项准备工作。加强企业研究生工作站和研究生兼职导师队伍建设。积极推进研究生教育国际化。完善留学生教育管理，健全留学生教育质量保障体制机制。加强学生工作，重点抓好学风建设、就业与创业教育、招生宣传及队伍建设。做好继续教育和体育工作。

12. 加强学科建设 完成江苏高校优势学科建设工程一期项目验收及二期建设项目申报。做好"211 工程"四期建设申报和"985 工程"优势学科创新平台建设方案论证准备工作。提前做好下一轮一级学科评比的准备工作，扎实推进国家、省、校三级重点学科建设。

加快推进新兴交叉学科建设，促进人文社科、理工类学科发展。

13. 加强人才队伍建设和人事制度改革 紧扣学科建设规划，加大高端领军人才队伍建设力度。结合"钟山学者"计划，做好团队建设工作。全面推进人事制度改革，完善专业技术职务评聘，建立健全以岗位职责为目标的绩效考核机制。完善博士后队伍建设管理制度。完成科级及以下非教学科研岗位人员考核聘任工作。

14. 提升科技创新与社会服务能力 把握国家科技体制与机制改革契机，统筹学校科技资源，拓宽项目申报渠道，力争科研项目经费有新突破。拓宽国家科技奖励申报推荐途径，做好重大科技成果的遴选、培育和申报。集中优势力量，扎实推进"2011计划"的组织实施。加强科研平台建设，着力做好国家、省（部）级科研平台的申报、建设及验收工作。加强科技成果集成和转化，扎实推进校地、校企产学研合作。

15. 推进国际交流与合作 组织开展"国际化推进年"活动。拓展校际合作关系，扎实推进多个国际合作平台建设。加强"引智"、"聘专"工作，着力提升"聘专"层次。做好教师出国绩效考核工作。营造人才培养的国际化氛围，推进各类学生交流项目，鼓励学生出国留学。总结经验，进一步拓展教育援外的载体和方式方法。做好孔子学院和非洲农业示范园区建设工作。

16. 做好各项服务保障工作 推进"两校区一园区"建设。在保证质量的前提下，加快各类在建工程进度。做好第三实验楼、牌楼教师公寓等新建工程的前期准备工作。加快白马教学科研基地建设进度，做好项目入驻准备工作。提升国有资产管理水平，推进公房管理改革。加强产业工作，不断增强学校经营性资产活力。做好图书与信息工作，提升服务水平。加强食品安全、医疗保健和物业管理等工作，确保后勤保障有力。

六、营造和谐发展氛围，凝聚促进学校又好又快发展的强大合力

17. 加强发展委员会工作 健全校友工作机制，加强地方校友会组织建设，完善校院两级校友工作体系。挖掘校友资源，充分发挥校友在招生、就业工作中的重要作用。建立基金会项目管理信息化平台，加强教育发展基金会工作，力争多渠道募集办学资金。

18. 加强统战工作 深入贯彻落实中央统战工作精神，加强党外代表人士队伍建设。积极支持民主党派加强自身建设，努力为党外人士参政议政、服务社会搭建平台。建立各民主党派相互交流的平台。加强对民主党派成员的培训工作。

19. 发挥工会作用 学习贯彻《江苏省高等学校教职工代表大会实施办法》，进一步完善校院二级教代会制度建设。深入开展创建模范教职工之家活动，进一步加强"二级教工之家"建设。加强女工工作，维护女教职工合法权益。发挥工会桥梁纽带作用，促进校园和谐。关心困难教职工生活。

20. 做好共青团工作 加强各级团组织建设，全面提升团组织的工作活力和凝聚力。坚持用中国梦共同理想凝聚青年，引导学生健康成长成才。深化"三转三促"教育实践活动成果，推进团学骨干联系青年、走进青年和服务青年。深入开展社会实践、志愿服务和校园文化活动。加强对学生社团组织的管理和指导。

21. 做好老龄工作 落实党和国家有关老龄工作的政策，努力帮助老同志解决生活中的实际困难。改善离退休老同志学习、活动条件，办好老年大学，积极开展适合老同志身心健康的各类活动。尊重并发挥好离退休老同志在学校建设、关心下一代及和谐校园建设中的积

极作用。

22. 做好安全稳定工作 落实安全责任制，进一步加强安全教育和培训。优化完善技防系统，加强校园治安综合治理。修订完善《南京农业大学突发事件应急处置预案》。加大对社会热点问题、网络舆情和宗教渗透的关注，强化信息收集、研判与报送，及时化解矛盾纠纷和安全隐患，确保校园安全稳定。做好保密工作。

（由党委办公室提供）

中共南京农业大学委员会
2014—2015 学年第一学期工作要点

本学期党委工作的指导思想和总体要求：深入贯彻落实中共十八大、十八届三中全会和教育部直属高校工作咨询委员会第二十四次会议精神，围绕学校第十一次党代会确定的奋斗目标和工作任务，进一步加强和改进学校党的建设和工作作风建设，解放思想、深化改革、攻坚克难、狠抓落实，切实加快世界一流农业大学建设步伐。

一、把握高等教育改革进程，进一步加强学校发展顶层设计

1. 深化学校综合改革　落实教育部直属高校工作咨询委员会第二十四次会议精神，围绕世界一流农业大学建设目标，在深入分析影响学校事业持续健康发展因素的基础上，形成学校综合改革方案。适时召开学校第八届建设发展论坛。

2. 加强一流学科建设　深入开展对《关于继续推进世界一流大学和一流学科建设的总体方案》的研究，牢牢把握政策机遇，全力加强学校一流学科建设，优化学科布局和资源配置，促进学科水平的全面提升。

3. 完善现代大学制度　完成《南京农业大学章程》修订和核准工作。以章程作为依法办学的基本准则，不断完善学校内部体制机制和管理制度。修订《南京农业大学学术委员会章程》，落实学术委员会对学术领域重大事项的决策、审议、评定和咨询等权利。

二、加强思想政治教育和组织建设，着力提升党的建设科学化水平

4. 加强思想理论武装　深入学习习近平总书记五四重要讲话精神，大力开展社会主义核心价值观宣传教育。贯彻落实第十一次党代会精神，引导广大师生员工把思想和行动统一到第十一次党代会精神上来，把智慧和力量凝聚到落实第十一次党代会确定的发展目标上来。创新学习方式，坚持和完善校院两级党委中心组、党校工作，扎实推进学习型党组织建设。

5. 完善基层党组织建设　按照"围绕中心抓党建，抓好党建促发展"的工作思路，加强服务型党组织建设，进一步发挥基层党组织在人才培养、科学研究和社会服务中的重要作用。加强创新型党组织建设，不断完善基层党组织工作机制，努力培育一批具有学校特色的党建工作品牌。制订《党代会代表任期制实施意见》，为党代表履行职责、发挥作用提供制度保障。做好部分基层党组织换届工作。

6. 加强党员干部队伍建设　巩固党的群众路线教育实践活动成果，不断强化领导班子和党员干部作风建设。严格执行《南京农业大学中层干部管理规定》，做好干部补充调整工作。研究制定领导干部问责机制和岗位责任追究机制。统筹各类培训渠道，分层次做好干部培训。加强对中层干部考核评价和监督管理，做好领导干部个人有关事项报告和因私出国（境）证件管理工作。做好干部挂职锻炼、定点扶贫和援疆工作。按照"控制总量、优化结

构、提高质量、发挥作用”的总要求，完善党员队伍建设。

三、加强文化建设和宣传工作，不断提升学校软实力和社会影响力

7. 推进大学文化传承与创新　落实教育部《完善中华优秀传统文化教育指导纲要》，做好全国第八届高校校园文化建设优秀成果和“礼敬中华优秀传统文化”活动成果的申报工作。大力弘扬以“诚朴勤仁”为核心的南农精神，开展学校文化宣传教育系列活动，启动“南京农业大学大师名家口述史”工作，充分发挥大学文化育人功能。

8. 加强新闻宣传和舆论引导　组建校园新媒体联盟，探索建立校园网络文化建设新途径和管理新机制。围绕学校重要活动、重大成果和先进人物事迹，加强对外宣传的选题和策划，进一步做好对外宣传工作。加强新闻宣传规范化建设，确保新闻宣传工作健康稳定发展。

四、加强纪检、监察、审计和招投标工作，深入推进反腐倡廉建设

9. 加强法制宣传教育　深入开展廉政教育和守法教育，使广大党员干部、师生员工真正做到知法、懂法和守法。深化与驻地检察院的共建，扎实开展预防职务犯罪专题教育，切实提高预防工作的针对性和实效性。结合实际情况，对关键岗位科级以上干部进行警示教育。

10. 完善党风廉政制度　落实党风廉政建设责任制，确保党委主体责任和纪委监督责任落到实处。贯彻中央《建立健全惩治和预防腐败体系 2013—2017 年工作规划》，结合学校实际，制订实施办法和配套制度。健全廉政风险防控制度，严把招生录取、科研经费、基建项目、物资采购、财务管理、校办企业和学术诚信等重要关口。

11. 加强监察、审计和招投标工作　加强党务、校务公开，扎实推进院系事务公开。完善财务预算、核准和审计机制，着力规范和控制“三公”经费支出。加强各类审计，严格科研经费监管。深入贯彻中央八项规定精神，严肃财经纪律和“小金库”专项治理工作，坚决纠正各种财经违法违纪行为。完善招投标信息管理系统，进一步增强招投标工作的规范化、透明度和工作效率。

五、以提升质量为核心，努力加快世界一流农业大学建设步伐

12. 深化教育教学改革　全面实施“卓越农林人才教育培养计划”，深入开展教育思想大讨论，优化通识教育与专业教育模式，全面提升教育质量。启动 2015 版人才培养方案修订工作。制定博士、硕士学位授予标准和学位授权点合格评估方案。推进研究生教育国际化。完善留学生课程，提升留学生培养质量。加强学生工作，重点抓好学风建设、就业与创业教育、特殊类型招生及队伍建设。做好继续教育和体育工作。

13. 加强学科布局研究　准确把握中国特色、世界一流的基本定位，科学规划学校一流学科的布局。推进“非农学科提升计划”，加强基础学科建设，促进交叉学科加快发展。总结前两轮校级重点学科建设经验，制订新一轮建设方案。完善学科管理制度及项目资金管理办法，切实做好江苏高校优势学科建设工程二期项目建设。

14. 加强人才队伍建设和人事制度改革 继续实施"钟山学者"计划,制订"钟山学者"学术团队建设方案。开展高层次引进人才评估工作。做好"长江学者"、"千人计划"和"万人计划"等重点人才工程的组织申报。深化人事制度改革,全面做好改革调研、宣传和方案制订工作。进一步规范师资博士后管理体系。

15. 加强科学研究 推进科研平台建设和各级协同创新中心的组织实施和申报工作。落实国务院 2014 年 11 号文件,完善科研项目和资金管理。加强人文社科特色智库建设。做好重大项目的培育申报和各级各类科研成果奖的遴选申报。加强地方技术转移分中心建设,深入推进各类产学研合作。推进科研管理与服务的国际化。

16. 提升社会服务水平 完善新农村发展研究院和江苏农村发展学院运行机制。建立健全教师参与社会服务的制度保障体系。加强服务"三农"基地建设,制订基地建设规划和运行方案,推进基地信息化平台建设。组织实施好地方政府服务"三农"项目,积极探索新时期农技推广的新机制、新模式。

17. 深化国际交流与合作 继续开展"国际化推进年"活动,深化校际合作关系,加强国际合作平台建设,推动教师、学生出国留学和校际交流。选择试点学院和专业,探索国际化示范性学院和国际化示范性专业建设。实施好教育部、商务部等国家部委教育援外计划,总结工作经验,提升教育援外成效。做好孔子学院和非洲农业示范园区建设工作。做好第二届世界农业奖的颁奖与相关学术活动。

18. 做好各项服务保障工作 统筹"两校区一园区"建设,加快新校区建设前期工作进程,做好白马教学科研基地项目入驻前期准备。加强财务管理,提高资金使用效益。完善后勤服务保障,不断改进校园软硬环境,改善师生学习生活条件。加强产业工作,力争经营性资产取得更好效益。做好图书信息工作,提升服务水平。加强档案管理,重点做好年鉴编印工作。完善医疗质量管理,提升医疗服务信息化水平。

六、营造和谐发展氛围,进一步凝聚促进学校事业发展的各方力量

19. 加强发展委员会工作 建立完善地方校友会组织,加强校友工作平台建设,充分发挥海内外校友在学校建设发展过程中的重要作用。规范教育发展基金会工作,完善基金会接受捐赠的管理制度和办法,严格对基金会的财务管理和监督。

20. 加强统战工作 深入贯彻中央统战工作精神,加强党外代表人士队伍建设。积极支持民主党派加强自身建设,努力为党外人士参政议政、服务社会搭建平台,切实维护好民主党派和党外人士与学校党委同心同德、同舟共济、携手奋进的良好局面。

21. 发挥工会作用 深化教职工代表大会制度建设,不断推进学校民主管理进程。发挥教代会执委会作用,做好五届三次教代会提案办理工作。继续开展创建模范教职工之家活动,加强"二级教工之家"建设。开展丰富多彩的群众性文体活动和新教职工岗前学习交流活动。关心困难教职工生活。

22. 做好共青团工作 围绕学校中心工作、服务青年成长,推进共青团工作体系化建设。加强榜样引导,在青年学生中弘扬主流价值观,传递校园正能量。深化课外科技、社会实践和志愿服务工作,加强第二课堂专业化建设。加强对学生组织和学生社团的管理和指

导，提升学生自我管理能力。

23. 做好老龄工作　落实党和国家有关老龄工作的方针、政策，提升服务水平。加强老龄组织建设，改善离退休老同志学习、活动条件，积极开展适合老同志身心健康的各类活动。尊重并发挥好老同志在学校建设、关心下一代及和谐校园建设中的积极作用。

24. 做好安全稳定工作　深入开展安全宣传教育，着力提升师生安全防范意识。加强技防建设和安全隐患整改力度，切实消除不安全因素。加强校园治安综合治理，健全管理制度，规范校园安全保卫工作。加大对社会热点问题、网络舆情和宗教渗透的关注，强化信息收集、研判与报送，全面深化校园维护稳定工作。做好保密工作。

（由党委办公室提供）

南京农业大学

2013—2014 学年第二学期行政工作要点

本学期行政工作的指导思想和总体要求是：深入学习贯彻中共十八大和十八届三中全会精神，巩固党的群众路线教育实践活动成果，以国家推进高等农林教育综合改革为契机，坚定信念、深化改革，狠抓落实、务求实效，加快建设世界一流农业大学。

一、重点工作

1. 开展"国际化推进年"活动 研究制定有效措施与政策，提高学校教学科研和人才培养国际化程度。探索国际深度合作的机制和模式，大力推进 5 个国际平台的实质性建设。创新引智工作，鼓励学院聘请国际顶尖专家学者。加强留学生课程体系建设，扩大留学生规模。拓展国际培训工作，创新孔子学院建设，打造援外培训精品。

2. 加快"两校区一园区"建设 坚定不移推进"两校区一园区"建设。围绕南京市区域经济社会发展的新形势，完成新校区建设方案论证，加快新校区建设进程。加快白马教学科研基地建设进度，尽快承担教学科研实验功能。完成卫岗校区、浦口校区以及牌楼校园总体规划修编，优化资源配置，缓解空间紧张局面。

3. 完善目标管理机制 结合"十二五"发展规划中期检查，科学制订世界一流农业大学建设任务分解方案，研究制定学院目标管理和绩效考核体系，加大监督检查力度，确保学院工作任务的落实和推进。

二、常规工作

（一）人才培养与教学管理

1. 本科教学 巩固"教学年"活动成果，落实教育教学改革措施，营造优良教风学风。深入学习领会《教育部农业部国家林业局关于实施卓越农林人才教育培养计划的意见》精神，启动"卓越农林人才教育培养计划"各类项目的申报与实施。依托教师发展中心，完善教学服务职能，加强教师教学能力培训。加强重点课程与开放课程建设，完善教学组织建设。组织申报 2014 年国家级教学成果奖。做好迎接新一轮普通高等学校本科教学审核性评估的各项准备工作。

2. 研究生教育 完善博士研究生招生机制改革，健全导师资格审核制。探索研究生课程建设新模式，突出课程建设的系统性和针对性。加强专业学位研究生实践基地建设，切实发挥企业研究生工作站的作用。做好研究生学位论文抽检和 2014 年全国优秀博士学位论文评选工作。结合研究生收费制度改革，制订和实施研究生奖助新方案。推进学位授权点全英文课程建设，提高研究生教育国际化水平。

3. 留学生教育 创新留学生教育工作考核评价机制，着力提高留学生培养质量。加强留学生中国文化教育，培养知华、友华和爱华的国际人才，打造学校国际教育品牌，提升校园国际化水平。

4. 继续教育 拓展生源渠道，保证招生规模。加强教学资源整合与数字化建设，推进远程教育。注重各类培训项目内涵建设，提升学校影响力和声誉。

5. 招生就业 组建多渠道宣传平台，共建优质生源基地中学，组织专家教授宣讲团走进中学，加强中学与大学教育的衔接，进一步提高生源质量。努力开拓就业市场，整合创业教育资源，提升就业与创业指导服务水平，提高毕业生就业质量。

6. 学生素质教育 以学生工作"三大战略"为指导，继续开展"我的中国梦"主题活动，精心组织各类课外活动，加强体育与国防教育，强化文化育人功能，促进第一课堂和第二课堂的衔接，进一步坚定学生理想信念、提高学生身心素质、培养学生专业兴趣、激发学习动力和竞争精神。

（二）师资建设与人事改革

7. 师资队伍建设 大力引进海内外高端领军人才和团队。探索引进人才业绩考核与工作评估机制。做好各类人才计划的遴选申报工作。积极推进"钟山学者"计划，遴选首批"钟山学者"学术团队、首席教授和学术骨干。做好校内"133 重点人才工程"的聘期考核。扩大博士后规模，探索师资博士后制度。

8. 人事制度改革 完善以岗位职责为目标的考核机制，调研教师工作量核算体系与绩效考核体系，探索建立与岗位绩效奖励津贴挂钩的量化考核办法。进一步完善专业技术职务评聘改革工作，更好地发挥职称评聘的导向作用。设计科级及以下非教学科研岗位人员聘任制度，完成新一轮考核聘任工作。

（三）科学研究与服务社会

9. 协同创新中心与科研平台建设 规划国家、省级和校级三级协同创新中心建设，完善相关体制机制。参与国家"食品安全与营养协同创新中心"的答辩和认定工作，做好已立项的江苏高校协同创新中心建设工作，加强"大豆油菜棉花生物学"和"中国耕地培肥与高效施肥"2 个协同创新中心的培育与运作工作。

启动"植物营养与逆境生物学国家重点实验室"的前期论证、培育工作。跟踪国家人文社科基地建设工作，推进 2 个国家与地方联合工程中心的建设运行。积极准备"国家农业信息工程技术中心"等国家和省部级平台的验收工作，做好"农业部肉与肉制品检测中心"的建设和资质迎评。

10. 项目管理与成果申报 贯彻落实国家关于改革科研项目和资金管理办法的意见，完善科技评价体系，积极参与国家和部门"十三五"科技规划工作。拓展项目渠道，培育科研经费新的增长点，争取年度到位科研经费突破 6 亿元，确保学校科研经费增长率高于国家科技投入增长率。着力培育大项目，力争国家"973"项目、国家自然科学基金创新群体有突破。拓宽国家科技奖的申报推荐渠道，做好申报和跟踪工作，力争获奖。

11. 产学研合作与社会服务 力争年度签订横向项目经费突破 1 亿元。组织申报国家技术转移示范机构。创新"新农村发展研究院"工作体制，推进现有地方产业研究院、专家工作站和技术转移中心的建设，在基地建设方面取得突破性进展，促进科技成果转化。做好人文社科重大招标项目的管理与服务工作，高质量编报《三农工作要参》，推进人文社科研究成果的实用化，增强咨询服务能力。继续开展"双百工程"等服务"三农"活动。

（四）学科建设与国际合作

12. 学科建设　统筹"211工程"、"优势学科创新平台"建设，做好方案论证。完成江苏高校优势学科建设工程一期项目验收及二期项目申报工作。根据学科布局和发展，加强优势特色学科建设，加快生物信息学等交叉学科建设，促进农科与人文社科、理工类学科的协调发展。

13. 国际合作与交流　加大人才培养国际化项目的开拓和宣传，提高全日制学生海外访学的比例。完善访学回国人员考核办法，引导鼓励教师出国研修。做好4个"111计划"项目的实施和管理，积极申报各类聘专项目。举办高水平国际会议，筹备第二届"世界农业奖"评选及颁奖活动，办好英文期刊 *Horticulture Research* （《园艺研究》），扩大学校国际影响力。

14. 教育援外　进一步扩大教育部、商务部的援外人力资源培训项目。在肯尼亚埃格顿大学建设"农业技术示范园"和"中肯农业科研与技术示范培训中心"。推进非洲农业研究中心实体化运作，开展实质性的项目研究。加快孔子学院建设，深入开展汉语教学、文化推广和科技合作等工作，扩大学院影响力。

（五）发展规划与校友会工作

15. 发展规划　完成《南京农业大学章程（试行）》修订工作，完善学术委员会和学部的运行机制，推进现代大学制度建设。开展学校"十二五"发展规划中期检查工作，强化对部门、学院建设任务的考核。继续开展建设世界一流农业大学的战略研究，适时召开第八次建设与发展论坛。

16. 校友会工作　成立河南、台湾校友会，筹建南京校友会及澳大利亚、日本等海外校友会。完善校院两级校友会工作体系。充分发掘校友资源，举办校友企业家俱乐部系列活动，开展校友企业招聘和产学研合作等工作，设立地方校友会励志基金，积极争取校友支持。

（六）公共服务与后勤保障

17. 基本建设　加强体育馆、青年教师公寓等在建工程的管理，确保按期交付使用。开工建设牌楼大学生就业指导中心。推进第三实验楼、牌楼教师公寓可行性研究报告论证、报批工作。加快白马教学科研基地管理用房、道路、水利水电和实验温室等基础设施建设，推进中心湖改造、东大门及大门广场、中心大道景观等工程方案论证。

18. 财务和审计工作　加强经费统筹，科学编制学校经费预算，强化预算刚性。拓宽经费筹措渠道，科学运筹现有资金，努力增强学校财力。加快专项经费执行进度。近一步规范招投标工作，控制"三公"经费支出，加强科研项目、学科建设和基建工程等专项经费的预算管理和审计，确保经费安全、高效和规范使用。

19. 图书馆与校园信息化　拓展图书馆学科服务和咨询服务功能，优化空间布局，增加阅读空间。完成学校中英文主网站改版工作，规范校园网站建设与管理。搭建国际化信息服务工作平台。设计校内云存储技术方案，推进生物信息学云计算共享平台的规划建设，完善校园无线网络及移动校园信息门户建设，提升校园信息化条件。

20. 后勤保障　完成电增容项目方案论证审定，引进 10 kV 高压专线，提高学校供电能力。完成牌楼土地交接和场地清理。推进家属区"水表出户"工程。继续推进公房有偿使用改革，做好新建青年教师公寓分配，提高公房使用效率。充分挖掘学校周边资源，建设过渡科研用房。继续探索水电分类定额管理的激励约束机制，进一步节能降耗。加强饮食服务管理，确保饮食质量和安全。加强物业服务管理，试点开展社会化物业管理。完善校医院独立运行的体制机制，提高医疗技术水平和服务质量。加大控烟宣传力度。

21. 校办产业　加强校办企业的规范化管理，继续培育学科型公司，促进科研成果转化，提升企业品牌和竞争力，提高经营效益。做好 2014 年中央国有资本金经营预算项目申报工作。

22. 平安校园建设　落实安全责任制，完善应急处置工作机制和预案，加强安全检查与隐患整改，消除学校不安全因素。强化校园"三防"建设，进一步优化和完善校园技防系统，加强校园治安巡查及安保人员管理，规范校园交通秩序，保障校园安全稳定。

（由校长办公室提供）

南京农业大学

2014—2015 学年第一学期行政工作要点

本学期行政工作的指导思想和总体要求是：深入贯彻落实中共十八大、十八届三中全会、教育部直属高校工作咨询委员会第 24 次全体会议和学校第十一次党代会精神，深化高等教育综合改革，强化目标任务分解落实，加快建设世界一流农业大学。

一、重点工作

1. 章程修订与人事制度改革 完成《南京农业大学章程》修订和核准，以章程作为依法办学的基本准则，完善学校内部治理结构，健全议事规则与决策程序，提升科学管理水平。将人事制度改革作为学校深化综合改革的突破口，深入开展调研和宣传工作，加强顶层设计，积极探索校院二级管理机制，重点改革教学科研人员和管理人员考评机制，优化工作量和薪酬制度设计，逐步建立突出考核、强化绩效的分配办法。

2. 新校区推进与白马园区建设 加强与上级主管部门和地方政府的沟通，完成新校区选址、项目方案设计等工作；统筹研究新校区和白马园区建设财务方案；开展新校区项目建议书报批工作及一期项目的前期调研论证。加快白马园区建设进度，完成管理用房、温网室、环湖道路和水利水电（一期）等工程，启动东区水利灌溉、中心湖改造、东大门和中心大道景观等工程。制订白马基地管理办法，做好教学科研项目进驻的各项准备工作。

3. 一流学科建设 根据国家高等教育改革发展总体要求，准确把握中国特色、世界一流的基本定位，科学规划学校一流学科的布局与建设。通过着力打造学科高峰，汇聚卓越人才，创新人才培养，提升学校教学科研综合水平和国际竞争力。

二、常规工作

（一）人才培养与教学管理

1. 本科教学 全面实施"卓越农林人才教育培养计划"，深入开展教育思想大讨论，修订人才培养方案，优化通识教育与专业教育模式，促进本科教育质量全面提升。加强精品核心课程和优秀教材建设，开展专业建设、课程建设评估，研究开发"大规模开放网络课程"（MOOCs），加强基础课教学。完善教师发展中心教学服务职能，大力开展教师培训，提高教师教学水平。推进国家级教学示范中心建设，构建开放共享机制，组织 2014 年国家级实验教学示范中心遴选申报，跟踪国家级实践教学基地的建设情况，建设优质实践教学平台。

2. 研究生教育 深化研究生教育综合改革，实施研究生奖助新方案。完善博士生招生申请审核制。按照一级学科制定博士、硕士学位授予标准。加强研究生实践基地建设，健全专业学位研究生实践环节管理与考核机制。组织首届研究生国际学术会议，落实直博生访学计划，鼓励研究生参与国际学术交流，加快全英文课程体系建设，提升研究生教育国际化水平。做好学位授权点合格评估工作，发布研究生教育质量年度报告。

3. 留学生教育 积极吸引优质留学生生源，策划来华留学"硕士生班"项目，做好外籍预科生的汉语教学工作。注重留学研究生科研工作，促进学校与留学生生源国家的合作。加强留学生中华文化教育，提高留学生文化活动参与度，营造国际化校园环境。

4. 继续教育　开拓继续教育生源渠道，优化校外教学函授站（点）布局，稳定招生规模。完善远程教育网络建设，做好网络教育申报工作。积极参与江苏省成人学历教育改革试点工作。

5. 招生就业　总结 2014 年招生工作，做好 2015 年特殊类型招生的宣传、选拔。创新招生宣传方式，加强与高中的联系和衔接，拓展优质生源基地。完善就业与创业教育体系，探索开设网上就业课堂，编写《大学生职业发展与就业指导》教材。积极开拓就业市场和就业途径，通过举办校企论坛等活动加强与用人单位交流，鼓励毕业生基层就业，加强就业困难毕业生帮扶，提高就业质量。

6. 学生素质教育　实施学生工作"三大战略"，推进学院学生工作办公室建设，完善大学工体系与整体流动机制，优化学工队伍素质与结构。精心组织各类课外教育活动，加强思想教育、文化素质教育、体育与国防教育，做好新生入学教育，全面提高学生素质。积极开展学术活动，搭建"校、院、学科"三级学生学术交流平台，努力营造崇尚学术的氛围。

（二）师资队伍与学科建设

7. 师资建设　探索学术人员队伍建设的"Tenure Track"机制，推行师资博士后制度并建立相应管理体系。开展专业技术岗位分级聘任工作，推进师资队伍的分层分类管理。做好高层次引进人才评估、各类人才计划的申报工作。继续推进"钟山学者"计划，启动"钟山学者"首席教授、学术骨干项目，制订"钟山学者"学术团队构建方案，发挥"钟山学者"计划的学术示范作用。

8. 学科建设　推进江苏高校优势学科建设工程二期项目建设，启动新一轮校级重点学科建设。推进非农学科提升计划，编制基础学科振兴计划。加强学科公共平台建设，促进交叉学科与相关学院学科的深度融合，统筹推动学科发展。

（三）科学研究与服务社会

9. 协同创新中心与科研平台建设　推进国家、省级和校级三级协同创新中心建设，加快建设"作物基因资源研究协同创新中心"，积极参与"食品安全与营养"、"长江流域杂交水稻"和"生猪健康养殖"协同创新中心建设，争取获得国家立项。做好"植物营养与逆境生物学国家重点实验室"的筹备组建工作，完成"国家信息农业工程技术中心"和"园艺作物种质创新与利用教育部工程研究中心"验收工作。

10. 项目管理与成果申报　加强重大项目培育力度，积极申报地方项目，大力拓展横向项目，保证科研经费持续增长。贯彻落实《国务院关于改进加强中央财政科研项目和资金管理的若干意见》，进一步优化科研项目和资金管理机制，提高科研资金效益。改革科研评价体系，完善科技成果奖励办法和知识产权管理办法。做好各类科技奖励组织申报，跟踪2014 年度国家科技奖申报后续工作和 2015 年度遴选工作，加强社科成果申报工作。

11. 产学研合作与社会服务　依托国家技术转移示范机构，拓宽与政府、企业的产学研合作渠道，推动南京农业大学—康奈尔大学技术转移中心的成果引进、吸收和转化。加快新农村发展研究院、江苏农村发展学院组织机构和管理运行机制建设。整体设计全校各类产学研基地布局，初步完成基地规划方案。完善学校社会服务的各项制度保障，继续实施各类科教兴农工程。加强人文社科特色智库建设，编写《江苏新农村发展系列报告（2014）》、《江苏农村发展决策要参》，提高人文社科研究的社会影响力。

（四）国际合作与教育援外

12. 国际合作与交流　继续开展"国际化推进年"活动，创新国际深度合作的机制和模式。探索与国际名校合作建设国际化示范性学院、国际化示范性本科专业。推进"作物分子生物学联合实验室"、"全球健康联合研究中心"等国际化平台建设，尽快实现实质性运转。做好"111计划"项目的实施和管理，探索设立校级"111计划"。举办第二届"世界农业奖"颁奖典礼及相关学术活动，扩大学校国际影响。加强出国咨询服务，积极争取学生出国奖学金项目，营造良好的出国留学氛围。

13. 教育援外　组织援外人力资源培训项目。推进"非洲农业研究中心"实体化运作，为国家制定中非农业合作政策提供咨询服务。发挥孔子学院的平台作用，积极开展农业技术培训，启动"农业科技园区"建设，探索产学研结合的援外发展模式。筹备出版《南京农业大学教育援外二十周年画册》，展示教育援外成就。

（五）发展规划与校友会工作

14. 发展规划　围绕学校十一次党代会提出的奋斗目标和工作任务，结合"十二五"发展规划的实施，制订详细的分解落实方案，强化对部门、学院建设任务的考核。完成《南京农业大学学术委员会章程》修订，促进学术权力的发挥。组织召开第八届学校建设与发展论坛。

15. 校友会工作　继续完善校友会网络，成立台湾、河南和山西校友会，筹建西藏、贵州、南京校友会及澳大利亚、日本海外校友会。加强校友联络，举办校友代表大会、校友企业家俱乐部和杰出校友论坛等活动，设立"校友励志奖学金"，积极争取校友支持学校发展。加强教育发展基金会财务管理，广泛争取社会捐赠。

（六）公共服务与后勤保障

16. 基本建设　完成卫岗、工学院、牌楼校园总体规划修编和报批工作。做好体育馆、卫岗青年教师公寓等工程竣工交付工作，做好第三实验楼可行性研究报告报批工作，启动牌楼青年教师公寓设计和申报，开工建设牌楼大学生就业指导中心。

17. 财务和审计工作　做好2015年预算编制工作，建立预算执行预警制度，强化预算刚性。拓宽经费筹措渠道，科学运筹现有资金，努力增强学校财力。实施新的《高等学校会计制度》，试行银联标准信用卡（公务卡）财务核算报销制度，完善学校财务预算、核准和审计机制，防控财务风险。推进财务信息化建设，加强各部门财务信息共享，加快网银支付平台建设。完善招投标信息管理平台建设。

18. 图书信息与档案工作　规范校园二级网站建设与管理。做好教师综合信息服务平台的规划建设和基础信息采集工作，探索校企多方协同开展信息化项目建设的新模式，保障信息安全。进一步优化图书馆空间布局，改善阅读条件。加强档案管理，推进档案信息化建设，做好OA系统与档案数据库的对接，实现文件实时归档。编印出版2013年学校年鉴，征集南农人物档案。

19. 后勤保障　制订卫岗青年教师公寓管理办法，继续推进公房有偿使用改革试点工作，规范行政办公用房配置，清理整改超标办公用房。完成"十二五"卫岗校区供电方案审定，引进 10 kV 高压专线，提高卫岗校区供电能力。完成家属区水表出户改造工程。强化饮食安全工作，保持伙食价格稳定。开展物业管理社会化试点。完善医疗质量管理与控制体系，提升医疗服务能力，为师生提供有力的医疗保障。

20. 校办产业　完成 2013 年国有资本金增资工作，积极申报 2014 年国有资本金、文化产业发展专项等项目。成立学校科技产业联盟，打造优质农产品品牌。做好南京农业大学规划设计研究院资质申报、神州种业资产重组工作。加强对控股、参股企业内审管理，促进校办企业健康发展。

21. 平安校园建设　加强校园安全防范措施，开展安全宣传教育，消除校园安全隐患和不安全因素。强化技防建设，启动消防安全管理平台建设，探索校园、家属区机动车辆管理新模式，保障校园安全稳定。

（由校长办公室提供）

［南京农业大学 2014 年工作总结］

2014 年，在教育部和江苏省委、省政府的正确领导下，学校党委和行政高举中国特色社会主义伟大旗帜，以邓小平理论、"三个代表"重要思想、科学发展观为指导，深入贯彻党的群众路线和国家教育方针政策，进一步解放思想、深化改革、攻坚克难、狠抓落实，切实加快世界一流农业大学建设步伐。在全校上下的共同努力下，学校事业得到有力推进，各项工作再上新台阶。

现将 2014 年工作总结如下：

一、加强领导班子建设，办学治校水平进一步提升

（一）加强思想建设，不断增强班子驾驭全局、推动工作的能力

深入学习贯彻中共十八大、十八届三中、四中全会精神和习近平总书记系列重要讲话精神，牢牢把握社会主义办学方向，在办什么样的大学、培养什么样的人等大是大非问题面前，始终保持清醒的立场。加强学习型班子建设，举办 6 次中心组集体学习，不断提升班子成员的政治素养和理论水平。

坚持并不断完善党委领导下的校长负责制。成功召开学校第十一次党代会，选举产生新一届学校党委领导班子，进一步明确了学校未来发展目标、发展任务和发展路径，凝聚了发展共识和发展力量，为学校未来又好又快发展打下坚实的组织基础和思想基础。严格执行"三重一大"决策制度，完善党委全委会、常委会和校长办公会议事规则，班子成员执行民主集中意识进一步增强，班子的整体合力和工作活力进一步提升。

完成学校章程修订，新的章程从领导体制、学术管理、民主管理和监督机制等 11 个方面，为依法治校提供了根本遵循。深化教职工代表大会制度建设，先后召开五届三次、四次教职工代表大会，完善党务公开、校务公开，健全师生代表列席学校重要会议制度，切实保障广大师生员工在学校民主管理中的重要作用。

（二）巩固教育实践活动成果，做好整改落实后续工作

教育实践活动总结大会召开以来，学校党委严格按照中央和教育部党组织要求，牢固树立持续整改、长期整改的思想，坚持将巩固教育实践活动成果，构建整治"四风"长效机制，作为当前学校的主要政治任务，将落实整改方案、专项整治方案和制度建设计划作为整改工作的重中之重，一件一件深入推进，着力解决学校在"四风"方面存在的突出问题，确保教育实践活动善始善终、取得实效。

截至目前，整改任务进展顺利，各项限期整改项目已全部完成或基本完成，整改工作取得显著成效。例如：整治"奢靡之风"方面。2014 年，"三公"经费大幅度下降，其中接待费下降成效最为明显，相互吃请之风得到有效控制；到目前为止，初步完成行政办公用房清理整改工作，其中学校机关部门腾退行政办公用房共计 1 500 米^2。

(三)加强战略规划,完善学校发展顶层设计

落实教育部第35号令,进一步加强学术委员会建设,支持各级学术组织按照各自规程独立自主开展工作。完成校学术委员会换届,修订学校《学术委员会章程》,设立学术委员会红头文件序列,学校学术权力得到进一步彰显,教授治学氛围更加浓厚。

围绕学校发展战略目标,第十一次党代会确立了本世纪中叶前学校"三步走"发展策略,进一步明确了学校阶段性发展目标。积极推动学校综合改革,把综合改革作为学校发展的新机遇,周密部署,精心组织,成立学校综合改革领导小组,从校区建设与空间拓展、大学治理结构和人才培养体制等8个专题,开展广泛深入调研,集思广益,凝聚共识,初步形成学校综合改革方案,明确了改革目标和思路,为学校新一轮发展打下坚实基础。

新校区建设取得重要进展。经过与地方政府部门反复磋商沟通,南京市已明确表态支持学校在浦口建设新校区,校区建设已纳入南京江北新区整体规划。目前,学校成立了规划、建设和财务3个工作组全力推进新校区建设。

二、以世界一流农业大学建设目标为引领,学校各项事业发展再上新台阶

(一)人才培养质量进一步提升

招收本科生4 394人,一志愿率达98.64%;招收全日制硕士生2 190人、博士生441人。试行博士生招生申请审核制,严格控制招收在职博士生比例,硕博连读生和直博生比例大幅提升。加强就业指导与服务,组织3 000余家单位来校招聘,2014届本科生就业率达97.31%,研究生就业率达90.81%。

入选首批国家卓越农林人才教育培养计划改革试点高校,8个专业入选拔尖创新型、复合应用型人才培养模式改革试点。启动2015版本科专业人才培养方案修订工作。全面推进本科教学工程,获国家级教学成果二等奖1项,新增国家级实验教学中心1个。教材建设成绩显著,入选第二批"十二五"国家级规划教材数量居全国农林高校之首。开展名师工作坊、教学示范观摩等,提升教师教学水平,1人获"全国教育系统先进工作者"称号。

改革研究生奖助体系,设立校长奖学金,扩大奖助覆盖面并大幅提高额度。举办首届研究生国际学术会议,扩大研究生国际交流规模,4门课程入选"江苏省高校省级英文授课精品课程"。加强质量保障体系和实践教学基地建设,制定一级学科博士、硕士学位授予标准,新增28家省级企业研究生工作站。授予博士学位377人、硕士学位1 979人,获江苏省优秀博士学位论文7篇。

坚持立德树人,深入开展素质教育。全年开展各类主题教育活动10余项,各类文化素质讲座320余场,2名同学分别入选"中国大学生年度人物"和"中国大学生自强之星"提名。深化创业教育,在2014年全国大学生创业计划大赛中,荣获2金1银优异成绩。创新毕业生教育和引导方式,校长逐一为毕业生颁发学位证书。积极开展心理健康教育和体育教学改革,学生身心素质不断提高,高水平运动队在全国大学生体育竞赛中取得优异成绩。

留学生培养质量进一步提升。招收各类留学生706人,招收留学生渠道更加多元,专业分布更广。以留学生为第一作者发表SCI论文52篇,较2013年提高44.4%。积极组织留学生参与校内外活动,举办校园国际文化节,校园国际化氛围日益浓厚。

继续教育工作不断加强。录取继续教育新生 6 392 人，再创历史新高。新增国家级科技特派员创业培训基地，举办各类培训班 65 个，培训学员 5 697 人次，继续教育的社会效益和经济效益同步提升。

（二）师资队伍继续保持良好发展

全年引进高层次人才 11 人，海内外公开招聘 84 人。新增"千人计划"1 人、"长江学者"2 人、杰出青年科学基金获得者 1 人、国家百千万人才工程 1 人、科技部中青年科技创新领军人才 1 人，20 余人次入选江苏省特聘教授、"333 工程"等各类人才工程，1 个团队入选江苏省"双创团队"，6 个团队入选江苏省现代农业产业技术创新团队。

启动人事制度改革，新增科研型、推广型和实验性职称系列，建立师资博士后管理模式，招收博士后 56 人，24 人进入师资博士后岗位。完成全校科级及以下管理岗位和其他非教学科研岗位的聘期考核及聘任工作。完成 2010—2011 年校内岗位津贴补发工作。

（三）学科建设水平稳步提升

开展学科建设顶层设计研究，进一步明确了世界一流学科的建设任务、目标及路径。开展了新一轮学科点负责人聘任工作。完成江苏高校优势学科建设工程一期项目验收，8 个验收项目 7 个获得优秀，所有项目均获得二期立项资助。

学校 ESI 总体排名稳步提升，生物与生物化学首次进入 ESI 前 1%，进入 ESI 前 1% 学科达到 4 个；其中农业科学排名提升至 72 位，已非常接近前 1‰。

（四）科技创新能力进一步增强

年度实际到位科研经费首次突破 6 亿元，较 2013 年增加将近 1 亿元，立项科研经费 4.41 亿元，国家自然科学基金立项经费再次过亿元；江苏省自然科学基金立项数全省高校排名第二。

以第一通讯作者单位发表 SCI 论文 1 000 余篇，较 2013 年增加超过 1/3，其中在 *Nature* 子刊发表论文 6 篇。以第一完成单位获部省级以上科技成果奖 8 项，其中国家技术发明二等奖 1 项并入选教育部年度"中国高等学校十大科技进展"；7 项社会科学成果得到中央和省部级领导批示。

科研平台建设成绩显著。新增 2 个江苏高校协同创新中心和 2 个省级科研平台；3 个农业部重点实验室设计方案通过审批；3 个省部级平台通过验收。学校大型仪器共享平台进一步完善，实现了全校 13 个网点 400 余台大型设备的资源共享。

（五）社会服务水平进一步提升

加强新农村发展研究院工作，建立完善了有利于新农村发展研究院职能发挥的工作体制机制。扎实推进新农村服务基地和服务信息化平台建设，确定综合示范基地 3 个、特色产业基地 5 个、分布式服务站 10 个。精心实施"挂县强农富民工程"等社会服务项目，开展技术培训活动 180 余次，累计培训基层技术人员、农户 4 000 余人。

加强产学研合作和科技成果转化。签订成果转化合同 437 项，横向合同金额 1.31 亿元，达历史新高。学校荣获 2014 年"中国产学研创新成果奖"和"中国产学研合作促进奖"。

（六）教育国际化深入推进

确立 2014 年为学校"国际化推进年"，精心策划工作方案、明确工作分工，多部门协调推进，工作成效显著，国际化办学理念进一步深入人心。深化与加州大学戴维斯分校等高水平大学实质性合作，积极拓展与非洲、东南亚等发展中国家的校际合作，学校国际合作伙伴全球布局进一步优化。

新签校际合作协议 21 个，"中肯作物分子生物学联合实验室"获科技部立项。派出学生出国（境）学习 614 人次，接待海外代表团 49 批，举办教育援外培训班 22 期。成功举办第二届"世界农业奖"颁奖典礼等国际会议 9 个。新增"高端外国专家项目"、"江苏省百人计划"和"111 计划"各 1 项，聘请美国科学院院士在内的外籍文教专家、外籍教师 360 余人次，2 位外籍专家分别荣获"江苏省国际合作贡献奖"、"江苏省五一劳动荣誉奖章"。孔子学院积极传播中国文化和农业生产技术，提升了学校在非洲的影响力。

（七）办学条件与服务保障水平进一步提高

学校财务运行状况良好。全年总收入 15.39 亿元，支出 13.12 亿元。加强预算执行监管，严格专项资金管理，经费使用效率得到有效提升。整合校园"一卡通"支付系统，完成财务核算系统升级，财务管理信息化水平不断提高。

基建工程进展顺利。卫岗青年教师公寓竣工交付，体育中心顺利启用，第三实验楼完成设计规划。白马教学科研基地建设稳步推进，智能实验温室竣工验收，多项基础工程进展顺利。

加强图书馆文化育人环境的建设，改进文献资源建设和学科服务工作。校园信息化与档案工作得到加强。开通学校新版中英文网站，启动 4G 无线校园网建设，建立教师综合数据中心，学校管理信息化水平进一步提升。出版《南京农业大学年鉴 2013》，全面系统反映了2013 年学校事业发展情况。

后勤保障能力不断提升。新增固定资产 6 000 万元，年末固定资产总额达 19.95 亿元。完成卫岗校区电力增容前期准备和与南京理工大学牌楼土地置换。基本完成卫岗家属区给水系统和煤气管线改造工程。加强饮食质量标准和成本管理，确保食品安全和价格稳定。推进物业服务精细化管理。推动校医院管理创新，显著提高医疗质量和服务能力。

资产经营公司经营状况良好，上交学校经营性收益 2 000 万元，实现了经济效益持续稳步提升。

安全稳定工作扎实有效。开展多层次、多角度和多领域的安全宣传教育活动，进一步完善校园安防系统，实现校园内 24 小时动态监控，校园安全事件发案率较同期下降 20%。

三、加强党建和思想政治工作，学校党的建设进一步加强

（一）加强思想政治教育，不断提升广大师生员工政治素养

发挥校院两级党校作用，深入开展社会主义核心价值观和习近平总书记系列重要讲话精神学习活动。以十八届四中全会、宪法日和国家公祭日等重大活动为契机，广泛开展爱国主义和理想信念教育。全年累计举办各类党校培训班 36 次，培训 3 100 余人次。开展学校第

十一次党代会精神学习宣传活动，进一步统一思想，凝聚共识，引导广大师生员工把智慧和力量凝聚到落实第十一次党代会确定的发展目标上来。

加强学校党建和思想政治研究会工作，启动新一轮党建和思想政治课题申报立项工作。学校 1 项成果荣获全国高校思想政治教育研究会优秀成果二等奖。

（二）加强基层组织和干部队伍建设，不断增强各级党员干部的综合素质和能力

开展基层党组织换届选举，全校 30 个院级党组织和 443 个党支部顺利完成换届工作。严格按照"控制总量、优化结构、提高质量、发挥作用"的新十六字方针，认真做好党员发展工作。共发展学生党员 813 名、教职工党员 9 名，目前，全校共有党员 7 468 名，教职工党员比例 21.9%，本科生党员比例 23.2%，研究生党员比例 45.4%。

优化干部选拔方式，深入推进"两推一述"干部选拔程序。新提拔 3 名副校级领导干部，其中 1 人挂职塔里木大学副校长；新提拔任用正处级干部 2 名、副处级干部 8 名。加强干部监管，做好领导干部个人有关事项上报和因私护照管理。重视干部培训，通过校内办班和推荐参加省委党校培训等方式，累计培训 140 人次；选派 20 余名中青年骨干参加江苏省第七批科技镇长团、团干部挂职和省委定点扶贫项目。

（三）加强文化建设和宣传工作，不断提升学校软实力和社会美誉度

坚持用社会主义核心价值观引领学校文化建设，积极打造文化精品。启动学校"大师名家口述史"，开展"金陵大学暨中国创办四年制农业本科教育 100 周年"纪念活动，进一步挖掘、传承学校历史和南农精神。学校中华农业文明研究院入选江苏省首批非物质文化遗产研究基地，1 项活动入选教育部"高校培育和践行社会主义核心价值观典型案例"。

加强以微信为代表的新媒体建设，精心策划"微话题"，有力提升了学校的社会影响力。围绕学校取得的成就和重大活动，积极开展对外宣传工作，及时发出"南农声音"、讲好"南农故事"。全年对外宣传 1 200 余篇次，其中中央电视台、人民日报、科技日报、新华网和人民网等国家级媒体报道 180 余篇次。

（四）调动和发挥各方面积极性，进一步凝聚促进学校事业发展的各方力量

认真贯彻落实党的统一战线工作方针，积极支持民主党派做好自身建设、参政议政和社会服务工作。全年，各民主党派共发展成员 18 名，向各级人大、政协提交议案、建议和社情民意 45 项。校民盟被民盟中央授予"先进集体"称号，校九三学社被九三省委评为"参政议政工作先进集体"。

发挥工会桥梁纽带作用，维护教职工合法权益。积极做好送温暖工作，围绕医疗健康、子女入学等，努力为教职工办实事、解难事、做好事。开展形式多样的群众性文体活动，丰富教职工精神文化生活。校教职工足球队荣获江苏省第三届"汇农杯"友谊赛冠军。

加强校院两级团组织建设，进一步提升团的工作实效性。发挥先进典型示范作用，广泛开展大学生科技创新、创业实践和志愿者公益活动，努力用社会主义核心价值观引领青年。组织学生参加南京青奥会志愿者服务，得到社会和组委会的广泛好评。学校 2 个基层团组织荣获"江苏省五四红旗团委"。

完善校友会组织建设，新建 2 个省级地方校友会。选聘首届校友联络大使、举办"杰出

校友论坛"，充分发挥校友在学校事业发展中的重要作用。健全教育发展基金会制度建设，规范基金会工作流程，多渠道争取捐赠项目，新增协议资金突破 1 000 万元。

落实党和国家有关老龄工作方针政策，改善离退休老同志学习活动条件。根据因地制宜、量力而行的原则，支持老同志在学校建设发展、关心下一代和构建和谐校园等工作中，发挥积极作用。学校关心下一代工作委员会获"江苏省教育系统关工委常态化建设巩固提高奖"。

四、深入推进反腐倡廉工作，学校改革发展稳定大局得到有效维护

（一）加强党风廉政建设，扎实做好预防和惩治腐败工作

召开年度党风廉政建设会议，签订新一轮《党风廉政建设责任书》和新任干部《廉政承诺书》。深入开展反腐倡廉教育、廉洁文化创建活动和校检合作预防职务犯罪工作，对 45 名新任中层干部进行廉政谈话。健全反腐倡廉制度建设和工作机制，落实对二级单位党风廉政建设责任制、反腐倡廉工作进行考核检查。总结试点经验，全面推进廉政风险防控工作。加强信访举报工作，共受理纪检监察信访 33 件，有 2 名处级干部受到校纪委提醒告诫。

（二）加强监察、审计和招投标工作，做好对重点领域的监督管理

制订学校《"三公"经费使用监督办法》，加强对"三公"经费使用的监察和审计监督。加强干部经济责任审计，严格招生、基建、采购和科研经费使用监管。强化财务审计和工程审计监督，累计完成审计项目 354 项，审计总金额 29.28 亿元。完善招投标监管制度，严格工作程序，切实维护学校利益，共监督管理各类招标、跟标和谈判 300 余项，累计金额 1.39 亿元。

同志们，2014 年是学校发展史上的重要一年。一年来，学校在建设世界一流农业大学的道路上迈下了更加坚实的脚步，各项事业蓬勃发展，一些重点难点工作取得可喜进展。学校成绩的取得是党和国家对高等教育重视的结果，是全校广大师生员工齐心协力、不懈努力的结果。在此，我代表学校党委和行政，向全校广大师生员工，表示衷心的感谢和崇高的敬意！

在总结成绩的同时，必须清醒地认识到，我们的工作与党和国家赋予高等教育的历史使命相比，与世界一流农业大学发展目标相比，与广大师生员工的热切期望相比，还存在许多不足：一是对高等教育重大理论和实践问题的研究还不够，领导班子和领导干部的办学治校能力有待进一步加强，办学骨干的视野、观念仍需不断拓展更新；二是人才培养体系和拔尖创新人才培养模式还不够完善，人才培养质量有待进一步提高；三是学科整体水平有待进一步增强，高层次领军人才队伍的薄弱现状尚未根本改变，科技创新能力和服务社会水平有待进一步提升；四是新校区建设尚在推进之中，学校发展的空间制约越来越凸显。五是党风廉政建设工作有待深入，干部廉政教育的针对性、有效性以及预防腐败的体制机制有待进一步完善。

新的一年里，我们将始终团结和依靠广大师生员工，紧紧围绕学校发展战略目标，深入落实学校第十一次党代会确定的工作任务，全面推进学校综合改革，重点做好以下几方面的工作：

一是加强世界一流农业大学的特征和发展路径研究，不断完善战略规划和顶层设计，进一步提升领导班子推动学校科学发展的能力和水平。

二是全面推进学校综合改革，破解学校发展难题，释放学校办学活力，促进学校又好又快发展。

三是以实施卓越农林人才教育培养计划为抓手，以点促面，全面深化教育教学改革，进一步提升人才培养质量。

四是围绕国家重大战略需求和世界农业科技前沿的战略重点，完善学科整体布局，大力实施高峰学科卓越工程、高原学科拓展工程和基础学科提升工程。

五是深化人事制度改革，创新高端人才队伍建设机制，建立完善灵活多样的人才引进模式，努力构建适应世界一流农业大学需要的人才队伍格局。

六是加强高创新能力科研队伍建设，完善科研评价体系和科技成果转化评价制度，健全社会服务激励政策，进一步提升科技创新和社会服务能力。

七是坚持不懈推进珠江新校区建设，积极争取主管部门支持，及时向教育部汇报新校区建设方案，争取早日获得立项。

八是加强和改进学校党的建设，重点加强党风廉政建设，扎实开展预防职务犯罪专题教育，切实提高预防工作的针对性和实效性。

（由校长办公室提供）

[教职工和学生情况]

教 职 工 情 况

总计	专任教师			行政人员	教辅人员	工勤人员	科研机构人员	校办企业职工	其他附设机构人员	离退休人员
	小计	博士生导师	硕士生导师							
2 706	1 586	410	1 004	519	229	180	15	5	172	1 692

专 任 教 师

职称	小计	博士	硕士	本科	本科以下	29 岁以下	30～39 岁	40～49 岁	50～59 岁	60 岁以上
教授	385	349	21	15	0	0	44	162	171	8
副教授	580	398	138	44		4	230	243	103	0
讲师	491	129	322	39	1	28	295	126	42	0
助教	71	0	21	50	1	57	12	2	0	
无职称	59	59	0	0		59	0	0	0	
合计	1 586	935	502	148	2	148	581	533	316	8

学 生 规 模

	毕业生	招生数	人数	一年级 (2014)	二年级 (2013)	三年级 (2012)	四、五年级 (2011、2010)
博士生 (＋专业学位)	334（＋4）	441	1 732	441	444	780	67
硕士生 (＋专业学位)	1 694（＋317）	2 190（＋488）	6 469（＋1262）	2 190	2 115	2 164	
普通本科	4 037	4 406	17 627	4 419	4 493	4 399	4 316
普通专科	1	0	0	0	0	0	
成教本科	1 721	2 797	9 146	2 797	2 170	2 065	2 114
成教专科	2 805	2 732	7 331	2 732	2 584	2 015	
留学生	33	152	259	152	57	37	13
总 计	10 625 (＋321)	12 718 (＋488)	42 564 (＋1262)	12 731	11 863	11 460	6 510

注：截止时间为 2014 年 11 月 5 日。

（撰稿：蔡小兰　审稿：刘　勇）

三、机构与干部

［机构设置］

机 构 设 置

（截至 2014 年 12 月 31 日）

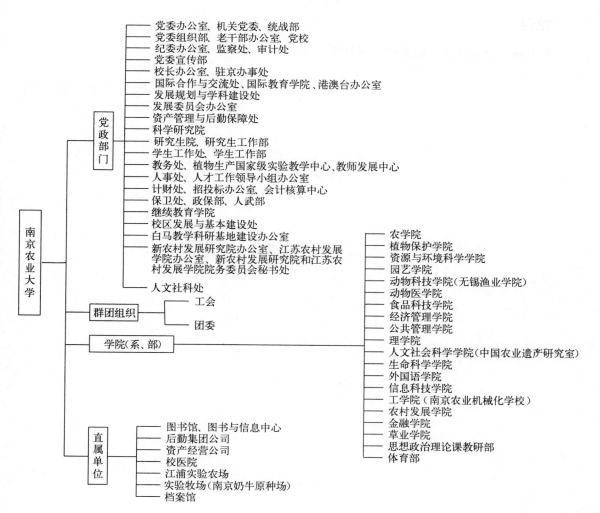

机构变动如下：

一、增设机构

（一）行政

新农村发展研究院办公室（正处级建制，2014 年 1 月）

江苏农村发展学院办公室（正处级建制，2014 年 1 月）

新农村发展研究院和江苏农村发展学院院务委员会秘书处（正处级建制，2014 年 1 月）

注：以上 3 个机构合署办公。

（二）党委

中共南京农业大学资产与后勤委员会（正处级建制，2014 年 3 月）

二、撤销机构

党委

中共南京农业大学后勤集团公司总支部委员会（2014 年 3 月）

（撰稿：丁广龙　审稿：吴　群）

［校级党政领导］

党委书记：左　惟

党委常委、校长：周光宏

党委副书记：盛邦跃　王春春（2014 年 6 月至今）

　　　　　　花亚纯（任至 2014 年 6 月）

党委常委、副校长：徐　翔　胡　锋　陈利根

　　　　　　　　　戴建君　丁艳锋　董维春（2014 年 5 月至今）

　　　　　　　　　沈其荣（任至 2014 年 5 月）

党委常委：刘营军（2014 年 6 月至今）

副校级干部：闫祥林（2014 年 9 月至今）

[处级单位干部任职情况]

处级单位干部任职情况一览表

(截至 2014 年 12 月 31 日)

一、党政部门

序号	工作部门	职务	姓名	备注
1	党委办公室、机关党委、统战部	主任、书记、部长	刘营军	
		副主任、副部长	全思懋	
2	组织部、老干部办公室、党校	部长、主任、党校常务副校长	吴群	2014 年 8 月任职
		副部长	孙雪峰	2014 年 1 月任职
		副主任、离休直属党支部副书记	张鲲	
3	纪委办公室、监察处、审计处	纪委副书记、纪委办主任、监察处处长、审计处处长	尤树林	
		审计处副处长	顾兴平	
		监察处副处长	夏拥军	
4	宣传部	部长	夏镇波	2014 年 8 月任职
		副部长	丁晓蕾	
5	校长办公室、驻京办事处	主任	单正丰	2014 年 9 月任职
		副主任	刘勇	
		副主任	姚科艳	2014 年 9 月任职
6	人事处、人才工作领导小组办公室	处长、主任	包平	
		副处长	毛卫华	
		副处长	杨坚	
		副处长、人才工作领导小组办公室副主任	郭忠兴	
7	发展规划与学科建设处	处长	刘志民	
		副处长	宋华明	
8	学生工作处、学生工作部	副处长、副部长	刘亮	2014 年 8 月任职
		副处长、副部长	李献斌	
		副处长、副部长	吴彦宁	2014 年 9 月任职
9	研究生院、研究生工作部	常务副院长、部长、学位办公室主任	侯喜林	2014 年 1 月任职
		副院长、院长办公室主任	陈杰	
		副部长	姚志友	

（续）

一、党政部门

序号	工作部门	职务	姓名	备注
9	研究生院、研究生工作部	招生办公室主任	薛金林	2014年9月任职
		学位办公室副主任	李占华	2014年1月任职
		培养处处长	张阿英	2014年1月任职
10	教务处、植物生产国家级实验教学中心、教师发展中心	处长、主任、主任	王恬	
		副处长	李俊龙	
		植物生产国家级实验教学中心副主任	吴震	2014年9月任职
		教师发展中心副主任	赵明文	2014年9月任职
		副处长	胡燕	2014年9月任职
11	计财处、招投标办公室、会计核算中心	处长、招投标办公室主任	许泉	2014年9月任职
		副处长、会计核算中心主任	陈庆春	
		副处长	杨恒雷	
		招投标办公室副主任	陈明远	2014年1月任职
12	保卫处、政保部、人武部	处长、部长、部长	刘玉宝	
		副处长、副部长、副部长	何东方	
13	国际合作与交流处、国际教育学院、港澳台办公室	直属党支部书记、处长、院长、主任	张红生	
		副处长、副院长、副主任	石松	
		副处长、副院长、副主任	李远	
14	科学研究院	常务副院长	姜东	2014年1月任职
		副院长	俞建飞	2014年1月任职
		产学研合作处（技术转移中心）处长（主任）	郑金伟	
		重大项目处处长	陶书田	2014年1月任职
		实验室与平台处处长	周国栋	2014年1月任职
		成果与知识产权处处长	姜海	2014年1月任职
15	发展委员会办公室	主任	张海彬	
16	继续教育学院	党总支书记	顾义军	
		院长	李友生	
		副院长	陈如东	2014年11月任职
17	校区发展与基本建设处	处长、直属党支部书记	钱德洲	
		副处长	倪浩	
		副处长	赵丹丹	2014年1月任职
18	资产管理与后勤保障处	资产与后勤党委书记	陈礼柱	2014年3月任职
		处长	孙健	2014年1月任职

（续）

一、党政部门

序号	工作部门	职 务	姓名	备 注
18	资产管理与后勤保障处	资产与后勤党委副书记、副处长	胡 健	2014 年 1 月任职（副处长）；2014 年 3 月任职（副书记）
19	白马教学科研基地建设办公室	副主任	桑玉昆	
20	人文社科处	处长	周应恒	
		副处长	卢 勇	2014 年 1 月任职
21	新农村发展研究院办公室、江苏农村发展学院办公室、新农村发展研究院和江苏农村发展学院院务委员会秘书处	主任	陈 巍	2014 年 1 月任职
		副主任	李玉清	2014 年 1 月任职

二、群团组织

序号	工作部门	职 务	姓名	备 注
1	工会	主席	胡正平	2014 年 1 月任职
		副主席	肖俊荣	2014 年 1 月任职
2	团委	书记	夏镇波	
		副书记	王 超	
		副书记	谭智赟	2014 年 12 月任职

三、学院（系、部）

序号	工作部门	职 务	姓名	备 注
1	农学院	党委书记	戴廷波	
		院长	朱 艳	
		党委副书记	庄 森	
		农业部大豆生物学与遗传育种重点实验室、国家大豆改良中心常务副主任、副院长	邢 邯	
		作物遗传与种质创新国家重点实验室常务副主任、副院长	王秀娥	
		副院长	黄 骥	2014 年 1 月任职
		国家信息农业工程技术中心常务副主任、副院长	田永超	2014 年 1 月任职
2	植物保护学院	党委书记	吴益东	
		院长	王源超	2014 年 1 月任职
		党委副书记	黄绍华	2014 年 1 月任职
		副院长	高学文	
		副院长	刘泽文	2014 年 1 月任职
3	资源与环境科学学院	党委书记	李辉信	
		院长	徐国华	
		党委副书记	崔春红	
		副院长	邹建文	
		副院长	李 荣	2014 年 6 月任职

（续）

三、学院（系、部）

序号	工作部门	职 务	姓名	备 注
4	园艺学院	党委书记	陈劲枫	
		院长	陈发棣	2014 年 1 月任职
		党委副书记	韩 键	
		副院长	房经贵	
		副院长	吴巨友	2014 年 6 月任职
5	动物科技学院	党委书记	高 峰	2014 年 1 月任职
		院长	刘红林	
		党委副书记	於朝梅	
		副院长	毛胜勇	
		副院长	张艳丽	2014 年 6 月任职
6	动物医学院	党委书记	范红结	2014 年 1 月任职
		院长	周继勇	2014 年 6 月任职
		党委副书记	周振雷	
		副院长	马海田	
		副院长	曹瑞兵	2014 年 6 月任职
7	食品科技学院	党委书记	董明盛	
		院长	徐幸莲	2014 年 1 月任职
		党委副书记	朱筱玉	
		副院长	屠 康	
		国家肉品质量安全控制工程技术研究中心常务副主任、副院长	李春保	
		副院长	辛志宏	2014 年 6 月任职
8	经济管理学院	党委书记	胡 浩	2014 年 11 月任职
		院长	朱 晶	2014 年 1 月任职
		党委副书记	卢忠菊	
		副院长	应瑞瑶	
		副院长	耿献辉	2014 年 1 月任职
9	公共管理学院	党委书记	欧名豪	
		院长	石晓平	2014 年 1 月任职
		党委副书记	张树峰	2014 年 1 月任职
		副院长	于 水	
		副院长	谢 勇	2014 年 1 月任职
10	理学院	党委书记	程正芳	
		院长	章维华	2014 年 1 月任职
		党委副书记	刘照云	
		副院长	吴 磊	2014 年 1 月任职

（续）

三、学院（系、部）

序号	工作部门	职务	姓名	备注
11	人文社会科学学院	党委书记	朱世桂	2014 年 1 月任职
		院长	杨旺生	
		党委副书记	屈勇	
		副院长	付坚强	
		副院长	路璐	2014 年 1 月任职
12	生命科学学院	党委书记	夏凯	
		院长	沈振国	
		党委副书记	李阿特	2014 年 11 月任职
		副院长	张炜	
		副院长	蒋建东	2014 年 1 月任职
13	外国语学院	党委书记	韩纪琴	
		党委副书记	董红梅	2014 年 11 月任职
		副院长	游衣明	
		副院长	王银泉	2014 年 1 月任职
		副院长	曹新宇	2014 年 1 月任职
14	信息科技学院	党委书记	梁敬东	
		院长	黄水清	
		党委副书记	白振田	
		副院长	徐焕良	
		副院长	何琳	2014 年 1 月任职
15	农村发展学院	党委书记	李昌新	
		党委副书记	冯绪猛	2014 年 1 月任职
		副院长	姚兆余	
		副院长	周留根	
16	金融学院	党委书记	罗英姿	
		院长	陈东平	
		党委副书记	李日葵	2014 年 1 月任职
		副院长	周月书	
17	草业学院	党总支书记	景桂英	
		院长	张英俊	
		副院长	高务龙	
18	思想政治理论课教研部	主任、党总支书记	余林媛	
		副主任、党总支副书记	王建光	
		副主任	葛笑如	2014 年 1 月任职

（续）

三、学院（系、部）

序号	工作部门	职 务	姓名	备 注
19	体育部	党总支书记、主任	张 禾	2014 年 1 月任职
		党总支副书记	许再银	
		副主任	陆东东	2014 年 1 月任职
20	工学院	党委书记	王勇明	
		院长、农业机械化学校校长	汪小旵	2014 年 1 月任职
		党委副书记、纪委书记	张兆同	
		副院长、农业机械化学校副校长	缪培仁	
		党办主任	张 斌	
		纪委办主任、监察室主任、机关党总支书记	张和生	
		院长办公室主任	李 骅	
		校团委副书记、学工处处长	邵 刚	2014 年 1 月任职
		教务处处长	丁永前	2014 年 1 月任职
		人事处处长	何瑞银	
		计财处处长	高天武	2014 年 1 月任职
		科技与研究生处处长	周 俊	2014 年 1 月任职
		总务处处长	李中华	
		培训部主任	杨 明	
		农业机械化系、交通与车辆工程系系主任	姬长英	
		机械工程系党总支书记	朱思洪	
		机械工程系系主任	康 敏	
		电气工程系党总支书记	王建国	
		电气工程系系主任	沈明霞	
		管理工程系党总支书记	施晓琳	
		管理工程系主任	李 静	2014 年 1 月任职
		基础课部党总支书记	刘智元	
		基础课部主任	周应堂	
		图书馆馆长	姜玉明	

四、直属单位

序号	工作部门	职 务	姓名	备 注
1	图书馆、图书与信息中心	党总支书记	查贵庭	2014 年 1 月任职
		馆长、主任	倪 峰	
		副馆长、副主任	唐惠燕	2014 年 1 月任职

（续）

四、直属单位

序号	工作部门	职　　务	姓名	备　　注
2	后勤集团公司	总经理	姜　岩	2014 年 1 月任职
		资产与后勤党委副书记、副总经理	胡会奎	2014 年 3 月任职
		副总经理	孙仁帅	
3	资产经营公司	副总经理	孙小伍	
		副总经理	蔡虎生	
4	江浦实验农场	党总支书记	乔玉山	2014 年 1 月任职
		场长、党总支副书记	刘长林	
		副场长	赵　宝	
		副场长	许承保	2014 年 1 月任职
5	实验牧场	资产经营公司副总经理、牧场直属党支部书记、场长	蔡虎生	
6	档案馆	馆长	刘兆磊	
		副馆长	段志萍	
7	校医院	院长	石晓蓉	

五、调研员

序号	职　　别	姓　名
1	正处级调研员	钱贻隽
2	正处级调研员	陈兴华
3	正处级调研员	洪德林
4	正处级调研员	董立尧
5	正处级调研员	陆兆新
6	正处级调研员	杨春龙
7	正处级调研员	王思明
8	正处级调研员	丁为民
9	正处级调研员	张维强
10	正处级调研员	丁林志
11	副处级调研员	王录玲
12	副处级调研员	张晓东
13	副处级调研员	雷治海
14	副处级调研员	杜文兴
15	副处级调研员	尹文庆

（撰稿：李云锋　审稿：吴　群）

[常设委员会（领导小组）]

"南京农业大学科学技术协会"领导小组

主　席：周光宏

副主席：左　惟　丁艳锋

秘书长：姜　东

南京农业大学食品卫生安全领导小组

组　长：戴建君

副组长：孙　健　姜　岩　孙小伍

成　员：尤树林　石晓蓉　许　泉　李中华　陈礼柱　单正丰　胡会奎　徐秀兰

南京农业大学招投标领导小组

组　长：戴建君

副组长：盛邦跃　陈利根　丁艳锋

成　员：尤树林　孙　健　许　泉　姜　东　钱德洲

南京农业大学白马教学科研基地建设领导小组

组　长：陈利根

副组长：戴建君　丁艳锋

成　员：王　恬　尤树林　包　平　刘志民　许　泉

　　　　孙　健　闫祥林　张海彬　陈　巍　单正丰

　　　　姜　东　姜　岩　侯喜林　桑玉昆　钱德洲

　　　　夏镇波

南京农业大学全日制本科招生工作领导小组

组　长：周光宏

副组长：盛邦跃　戴建君　董维春　刘营军

成　员：尤树林　方　鹏　王　恬　单正丰

南京农业大学研究生奖助学金评审工作领导小组

组　长：盛邦跃　徐　翔

副组长：刘营军　侯喜林

成　员：钟甫宁　韩召军　尤树林　单正丰

　　　　方　鹏　姚志友　庄　森　黄绍华

　　崔春红　　韩　键　　於朝梅　　卢忠菊
　　周振雷　　朱筱玉　　张树峰　　屈　勇
　　刘照云　　张兆同　　蒋高中　　白振田
　　姚科艳　　李　勇　　王建光　　李日葵
　　冯绪猛　　高务龙

南京农业大学"国家大学生文化素质教育基地"建设领导小组

组　　长：周光宏
副组长：盛邦跃　董维春
成　　员：王　恬　包　平　刘　亮　许　泉　杨旺生
　　　　　汪小旵　张　禾　胡正平　侯喜林　倪　峰
　　　　　夏镇波　钱德洲

学校综合改革领导小组

组　　长：左　惟　周光宏
副组长：盛邦跃　徐　翔
成　　员：王春春　胡　锋　陈利根　戴建君　丁艳锋
　　　　　董维春　刘营军

（撰稿：吴　玥　审稿：刘　勇）

［南京农业大学民主党派成员统计］

南京农业大学民主党派成员统计一览表
（截至 2014 年 12 月）

党派	民盟	九三	民进	农工	民革	致公	民建
负责人	马正强	陆兆新	王思明	邹建文			
人数	166	161	13	9	6	5	1
总人数	361						

注：1. 2014 年，民盟新增 7 人，减少 4 人；九三新增 6 人，减少 3 人；农工新增 2 人；致公新增 2 人；民革减少 2 人。2. 民革未正常开展组织活动。3. 致公党、民建未成立组织。

（撰稿：文习成　审稿：全思懋）

[学校各级人大代表、政协委员]

全国第十二届人民代表大会代表：万建民
江苏省第十二届人民代表大会常委：郭旺珍
南京市第十五届人民代表大会代表：朱　晶
玄武区第十七届人民代表大会代表：潘剑君　王源超　朱伟云
浦口区第三届人民代表大会代表：康　敏

江苏省政协第十一届委员会常委：陆兆新（界别：农业和农村界）
江苏省政协第十一届委员会委员：周光宏（界别：教育界，教育文化委员会委员）
江苏省政协第十一届委员会委员：王思明（界别：社会科学界，文史委员会委员）
江苏省政协第十一届委员会委员：邹建文（界别：中国农工民主党江苏省委员会）
江苏省政协第十一届委员会委员：马正强（界别：中国民主同盟江苏省委员会）
江苏省政协第十一届委员会委员：张天真（界别：农业和农村界）
江苏省政协第十一届委员会委员：赵茹茜（界别：农业和农村界）
南京市政协第十三届委员会委员：姜卫兵（界别：农业和农村界）
玄武区政协第十一届委员会常委：严火其（医卫组）
玄武区政协第十一届委员会委员：沈益新（科技组）
浦口区政协第三届委员会委员：何春霞

（撰稿：文习成　审稿：全思懋）

四、党建与思想政治工作

宣传思想文化工作

【概况】2014 年，学校宣传思想文化工作以深入学习宣传贯彻中共十八届四中全会精神和习近平总书记系列重要讲话精神为主线，紧紧围绕学校中心工作和综合改革的推进，不断深化党的群众路线教育实践活动成果，积极营造健康向上的校园主流思想舆论，为学校完成全年工作任务和推进综合改革提供了强有力的思想保证、精神动力、舆论支持和文化氛围。

理论宣传工作。组织好校院两级党委中心组理论学习。按照集中学习与个人自学相结合方式推进校、院两级党委中心组学习，全年开展 5 次集体学习。全年征订学习读本 1 050 册；订购思想政治教育内部资料共 90 期、3 150 册。以重要节点为契机加强师生理想信念教育。以宪法日、国家公祭日等为契机，制作 7 期专题橱窗引导师生员工坚定走中国特色社会主义道路的理想和信念。以学校第十一次党代会召开为契机，深入开展大学精神教育，不断增强师生员工的爱校、兴校和荣校意识，增强师生的认同感。加强大学文化建设提升学校软实力。坚持用社会主义核心价值体系引领校园文化建设，本年度开展了校园文化建设优秀成果评选和精品项目立项建设遴选工作，中华农业文明研究院入选首批江苏省非物质文化遗产研究基地。启动了"南京农业大学大师名家口述史"工作。"南京农业大学五千余义务讲解员十六载接力传递爱国精神火炬"入选教育部"高校培育和践行社会主义核心价值观典型案例"，1 项成果获评全国高校思想政治教育研究会优秀成果二等奖，《立德树人　勤学笃行——南京农业大学大学生思想政治教育论文集》入选《高校德育成果文库》并出版。

对外宣传工作。借力公共传媒营造昂扬向上的舆论氛围。据不完全统计，本年度对外宣传报道 1 200 余篇次（不含转载），其中省级以上报道 980 余篇次，中央级报道 340 余篇次。全年联系媒体采访 400 余次，召开新闻发布会 15 次。其中，新闻联播报道学校有关工作和师生 4 次，中央电视台朝闻天下、体育频道、中文国际频道和法制频道等专题报道 8 次。中国教育报重要版面通讯报道 7 篇，人民日报、光明日报、科技日报、农民日报、新华网、人民网和中新网等中央级媒体专题报道 170 余篇次、头版 5 篇次。运用新媒体建好自媒体提升公众形象和社会美誉度。

校园媒体建设。以栏目为抓手加强校报版面策划与深度报道。坚持"高度、深度、导向、精品"原则全年出版校报 26 期 104 版，约 100 万字。专文宣传学校建设发展中涌现出来的先进人物和典型事迹，弘扬南农精神，描绘南农"梦想"。专文关注师生思想动态和学习生活状况，及时发出"南农声音"，讲好"南农故事"，体现"南农思想"。按照"准确、及时、新颖"原则办好学校新闻网。全年共编辑各类新闻线索 5 400 余条，编辑校园网主页滚动新闻 600 余篇，发布新闻图片 1 500 余张。严格执行《学校新闻网新闻管理规定》，原则上保证新闻线索编辑不超过 8 小时，学校重大活动新闻采写、编辑和上传不过夜。积极参与学校重点工作营造良好氛围。全年审核发布各类公告 800 余条，审核悬挂横幅 150 余条，制作、审核橱窗 11 期。完成第二届世界农业奖、江苏省第二十一届"校长杯"乒乓球比赛、第四届全国农林高校教职工羽毛球联谊赛等 110 余场次大型会议和重要活动的环境宣传、新闻报道和摄影摄像工作。其中，GCHERA 世界农业奖颁奖典礼以及世界对话研讨会，受到了包括新华社、中新社、中国日报和中央电视台在内的 20 多家国内外通讯社和主流媒体的关注。

宣传工作队伍建设。加强教工通讯员建设。为第一时间获取新闻线索、及时反映学院、部门改革发展动态，在全校范围内营造联动传播的良好舆论氛围，组建了新一届教工通讯员队伍，明确了教工通讯员的人员要求、工作职责和业绩考核等管理细则，不断提高宣传思想文化队伍的整体政治素质和业务水平。修订完善各类宣传奖励办法。为鼓励在校师生更好地提供新闻线索、原创稿件和专题策划，对《南京农业大学宣传报道奖励办法》、《南京农业大学报稿酬标准》和新媒体专题策划奖励办法进行修订，明确量化指标激发师生积极主动地投身到宣传工作中。整合学生记者资源。创新招新形式，吸引更多学生参与校园宣传工作和正能量传播，学生记者团集中了一批骨干力量并成为人才培养的重要阵地。本年度通讯员发表各类宣传报道 160 篇次，其中学生通讯员参与策划专题报道 10 篇。

【学校新媒体影响力提升】校庆微信专题策划《照片里的老南农》阅读量突破 3 万，分享转发 2 000 多次。《图说南农 | 又到梧桐叶落时，深秋农大正梳妆》阅读量超过 6 万，在南方周末数据实验室发布的《中国高校微信排行榜》第九期的榜单上（11 月 23～29 日），学校微信影响力高居全国高校榜首。官方微博注重对学校重大活动的同步直播和现场互动，微话题"今天我们毕业啦"实时滚动毕业生留言，微博墙当日共收到消息 1 257 条，活跃度居新浪微博当日"热门话题榜"第二位，阅读量达 26.7 万。利用新媒体实时、互动的传播特性，通过开展一系列的"微直播"、"微话题"和"微访谈"等活动，实现线上线下宣传工作的"同频共振"。

【服务学校重点工作，做好十一次党代会宣传】制订《中共南京农业大学第十一次代表大会宣传工作方案》，设计制作"第十一次党代会专题网站"，制作"科学谋划绘蓝图 砥砺奋进铸辉煌"主题橱窗展，校报开辟"喜迎党代会"专栏，宣传报道学校各基层党组织取得的重要成就和先进事迹。大会召开期间，认真做好各会场氛围营造、各阶段会议的摄影摄像和新闻报道工作。会后制作视频新闻，认真组织好各单位的学习贯彻工作。

【召开第二届世界农业奖新闻发布会】在学校重要事件的新闻发布方面，不断提升媒体宣传的范围和层次，2014 年的 GCHERA 世界农业奖颁奖典礼，邀请了包括新华社、中新社、中国日报和中央电视台在内的 20 多家国内外通讯社和主流媒体，并且提前对新闻发布的问题和流程进行设计和模拟，取得了预期效果，在海内外提升了学校的积极影响。

【组织校园文化建设优秀成果评选】为激励全校各单位推动校园文化建设的积极性，首次开展了校园文化建设优秀成果奖评选和校园文化建设专家咨询会。

（撰稿：黄文昕 审稿：夏镇波）

组 织 建 设

【概况】截至 2014 年年底，全校共有院级党组织 30 个，其中党委 19 个、党总支 6 个、直属党支部 5 个。全校共有党支部 444 个，其中学生党支部 281 个、教职工党支部 139 个。共有党员 7 697 人，其中学生党员 5 569 人，占学生总人数的 23.26%；在职教职工党员 1 574 人，占教职工总人数的 60.94%；离退休党员 554 人。

【组织党代会工作】以第十一次党代会召开为契机，全面推进学校党的建设。学校专门成立以党委书记左惟为组长的筹备工作领导小组，下设秘书组、组织组、宣传组和会务组，分别由学校相关职能部门负责人担任组长，切实保障各项准备工作有序开展。大会筹备期间，下发会议通知文件、起草请示报告和讲话材料 45 件，组织召开协调会、筹备工作会议 14 场（次）。指导院级基层党组织自下而上选举产生 197 名党员代表，酝酿推荐 33 名校党委委员候选人和 15 名校纪委委员候选人。组织召开 4 次主席团会议，听取各代表团审议情况，拟定两委工作报告决议（草案），审议大会选举办法（草案）等。召开 9 个代表团会议，对两委工作报告进行审议、酝酿两委委员候选人等。

党代会顺利选举产生第十一届党委委员 25 名、纪委委员 11 名；党委全委会顺利选举产生党委常委 11 名，校党委书记、副书记；4 纪委全委会顺利选举产生校纪委书记、副书记。

【完成院级基层组织换届工作】2014 年 1~4 月，全校 30 个院级党组织和 444 个党支部顺利完成换届选举工作，基层党组织的凝聚力和服务学校中心工作的能力不断增强。一年来，全校共有 2 个党组织被评为"江苏省高校先进基层党组织"，2 人获"江苏省高校优秀党务工作者"，4 人获"江苏省高校优秀共产党员"，2 个学生党支部开展的党日活动获江苏省高校"最佳党日活动"优胜奖。

【加强干部队伍建设】以试用期满干部考核为抓手，切实加强干部队伍建设。一是坚持标准，严把干部试用质量关。以"三严三实"为标尺，开展干部试用期满考核。全面、准确、客观和公正地评价干部在一年试用期间的德、能、勤、绩、廉情况，激励和督促干部尽职尽责、积极工作。二是严格程序，有序开展试用期满考核工作。严格按照"个人总结—大会述职—民主测评—个别谈话—考核评价—学校审定"程序，指导各院级党组织结合年度考核，开展新提任中层干部试用期满考核。三是规范操作，形成客观公正的评价考核结论。考核小组严格程序，规范操作，对全校 46 位试用期满中层干部进行考核，累计谈话人数 482 人，统计票数 1 928 份，撰写考察材料 46 份。四是推进信息化建设，提高干部考评工作效率。利用短信发送系统、现代网络技术，搭建党建工作平台，与图书馆合作开发新提任中层干部试用期满考核系统，进一步提高工作效率，提升党务工作科学化水平。

【党校工作】认真贯彻落实"统一计划、统一教材、统一大纲、统一备课、统一考核"要求，适时调整党校校务委员会，选拔聘任一批党校兼职教师，研究制订《南京农业大学发展党员培训体系实施办法》和《中共南京农业大学委员会党校发展党员培训教学大纲》。推进党校信息化建设，制作党校专题网页，研究开发党员干部、入党积极分子网上学习考核系统。一年来，各级党校累计开设培训班近 40 场次，培训师生新党员 800 余人、入党积极分子 3 600

余人。

【落实老干部工作】 认真落实老干部政治和生活待遇，加强活动中心学习阵地建设，办好"老干部之家"。通过理论学习、与学生党支部共建等，发挥老同志在学校建设和发展、关心教育下一代等方面的作用。切实加强老干部信息库建设，及时做好信息报送，学校获"教育部离退休干部统计全优报表单位"。

【做好扶贫工作】 继续做好贵州省麻江县定点扶贫工作，达成"人才培养协议"，为麻江县提供人才支持和智力服务。

（撰稿：丁广龙　审稿：吴　群）

[附录]

附录1　学校各基层党组织、党员分类情况统计表

（截至2014年12月31日）

序号	单位	党员人数（人）							在岗职工人数（人）	学生总数（人）	研究生数（人）	本科生数（人）	党员比例（%）			
		合计	在岗职工	离退休	学生党员			流动党员					在岗职工党员比例	学生党员比例	研究生党员占研究生总数比例	本科生党员占本科生总数比例
					总数	研究生	本科生									
	合计	7 697	1 574	554	5 569	3 509	2 060	889	2 583	23 939	6 461	17 316	60.94	23.26	54.31	11.90
1	农学院党委	558	69	16	473	348	125	291	147	1 633	815	818	46.94	28.97	42.70	15.28
2	植物保护学院党委	562	70	23	469	386	83	110	101	1 134	656	478	69.31	41.36	58.84	17.36
3	资源与环境科学学院党委	526	57	17	452	372	80	80	105	1 430	731	699	54.29	31.61	50.89	11.44
4	园艺学院党委	479	61	16	402	304	98	131	121	1 869	730	1 139	50.41	21.51	41.64	8.60
5	动物科技学院党委	417	34	20	363	281	82	70	70	905	426	479	48.57	40.11	65.96	17.12
6	动物医学院党委	510	65	24	421	309	112		106	1 382	500	882	61.32	30.46	61.80	12.70
7	食品科技学院党委	420	52	8	360	224	136	110	75	1 160	421	739	69.33	31.03	53.21	18.40
8	经济管理学院党委	394	44	12	338	189	149	57	73	1 206	314	892	60.27	28.03	60.19	16.70
9	公共管理学院党委	334	58	5	271	201	70		75	1 363	320	1 043	77.33	19.88	62.81	6.71
10	理学院党委	148	52	21	75	43	32		84	546	68	478	61.90	13.74	63.24	6.69
11	人文社会科学学院党委	200	37	8	155	44	111		59	850	100	750	62.71	18.24	44.00	14.80
12	生命科学学院党委	439	70	14	355	279	76		124	1 287	582	705	56.45	27.58	47.94	10.78
13	外国语学院党委	186	53	6	127	52	75		89	741	77	664	59.55	17.14	67.53	11.30
14	信息科技学院党委	152	34	4	114	61	53		52	759	77	682	65.38	15.02	79.22	7.77
15	工学院党委	1 124	272	99	753	193	560	36	407	5 803	320	5 321	66.83	12.98	60.31	10.52

（续）

序号	单位	党员人数（人）							在岗职工人数（人）	学生总数（人）	研究生数（人）	本科生数（人）	党员比例（%）			
		合计	在岗职工	离退休	学生党员			流动党员					在岗职工党员比例	学生党员比例	研究生党员占研究生总数比例	本科生党员占本科生总数比例
					总数	研究生	本科生									
16	农村发展学院党委	87	14	0	73	42	31		18	282	58	224	77.78	25.89	72.41	13.84
17	金融学院党委	324	22	0	302	123	179		28	1 372	168	1 204	78.57	22.01	73.21	14.87
18	机关党委	322	240	82					284				84.51			
19	资产与后勤党委	151	99	52					229				43.23			
20	继续教育学院党支	16	11	5					16				68.75			
21	草业学院党总支	52	13	14	39	31	8	4	27	175	56	119	48.15	22.29	55.36	6.72
22	图书馆党总支	52	38	14					75				50.67			
23	思想政治理论课教研部党总支	52	19	6	27	27			29	42	42		65.52	64.29	64.29	
24	实验农场党支	67	26	41					100				26.00			
25	体育部党总支	29	24	5					38				63.16			
26	离休部党支部	45	3	42					3				100.00			
27	牧场直属党支部	13	2	11					2				100.00			
28	国际教育学院直属党支部	14	14						15				93.33			
29	校区发展直属党支部	18	15	3					21				71.43			
30	资产公司直属党支部	6	6						10				60.00			

注：1. 以上各项数据来源于 2014 年党内统计；2. 流动党员主要为已毕业组织关系尚未转出、出国学习交流等人员；3. 2014 年撤销后勤集团党总支、成立资产与后勤党委；4. 草业学院党总支正式开始运转。

（撰稿：李云锋　审稿：吴　群）

附录 2 学校各基层党组织党支部基本情况统计表

（截至 2014 年 12 月 31 日）

序号	基层党组织	党支部总数	学生党支部数			教职工党支部数		混合型党支部数
			学生党支部总数	研究生党支部	本科生党支部	在岗职工党支部数	离退休党支部数	
	合计	444	281	160	121	139	23	1
1	农学院党委	21	15	8	7	5	1	
2	植物保护学院党委	21	16	12	4	4	1	
3	资源与环境科学学院党委	38	32	26	6	5	1	
4	园艺学院党委	35	30	24	6	4	1	
5	动物科技学院党委	17	12	7	5	4	1	
6	动物医学院党委	17	13	11	2	3	1	
7	食品科技学院党委	18	13	10	3	4	1	
8	经济管理学院党委	22	17	11	6	4	1	
9	公共管理学院党委	19	14	8	6	4	1	
10	理学院党委	13	8	6	2	4	1	
11	人文社会科学学院党委	19	12	4	8	6	1	
12	生命科学学院党委	16	10	6	4	4	1	1
13	外国语学院党委	11	4	2	2	6	1	
14	信息科技学院党委	12	7	4	3	4	1	
15	工学院党委	87	57	10	47	29	1	
16	农村发展学院党委	7	5	3	2	2		
17	金融学院党委	15	12	5	7	3		
18	机关党委	19				18	1	
19	资产与后勤党委	12				10	2	
20	继续教育学院党总支	2				1	1	
21	草业学院党总支	3	2	1	1	1		
22	图书馆党总支	5				4	1	
23	思想政治理论课教研部党总支	4	2	2		1	1	
24	实验农场党总支	3				2	1	
25	体育部党总支	3				2	1	
26	离休直属党支部	1					1	
27	牧场直属党支部	1				1		
28	国际教育学院直属党支部	1				1		
29	基建处直属党支部	1				1		
30	资产公司直属党支部	1				1		

　　注：1. 以上各项数据来源于 2014 年党内统计；2. 2014 年撤销后勤集团党总支，成立资产与后勤党委；3. 草业学院党总支正式开始运转。

（撰稿：李云锋　审稿：吴　群）

附录3　学校各基层党组织年度发展党员情况统计表

（截至 2014 年 12 月 31 日）

序号	基层党组织	总计（人）	学生（人）			在岗教职工（人）	其他
			合计	研究生	本科生		
	合计	799	792	111	681	7	
1	农学院党委	54	54	17	37		
2	植物保护学院党委	38	38	10	28		
3	资源与环境科学学院党委	46	46	11	35		
4	园艺学院党委	37	36	8	28	1	
5	动物科技学院党委	25	25	8	17		
6	动物医学院党委	20	20	6	14		
7	食品科技学院党委	33	33	9	24		
8	经济管理学院党委	41	41	2	39		
9	公共管理学院党委	44	44	8	36		
10	理学院党委	35	35	2	33		
11	人文社会科学学院党委	34	34	4	30		
12	生命科学学院党委	38	38	8	30		
13	外国语学院党委	30	29	1	28	1	
14	信息科技学院党委	30	30	4	26		
15	工学院党委	220	218	2	216	2	
16	农村发展学院党委	10	10	2	8		
17	金融学院党委	56	56	8	48		
18	机关党委						
19	资产与后勤党委						
20	继续教育学院党总支						
21	草业学院党总支	5	5	1	4		
22	图书馆党总支	2				2	
23	思想政治理论课教研部党总支						
24	实验农场党总支						
25	体育部党总支						
26	离休直属党支部						
27	牧场直属党支部						
28	国际教育学院直属党支部						
29	校区发展直属党支部						
30	资产公司直属党支部	1				1	

注：1. 以上各项数据来源于2014年党内统计；2. 2014年撤销后勤集团党总支，成立资产与后勤党委；3. 草业学院党总支正式开始运转。

（撰稿：李云锋　审稿：吴　群）

党 风 廉 政 建 设

【概况】 2014 年，学校党风廉政建设工作取得明显成效。学校被南京市玄武区预防职务犯罪工作指导委员会、预防职务犯罪协会评为"争创无职务犯罪单位活动"先进单位；1 名纪检监察干部被评为玄武区预防职务犯罪工作先进个人。

狠抓作风建设。认真落实中央八项规定精神和教育部二十条实施办法，严格执行《党政机关厉行节约反对浪费条例》等各项规定和教育部配套实施办法，制订发布《南京农业大学三公经费使用监督办法》等规定，加强对三公经费使用的监督，严格控制"三公"经费支出，力戒奢侈浪费。加强重要节点提醒防范，于五一、中秋、国庆期间及开学前后，发出通知，重申落实有关规定，加强监督检查，促进作风建设常态化、制度化，防止"四风"问题反弹。

推进廉政制度建设。制定或修订《南京农业大学因公临时出国（境）审批管理暂行规定》等多项规章制度，对改进工作作风、规范管理起到积极有效的作用。制订《南京农业大学学院"三重一大"决策制度实施办法（试行）》，推进学院领导班子权力运行的科学化、民主化。

加强信访举报工作。校纪委认真接待群众来信来电来访，加大信访问题排查和线索处置工作力度；按照教育部监察局要求，对近 3 年群众反映问题线索进行"大起底"、大排查，向党委常委会专题汇报，揭示学校存在的廉政风险。坚持"抓早抓小"、"重证据、重调查研究"和"不枉不纵"的原则，对初核属实有轻微违纪问题的人员，通过信访约谈、要求书面说明等方式进行批评教育、责令纠正。全年共办理纪检监察信访 30 件，有 2 名处级干部受到校纪委的提醒告诫。

重视案件查办工作。坚持严格把握政策界限，做到教育与惩戒相结合，落实"一案两报告"制度。自 7 月 19 日起，学校先后有 5 人涉嫌职务犯罪，被检察机关立案侦查。在校领导部署安排下，纪委与市区两级办案机关加强沟通联系，及时掌握情况、跟踪办案过程，在不同场合、不同范围适时通报案件情况，及时整改问题，努力将负面影响降低到最低程度。另外，年内监察部门立案 1 件，结案 1 件，给予行政处分 1 人。开展专项治理工作。召开严肃财经纪律和"小金库"专项治理工作会议，并层层签订责任书，开展专项治理自查自纠工作，对违规使用的资金进行了清退。

加强干部监管。将经济责任审计作为干部管理监督的抓手，强化领导干部任期内审计，并将审计结果作为对领导干部实施聘任、调任和提任的重要参考依据。对新提任的 45 名中层干部进行廉政谈话。组织基建、财务、招投标和资产管理等重点部门 53 名党员干部赴南京监狱参观。加强招生监管。对招生计划执行情况和考试、专业测试、录取等关键环节进行监管。对 2014 年录取的特殊类型新生进行入学资格复查，防止和纠正不正之风，确保招生工作公开公平公正。加强科研经费监管。开展调研论证，配合学校开展自查自纠，制订《南京农业大学科研经费审计实施办法》，推进科研经费监督机制建设，对科研经费预算、合同管理、经费支出、经费决算和结题等环节加强监管，防止科研经费中违规违纪行为发生。开展日常监督工作。加强对其他重点领域和关键环节的经常性监督，防止违纪违法案件发生。全年监督基建工程、货物采购招标投标 300 项，总金额 1.39 亿元；参与人事招聘面试 213 人次。

推进落实党风廉政建设责任制。随着学校第十一次党代会的召开，新一届党委常委第一次会议专门听取纪检监察部门专题汇报，校级领导干部签订新一轮《廉政承诺书》。纪委协助党委于年初对反腐倡廉工作任务进行分解，明确责任单位和责任人；于年中和年末对落实党风廉政建设责任制、完成反腐倡廉任务情况进行督促检查和考核。召开有关部门和单位负责人座谈会，推进《建立健全惩治和预防腐败体系 2013—2017 年工作规划》在学校的落实。

开展法律服务。推进"六五"普法宣传，增强师生员工"爱国、守法、明理、诚信"意识。利用校内法律资源，开展各项法律服务，维护学校合法权益，推进依法治校工作。法制部门和法务人员审查重大合同 38 项，累计标的约 3 585 万元；审查、备案招投标文件 12 项；代理诉讼案件 5 件，诉讼标的 1 780 余万元（均正在审理中）；提供咨询意见 200 余条。以校内法律顾问团为依托，为学校提供法律意见或进行法律论证，全年共召开法律事务专项论证会 8 场次。

加强纪检监察队伍建设。紧密结合新形势下反腐倡廉建设的新要求，转职能转方式转作风，对纪检监察干部从严要求、从严监督、从严管理，努力培养政治坚定、能力过硬、作风优良和奋发有为的纪检监察骨干队伍。对二级党组织纪检委员进行了改选、调整。组织开展了理论研究和校内外同行实践经验交流，努力提高执纪监督问责能力和水平。

【党风廉政建设工作会议】2014 年 2 月 27 日，南京农业大学 2014 年党风廉政建设工作会议在学校会议中心召开。校党委书记左惟，校长周光宏，校党委副书记花亚纯，校党委副书记、纪委书记盛邦跃，副校长徐翔、陈利根、戴建君、丁艳锋，校长助理董维春，全体纪委委员、各单位各学院党政主要负责同志、正处级调研员出席会议。特邀党风廉政监督员和专职纪检监察干部列席会议。会议由周光宏主持。学校党政"一把手"与二级单位党政主要负责人签订新一轮《南京农业大学党风廉政建设责任书》，全体新上岗中层干部签订了《廉政承诺书》。

【举行新一届纪律检查委员会第一次全体会议】2014 年 6 月 13 日，中共南京农业大学新一届纪律检查委员会第一次全体会议在校行政楼 505 会议室举行，盛邦跃主持会议，全体新当选纪委委员出席会议。会议讨论通过了《中共南京农业大学新一届纪律检查委员会第一次全体会议选举办法》，酝酿通过了监票人建议名单，通过了新一届纪委书记、副书记候选人名单。全体委员对新一届纪委书记、副书记进行了投票选举，盛邦跃当选为新一届纪委书记，尤树林当选为新一届纪委副书记。

【校园廉洁文化活动月】2014 年 10～11 月，学校组织开展了 2014 年"校园廉洁文化活动月"活动。活动以"崇德向善·勤廉笃实"为主题，旨在崇尚中华美德，树立法治理念，弘扬勤奋廉洁，引导积极向上，推进廉政文化作品创作与廉洁知识传播。活动由校纪委牵头，校党委宣传部、团委和思想政治理论课教研部等相关部门配合，学校各单位结合实际组织参与。活动内容有廉政文化作品征集、参与全国大学生廉洁知识问答活动、第二届"中国梦·廉洁情"主题演讲比赛、廉洁微诗文创作和评选校园廉洁文化活动月创新项目。各单位、各部门精心组织，周密安排，充分调动师生员工的积极性和创造性，通过多种形式的廉洁文化活动，共创作廉洁文化作品 59 件，在全校营造了"以廉为荣、以贪为耻"的良好氛围。11 月

26 日，第二届"中国梦·廉洁情"主题演讲比赛决赛在学校大学生活动中心举行。比赛由学校纪委、团委和思想政治理论课教研部联合主办。江苏省教育纪工委副书记、省教育厅监察室主任荆和平出席比赛活动。学校 9 个学院的 12 个选手团队参加比赛。300 余名师生观看了比赛。决赛采用边讲、边演和边展示课件的形式进行。选手们围绕主题，用饱满的激情、铿锵的语言诠释了当代大学生对建设廉洁文化与实现中国梦的认识和理解，或讴歌勤廉为民的典范，或鞭笞贪污腐败等社会丑恶现象，或阐述对廉洁文化建设的思考和建言，不时赢得台下阵阵热烈的掌声。思想政治理论课教研部老师对选手们的演讲进行了逐一点评。经过近 2 个小时激烈角逐，最终产生一等奖 1 个团队、二等奖 4 个团队以及三等奖 7 个团队。这一赛事对于学校落实廉洁教育"三进"要求、探索创新校园廉洁文化建设形式，起到了引领示范作用。

【预防职务犯罪报告会】 2014 年 10 月 15 日，南京农业大学预防职务犯罪报告会在校大学生活动中心报告厅举行。校党委副书记、纪委书记盛邦跃、党委副书记王春春、副校长陈利根出席会议。学校中层干部、校院两级机关科级干部共 350 人参加会议。会议由盛邦跃主持。报告会邀请南京市玄武区人民检察院陆宁平检察长做专题报告。陆宁平用大量鲜活的案例、严谨的专业理论知识从反腐败形势、相关法律规定、高校预防职务犯罪的重点环节和重点工作以及如何做好职务犯罪预防 4 个方面做了全面深入的阐述。高校预防职务犯罪的重点环节是物品采购、基建工程、人事管理、招生录取、日常管理和科研经费等。高校要从教育、制度、监督和惩处等方面入手，全力构建不想腐败、不能腐败和不敢腐败的反腐败长效机制。报告深入浅出、朴素真挚，使全体参会人员受到深刻教育。

【廉政风险防控工作】 2014 年 10 月 13 日，学校党委发布《关于深入开展廉政风险防控工作的通知》，提出 2014—2015 年继续深入开展廉政风险防控工作方案，启动学校新一轮廉政风险防控工作。10 月 15 日，学校在校大学生活动中心报告厅召开廉政风险防控工作部署会，动员部署学校廉政风险防控工作。12 月 16 日，校党委副书记、纪委书记盛邦跃带领学校纪检监察干部分别走访了图书馆和发展委员会办公室，检查了解两单位廉政风险防控工作进展情况，调研指导下一阶段防控工作。各防控单位在明确职权基础上，围绕管理职权细化工作流程，围绕工作流程查找风险点，将廉政要求嵌入具体业务管理之中，着力构建权责清晰、流程规范、风险明确和制度管用的廉政风险防控体系。

（撰稿：章法洪　审稿：尤树林）

统　战　工　作

【概况】 2012 年，学校党委通过指导民主党派加强班子建设、制度建设等，不断提高民主党派组织的凝聚力、战斗力和影响力，校民盟被民盟中央评为"先进基层组织"，校民革被民革江苏省委评为"先进党支部"。

2012 年共发展民主党派成员 20 人，其中九三 9 人、民盟 7 人、致公党和农工党各 2 人。

为发挥民主党派组织和党外人士在学校建设发展中的重要作用，学校认真征求他们对学校事业发展的意见，及时通报学校重要工作。全年召开 3 次统战工作座谈会，邀请各民主党派和无党派人士代表 20 余人次列席学校党代会、教代会等重要会议。

深入贯彻 2012 年中央 4 号文件，进一步加强党外代表人士的教育和培养，推荐党外人士参加中央和省市社会主义学院培训 5 人次，1 名民主党派成员当选国务院学位委员会学科评议组成员，1 名民主党派成员入选"长江学者"特聘教授，20 多名民主党派成员获得省级以上表彰。

通过下拨经费、指导活动和参加会议等多种形式，为民主党派和党外人士服务社会、参政议政提供保障。校民盟与民盟金坛市委合作，成功举办第四次"金坛农业发展论坛"；校九三学社积极参与全省"国际科学与和平周"科普讲座活动；校致公党成功组织"2014 年海外留学人员南京农业大学考察联谊活动"。

2012 年，各民主党派向各级人大、政协、民主党派省委提交议案、建议和社情民意 45 项，承担上级组织调研项目 8 项，组织参与大型社会服务活动 12 次。校九三学社被九三省委评为"参政议政工作先进集体"。

（撰稿：文习成　审稿：全思懋）

安　全　稳　定

【概况】保卫处（政保部）坚持"预防为主、防治结合、加强教育、群防群治"的原则，以工作创新、制度创新和机制创新为理念，夯实工作基础，狠抓工作落实，注重工作实效，提高工作水平，切实有效地推进各项工作，不断巩固平安校园创建成果。顺利完成青奥校园维稳、打击电信网络诈骗以及学校交办的各项任务。

加强校园维稳，强化信息情报工作。2014 年，学校安全稳定工作主要围绕两会、青奥会等重大活动以及"6·4"、国家公祭日等敏感节点来开展，主要抓 4 个层面的工作：一是密切关注民族学生特别是维吾尔族学生动态，实时掌握民族学生思想动向。二是矛盾化解和隐患排查。三是加强信息收集、甄别、处理和上报工作，全年上报《信息快报》40 份。四是做好青奥会期间校园维稳，包括组织反恐知识培训和防恐实战化演练，加强校园巡逻以及从实战出发开展校园无死角、全方位安全检查等具体工作。

紧抓四大时间关键节点，创新安全教育模式，即抓好新生入学、开学之初、学期结束及安全宣传月节点的宣传。坚持重要节点与常规工作相结合，常规宣传与创新宣传相结合的方式，开展了多层次、多角度和多领域的安全宣传教育活动。

多措并举，开展校园专项整治，全年开展了多项校园安全专项整治行动。共组织各类安全检查 10 余次，整改隐患 40 多处，接处警及求助 80 余次，受理各类案件、事件 65 件，较 2013 年同期压降 20％发案率，抓获犯罪嫌疑人 6 名，同时协助公安机关破获案件多起。

结合青奥会、教育部"打非治违"开展专项检查。2014 年学校主要围绕青奥会、教育部"打非治违"专项行动、寒暑假和法定节假日等关键节点进行了全覆盖、多层次的安全检查。全年共进行全校性安全检查 8 次。

做好户籍、身份证和出国手续办理以及活动场地审核。办理户籍借用手续 3 300 次，户口迁入 877 人，户口迁出 2 100 人，办理身份证 1 000 余张，审批场地 302 次。

【开展青奥会校内维稳工作】 7～8 月，针对青奥会期间校园维稳工作，召开多次专题会议、动员大会，层层签订安全稳定工作责任书；举行防控、防爆演练，组织多次全校性集中治安清查和消防安全检查；将所有留校学生集中住宿、集中管理。相关部门每日清查、天天上报学生动态；学院主要负责人在青奥会期间、所有保卫处干部暑期不得离开南京，手机 24 小时开机，随时待命。青奥会期间，学校未发生一起安全稳定事件，并成功清查出一名新疆籍校外人员和一名提前返校新疆籍学生。

【开展校园安全专项整治活动】 通过持续不断地开展防拎包、防扒窃专项整治行动，对校园各种盗窃、扒窃行为始终保持高压态势。针对偷窥、偷拍等流氓滋扰事件，2014 年 5 月和 10 月在公安部门的配合下，破获 2 起女厕所偷拍案件，并将案件破获情况通报给广大师生。

【开展电信网络诈骗专项宣传】 在安全宣传月、新生入学季以不同形式开展了广泛防范电信网络诈骗宣传，以书信形式给两校区共 18 000 名学生寄发一封关于防范网络诈骗的公开信。2014 年新生入学期间，校园诈骗案件零发案，全年诈骗案件大幅度降低。

【承担校内重大活动安保服务】 2014 年，共完成校内大型活动的安全保障任务 30 余次，其中 8 月的青奥会维稳和 10 月的"校长杯"乒乓球赛的安保工作成功的案例已成为学校今后大型活动安全保障工作的新样板。

（撰稿：洪海涛　审稿：刘玉宝）

人 武 工 作

【概况】 2014 年，人武部以中共十八大和十八届三中、四中全会精神和习近平关于国防和军队建设重要论述为指导，紧紧围绕强军目标和学校实际，真抓实干，开拓进取，开展人武工作。结合国际国内形势，认真落实国防教育活动。加强军校共建，全面做好双拥工作。深入推进大学生应征入伍工作，精心组织实施大学生军事技能训练等。

【组织学生应征入伍】 根据玄武区人武部首次依托"全国征兵网"实施网上报名，并根据年度征兵工作通知要求和全国大学生征兵工作网络视频会议精神，人武部制订严密工作计划，全面部署征兵工作，强化征兵工作责任；通过下发通知，参加咨询会、宣讲会等多种方式，开展广泛的宣传动员；指定专人负责，跟踪应征报名人员状况，组织实地应征。2014 年，学校共有 11 名应届毕业生、8 名在校生和 5 名成教生光荣入伍。

【组织学生军事技能训练】 9 月 8～23 日，人武部组织开展 2014 级学生军训工作。9 月 9 日下午，军训工作领导小组组长、校党委副书记盛邦跃参加军训动员大会，对全体参训学生提出了殷切的希望。21 日，在南京理工大学靶场进行实弹射击，玄武区人武部部长顾学椋和学校党委副书记盛邦跃同志亲临现场检查指导。此次军训有 4 350 余名本科新生参加，卫岗校区和浦口工学院同时进行，南京军区临汾旅 98 名官兵担任教官，各院系 21 名辅导员担任政治指导员。

【组织学校国防教育活动】2014年组织开展国防知识讲座3场次、国防辩论赛1场次，军训期间印发军训快报4期、军训杂志1期，观看国防教育影片《甲午甲午》，并举办该主题军训征文、板报比赛各1次。9月18日，邀请解放军著名军事历史专家、少将、国防大学杰出教授、博士生导师徐焰来学校举办"我国的国防建设与国家安全"主题学习报告会，全体校领导、全体中层干部、思想政治理论课教师、军事理论课教师、专职辅导员和学生工作系统全体工作人员参加报告会；12月6日，南京农业大学军事爱好者协会在教四楼B605举行南京高校"兵林云谈"国防辩论赛。

【组织开展"双拥共建"工作】暑假期间，党委副书记盛邦跃带队去临汾旅慰问交流。9月14日下午，邀请南京市消防局逸仙桥中队队长徐波上尉，在校体育中心集中对全体新生进行消防安全知识讲座。11月12日下午，邀请南京市富贵山消防支队在本科生宿舍5舍进行了主题为"普及消防知识，提高防火意识"的消防演习。11月26日下午，组织学校安全宣传志愿者及人文社会科学学院学生共46人到南京市消防局石门坎中队军营进行参观学习。同时，给烈军属、转业、复员、退伍军人包括本年度从学校入伍的9名同学和从部队退伍复学的5名学生发放慰问金。

（撰稿：洪海涛　审稿：刘玉宝）

工 会 与 教 代 会

【概况】校工会积极开展"教师回报社会"活动，学校农学院戴廷波教授赴沭阳为基层农技人员做专题报告，并深入田地实地指导；在工会系统中组织开展思想政治教育工作；举办校教职工"为人师表　立德树人"演讲比赛，激发教职工爱岗敬业热情。食品科技学院童菲老师参加在宁高校"中国梦·劳动美　为人师表　立德树人"的演讲比赛中荣获一等奖，展示了学校教职工在平凡的岗位上默默耕耘、无私奉献的时代精神和师表形象。

校工会切实关注教职工权益与文化生活，积极开展形式多样的活动。积极联系周边中小学，为青年教职工子女上学提供帮助和服务。参加江苏省在宁高校棋类比赛、青年教师联谊会、高校师生书画摄影展和集邮展。举办教职工运动会、乒乓球赛、羽毛球混合团体赛、扑克牌比赛、钓鱼比赛和绿道健身行等群众性体育运动，营造和谐氛围，增强教职工的凝聚力。承办全国12所农林高校参加的第四届全国农林高校教职工羽毛球联谊赛、江苏省第三届"汇农杯"足球友谊赛。坚持开展"送温暖"活动，全年共慰问重大疾病住院的教职工及有其他特殊困难的教职工40多人次。组织劳模、先进教职工赴山东青岛、南京汤山等地的疗休养活动。会同学校有关部门做好教职工重大节日福利品的组织和发放工作。继续做好大病医疗互助会工作，及时组织新进教职工入会，修订《南京农业大学教职工大病医疗互助基金管理办法》，切实帮扶和缓解教职工因生大病引起的困难，2014年大病医疗互助会补助82名因病住院的会员共64万余元。加强工会组织建设和自身队伍建设，举办工会教代会、中共十八大等知识竞赛、提升工会干部的理论素养。对本年度部门工会工作进行评比，并进行表彰和奖励。严格执行全国总工会、江苏省总工会及学校的各项文件规定，规范工会经费管理，提高会计核算与工会财务管理质量。

【第五届教职工代表大会暨第十次工会会员代表大会第三次会议】 第五届教职工代表大会暨第十次工会会员代表大会第三次会议于2014年4月9日下午在金陵研究院国际报告厅举行。校长周光宏做题为《深化改革　乘势而上　全面加快世界一流农业大学建设》的2013年学校工作报告。副校长戴建君做《学校2013年财务决算和2014年财务预算情况的报告》、校党委办公室主任刘营军做《代表提案工作情况报告》、校工会主席胡正平做《学校工会工作报告》。代表们围绕《学校工作报告》和《学校财务工作报告》进行了分组讨论，并向主席团会议汇报各代表团的讨论情况。会议表决通过了《2013年学校工作报告》。校党委书记左惟在会上做重要讲话，对进一步加强教职工代表大会制度建设，推进民主办学提出了要求。

会议期间共征集到代表提案和建议48件，涉及学校建设发展、教学科研、教职工队伍建设和教职工福利、学科建设和研究生培养、学生教育管理、后勤服务与管理、校园综合治理等方面，立案34件。提案经各分管校领导批阅后及时交与相关部门承办，做好组织协调、督办和对答复提案的及时反馈工作，并召开提案落实办理工作汇报会，进一步促进了教职工代表大会作用的发挥。据提案人的反馈，对提案办理满意的占总数的86%，基本满意的占14%。

【第五届教职工代表大会第四次会议】 第五届教职工代表大会第四次会议于2014年11月13日下午在金陵研究院三楼报告厅举行，会议的议题是讨论《南京农业大学章程（草案）》修订。发展规划与学科建设处处长刘志民代表章程修订工作小组向大会做《南京农业大学章程（草案）》修订情况说明，全体与会代表围绕《南京农业大学章程（草案）》进行了分组讨论，各代表团向主席团会议汇报了讨论情况。大会将讨论意见汇总经校长办公会审核、党委全委会审定，形成《南京农业大学章程（核准稿）》。

（撰稿：姚明霞　审稿：胡正平）

共 青 团 工 作

【概况】 学校团委下设18个学院团委、2个直属团总支、3个直属团支部、1个团工委（研究生），全校共有团支部686个，团员人数22 694人，专职团干部72人。学校团委下设办公室、组织部、宣传部、学术部、校园文化部、社会实践部、社团部、创业促进部、调研部和场馆中心10个部门。

2014年，学校共青团在学校党委和共青团江苏省委的领导下，深入学习贯彻学校第十一次党代会精神，以"立德树人、勤学敦行"为指导，以"一建设、两支撑、三育人"为工作主线，着力服务学校大局和服务青年成长，不断深化服务型团组织建设，全面推进学校共青团工作科学化、规范化、民主化和精细化发展。开展"践行核心价值观、引领校园新风尚"主题团日活动，引导青年学生将社会主义核心价值观内化于心、外化于行；用优秀文化教育引导青年学生，深化网络新媒体平台建设，创办"南农青年网"，增设"南农青年微刊"

微信公众号，促进宣传平台向网络化深入发展，拓宽思想传播的有效渠道；积极服务不同青年群体个性化发展需求，营造国际化文化氛围，引导学生参与科技创新，服务学生投身创业实践，实施"科教兴村青年接力计划"，积极培养学生社会担当；改革校院团组织自身建设，进一步优化整合组织设置，加大团学骨干培养力度，持续激发基层工作活力；加强对学生会、青年传媒、大学生科协、青年志愿者协会、红十字会学生分会、大学生艺术团等组织的工作指导和支持，明确职能定位，切实发挥学生组织"自我教育、自我管理、自我服务"职能以及桥梁纽带作用，引导学生在参与学校民主管理中发挥了重要作用。

2014 年，学校 1 人获评"全国优秀共青团干部"，1 人获评"江苏省优秀共青团干部"，1 人获评"江苏省团干部挂职工作先进个人"，2 位同学获评"江苏省优秀共青团员"，1 位同学获评江苏省"魅力团支书"，青年教师蒋建东获评"江苏省杰出青年岗位能手"，张轩同学被评为"中国大学生年度人物"提名奖，焦武同学被评为"中国大学生自强之星"提名奖；学校被共青团中央、中华全国学生联合会评为"2014 年全国大中专学生志愿者暑期'三下乡'社会实践活动先进单位"。

【参加 2014 年"国际基因工程机械设计大赛（iGEM）"】在学校团委和生命科学学院的大力支持下，生命科学学院团委统筹协调，由生命科学学院 17 名学生组成的 NJAU－China 团队参加了 11 月 4 日（波士顿时间 11 月 3 日），在麻省理工学院举办的 2014 年"国际基因工程机械设计大赛（iGEM）"，荣获大赛银奖。这是学校首次派代表队参加该项比赛，团队于 2014 年 5 月组建，由生命科学学院蒋建东担任指导教师，团队分为实验组、建模网络组和社会实践组，由李慧玉、蒋振雄和徐烜等 17 名队员组成，队员以生命科学学院大二、大三的本科生为主。团队以工程大肠杆菌吸附铜离子为课题，希望借以大肠杆菌的天然优势并加以改造，使大肠杆菌可以治理水环境中的铜离子污染，从而解决铜污染对水产养殖业和农业的危害。

【举办国家公祭日主题活动】2014 年 12 月 9 日，南京农业大学在校园开展活动迎接首个国家公祭日的到来。在卫岗校区，数千名师生举行"千人共制公祭菊"活动，通过自制白色手工菊花和千纸鹤组成"12·13"字样，悼念遇难同胞，同时开展主题海报展、签名征集、大屠杀历史讲解和座谈会等活动，让更多的人了解历史、牢记历史和寄托哀思。12 月 13 日，全校近 400 名师生在大学生活动中心报告厅观看公祭仪式，集体悼念 30 万遇难同胞；来自韩国、巴基斯坦、柬埔寨、卢旺达和巴西等国的留学生们一同参加了纪念活动，寄托对世界和平的美好愿景。学校国家公祭日主题活动受到了包括中央电视台新闻联播在内的多家中央级和省市级媒体的关注报道，其中，中央电视台朝闻天下对学校"千人共制公祭菊"进行了专题报道，南京电视台新闻综合频道《勿忘国耻 圆梦中华》"国家公祭日 15 小时直播"节目对学校集体收看公祭仪式进行了现场连线，中新社、中国日报、新华日报、江苏卫视等中央和省级主流媒体也对学校学子自发组织的纪念活动进行了采访报道；学生刘奕琨作为南京高校学生代表，接受了新闻联播采访。

【发起"倾听长江"大型环保公益行动】2014 年 5 月 30 日下午，"倾听长江"大型环保公益行动启动暨青少年环保实践基地挂牌仪式在南京农业大学举行。中华环保联合会副秘书长吕克勤、共青团江苏省委副书记蒋敏、江苏省环保厅副巡视员吴晓荣、南京农业大学党委副书记花亚纯与南京农业大学 400 余名师生参与活动。"倾听长江"活动是由共青团江苏省委、江苏省环保厅和南京农业大学共同发起的生态环保公益行动，旨在深入贯彻落实中共十八大精神，积极融入全国保护母亲河行动，动员和凝聚更多青少年和社会公众投身"美丽中国"建设。活动主要通过长江流域环保公益力量的联动，针对长江干流、支流水资源和生物资源保护，广泛开展公众环保宣传、植物涵养水源、生态环保调研和生物多样性保护等方面的工作。活动得到了团中央农村青年工作部的指导与支持，同时得到长江流域 11 个省及江苏 13 个地级市的积极响应。启动仪式上，中华环保联合会、南京农业大学和南京市月牙湖街道签署《青少年环保实践基地合作协议》并挂牌。活动结束后，与会嘉宾共同参加了南京农业大学"'6·5'世界环境日主题宣传月"活动。

（撰稿：翟元海　审稿：王　超）

学 生 会 工 作

【概况】南京农业大学学生会是学校党委和江苏省学生联合会共同领导、学校团委指导下的代表全校青年学生的群众性组织，现为中华全国学生联合会委员单位、江苏省学生联合会副主席单位。南京农业大学学生会下设办公室、人力资源中心、宣传中心、对外联络中心、学习发展中心、校园文化建设中心、生活服务中心和体育服务中心八大职能中心。学生会本着"全心全意为同学服务"的宗旨，坚持"自我教育、自我管理、自我服务"，围绕学校党政中心工作，做学校联系学生的桥梁和纽带，开展大学生思想引领工作，维护学生权益、繁荣校园文化，为学校的发展做出了贡献。

【2014 年"悦动新声"校园十佳歌手大赛】"悦动新声"校园十佳歌手大赛始于 2011 年 9 月，截至 2014 年 4 月已成功举办三届。赛事以"悦动新声，相信音乐的力量"为主题，吸引了众多校园音乐爱好者参加。2014 年"悦动新声"校园十佳歌手大赛历时 2 月，共有近 600 名选手参与了海选。江苏省学生联合会驻会执行主席赵乐乐、凌圆以及来自省内部分高校的嘉宾全程参与了本场活动。本次活动也是校学生会第一次将音乐节的理念融入比赛中，晚会效果与制作水平得到了嘉宾和观众的一致好评。最终，来自公共管理学院的刘惠东、人文社会科学学院的凌玲与童子文分获冠亚季军。

【"新生杯"篮球赛】2014 年 10～11 月，南京农业大学学生会主办了"新生杯"篮球赛。本次比赛首次设立仲裁委员会，由投票产生的 8 个学院作为委员会成员，较大程度地保证了比赛的公平公正。新增三分球大赛和全明星赛，增加了"新生杯"的精彩程度。经济管理学院、信息科技学院、动物科技学院分获冠亚季军。

（撰稿：朱媛媛　翟元海　审稿：谭智赟）

五、人才培养

研 究 生 教 育

【概况】2014年，研究生院深入推进"博士生招生申请审核"、"全英文课程体系建设"、"博士、硕士学位授予标准"和"研究生奖助体系改革"等工作，不断提升学校研究生培养质量。

共录取全日制博士生441名、全日制硕士生2190名、在职攻读专业学位研究生497名，其中包括兽医博士9名。在2190名全日制硕士生招生总指标中，学术型硕士为1320名、全日制专业学位硕士生为870名。完成2015级650名推荐免试研究生的选拔和416名推荐免试研究生的接收工作。

改革学位论文送审制度，总结国务院学位委员会办公室、江苏省教育厅和学校学位论文送审和抽检结果，逐步建立学位论文送审动态监控体制。拓展学位论文送审单位范围，加强与综合性、高水平院校合作力度，提高学位论文送审单位的层次。全年共授予376人博士学位，其中兽医博士2位；授予1953人硕士学位，其中专业学位884人；完成相应批次毕业研究生的毕业信息和学位信息上报和学籍档案的整理工作。2014年学校获得江苏省优秀博士学位论文7篇、优秀学术型硕士学位论文7篇、优秀全日制专业学位硕士学位论文4篇；评选出校级优秀博士学位论文9篇、学术型优秀硕士学位论文20篇、全日制专业学位硕士优秀学位论文5篇。起草了《南京农业大学研究生教育质量年度报告》，全面分析学校2013—2014学年研究生教育质量，提炼2013—2014学年度人才培养质量特色。

积极开展社会实践活动。60余名研究生奔赴广西百色市、防城港市，江苏省高淳县、兴化市和涟水县等地开展科技服务、社会调研等活动，为地方经济发展建言献策，活动受到省、市、校级媒体关注。其中，"百名博士老区行"社会实践团队获选2014年度大中专学生志愿者暑期文化科技卫生"三下乡"社会实践活动全国重点团队。

完成2015届2471名毕业研究生生源信息审核、上报及协议书和推荐表的审核、打印和发放工作。及时更新、发布国家、部省和学校相关就业政策，接待用人单位100余家，举办了50余场专场招聘会，发布就业信息2000余条。2014年年终就业率在90%以上。

全校范围内试行博士招生申请审核制。严格控制2015年录取在职博士生比例，自然学科和人文社科分别为当年博士招生规模的5%和10%以内。进一步规范选拔工作，实行全面考核，保证选拔质量。2014年录取硕博连读及直博生273名，占博士招生总数的62%。接收推免生416名，其中学术型推免生353名、专业学位型63名；本校推免生306名、外校推免生110名。

《南京农业大学农林学科学术型研究生课程体系改革与实践》获得2014中国学位与研究生教育学会研究生教育成果奖二等奖。成功举办中国东部地区农林学科研究生教育研究会首届学术研讨会，在首届会员代表大会上，学校当选为主任委员单位。新增 28 家省级企业研究生工作站。开展了企业研究生工作站实地调研工作，先后走访了 23 家企业，全面了解学校研究生工作站建设及运行情况。

【推进研究生培养国际化】 按五大学部进行顶层设计与论证，分类分步推进研究生全英文系列课程建设，一期立项建设 30 门课程，经费预算 450 万元，建设周期 3 年。组织南京农业大学首届研究生国际学术研讨会——"多视角的农业未来"，邀请美国康奈尔大学等 12 所国外涉农大学及中国农业大学等国内高校 40 名研究生参与此次活动。

2014 年国家公派留学项目累计录取学生 65 人，其中联合培养博士生 46 人、攻读博士学位研究生 14 人、攻读硕士学位研究生 4 人、联合培养硕士生 1 人。学校联合培养博士研究生和攻读博士学位研究生录取率分别达 89.4% 和 92%。

遴选 25 名优秀直博生赴澳大利亚和美国著名大学进行了短期访问和学术交流。加强国际学术交流基金管理，全年共资助 57 人参加国际学术会议。

【培养博士生创新能力】 依托"农业与生命科学博士生创新中心"举办了第三期博士生创新技能培训。组织第四届农业与生命科学五年制直博生学术论坛。启动博士学位论文创新工程，共评选出 14 个创新工程项目，每人每月资助 6 000 元。"农业与生命科学五年制直博生创新教育模式改革试点"在江苏省教育体制改革试点项目阶段评估中，成为高层次人才培养项目成效明显的唯一院校。江苏教育频道《教改再扬帆》节目就学校直博生教育改革进行了专题报道。

【建设学位、论文质量保障体系】 制订《南京农业大学学位授权点自我评估工作方案》，对未来 5 年学位授权点开展自我评估进行了全面部署。开展了江苏省硕士学位授权一级学科点（机械工程）的自我评估工作。增设了天然产物化学为生物学一级学科下的目录外二级学科。制定《一级学科博士、硕士学位授予标准》。修订研究生发表学术论文要求的规定，允许暂未有学术论文发表的硕士研究生在导师保证的条件下申请学位，并建立相应的保证制度。

【导师队伍建设】 修订《南京农业大学增列博士生指导教师申报条件量化指标（2014 年）》和《南京农业大学增列学术型硕士生指导教师申报条件量化指标（2014 年）》，作为 2014 年博士生导师和学术型硕士生导师增列的要求。全年增列博士生导师 30 名、硕士生导师 34 名、全日制专业学位硕士生导师 35 名。针对导师年龄、科研经费和科研产出等情况，对全校 1 058 名导师资格进行细致、严格地审核。

【强化研究生教育管理】 推进校园文化"国际化"和"精品化"建设，实施研究生学术交流活动精品化建设工程，资助了 9 个"精品学术论坛"和 23 个"精品学术沙龙"活动。以"研究生国际神农科技文化节—学院二级学术论坛—学科、课题组"三级学术交流平台为核心，开展研究生学术文化活动。构建导师、研究生辅导员、社区辅导员和研究生骨干为一体的思想政治教育队伍，及时全面掌握研究生思想动态。坚持研究生辅导员例会制度和辅导员沙龙，每月定期举办相关活动，促进工作交流。

【完成兽医秘书处工作】 完成第五届全国兽医专业学位优秀学位论文评选工作。组织召开全国兽医专业学位研究生教育指导委员三届五次、六次和七次全会，审议《全国兽医专业学位研究生教育指导委员会 2014 年学位授权点专项评估工作方案》，举办"首届兽医教学案例培训会"，对 2013 年兽医专业学位研究生教育指导委员会建设项目进行了结题验收。完成了2014 级兽医博士专业学位全国联考命题、阅卷和招生录取工作。

【研究生奖助体系改革】 出台《南京农业大学研究生奖助体系改革实施方案（试行）》，同时颁布《校长奖学金暂行管理办法》。2014 年共有 2 799 人次获得各类研究生奖学金，总金额达 2 823.28 万元。其中，12 人获得校长奖学金，植物保护学院 2011 级直博生金琳获得首届校长奖学金特等奖，奖金 10 万元；56 名博士生、142 名硕士生获得国家奖学金；404 名博士生、1 949 名硕士生获得学业奖学金；99 名同学获得校级名人企业奖学金，137 名同学获得优秀研究生干部奖学金。

（撰稿：林江辉　审稿：陈　杰）

［附录］

附录 1　南京农业大学授予博士、硕士学位学科专业目录

表 1　全日制学术型学位

学科门类	一级学科名称	二级学科（专业）名称	学科代码	授权级别	备　注
哲学	哲学	马克思主义哲学	010101	硕士	硕士学位授权一级学科
		中国哲学	010102	硕士	
		外国哲学	010103	硕士	
		逻辑学	010104	硕士	
		伦理学	010105	硕士	
		美学	010106	硕士	
		宗教学	010107	硕士	
		科学技术哲学	010108	硕士	
经济学	理论经济学	政治经济学	020101	硕士	硕士学位授权一级学科
		经济思想史	020102	硕士	
		经济史	020103	硕士	
		西方经济学	020104	硕士	
		世界经济	020105	硕士	
		人口、资源与环境经济学	020106	硕士	
	应用经济学	国民经济学	020201	博士	博士学位授权一级学科
		区域经济学	020202	博士	
		财政学	020203	博士	
		金融学	020204	博士	
		产业经济学	020205	博士	
		国际贸易学	020206	博士	
		劳动经济学	020207	博士	
		统计学	020208	博士	
		数量经济学	020209	博士	
		国防经济学	020210	博士	

（续）

学科门类	一级学科名称	二级学科（专业）名称	学科代码	授权级别	备 注
法学	法学	经济法学	030107	硕士	
	社会学	社会学	030301	硕士	硕士学位授权一级学科
		人口学	030302	硕士	
		人类学	030303	硕士	
		民俗学（含：中国民间文学）	030304	硕士	
	马克思主义理论	马克思主义基本原理	030501	硕士	
		思想政治教育	030505	硕士	
文学	外国语言文学	英语语言文学	050201	硕士	硕士学位授权一级学科
		日语语言文学	050205	硕士	
		俄语语言文学	050202	硕士	
		法语语言文学	050203	硕士	
		德语语言文学	050204	硕士	
		印度语言文学	050206	硕士	
		西班牙语语言文学	050207	硕士	
		阿拉伯语语言文学	050208	硕士	
		欧洲语言文学	050209	硕士	
		亚非语言文学	050210	硕士	
		外国语言学及应用语言学	050211	硕士	
历史学	历史学	专门史	0602L3	硕士	
理学	数学	应用数学	070104	硕士	硕士学位授权一级学科
		基础数学	070101	硕士	
		计算数学	070102	硕士	
		概率论与数理统计	070103	硕士	
		运筹学与控制论	070105	硕士	
	化学	无机化学	070301	硕士	硕士学位授权一级学科
		分析化学	070302	硕士	
		有机化学	070303	硕士	
		物理化学（含：化学物理）	070304	硕士	
		高分子化学与物理	070305	硕士	
	地理学	地图学与地理信息系统	070503	硕士	
	海洋科学	海洋生物学	070703	硕士	硕士学位授权一级学科
		物理海洋学	070701	硕士	
		海洋化学	070702	硕士	
		海洋地质	070704	硕士	
	生物学	植物学	071001	博士	博士学位授权一级学科
		动物学	071002	博士	

（续）

学科门类	一级学科名称	二级学科（专业）名称	学科代码	授权级别	备　注
理学	生物学	生理学	071003	博士	博士学位授权一级学科
		水生生物学	071004	博士	
		微生物学	071005	博士	
		神经生物学	071006	博士	
		遗传学	071007	博士	
		发育生物学	071008	博士	
		细胞生物学	071009	博士	
		生物化学与分子生物学	071010	博士	
		生物物理学	071011	博士	
		生物信息学	0710Z1	博士	
		应用海洋生物学	0710Z2	博士	
		天然产物化学	0710Z3	博士	
	科学技术史	科学技术史	071200	博士	博士学位授权一级学科，可授予理学、工学、农学和医学学位
	生态学		0713	博士	博士学位授权一级学科
工学	机械工程	机械制造及其自动化	080201	硕士	硕士学位授权一级学科
		机械电子工程	080202	硕士	
		机械设计及理论	080203	硕士	
		车辆工程	080204	硕士	
	控制科学与工程	检测技术与自动化装置	081102	硕士	
	计算机科学与技术	计算机应用技术	081203	硕士	硕士学位授权一级学科
		计算机系统结构	081201	硕士	
		计算机软件与理论	081202	硕士	
	化学工程与技术	应用化学	081704	硕士	
	轻工技术与工程	发酵工程	082203	硕士	硕士学位授权一级学科
		制浆造纸工程	082201	硕士	
		制糖工程	082202	硕士	
		皮革化学与工程	082204	硕士	
	农业工程	农业机械化工程	082801	博士	博士学位授权一级学科
		农业水土工程	082802	博士	
		农业生物环境与能源工程	082803	博士	
		农业电气化与自动化	082804	博士	
		环境污染控制工程	0828Z1	博士	

（续）

学科门类	一级学科名称	二级学科（专业）名称	学科代码	授权级别	备 注
工学	环境科学与工程	环境科学	083001	硕士	硕士学位授权一级学科，可授予理学、工学和农学学位
		环境工程	083002	硕士	
	食品科学与工程	食品科学	083201	博士	博士学位授权一级学科，可授予工学、农学学位
		粮食、油脂及植物蛋白工程	083202	博士	
		农产品加工及贮藏工程	083203	博士	
		水产品加工及贮藏工程	083204	博士	
	风景园林学		0834	硕士	硕士学位授权一级学科
农学	作物学	作物栽培学与耕作学	090101	博士	博士学位授权一级学科
		作物遗传育种	090102	博士	
		农业信息学	0901Z1	博士	
		种子科学与技术	0901Z2	博士	
	园艺学	果树学	090201	博士	博士学位授权一级学科
		蔬菜学	090202	博士	
		茶学	090203	博士	
		观赏园艺学	0902Z1	博士	
		药用植物学	0902Z2	博士	
		设施园艺学	0902Z3	博士	
	农业资源与环境	土壤学	090301	博士	博士学位授权一级学科
		植物营养学	090302	博士	
	植物保护	植物病理学	090401	博士	博士学位授权一级学科，农药学可授予理学、农学学位
		农业昆虫与害虫防治	090402	博士	
		农药学	090403	博士	
	畜牧学	动物遗传育种与繁殖	090501	博士	博士学位授权一级学科
		动物营养与饲料科学	090502	博士	
		动物生产学	0905Z1	博士	
		动物生物工程	0905Z2	博士	
	兽医学	基础兽医学	090601	博士	博士学位授权一级学科
		预防兽医学	090602	博士	
		临床兽医学	090603	博士	
	水产	水产养殖	090801	博士	博士学位授权一级学科
		捕捞学	090802	博士	
		渔业资源	090803	博士	
	草学		0909	博士	博士学位授权一级学科

（续）

学科门类	一级学科名称	二级学科（专业）名称	学科代码	授权级别	备 注
医学	中药学	中药学	100800	硕士	硕士学位授权一级学科
管理学	管理科学与工程	不分设二级学科	1201	硕士	硕士学位授权一级学科
	工商管理	会计学	120201	硕士	硕士学位授权一级学科
		企业管理	120202	硕士	
		旅游管理	120203	硕士	
		技术经济及管理	120204	硕士	
	农林经济管理	农业经济管理	120301	博士	博士学位授权一级学科
		林业经济管理	120302	博士	
		农村与区域发展	1203Z1	博士	
		农村金融	1203Z2	博士	
	公共管理	行政管理	120401	博士	博士学位授权一级学科，教育经济与管理可授予管理学、教育学学位
		社会医学与卫生事业管理	120402	博士	
		教育经济与管理	120403	博士	
		社会保障	120404	博士	
		土地资源管理	120405	博士	
		信息资源管理	1204Z1	博士	
	图书情报与档案管理	图书馆学	120501	硕士	硕士学位授权一级学科
		情报学	120502	硕士	
		档案学	120502	硕士	

表2 全日制专业学位

专业学位代码、名称	专业领域代码和名称	授权级别	招生学院
0852 工程硕士	085227 农业工程	硕士	工学院
	085229 环境工程	硕士	资源与环境科学学院
	085231 食品工程	硕士	食品科技学院
	085238 生物工程	硕士	生命科学学院
	085240 物流工程	硕士	经济管理学院、工学院、信息科技学院
	085201 机械工程	硕士	工学院
	085216 化学工程	硕士	理学院
0951 农业推广硕士	095101 作物	硕士	农学院
	095102 园艺	硕士	园艺学院
	095103 农业资源利用	硕士	资源与环境科学学院
	095104 植物保护	硕士	植物保护学院
	095105 养殖	硕士	动物科技学院

（续）

专业学位代码、名称	专业领域代码和名称	授权级别	招生学院
0951 农业推广硕士	095106 草业	硕士	动物科技学院
	095108 渔业	硕士	渔业学院
	095109 农业机械化	硕士	工学院
	095110 农村与区域发展	硕士	经济管理学院、农学院
	095111 农业科技组织与服务	硕士	人文社会科学学院
	095112 农业信息化	硕士	信息科技学院
	095113 食品加工与安全	硕士	食品科技学院
	095114 设施农业	硕士	园艺学院
	095115 种业	硕士	农学院
0953 风景园林硕士		硕士	园艺学院
0952 兽医硕士		硕士	动物医学院
1252 公共管理硕士（MPA）		硕士	公共管理学院、人文社会科学学院
1251 工商管理硕士		硕士	经济管理学院
0251 金融硕士		硕士	经济管理学院
0254 国际商务硕士		硕士	经济管理学院
0352 社会工作硕士		硕士	人文社会科学学院
1253 会计硕士		硕士	经济管理学院
0551 翻译硕士		硕士	外国语学院
1056 中药学硕士		硕士	园艺学院
0351 法律硕士		硕士	人文社会科学学院
1255 图书情报硕士		硕士	信息科技学院
20952 兽医博士		博士	动物医学院

表3　非全日制专业学位

专业学位名称	专业领域名称	专业领域代码	授权级别	备　注
工程硕士	农业工程	430128	硕士	
	环境工程	430130	硕士	
	食品工程	430132	硕士	
	生物工程	430139	硕士	
	物流工程	430141	硕士	
	机械工程	430102	硕士	
	化学工程	430117	硕士	
农业推广硕士	作物	470101	硕士	
	园艺	470102	硕士	
	农业资源利用	470103	硕士	
	植物保护	470104	硕士	
	养殖	470105	硕士	
	草业	470106	硕士	
	渔业	470108	硕士	
	农业机械化	470109	硕士	
	农村与区域发展	470110	硕士	
	农业科技组织与服务	470111	硕士	
	农业信息化	470112	硕士	
	食品加工与安全	470113	硕士	
	设施农业	470114	硕士	
	种业	470115	硕士	
兽医硕士		480100	硕士	
兽医博士			博士	
公共管理硕士		490100	硕士	
风景园林硕士		560100	硕士	

附录2　江苏省2014年普通高校研究生科研创新计划项目名单

表1　省立省助24项

编号	申请人	项目名称	项目类型	研究生层次
KYZZ_0159	武小龙	城乡"共生式发展"的理论阐释与实践研究	人文社科	博士
KYZZ_0160	汪洋	学术权力组织化形态的生成与运行研究	人文社科	博士
KYZZ_0161	汪险生	产权管制下农地抵押贷款机制设计研究	人文社科	博士
KYZZ_0162	王博	基于多情景分析的建设用地总量控制目标选择研究	人文社科	博士
KYZZ_0163	盛业旭	经济增长与城市土地扩张脱钩测度、影响因素及调控策略	人文社科	博士

（续）

编号	申请人	项目名称	项目类型	研究生层次
KYZZ＿0164	顾剑秀	知识生产模式转型博士生培养模式变革研究	人文社科	博士
KYZZ＿0165	翁 辰	信贷约束对中国农村家庭创业的影响研究	人文社科	博士
KYZZ＿0166	张明杨	转基因食品信息传递对消费者态度的影响：作用机制与实证研究	人文社科	博士
KYZZ＿0167	王全忠	农户稻作制度选择与收入增长：基于农村社会化服务视角的分析	人文社科	博士
KYZZ＿0168	陈 杰	农村居民代际收入流动趋势及传递机制分析	人文社科	博士
KYZZ＿0169	高名姿	社区基金发育机理及响应条件研究——基于社会资本理论视角	人文社科	博士
KYZZ＿0170	李昕升	南瓜在中国的引种和本土化研究	人文社科	博士
KYZZ＿0171	马省伟	小麦粒重基因 $TaGS5$ 的克隆、标记开发以及功能验证	自然科学	博士
KYZZ＿0172	牛 梅	水稻白条纹叶基因的图位克隆与功能分析	自然科学	博士
KYZZ＿0173	孙 娟	水稻耐低氮胁迫相关基因克隆及其调控网络解析	自然科学	博士
KYZZ＿0174	胡淑宝	Cd 胁迫水稻蛋白组学研究	自然科学	博士
KYZZ＿0175	邰彦彦	变形菌视紫红质子泵机理的研究	自然科学	博士
KYZZ＿0176	吴凤礼	Hog1MAPK 在灵芝生长和三萜生物合成调控中的功能研究	自然科学	博士
KYZZ＿0177	孙丽娜	Nocardioidessolimbc－2 菌株 2－氨基苯并咪唑脱氨酶基因的克隆和表达	自然科学	博士
KYZZ＿0178	邓 平	一个水稻耐盐突变体基因的精细定位与克隆	自然科学	博士
KYZZ＿0179	赵艳雪	拟南芥 $AtTLC1$ 基因在根干细胞微环境维持方面的功能研究	自然科学	博士
KYZZ＿0180	胡花丽	富氢水抑制呼吸强度延缓猕猴桃采后衰老的生理机制研究	自然科学	博士
KYZZ＿0181	高 帅	拟南芥 LCR 互作蛋白的筛选、鉴定及靶蛋白功能分析	自然科学	博士
KYZZ＿0182	王 亚	盐藻对砷的吸收代谢动力学研究	自然科学	博士

表 2　省立校助 95 项

编号	申请人	项目名称	项目类型	研究生层次
KYLX＿0513	石丹露	铜对黑藻的生理胁迫及基因组 DNA 损伤的研究	自然科学	博士
KYLX＿0514	董维亮	Sphingobiumsp. MEA－S 降解 2－甲基－6－乙基苯胺的分子机制及代谢途径研究	自然科学	博士
KYLX＿0515	王云龙	水稻白穗基因 $wp1$ 的克隆与功能分析	自然科学	博士
KYLX＿0516	张要军	生物质炭对菜地生态系统 N_2O/NO 排放的综合影响研究	自然科学	博士
KYLX＿0517	黄玉萍	"注水肉"近红外光谱检测及识别技术的研究	自然科学	博士
KYLX＿0518	陈 满	基于高光谱的小麦变量追肥系统研究	自然科学	博士
KYLX＿0519	孙 凯	利用功能内生细菌规避植物体内多环芳烃污染风险	自然科学	博士
KYLX＿0520	张 静	锌粉协同臭氧降解水中苯胺的研究	自然科学	博士

（续）

编号	申请人	项目名称	项目类型	研究生层次
KYLX _ 0521	胡伟桐	生物沥浸污泥高温堆肥技术与腐熟度研究	自然科学	博士
KYLX _ 0522	王振宇	丝状真菌联合自养菌提高城市污泥脱水性能	自然科学	博士
KYLX _ 0523	马 瑞	环境因子对水稻籽粒砷形态分布的研究	自然科学	博士
KYLX _ 0524	王华伟	生鲜鸡肉中特定致病菌的群体感应研究及抑制剂开发	自然科学	博士
KYLX _ 0525	朱莹莹	不同肉蛋白摄入对大鼠肠道微生态影响研究	自然科学	博士
KYLX _ 0526	靳晓琳	盐胁迫下豆类芽菜富集低级磷酸肌醇的机理研究	自然科学	博士
KYLX _ 0527	李 可	类 PSE 鸡肉蛋白质的凝胶功能特性及其改善的研究	自然科学	博士
KYLX _ 0528	徐 笑	抗 H. pylori 黏附的瑞士乳杆菌 MB2-1 胞外多糖组份库构建及其抗黏附机理	自然科学	博士
KYLX _ 0529	袁 彪	杏鲍菇蛋白的免疫调节机理和构效关系研究	自然科学	博士
KYLX _ 0530	刘 檀	化学危害因子在食用菌加工过程残留变化及膳食暴露评估	自然科学	博士
KYLX _ 0531	李玉祥	机插水卷苗壮秧培育关键技术研究	自然科学	博士
KYLX _ 0532	胡 伟	施钾影响棉铃对位叶蔗糖代谢的生理机制的研究	自然科学	博士
KYLX _ 0533	樊永惠	夜间增温对小麦旗叶衰老的影响及其生理机理	自然科学	博士
KYLX _ 0534	张巫军	氮素对粳稻茎秆抗倒伏的影响及其生理机制	自然科学	博士
KYLX _ 0535	杨佳蔚	棉纤维品质耐低钾能力形成的生理基础研究	自然科学	博士
KYLX _ 0536	张 峰	过量表达 GhAnn1 提高棉花抗盐耐旱性	自然科学	博士
KYLX _ 0537	李丽红	大豆疫霉根腐病部分抗性相关基因筛选	自然科学	博士
KYLX _ 0538	王 迪	水稻维生素 E 合成途径关键基因的功能鉴定	自然科学	博士
KYLX _ 0539	赵丽娟	大豆耐铝候选基因的 eQTL 定位	自然科学	博士
KYLX _ 0540	杨晓明	水稻粒型基因 NGL2 的功能分析	自然科学	博士
KYLX _ 0541	崔晓霞	miR1510 在大豆对大豆疫霉根腐病抗性中的功能研究	自然科学	博士
KYLX _ 0542	张雪颖	棉花丝裂原活化蛋白激酶（MAPK）家族基因的鉴定及表达分析	自然科学	博士
KYLX _ 0543	许 扬	水稻控制叶片卷曲基因 OsRoc8 的克隆与功能分析	自然科学	博士
KYLX _ 0544	周继阳	小麦抗赤霉菌侵染 QTLFhb4 的精细定位及候选基因的鉴定	自然科学	博士
KYLX _ 0545	冯志明	水稻粒形基因 SLG 的克隆和功能分析	自然科学	博士
KYLX _ 0546	杨松楠	大豆 GRF2 基因的克隆及功能分析	自然科学	博士
KYLX _ 0547	何弯弯	稻瘟病抗病新基因 Pi-hk2 (t) 的定位与克隆	自然科学	博士
KYLX _ 0548	高秀莹	OsPPKL 基因家族调控水稻籽粒发育的遗传网络解析	自然科学	博士
KYLX _ 0549	陶 源	大豆同源异型盒基因 SBH1 参与种子田间劣变的功能验证	自然科学	博士
KYLX _ 0550	孙 欣	葡萄休眠后不同节位花芽发育进程的研究	自然科学	博士
KYLX _ 0551	陈建清	梨花粉质膜 CNGC 基因功能分析	自然科学	博士
KYLX _ 0552	陈 飞	葡萄亚基因组进化研究	自然科学	博士
KYLX _ 0553	蒋 倩	水芹在不同水分条件下根结构的差异及其分子机理研究	自然科学	博士

（续）

编号	申请人	项目名称	项目类型	研究生层次
KYLX_0554	聂姗姗	萝卜抽薹关键基因鉴定及功能分析	自然科学	博士
KYLX_0555	段伟科	抗坏血酸相关基因在白菜全基因组三倍化过程中的进化研究	自然科学	博士
KYLX_0556	刘 敏	大蒜试管苗玻璃化过程中水通道蛋白基因的表达和功能分析	自然科学	博士
KYLX_0557	孙小川	萝卜耐盐性关键基因与 miRNA 鉴定与功能分析	自然科学	博士
KYLX_0558	黄志楠	基于 RNA-Seq 技术挖掘不结球白菜束腰性状相关基因	自然科学	博士
KYLX_0559	刘 婷	施肥对土壤线虫的影响及线虫与微生物群落之间的关联	自然科学	博士
KYLX_0560	陈照志	气候变化对稻麦轮作稻田土壤碳氮转化过程的影响	自然科学	博士
KYLX_0561	南江宽	石膏与腐殖酸配施对滨海盐碱土改良效果的研究	自然科学	博士
KYLX_0562	丁 雷	水通道蛋白（AQP）对水稻光合氮素利用率的影响机制	自然科学	博士
KYLX_0563	张明超	生物硝化抑制剂的分泌机制研究	自然科学	博士
KYLX_0564	王蒙蒙	堆肥菌株 AspergillusfumigatusZ5creA 基因的克隆及其功能研究	自然科学	博士
KYLX_0565	胡青荻	液泡膜质子泵调控植物耐盐和抗重金属的分子机制	自然科学	博士
KYLX_0566	高丽敏	氮素调控水稻叶绿体发育的机制研究	自然科学	博士
KYLX_0567	孟 齐	水稻 OsAGPase3 基因在缺磷胁迫响应中的功能研究	自然科学	博士
KYLX_0568	黄双杰	水稻转录因子 OsMADS57 参与硝酸盐调控水稻根系生长的机制	自然科学	博士
KYLX_0569	吴鉴艳	Mini-reporter	自然科学	博士
KYLX_0570	臧昊昱	高效秸秆降解菌 GBSW19 甘露聚糖酶及甘露寡糖激发子的研究	自然科学	博士
KYLX_0571	张 鑫	小分子 RNA 在水稻对稻瘟病菌抗性中的分子机制研究	自然科学	博士
KYLX_0572	宋天巧	大豆疫霉效应分子 PsCRN108 致病功能分子机制解析	自然科学	博士
KYLX_0573	马振川	大豆疫霉菌新 PAMPs 的鉴定	自然科学	博士
KYLX_0574	张 进	棉铃虫幼虫气味受体基因的克隆和功能研究	自然科学	博士
KYLX_0575	刘永磊	苏云金芽孢杆菌 U16C2 株系对灰飞虱的致死作用机理	自然科学	博士
KYLX_0576	万贵钧	灰飞虱对近零磁场的生物磁响应及其分子机制研究	自然科学	博士
KYLX_0577	葛 成	内共生菌 Wolbachia 对截形叶螨种群遗传结构的影响	自然科学	博士
KYLX_0578	张元臣	寄主植物和棉蚜基因型对原生共生菌的协同调控作用	自然科学	博士
KYLX_0579	王 鑫	昆虫烟碱型乙酰胆碱受体可溶性附属蛋白鉴定与功能研究	自然科学	博士
KYLX_0580	苗珊珊	三嗪类除草剂分子印迹吸附剂的合成及应用	自然科学	博士
KYLX_0581	张 青	手性杀菌剂粉唑醇立体选择性活性与环境行为	自然科学	博士
KYLX_0582	田祥瑞	甜菜夜蛾黄素单加氧酶的功能研究	自然科学	博士
KYLX_0583	卢一辰	小麦和苜蓿对除草剂异丙隆和阿特拉津解毒机制的研究	自然科学	博士
KYLX_0584	周华飞	Bs916 防治水稻细菌性条斑病相关代谢产物的分离与鉴定	自然科学	博士
KYLX_0585	刘吉英	靶向猪卵泡闭锁过程中调控 Smad4 基因的 miRNAs 鉴定与调控机制	自然科学	博士

（续）

编号	申请人	项目名称	项目类型	研究生层次
KYLX _ 0586	王立中	Scd1 基因在乳腺上皮细胞中凋亡机制的研究	自然科学	博士
KYLX _ 0587	杨宇翔	高蛋白日粮对后肠蛋白代谢和微生物区系的影响	自然科学	博士
KYLX _ 0588	吴亚男	沸石缓释型丁酸对肉鸡肠道抗氧化性能及免疫功能的影响	自然科学	博士
KYLX _ 0589	张婧菲	姜黄素对热应激下肉鸡骨骼肌氧化还原状态的影响	自然科学	博士
KYLX _ 0590	颜 瑞	固相载锌凹凸棒石黏土的研制及其在肉鸡生产中的应用研究	自然科学	博士
KYLX _ 0591	慕春龙	代谢组学技术研究不同蛋白质日粮对大鼠机体代谢产物及代谢网络的影响	自然科学	博士
KYLX _ 0592	李艳娇	日粮能量来源对育肥猪肉品质的影响及机理探讨	自然科学	博士
KYLX _ 0593	唐小川	直接注射转座子载体生产转基因鸡	自然科学	博士
KYLX _ 0594	曹 静	纳米金协同 Hylina1 靶向诱导肿瘤细胞凋亡研究	自然科学	博士
KYLX _ 0595	黄金虎	MGEs 介导大环内酯类耐药基因在链球菌属细菌的水平转移机制	自然科学	博士
KYLX _ 0596	章琳俐	动物精子发生机制的比较研究	自然科学	博士
KYLX _ 0597	荀长超	甘草皂苷抑制猪流行性腹泻病毒感染机制研究	自然科学	博士
KYLX _ 0598	马家乐	大肠杆菌六型分泌系统调节细菌竞争机制研究	自然科学	博士
KYLX _ 0599	李 月	猪链球菌 2 型 Tran 转录结合位点研究及调控 PTS 对毒力的影响	自然科学	博士
KYLX _ 0600	于岩飞	猪链球菌 SortaseC 的鉴定及毒力相关功能分析	自然科学	博士
KYLX _ 0601	杜露平	PLGA/PEI 纳米颗粒作为 PRRSVDNA 疫苗佐剂的应用	自然科学	博士
KYLX _ 0602	杨凌宸	饲料中 T－2 毒素及 HT－2 毒素对肉鸡毒性作用的研究	自然科学	博士
KYLX _ 0603	王秀云	非洲狗牙根 HsfA2 耐热功能研究	自然科学	博士
KYLX _ 0604	周 凯	基于成像高光谱的水稻叶片氮素营养监测研究	自然科学	博士
KYLX _ 0605	杨泳冰	农地确权、土地流转与农业生产绩效分析	人文社科	博士
KYLX _ 0606	赵明正	玉米潜在出口国增产潜力研究	人文社科	博士
KYLX _ 0607	张耀宇	土地市场发展、土地财政转型与城市增长调控	人文社科	博士

附录3 江苏省2014年普通高校研究生实践创新计划项目名单

表1 省立省助

编号	申请人	项目名称	项目类型	研究生层次
SJZZ _ 0072	倪佳洁	利率市场化下的高淳农商行小微企业贷款定价方案设计	人文社科	硕士
SJZZ _ 0073	毛求真	信息不对称条件下农村中小企业的信用担保体系设计	人文社科	硕士
SJZZ _ 0074	李 静	农村住房抵押贷款产品创新研究——以江苏新沂为例	人文社科	硕士
SJZZ _ 0075	杜林华	基于消费者行为的出境旅游市场营销策略研究——以南京市为例	人文社科	硕士

（续）

编号	申请人	项目名称	项目类型	研究生层次
SJZZ_0076	苏 文	中国与东盟主要国家农产品产业内贸易研究	人文社科	硕士
SJZZ_0077	雷 芸	"幸福花开幸福园"社区志愿服务与居家养老服务计划	人文社科	硕士
SJZZ_0078	高欢欢	青少年成长发展社会工作项目	人文社科	硕士
SJZZ_0079	蔡雅蕾	南京市高校国际化网络语言服务环境调查与分析	人文社科	硕士
SJZZ_0080	石 岩	新疆细毛羊养殖社会化服务对羊毛市场交易模式的影响	人文社科	硕士

表 2　省立校助

编号	申请人	项目名称	项目类型	研究生层次
SJLX_0247	韩淑英	失独老人精神关爱社工服务项目	人文社科	硕士
SJLX_0248	薛超月	汉日专利说明书翻译特点及方法研究	人文社科	硕士
SJLX_0249	王军洋	太阳能多功能环卫机	自然科学	硕士
SJLX_0250	邵 越	喷射电沉积 Ni-P/BN（h）复合镀层工艺及其性能研究	自然科学	硕士
SJLX_0251	赵 捷	重金属污染土壤复合淋洗修复技术的研究与应用	自然科学	硕士
SJLX_0252	姜 丹	存储方式和时间对汽爆后的水稻秸秆营养价值的影响	自然科学	硕士
SJLX_0253	蔡 俊	水稻主要害虫图像采集和远程监控系统	自然科学	硕士
SJLX_0254	邢广良	全豆活性乳酸菌豆腐的研发	自然科学	硕士
SJLX_0255	蔺茜莎	摄入四种不同肉蛋白对大鼠血液生化的影响	自然科学	硕士
SJLX_0256	郭晓玉	果蔬脱水产品绿色膨化关键技术研究与应用	自然科学	硕士
SJLX_0257	梅焱朝	金针菇热胁迫缓解研究	自然科学	硕士
SJLX_0258	王 雨	氢气在水稻萌发抗硼机制中的作用	自然科学	硕士
SJLX_0259	赵 阳	大型车间离散型流水线的生产支持策略优化研究	自然科学	硕士
SJLX_0260	彭 洋	大豆疫霉根腐病抗源筛选及抗性基因初步定位	自然科学	硕士
SJLX_0261	马旭辉	Zebularine 对麦类作物的诱变效应分析	自然科学	硕士
SJLX_0262	陈 羡	油用牡丹工厂化育苗的产业化实践	自然科学	硕士
SJLX_0263	颜 栋	肥料和激素的耦合使用缩短甘蓝型油菜的生育期的研究	自然科学	硕士
SJLX_0264	杨 巍	基于蚯蚓和微生物联合作用的蔬菜育苗基质研发	自然科学	硕士
SJLX_0265	张瑞卿	稻田氮肥高产高效技术推广	自然科学	硕士
SJLX_0266	陈 思	生长素参与 NAR2.1 调控水稻侧根发生的机制研究	自然科学	硕士
SJLX_0267	周蓓蕾	多菌灵在油菜—蜂产品中迁移转化规律研究	自然科学	硕士
SJLX_0268	郭晓强	花生田金龟甲绿色防控技术研究与应用	自然科学	硕士
SJLX_0269	章丰礼	水面展膜粒剂的研发	自然科学	硕士
SJLX_0270	卢 唯	质膜蛋白在稻瘟菌侵染过程中磷酸化水平变化的研究	自然科学	硕士
SJLX_0271	薛文月	不同类型抗氧化剂对浓缩饲料中蛋白质氧化的影响研究	自然科学	硕士
SJLX_0272	王 欢	苏垦矮小鸡母本生产性能及发育规律研究	自然科学	硕士
SJLX_0273	梁珂珂	玉米生长中后期茎叶中光合产物的生产、分配和转移	自然科学	硕士

（续）

编号	申请人	项目名称	项目类型	研究生层次
SJLX_0274	吕洋	基于微卫星标记的青虾亲子鉴定技术研究	自然科学	硕士
SJLX_0275	张聪	太湖和巢湖鱼体中重金属的残留及风险评估	自然科学	硕士
SJLX_0276	周慧	南京市农业产学研合作现状调查研究	人文社科	硕士
SJLX_0277	李燕茹	节水型社会建设与水权市场配置研究	人文社科	硕士
SJLX_0278	许一骅	知识引导与协同进化融合的作物生长模型数据同化研究	自然科学	硕士
SJLX_0279	董冠杉	江苏省2014年水稻品种真实性及纯度鉴定	自然科学	硕士
SJLX_0280	沈琪琦	载金属离子凹凸棒黏土抗鸡柔嫩艾美耳球虫作用效果研究	自然科学	硕士
SJLX_0281	荣超	血管紧张素转化酶2（ACE2）在仔猪胃肠道中的作用及机制	自然科学	硕士
SJLX_0282	缪屹泓	大学城公共空间景观规划设计研究——以高校共享区为例	自然科学	硕士
SJLX_0283	施沁玥	村镇"安全简便型"离行式金融便利"店"的概念设计与落地研究	人文社科	硕士

附录4 江苏省2014年研究生教育教学改革研究与实践课题

表1 省立省助

编号	课题名称	主持人	类型
JGZZ14_026	学术学位研究生全英文教学改革实践与研究	陈杰	重点
JGZZ14_027	产学研联合培养研究生基础建设研究与实践——基于南京农业大学联合培养的实证分析	朱中超 张阿英	一般
JGZZ14_028	农科专业学位研究生学位论文标准研究	李占华	一般
JGZZ14_029	新形势下农业高校研究生奖助体系的构建研究与实践	姚志友 王敏	一般
JGZZ14_030	博士、硕士学位点培育、建设与管理研究	徐翔	委托
JGZZ14_031	长三角作物学博士论坛	王秀娥 侯喜林	交流中心 特色项目

表2 省立校助

编号	课题名称	主持人
JGLX14_031	农业院校来华留学研究生教育国际化水平研究与实践	程伟华
JGLX14_032	深化博士生招生申请审核制改革的研究与实践——基于江苏几所知名大学的调研分析	刘亮
JGLX14_033	涉农研究型大学全日制专业学位研究生专业实践的研究与探索	康若祎
JGLX14_034	基于提高研究生创新能力的助教制度构建与实践	李俊龙 林江辉

附录 5　2014 年江苏省研究生工作站名单

序号	学院	企业名称	负责人
1	农学院	江苏红旗种业有限公司	江　玲
2	农学院	江苏金色农业科技发展有限公司	周治国
3	农学院	如皋金阳现代农业发展有限公司	朱　艳
4	资源与环境科学学院	盐城市新洋农业试验站	隆小华
5	园艺学院	张家港市凤凰水蜜桃专业合作联社	房经贵
6	园艺学院	张家港市鸿泰生态农业科技有限公司	张绍铃
7	经济管理学院	南京多尔田数码科技有限公司	刘爱军
8	动物医学院	公安部南京警犬研究所	黄克和
9	食品科技学院	启东家和食品有限公司	王昱沣
10	食品科技学院	兴化市联富食品有限公司	陈志刚
11	食品科技学院	徐州联益生物科技开发有限公司	王昱沣
12	工学院	南京创力传动机械有限公司	康　敏
13	工学院	张家港市盛港防火板业科技有限公司	李　静
14	信息科技学院	国睿集团有限公司	姜海燕
15	金融学院	江苏高淳农村商业银行股份有限公司	董晓林
16	金融学院	江苏邳县农村商业银行股份有限公司	陈东平
17	农村发展学院	南京卫元舟实业有限公司	姚兆余

附录 6　2014 年江苏省优秀博士论文名单

序号	论　文　题　目	作者姓名	导师姓名	学院
1	氮素穗肥调控水稻每穗颖花数的分子机制	丁承强	丁艳锋	农学院
2	水稻粒长基因 $qGL3$ 的定位克隆、功能分析及育种利用研究	张晓军	张红生	农学院
3	萝卜镉吸收累积性状 QTLs 定位与相关基因鉴定	徐　良	柳李旺	园艺学院
4	枯草芽孢杆菌生物膜在青枯病生防中的功能研究及 Cyclic‑di‑GMP 信号通路初探	陈　云	郭坚华	植物保护学院
5	棉铃虫 Bt 抗性基因遗传多样性及钙黏蛋白胞质区突变基因的功能表达	张浩男	吴益东	植物保护学院
6	B 型单端孢霉烯族毒素诱导拒食和呕吐的机理研究	吴文达	张海彬	动物医学院
7	基于不确定性的区域土地利用结构与布局优化研究	李　鑫	欧名豪	公共管理学院

附录7　2014年江苏省优秀硕士论文名单

序号	论 文 题 目	作者姓名	导师姓名	学院
1	HO-1/CO 信号系统参与 H_2S、β-CD-hemin 和 H_2 诱导的黄瓜不定根发生	林玉婷	沈文飚	生命科学学院
2	果梅自交不亲和基因的克隆及自交亲和品种的鉴定	王培培	高志红	园艺学院
3	银杏内生真菌 Chaetomiumglobosum CDW7 次生代谢产物研究	肖 玉	叶永浩	植物保护学院
4	锌指核酸酶介导的奶山羊 BLG 基因敲除	熊 错	陈 杰	动物科技学院
5	猪链球菌 2 型新型溶血相关基因鉴定及功能研究	郑君希	范红结	动物医学院
6	甘草次酸脂质体的研制及其免疫增强作用的研究	赵晓娟	王德云	动物医学院
7	切花小菊散粉特性评价和散粉量相关生殖发育机制研究	王小光	滕年军	园艺学院

附录8　2014年江苏省优秀专业学位硕士论文名单

序号	论 文 题 目	作者姓名	导师姓名	学院
1	大学新生社交焦虑的社会工作介入	朱志平	姚兆余 李阿特	公共管理学院
2	线控液压转向试验台的电液加载系统的研究	金 月	鲁植雄 孔华祥	工学院
3	水稻育秧工厂最佳服务半径的研究	陈柏龙	王树进	经济管理学院
4	两个棉花逆境相关锌指蛋白基因的转基因材料创新	郭 琪	沈新莲	农学院

附录9　2014年校级优秀学位论文名单

序号	学院	作者	导师	论 文 题 目	级别
1	农学院	张晓军	张红生	水稻粒长基因 qGL3 的定位克隆、功能分析及育种利用研究	博士
2	农学院	高 赫	万建民	水稻特有光周期调控开花基因 Ehd4 的图位克隆与功能分析	博士
3	植物保护学院	陈 云	郭坚华	枯草芽孢杆菌生物膜在青枯病生防中的功能研究及 Cyclic-di-GMP 信号通路初探	博士
4	植物保护学院	张浩男	吴益东	棉铃虫 Bt 抗性基因遗传多样性及钙粘蛋白胞质区突变基因的功能表达	博士
5	资源与环境科学学院	商庆银	郭世伟	长期不同施肥制度下双季稻田土壤肥力与温室气体排放规律的研究	博士
6	园艺学院	徐 良	柳李旺	萝卜镉吸收累积性状 QTLs 定位与相关基因鉴定	博士

（续）

序号	学院	作者	导师	论文题目	级别
7	动物医学院	吴文达	张海彬	B 型单端孢霉烯族毒素诱导拒食和呕吐的机理研究	博士
8	生命科学学院	陈 凯	李顺鹏	除草剂辛酰溴苯腈微生物降解的分子机制研究	博士
9	公共管理学院	李 鑫	欧名豪	基于不确定性的区域土地利用结构与布局优化研究	博士
10	农学院	徐文亭	郭旺珍	两个棉纤维发育相关基因 *GhFBP* 和 *Gh-VIN2* 的克隆与功能分析	学术型硕士
11	农学院	陶 涛	周宝良	澳洲棉与亚洲棉种子萌发期转录组测序及其差异表达分析	学术型硕士
12	植物保护学院	周奕景	刘凤权	水稻细菌性条斑病菌中受 DSF 群体感应系统调控的外泌蛋白的功能研究	学术型硕士
13	植物保护学院	李 航	李 飞	甜菜夜蛾 RNAi 害虫控制靶标基因的筛选和脱靶效应评估	学术型硕士
14	植物保护学院	肖 玉	叶永浩	银杏内生真菌 Chaetomium globosum CDW7 次生代谢产物研究	学术型硕士
15	资源与环境科学学院	刘金隆	郑青松	油菜素内酯调控三种双子叶植物耐盐性的效应及其机制	学术型硕士
16	资源与环境科学学院	翁 君	张瑞福	调控因子 AbrB 对解淀粉芽孢杆菌 SQR9 根际定殖的影响及分子机制研究	学术型硕士
17	园艺学院	王培培	高志红	果梅自交不亲和基因的克隆及自交亲和品种的鉴定	学术型硕士
18	园艺学院	王小光	滕年军	切花小菊散粉特性评价和散粉量相关生殖发育机制研究	学术型硕士
19	动物科技学院	熊 锴	陈 杰	锌指核酸酶介导的奶山羊 *BLG* 基因敲除	学术型硕士
20	动物科技学院	李黎明	杭苏琴	*HMGB3* 和 *HMGB1* 基因与奶牛乳腺炎抗性相关功能性分子标记的研究	学术型硕士
21	动物医学院	郑君希	范红结	猪链球菌 2 型新型溶血相关基因鉴定及功能研究	学术型硕士
22	动物医学院	赵晓娟	王德云	甘草次酸脂质体的研制及其免疫增强作用的研究	学术型硕士
23	食品科技学院	赵育卉	辛志宏	盐生海芦笋及其内生真菌 Salicorn－5 次级代谢产物研究	学术型硕士
24	生命科学学院	刘代喜	赖 仞	哥伦比亚角蛙（Ceratophrys calcarata）抗菌肽 ceratoxin 的基因克隆、原核表达及功能研究	学术型硕士

（续）

序号	学院	作者	导师	论文题目	级别
25	生命科学学院	林玉婷	沈文飚	HO-1/CO 信号系统参与 H_2S、β-CD-he-min 和 H_2 诱导的黄瓜不定根发生	学术型硕士
26	金融学院	张 昆	林乐芬	FDI 对中美和中欧贸易顺差影响效应问题研究	学术型硕士
27	公共管理学院	肖锦成	欧维新	基于 BP-CA 的海滨湿地利用空间格局模拟研究——以大丰海滨湿地为例	学术型硕士
28	工学院	白学峰	鲁植雄	基于滑转率的拖拉机自动耕深控制系统研究	学术型硕士
29	信息科技学院	张 灏	徐焕良	设施花卉环境参数低功耗监测及模糊控制研究	学术型硕士
30	农学院	郭 琪	沈新莲	两个棉花逆境相关锌指蛋白基因的转基因材料创新	全日制专业学位硕士
31	食品科技学院	王华伟	徐幸莲	冰鲜鸭加工过程的微生物污染及微滤减菌技术研究	全日制专业学位硕士
32	经济管理学院	陈柏龙	王树进	水稻育秧工厂最佳服务半径的研究	全日制专业学位硕士
33	工学院	金 月	鲁植雄 孔华祥	线控液压转向试验台的电液加载系统的研究	全日制专业学位硕士
34	农村发展学院	朱志平	姚兆余 李阿特	大学新生社交焦虑的社会工作介入	全日制专业学位硕士

附录10　2014级全日制研究生分专业情况统计

学 院	学科专业	总计（人）	录取数（人）					
			硕士生			博士生		
			合计	非定向	定向	合计	非定向	定向
南京农业大学	全校合计	2 631	2 190	2 005	185	441	408	33
农学院（294人）（硕士生213人，博士生81人）	遗传学	10	7	7	0	3	3	0
	★生物信息学	1	0	0	0	1	1	0
	作物栽培学与耕作学	70	55	55	0	15	15	0
	作物遗传育种	172	113	113	0	59	56	3
	★农业信息学	2	0	0	0	2	2	0
	★种子科学与技术	1	0	0	0	1	1	0
	作物	32	32	32	0	0	0	0
	种业	6	6	6	0	0	0	0
植物保护学院（237人）（硕士生189人，博士生48人）	植物病理学	76	56	56	0	20	20	0
	农业昆虫与害虫防治	71	54	54	0	17	17	0
	农药学	34	23	23	0	11	11	0
	植物保护	56	56	56	0	0	0	0

（续）

学　院	学科专业	总计（人）	录取数（人）					
			硕士生			博士生		
			合计	非定向	定向	合计	非定向	定向
资源与环境科学学院（253人）（硕士生200人，博士生53人）	海洋科学	12	12	12	0	0	0	0
	★应用海洋生物学	1	0	0	0	1	1	0
	生态学	29	20	20	0	9	8	1
	★环境污染控制工程	5	0	0	0	5	5	0
	环境科学	21	21	21	0	0	0	0
	环境工程	16	16	16	0	0	0	0
	环境工程	20	20	20	0	0	0	0
	土壤学	47	37	37	0	10	10	0
	植物营养学	69	41	41	0	28	27	1
	农业资源利用	33	33	33	0	0	0	0
园艺学院（259人）（硕士生225人，博士生34人）	风景园林学	10	10	10	0	0	0	0
	果树学	47	37	37	0	10	10	0
	蔬菜学	55	40	40	0	15	15	0
	茶学	10	8	8	0	2	2	0
	★观赏园艺学	5	0	0	0	5	5	0
	★设施园艺学	2	0	0	0	2	1	1
	园林植物与观赏园艺	26	26	26	0	0	0	0
	园艺	63	63	61	2	0	0	0
	风景园林	31	31	31	0	0	0	0
	中药学	10	10	10	0	0	0	0
动物科技学院（137人）（硕士生110人，博士生27人）	动物遗传育种与繁殖	44	32	32	0	12	12	0
	动物营养与饲料科学	47	33	33	0	14	14	0
	动物生产学	9	8	8	0	1	0	1
	动物生物工程	8	8	8	0	0	0	0
	养殖	29	29	29	0	0	0	0
经济管理学院（219人）（硕士生189人，博士生30人）	区域经济学	1	0	0	0	1	1	0
	产业经济学	16	12	12	0	4	3	1
	国际贸易学	17	16	16	0	1	1	0
	国际商务	8	8	8	0	0	0	0
	农村与区域发展	15	15	15	0	0	0	0
	企业管理	11	11	11	0	0	0	0
	旅游管理	1	1	1	0	0	0	0
	技术经济及管理	10	10	10	0	0	0	0
	农业经济管理	38	16	16	0	22	18	4

（续）

学　院	学科专业	总计（人）	录取数（人）					
			硕士生			博士生		
			合计	非定向	定向	合计	非定向	定向
经济管理学院（219人） （硕士生 189 人， 博士生 30 人）	★农村与区域发展	1	0	0	0	1	1	0
	★农村金融	1	0	0	0	1	1	0
	工商管理	100	100	100	0	0	0	0
动物医学院（205 人） （硕士生 173 人， 博士生 27 人）	基础兽医学	45	36	36	0	9	9	0
	预防兽医学	61	46	46	0	15	13	2
	临床兽医学	42	34	34	0	8	8	0
	兽医	57	57	57	0	0	0	0
食品科技学院（158 人） （硕士生 129 人， 博士生 29 人）	发酵工程	6	6	6	0	0	0	0
	食品科学与工程	108	79	79	0	29	27	2
	食品工程	30	30	30	0	0	0	0
	食品加工与安全	14	14	14	0	0	0	0
公共管理学院（198 人） （硕士生 170 人， 博士生 28 人）	人口、资源与环境经济学	6	6	6	0	0	0	0
	地图学与地理信息系统	9	9	9	0	0	0	0
	行政管理	28	21	21	0	7	6	1
	教育经济与管理	12	8	8	0	4	3	1
	社会保障	14	11	11	0	3	1	2
	土地资源管理	43	29	29	0	14	12	2
	公共管理	86	86	0	86	0	0	0
人文社会科学学院（43 人） （硕士生 34 人， 博士生 9 人）	经济法学	11	11	9	2	0	0	0
	★专门史	8	8	7	1	0	0	0
	科学技术史	14	5	5	0	9	7	2
	农业科技组织与服务	10	10	10	0	0	0	0
理学院（25 人） （硕士生 25 人）	数学	2	2	2	0	0	0	0
	化学	9	9	9	0	0	0	0
	化学工程	14	14	14	0	0	0	0
工学院（108 人） （硕士生 97 人， 博士生 11 人）	机械制造及其自动化	2	2	2	0	0	0	0
	机械电子工程	2	2	2	0	0	0	0
	机械设计及理论	5	5	5	0	0	0	0
	车辆工程	6	6	6	0	0	0	0
	检测技术与自动化装置	6	6	6	0	0	0	0
	农业机械化工程	19	10	10	0	9	8	1
	农业生物环境与能源工程	3	3	3	0	0	0	0
	农业电气化与自动化	8	6	6	0	2	1	1
	机械工程	15	15	15	0	0	0	0

（续）

学 院	学科专业	总计 （人）	录取数（人）					
			硕士生			博士生		
			合计	非定向	定向	合计	非定向	定向
工学院 （108人） （硕士生97人， 博士生11人）	农业工程	23	23	23	0	0	0	0
	物流工程	10	10	10	0	0	0	0
	农业机械化	2	2	2	0	0	0	0
	管理科学与工程	7	7	7	0	0	0	0
渔业学院（45人） （硕士生37人， 博士生8人）	水产	8	0	0	0	8	7	1
	水产养殖	25	25	25	0	0	0	0
	渔业	12	12	12	0	0	0	0
信息科技学院 （32人） （硕士生30人， 博士生2人）	计算机科学与技术	6	6	6	0	0	0	0
	农业信息化	18	18	18	0	0	0	0
	图书馆学	3	3	3	0	0	0	0
	情报学	3	3	3	0	0	0	0
	信息资源管理	2	0	0	0	2	1	1
外国语学院（42人） （硕士生42人）	外国语言文学	7	7	7	0	0	0	0
	翻译	35	35	30	5	0	0	0
生命科学学院 （196人） （硕士生160人， 博士生36人）	植物学	54	44	44	0	10	8	2
	动物学	7	6	6	0	1	1	0
	微生物学	54	42	42	0	12	11	1
	发育生物学	4	3	3	0	1	1	0
	细胞生物学	11	5	5	0	6	6	0
	生物化学与分子生物学	31	25	22	0	6	6	0
	生物工程	35	35	34	1	0	0	0
思想政治理论课 教研部（11人） （硕士生11人）	科学技术哲学	5	5	5	0	0	0	0
	马克思主义基本原理	4	4	4	0	0	0	0
	思想政治教育	2	2	2	0	0	0	0
金融学院 （102人） （硕士生95人， 博士生7人）	金融学	23	16	16	0	7	6	1
	金融	32	32	31	1	0	0	0
	会计学	8	8	8	0	0	0	0
	会计	39	39	39	0	0	0	0
农村发展学院（40人） （硕士生40人）	社会学	6	6	5	1	0	0	0
	社会工作	34	34	32	2	0	0	0
草业学院（27人） （硕士生22人， 博士生5人）	草学	16	10	10	0	6	5	1
	草业	11	11	11	0	0	0	0

附录11　2014年在职攻读专业学位研究生报名、录取情况分学位领域统计表

学位名称	报名录取数（人）	领域名称	报名数（人）	录取数（人）
工程硕士	报名73人 录取49人	环境工程	27	16
		食品工程	30	23
		生物工程	6	3
		机械工程	4	5
		物流工程	6	2
农业推广硕士	报名852人 录取208人	作物	20	6
		园艺	25	5
		农业资源利用	26	13
		植物保护	14	9
		养殖	32	10
		渔业	27	12
		农业机械化	17	6
		农村与区域发展	509	100
		农业科技组织与服务	127	31
		农业信息化	17	3
		食品加工与安全	10	4
		种业	28	9
风景园林硕士		无	46	28
兽医硕士		无	66	34
公共管理硕士（MPA）		无	227	102
兽医博士		无	26	8
合　计（人）			1 290	429

附录12　2014年研究生国家奖学金获奖名单

（博士56人，硕士142人）

一、博士研究生国家奖学金获奖名单（56人）

张峰　王衍坤　林赵淼　许俊旭　许扬　冯志明　高乐　周凯　李丽红
杨晓明　杨小雨　柳洪　郑志天　李明　张青　谢珊珊　万贵钧　王勇
纪洪涛　杨思霞　刘威　赵军　沈宗专　孙虎威　王涛　孙凯　蔡枫
史书林　冷翔鹏　孙欣　李梦瑶　张凤姣　张春暖　张婧菲　王斐　李天祥
郑微微　郑旭媛　姜雪元　马家乐　唐姝　蔡德敏　杨凌宸　王坤　李可
李君珂　汪洋　武小龙　汪险生　朱冠楠　孙啸　刘清泉　苏娜娜　董维亮
高帅　翁辰

二、硕士研究生国家奖学金获奖名单（142 人）

闫桂霞	李兴河	司海洋	董冠杉	戴亚军	齐 宏	高萌萌	吴俊松	杜文丽
张政文	丁 检	张 凡	侯雯嘉	杜海平	刘海艳	翟 锐	杨淑明	尹传林
刘晓凤	徐曼宇	李 成	张晓柯	殷 维	武东霞	梁江涛	潘 浪	徐从英
邵文勇	孟庆伟	蔡 佳	戴志成	赵小慧	许欢欢	盛月慧	张 鸣	高 波
郑文波	周志文	李 露	武法池	吴彦良	陶晋源	王建青	张 骏	颜 成
吴学能	胡亚男	曲 丹	何玉华	谭华玮	刘 伟	张云霞	李 岩	陈 义
余心怡	刘志薇	王 凡	杨玉霞	王红娟	李雅婷	侯志慧	罗 畅	穆 甜
李伯江	杜学海	刘泽群	林 猛	寇 涛	刘 俊	牛英杰	曹丽萍	杨 阳
蔡少杰	李天芳	杨晓晗	罗东玲	谭国金	申育萌	王晓青	徐亚萍	郑 胜
张 萍	熊 文	慕艳娟	邹 垚	陶诗煜	段宇婧	李友英	胡 林	赵颖颖
程 欣	杨慧娟	费群勤	殷 燕	赵 凡	李玉品	李 腾	刘 瑞	刘澄宇
刘 康	张 茜	查荣林	李金景	温其玉	刘 刚	郭彩玲	于 帅	刘培亚
李 琴	刘 欢	王 丹	刘 乐	李 杨	康建斌	李 洁	胡亚成	江晓浚
马晓飞	刘佼佼	黎 欢	孙 静	徐 娟	张晓楠	霍 垲	徐 琳	魏圣军
王胜晓	顾佳宇	包远远	周潮洋	肖惠瑗	韩 悦	房亚群	巩 欢	曹 青
李 静	赵雪蕊	刘 强	祝 楠	朱慧劼	赵 婕	崔 鑫		

附录 13　2014 年校长奖学金获奖名单

（合计 12 人）

一、特等奖

金 琳

二、博士生校长奖学金

唐秀云　刘 兵　汤 蔚　刘晓芹　杨天元　刘晓东　张宇青

三、硕士生校长奖学金

王翘楚　伯若楠　王 伟　张丹妮

附录 14　2014 级博士研究生学业奖学金获奖名单

（合计 404 人）

一、一等奖（123 人）

（一）农学院（23 人）

石治强　王秀琳　杨洪坤　陈英龙　曹中盛　段二超　程瑞如　刘延凤　徐 君

柳聚阁　杜　培　王　藩　王家昌　陈　妍　彭超军　高永钢　杜弘杨　柳　洪
刘美凤　赵　汀　王　卉　黄　鹏　许恩顺

（二）植物保护学院（15 人）

杨　波　方亦午　苏振贺　李海洋　王婧臻　江守林　张静静　龚君淘　徐继华
杨　耀　杨媛雪　魏亦云　孟祥坤　郑志天　张　雄

（三）资源与环境科学学院（15 人）

龚　鑫　肖　蕊　许小伟　孙平平　陆海飞　周惠民　陈　潇　李　博　孙玉明
张　阳　苏兰茜　王继琛　孙雅菲　张茂星　文永莉

（四）园艺学院（10 人）

王小龙　李甲明　乔　鑫　何美文　王孝敬　陈忠文　张凤姣　王荣花　吴致君
张　婷

（五）动物科技学院（8 人）

段　星　孙玲伟　代小新　白　晰　张　昊　郑　月　万晓莉　孙存鑫

（六）经济管理学院（8 人）

杨金阳　魏艳骄　陈丽君　聂文静　陈奕山　刘亚洲　张晓恒　夏　秋

（七）动物医学院（9 人）

马志禹　黄燕平　董海波　连　雪　董　静　王楠楠　陈　云　孙　敏　黄叶娥

（八）食品科技学院（8 人）

杨宁宁　施丽愉　肖　愈　孙　静　谢旻皓　刘世欣　吴海舟　陈　星

（九）公共管理学院（7 人）

李　烨　崔芬丽　刘泽文　任广铖　李　芳　王　珏　关长坤

（十）人文社会科学学院（2 人）

刘启振　王　昇

（十一）工学院（2 人）

姜春霞　徐伟悦

（十二）渔业学院（2 人）

刘　洋　王美垚

（十三）生命科学学院（10 人）

赵　灿　卫培培　刘卫娟　张　浩　周　帆　刘　丽　唐锐敏　颜景畏　石兴宇
陈子平

（十四）金融学院（2 人）

熊发礼　桑　宇

（十五）草业学院（2 人）

张景龙　李君风

二、二等奖（161 人）

（一）农学院（31 人）

王　琰　刘　扬　柯　健　司　彤　陈莉莉　胡乃娟　潘孟乔　查满荣　朱国忠
王　满　周渭皓　王莉莉　张志鹏　方　圆　蒋湉湉　牛二利　尤小满　张一铎

许昕阳　钟明生　曹永策　竹龙鸣　丁先龙　马玉杰　徐婷婷　梅高甫　王　琼
任　锐　余坤江　刘燕敏　江晨亮

（二）植物保护学院（19 人）

赵文浩　王大成　王路遥　黄　莹　李　莹　陈　汉　王　浩　杨　瑾　彭英传
鞠佳菲　马　琳　王　敬　施　雨　周泽华　张　洁　张　佩　董　飒　盛恩泽
罗　凯

（三）资源与环境科学学院（21 人）

郑世燕　叶成龙　余　飞　吴秋琳　王　从　睢福庆　张雯琦　王承承　李梦莎
姚红宇　张晓旭　申长卫　陈景光　王呈呈　黄晓磊　王　磊　常明星　王　洁
肖　健　黎广祺　周　璇

（四）园艺学院（13 人）

朱旭东　葛春峰　马　娜　薛　程　秦晓东　杨树琼　刘高峰　张　伟　闫　超
胡恩美　谭国飞　马　静　夏小龙

（五）动物科技学院（10 人）

陶晨雨　奚雨萌　汪　涵　刘京鸽　张小宇　任才芳　彭　宇　陈跃平　高　天
李袁飞

（六）经济管理学院（10 人）

吴奇峰　卢　华　刘婷婷　朱哲毅　张燕媛　卞　艳　胡凌啸　陈　欢　乔　辉
吕　沙

（七）动物医学院（11 人）

吴　镝　刘腾飞　郭停停　王　鲲　江丰伟　王玉俭　王　新　陈绵绵　钱　刚
徐　彬　候冉冉

（八）食品科技学院（11 人）

孙　柯　宦　晨　韩　聪　王苏妍　高　玲　方东路　丁世杰　卢　静　钟　蕾
邢　通　康大成

（九）公共管理学院（9 人）

戴祥玉　李　波　宁芳艳　唐文浩　黄金升　范树平　邹金浪　付文凤　赵爱栋

（十）人文社会科学学院（3 人）

王洪伟　石　慧　慕亚芹

（十一）工学院（3 人）

叶长文　贺亭峰　孙诚达

（十二）渔业学院（3 人）

顾夕章　缪凌鸿　张新铖

（十三）信息科技学院（1 人）

胡曦玮

（十四）生命科学学院（13 人）

汤阳泽　张晓燕　王　嘉　周　杰　褚翠伟　张　龙　马　刚　刘晓伟　高　山
施冬青　张　昶　陈　敏　芮庆臣

（十五）金融学院（2 人）

  王步天 刘 融

（十六）草业学院（1 人）

  余国辉

三、三等奖（120 人）

（一）农学院（23 人）

  张裴裴 王尊欣 伍龙梅 黄晓敏 高珍冉 刘明明 曾 鹏 裔 新 董志遥
  王 茜 靳 婷 张蓉蓉 张秋莹 方能炎 王佩斯 唐伟杰 安洪周 于春艳
  樊安琪 李向楠 刘骍骝 王海平 刘金洋

（二）植物保护学院（14 人）

  王纯婷 汪顺娥 陈 园 刘木星 王招云 李 兵 蒋 晨 朱冠恒 常贺坦
  田 甜 周金成 郭 燕 张 宇 王玉龙

（三）资源与环境科学学院（15 人）

  葛新成 陈颢明 张娟娟 胡小婕 罗 川 王 磊 任 轶 曹罗丹 孔亚丽
  郭俊杰 李凤巧 徐 玉 郭 楠 李卫红 王孝芳

（四）园艺学院（10 人）

  李晓鹏 郭冰冰 寇小兵 付卫民 韦艳萍 王 成 杜南山 王明乐 张兆和
  刘 晨

（五）动物科技学院（8 人）

  韩海银 杜 星 周吉隆 赵敏孟 朱益志 田红艳 唐 娟 邹雪婷

（六）经济管理学院（7 人）

  姜友雪 蒯婷婷 黄昊舒 李玲秀 郑 雯 李博伟 陆超平

（七）动物医学院（9 人）

  单衍可 杨 树 袁晓民 孙海伟 牟春晓 夏 璐 岳婵娟 郭峻菲 贾 惠

（八）食品科技学院（8 人）

  焦彩凤 郭洁丽 张 波 柴树茂 刘亚楠 宫 雪 黄明明 王梦琴

（九）公共管理学院（6 人）

  丁 文 冯林林 梁琛琛 肖泽干 刘敬杰 谢 丽

（十）人文社会科学学院（2 人）

  袁祯泽 李 娜

（十一）工学院（3 人）

  杨艳山 秦 宽 郭 俊

（十二）渔业学院（2 人）

  吕 丁 霍欢欢

（十三）生命科学学院（9 人）

  李 璐 王培培 李 晗 韩 辉 张 广 张兴兴 冯圣军 赵沿海 许志晖

（十四）金融学院（2 人）

  肖龙铎 朱敏杰

（十五）草业学院（2 人）

桂维阳　吴雪莉

附录 15　2014 级硕士研究生学业奖学金获奖名单

（合计 1 949 人）

一、一等奖（579 人）

（一）农学院（63 人）

万文涛	李　军	王莉欢	陆伟婷	胡晨曦	闫艳艳	李　敬	张　磊	王高鹏
翁　飞	陶莉敏	谢静静	仲迎鑫	杨婉迪	李同花	杨海龙	甄凤贤	黄文晓
郑恒彪	周俊杰	杜文凯	夏煜民	崔超凡	陈造业	王　石	万书贝	吴　双
程朝泽	王应党	佘　东	钱罗枫	曹鹏辉	苗　龙	葛冬冬	李小春	陈　明
丁云肖	张利伟	王丹蕊	仇泽宇	滕　烜	龙　瑶	肖晏嘉	刘　喜	吴婷婷
徐　涛	尚　菲	柯裴蓓	曹胜男	朱小品	杨　彬	张楠楠	杨松青	王　轩
朱　莹	李　赛	邵巧琳	周　娜	祝建坤	黄颜众	杨成凤	许志永	廖文林

（二）植物保护学院（56 人）

张琪梦	蒋梦怡	朱碧春	卢松玉	李　夏	李肖依	邱智涛	胡逸群	王　平
李庆玲	徐　敏	仇　敏	吴嘉维	任林荣	乐鑫怡	钱　斌	赵妙苗	于东立
杨洪俊	李双美	丁　宇	陈　凤	盛成旺	杨　坤	陈雅竹	张　婧	江　睿
杨明明	黄立鑫	王云超	周冰颖	王　芮	薛元元	黄建雷	陈　龙	董　彦
杨　嵩	赵肖飞	张　腾	高　原	胡　波	韩金波	任森森	冯　璐	高贝贝
尤红杰	王　兴	李挡挡	滕丽丽	朱原野	刘方圆	崔　震	廖　尧	顾　丽
陈　磊	祝　菁							

（三）资源与环境科学学院（59 人）

李　妞	费　聪	郭加汛	冯　坤	姬阳光	徐新雨	张　如	张　琳	康国栋
蒋林惠	李　根	李嘉雨	丁　秘	艾　昊	陈　川	杜霞飞	纪　程	孙　艺
董　为	任丽飞	马　磊	李金凤	孟晓青	许彩云	宋金茜	刘春亮	田善义
邵　铖	马　彪	夏　鑫	许　欣	陈　晨	毕智超	陈　浩	丁元君	欧阳明
李英瑞	方　道	朱仪方	张立帆	赵梦丽	张　旭	王雪琦	王　翔	吴耿尉
夏丽明	陈　杰	吕燕玲	陶成圆	张凌霄	朱　隐	李　思	洪　俊	陆淑敏
覃孔昌	隋凤凤	刘　宇	李瑞霞	朱　晨				

（四）园艺学院（65 人）

卜　嘉	肖　威	杨　洁	王梦琦	黄冬亚	王沛鸿	孟　希	王磊彬	王英珍
吴雯雯	王　慧	刘　哲	顾小雨	张　波	孙洁莹	程　瑞	王　星	桑勤勤
袁若楠	王文丽	邵秋晨	王亚晨	黄蕊蕊	黄天虹	李子昂	王立伟	孔祥宇
丁　丁	吴雪君	王　乐	王永鑫	苏江硕	张皖皖	赵　凤	王雅萌	刘　涛
王　恒	赵倩茹	廖雪竹	陈叶清	奚梦茜	唐致婷	杨嘉伟	孙　媛	宁云霞
韩　宇	耿天华	孙　茜	茆吉健	李　琳	张　杰	王桂珍	李进兰	徐佼俊

段云晶　柳靖雯　吴如燕　陈出新　周天美　王　欣　王友须　闫圆圆　张梦玺
王晓燕　王　晴

（五）动物科技学院（32 人）

贺丹丹　姜藻航　方宇瑜　迟大明　姚　望　翁茜楠　何健闻　周文君　邓凯平
梁婷婷　褚青坡　朱玉萍　丛佳惠　蒋雪樱　李照见　薛春旭　董书圣　李　洁
芦　娜　李晓晗　胡　方　刘艺端　刘　靖　朱昊鹏　夏阳春　李雪花　夏梦圆
郑肖川　罗奕秋　吴　凡　高　硕　王丹阳

（六）经济管理学院（29 人）

唐春燕　俞文博　陈凯渊　张荣敏　陈嘉烨　安　琪　许小曼　韩桂芝　江　妮
全晓云　邢青青　陈宗慧　翟亮亮　王静平　吴　桐　景令怡　高　蓉　朱嘉麒
冯紫曦　顾天竹　高百玲　罗玉峰　王　飘　马文敏　黄一帆　姜华珏　张　丹
董　娟　赵若楠

（七）动物医学院（50 人）

郑亚妮　吴诚诚　张　艳　钱　庄　蒋淑侠　刘　明　师保浚　戴　磊　杨　星
黄璐璐　高　雪　李雪琪　李亚芯　陈富珍　裴晓萌　杨心怡　王筱珊　徐晓杰
夏雨婷　梁　姗　邢宪平　刘　锦　明　鑫　唐欢宇　朱洁莲　朱寅初　徐晨阳
董　斌　徐海滨　崔盼盼　杨　晶　徐伟超　沈清霞　王来来　张梦岩　罗　莉
刘艳海　张　璐　彭　勇　苏亚楠　王梦琳　豆丹丹　唐　姗　李娇娇　宋美芸
高珊珊　贾文思　刘　杰　徐　桃　征　黎

（八）食品科技学院（35 人）

石举然　刘蓓蓓　高　涛　邵泽香　王丽夏　许　昕　杨小体　唐为芷　季　悦
朱　菁　彭　菁　陆　洲　王明洋　车海栋　李美琳　乔维维　田　璐　王安然
贾　锐　孟凡强　涂传海　徐　苗　王艺霖　张心怡　田梦琦　刘天囡　骆宇强
汪小娉　潘丽华　高　鹏　王红霞　韩文忠　薛思雯　王　梦　刘成花

（九）公共管理学院（23 人）

雷　昊　隋传嘉　季余佳　杨晓琳　聂宇恬　杨溶榕　郭言寒　姜凯帆　宋瑞娟
尤德晴　沈冰清　张　健　高　珊　王　悦　赵雪程　张启宁　包　倩　杜　薇
殷　爽　聂少华　邢一丹　孙　洁　居　婕

（十）人文社会科学学院（9 人）

沈雨珣　李一琦　李潇云　刘慧芳　颜如雪　刘　颖　尤　悦　王　倩　朱梦佳

（十一）理学院（7 人）

刘丽平　王亚茹　刘　腾　文勤亮　吴静雨　陈　程　章如强

（十二）工学院（28 人）

杜晓霞　王　玲　王　敏　孙金红　程　准　龚佳慧　刘　晋　汪珍珍　李林凯
张　弛　杨一璐　杜涛涛　邹　翌　杨志军　张庆怡　胡古月　李　航　陈　京
吴林华　温丹苹　徐　敏　黄书君　崔莹莹　黄林青　瞿书涯　余洪锋　樊小兵
马文涛

（十三）渔业学院（10 人）

胡　彬　陈素华　梁化亮　张圆琴　赵振新　杨思雨　卫学红　陶易凡　翟明丽

庞倩倩

（十四）信息科技学院（8 人）

侯雪 王硕 刘洋 费宇涵 滕景祥 王然 淳娇 洪晓宇

（十五）外国语学院（10 人）

秦可蓉 王振宁 代思洋 姚珊 施静 张黎 葛锐 王宇玺 蒋静烨
张玉珠

（十六）生命科学学院（47 人）

尹新强 陈亚茹 李娜 卢荣飞 蔡翔 王玉峰 张怡昕 许京璇 黄琼
王晓蕾 徐维杰 俞晓芸 田全祥 单宇 王武建 檀济敏 徐漫 冀凯
陈涛 李群力 肖腾伟 钟晓敏 金李 佟欢 刘永闯 叶斌 陈冬冬
刘涛 陈天玺 夏晓云 盛颖 臧小霞 孙玉力 蒋丹 徐超 陈战
张小倩 张竞 刘璐 刘新儒 刘雪松 李俊平 李云 魏荣 邵奇
刘萍萍 张兰广

（十七）思想政治理论课教研部（3 人）

梁庆琛 朱仲蔚 乔欢

（十八）金融学院（28 人）

陈秋月 于文平 李昍 李永鑫 陈青 李偲婕 程浩 赵雪蕊 王琦
杨丹 李晓晓 顾洪溢 许未 李子豪 刘曤 陶雯岩 陈文婷 姚星辰
陆心雨 丁万宇 汪琪 张峥 何雪静 陈文璐 姜宇琪 刘雯馨 蒋雪娇
高耀远

（十九）农村发展学院（11 人）

范梦衍 郭盼盼 王宇 李丹 赵聪 王玉林 周琦 郑燕丽 张瑞
郝雪沛 王志成

（二十）草业学院（6 人）

曹薇 朱春娟 吴淼 刘宇 潘婕 刘亚宁

二、二等奖（780 人）

（一）农学院（84 人）

丁媛 仲杰 代渴丽 吴楠 管昌红 周亮 高文豪 苏燕竹 周雪松
侯森 梁银凤 王洪 汪翔 赵丽云 张珍珍 冯捷捷 吴国灿 赵凯君
范敏 周春雷 刘敦亮 孙爱伶 刘亚平 王佳雪 张培培 刘小林 宝华宾
孙海星 杨骄 张静 章潇 胡庆峰 张向东 董邦宁 陈先连 刘凯
吕宇龙 翟文玲 杨龙树 胡魏 刘子文 崔晓培 尤世民 张天雨 王建
侯富 冯昊 程炜航 陈虞雯 赵静 燕海刚 顾欢 岳秀丽 常芳国
郑海 苏涛 牛浩鹏 杨云华 汤冬 张栩 冯凯 谭婧文 高凯
王保君 张姗 谢云灿 张曼 丁超 王晓玲 方圣 王蒙蒙 郑德益
雷锦超 赵倩楠 杨晓妮 胡博 董明 何汀汀 郭彩丽 刘欣 许国春
李秋云 徐文正 肖海

（二）植物保护学院（75 人）

张合红	蒋秋双	孙凤丽	陈艳娟	林 帅	孙 鹏	朱 聪	徐 龙	于 琛
王 宁	陈雪子	苏一世	陈洪福	高楚云	周小四	周密密	钱 新	孙立华
康建刚	夏业强	刘 源	杨丽娜	刘璐平	吕 立	曾丹丹	施文娟	余 棋
白保辉	董筱桐	周 晨	莫一丹	张 旭	杜伟霞	陈 勇	魏 倩	苏翠翠
陈 旭	孙强昆	雷海霞	钟乐荣	邬家栋	王 闯	肖 勇	胡媛媛	李胜利
管 放	李玲利	郭嘉雯	韩 琦	李袭杰	朱 健	陈铭业	吕驰原	杨亚兰
高海涛	管晓志	吴希宝	居晓敏	慕希超	肖远卓	赵双双	李 斌	相 节
杨 莹	贾艺凡	夏忠兰	王凌越	李文号	李中奇	顾晟骅	宗瑞英	张琦梦
傅 佳	万文文	李纯睿						

（三）资源与环境科学学院（79 人）

任旭洋	隋扬穗	刘 冉	辛邵南	杨晓锋	杨 弋	吴秀红	胡正锟	王 帅
贺南南	魏 维	蔡天晋	陈 杰	薛 韧	刘静娴	马群宇	姜珊珊	相妍冰
周紫燕	刘楚烨	豆利岭	卞 雪	郝书鹏	张 娜	谢珊妮	樊 艳	陈宏坪
高 倩	黑昆仑	韩伟铖	于亚群	杨利华	陶朋闯	朱 权	李翔宇	关 强
穆静娟	南琼琼	彭碧莲	张 锐	胡 昊	王 蓓	邱良祝	余 泓	周丽娜
闫 华	左 静	付祥峰	耿在燕	卓亚鲁	陈家栋	金 昕	刘 娜	刘文波
盛伟红	金丽巾	赵光雷	李美芸	白国新	刘秋梅	张占田	季敏杰	陈 悦
戴长荣	刘小红	顾少华	浩折霞	董小燕	王汉宇	常江杰	齐 澄	朱定成
尹晓兵	李旭伟	孟旭超	颜 素	苑 浩	林相昊	符琳沁		

（四）园艺学院（88 人）

宗思雨	陆 攀	纪 雪	祁舒展	董 超	席 悦	李 萌	赵鹏程	张 红
冯 娇	张亚光	孙 龙	芮伟康	武孟哲	陈 静	程丹璇	赵智芳	朱杨帆
汪润泽	焦 瑾	戴 婷	王国明	赵 宇	周道云	李佩芳	林珊珊	袁敬平
张 璐	王 晶	张 维	付文苑	徐 扬	岑本建	王 倩	乔小菊	黄 蔚
卞志伟	姜 静	高立伟	李思思	徐文硕	张蓉蓉	纪志芳	李庆会	潘俊廷
李 辉	曲宜新	赵坤坤	许 康	张焕茹	高天威	杨信程	程培蕾	华笠淳
李书亭	郭玉煜	胡 鑫	仰小东	闫士猛	王 雨	苏芸芸	周乐霖	陈思静
曲爱爱	刘 慧	徐亚婷	刘小旋	杜碧云	邓 鹏	王伟力	徐玮玮	胡秀英
陈庆刚	刘 燕	李婉雪	李 娜	刘丝语	李然然	祝有为	陈国军	司聪聪
刘 盼	姚征宏	程亚兰	齐增园	张艳晖	高倩倩	潘 超		

（五）动物科技学院（44 人）

刘 震	刘晓慧	县怡涵	曾亚琼	王德迪	陈宝宝	马铁伟	刘 晨	贾如霞
张冕群	戴玉健	杨黎明	李 振	王卫正	汪晶晶	张 昕	胡 平	蔡万存
周 嫚	徐菊美	杜文超	余水清	牛青燕	史 超	程 康	牛 玉	郑月英
王光耀	翁梦薇	黎佳颖	黄 强	黄雯琳	闫亚楠	孙伟武	石青松	蒋 毅
韩 乐	王 震	张 悦	王 佳	沈祥星	李鹏飞	闫旭亮	管志强	

（六）经济管理学院（39 人）

刘坤丽	王莉婷	徐 慧	钟 力	彭 云	潘 江	黄 健	朱春昊	孙 杰

夏凯丽　陈　茜　李晓勤　胡凤娇　卫旭东　徐丹宁　吴　佩　朱冬静　莫佳蓓
魏昭颖　郭　丽　黄　慧　王　升　顾煜乾　唐　瑭　程　欣　李茜茹　刘　畅
沈胜男　丁志超　喻　美　金婉怡　葛　昭　郭瑞英　杨　勇　颜榕言　王　玲
曹婷婷　姚　涵　欧阳纬清

（七）动物医学院（66 人）

宋二保　徐　蛟　陈　鸿　黄宇飞　李龙龙　陈林子　焦方方　罗燕文　梁　圆
周佳彬　陈静龙　吴　峰　李　林　许德荣　张瑜娟　杨　阳　赵　剑　陈　雷
王　聪　李　亮　王馨宇　宋中宝　马群山　温玉玲　吴玲燕　何潇雨　郇文彬
宋　涛　杨新朝　陆倩倩　徐　璇　费　宏　马　烨　马彩凤　杨　芸　曹利红
刘丹丹　徐　静　黎智华　明　珂　施金彤　安　然　杨净净　张文文　白雪瑞
何　辉　郑思思　李登玉　周明瑶　屈汶辉　李　桥　张幸星　初小雅　陈　玲
彭　佳　张　丹　张柏猛　古　静　张向阳　彭苗苗　徐嘉易　郭艳霞　刘　芳
吴红玲　李振富　吴征卓

（八）食品科技学院（48 人）

李　顺　赵　雪　陈　蕊　顾欣哲　李　潇　李　贺　赵　颖　陈文彬　曲晓旭
章思雨　杨　震　夏彩萍　李　黎　张　聪　楚佳希　闫静芳　谢翌冬　黄孝闯
孙建娜　李秀秀　王振杰　周志阳　段德宝　韦　涛　易美君　杨龙平　张朝阳
张少杰　宋　慧　武奔月　余科林　吴黎君　芮丽云　肖尚月　王　芳　狄　彤
李　静　姚亚明　王　芳　焦琳舒　陈好春　范尚宇　叶梓芃　黄宇轩　黄玉平
朱良齐　夏　宇　李梅阁

（九）公共管理学院（32 人）

夏　敏　苏　敏　卞之卓　王兴敏　王　新　周　震　詹　阳　姚俊龙　李开磊
孙玉兰　李　灿　王　阳　王文龙　林宝琴　张　诚　王宝荣　杨　洲　李　琼
张　哲　赵　霞　张　澄　丁　亚　朱照莉　沙　莎　郭泽广　骆　婷　赖映圻
张尤明　马　威　郭　云　吴一恒　张景鑫

（十）人文社会学学院（12 人）

周瑞洲　梁　冉　邱　艳　沈　婧　付春晓　周　越　陈　娇　漆　军　李晓芳
刘　鑫　范明亚　祝创杰

（十一）理学院（10 人）

陶月红　夏运涛　王坤瑶　李凌霞　施晨杰　易许熔　张　宇　谢梦霞　贺晓静
孙　娜

（十二）工学院（37 人）

刘珲祯　张　娜　张　建　侯辛奋　张欣欣　孙琼琼　郑洋洋　唐惊幽　张　宏
鲁　伟　陆　晨　朱　奇　任　骏　杨雪敏　李旭辉　易应武　孟一猛　郝向泽
查启明　张光跃　姜顺婕　金筱杰　唐　辉　王中云　张培友　张　倩　张立斐
佳　祺　郭丹丹　王伟康　谢淋晒　华凤玲　边晓东　陈科瑞　陈文冲　王　煊
高心宇

（十三）渔业学院（14 人）

刘　涛　卜宗元　赵婉婉　王亚冰　王　涛　葛　优　金　贝　喻文娟　王　林

瞿　文　徐云涛　张明明　　张丽怡　骆仁军

（十四）信息科技学院（12 人）

戴伟茜　郗建红　刘　鑫　　何　婧　林延胜　刘　爽　刘继玺　侯思宇　庄文强
周　鹏　雷　丹　李天皓

（十五）外国语学院（14 人）

顾欢欢　刘辛喆　邢艳红　　朱琴琴　姜婷婷　任　欣　张德祥　刘淑华　张其伟
谢温馨　张明丽　蔡赛梅　　潘　瑜　汤晓丹

（十六）生命科学学院（62 人）

杨丽华　李利杰　王鹏程　李书幻　田纪元　汪　媛　夏　静　张利英　赵茜茜
刘亚琴　何　钥　陆　潭　徐文蓉　周锦锦　李　亮　赖　雨　王潇潇　陈秋红
曹存凤　杜灿伟　田娜娜　陈建华　肖永良　李立峰　罗　雪　王慧敏　杨猷建
周义东　孟　强　杨　丽　张瑛昆　张晨飞　赵梦君　杭　行　孙　宇　李雯婧
罗　龙　马陈翠　张晓兰　曹鹏飞　张　娜　李成果　韩一豪　郭媛媛　刘　晨
王俊霞　刘中园　罗俊鹏　陈晓鹏　李浩源　苗　伟　苏久厂　付　涛　戚雪银
章　甲　薄惠文　李经俊　辛苗苗　于龙龙　董二甲　林永新　秦　琴

（十七）思想政治理论课教研部（4 人）

徐　宁　朱楷文　杨　超　黄家榕

（十八）金融学院（37 人）

张梦玉　张　洋　许玉韫　王　婕　程　楠　陈　雪　倪蓓蓓　张　锐　崔瑶瑶
唐　峥　掌　政　袁　权　王小茹　卜晓宇　吴　越　杨　阳　毛文筠　郭海龙
王婉菁　吴诗菁　茅奕奕　包欣耘　周通平　王　斌　钱卫超　郭文卿　韩潇玥
温洋子　郑　阳　孙殷婷　陆雨婷　施　烨　高　欢　秦　晶　韩　鹏　朱思轶
刘　羽

（十九）农村发展学院（15 人）

贾雪莲　迟晓燕　盛文洋　李晓凤　李捷羚　曹　磊　谢　杰　汪全冬　彭科彪
纪茜雅　王甜甜　黄鼎鼎　储敬佩　杨　婕　周振祥

（二十）草业学院（8 人）

王　茜　谢哲倪　董志浩　刘　芳　文武武　刘俊利　徐　涛　梁建峰

三、三等奖（590 人）

（一）农学院（63 人）

杨剑婷　宋楚崴　褚美洁　刘　霞　陈　松　杨佳恒　李晓勇　覃业辉　徐珊珊
李瑞宁　邵宇航　王小军　顾泽海　杨宇明　王　慧　柳道明　许乐峰　周向阳
胡春华　杨　洋　李晓丹　杨　茂　陈文静　车志军　董　辉　沈子杰　李林芝
胡启瑞　蔡继鸿　吴颖静　陈高明　张　恒　甘淑萍　张再成　杨　帆　成　城
谢凤斌　陈　静　王　磊　汪国湘　倪元丽　樊　婷　张小利　丰柳春　蒋　理
李　栋　陈思瑶　刘　绪　蒋　楠　陈　成　何孝磊　胡曼曼　孙　海　樊济才
陈　睿　王卓然　吴　顺　袁　丽　韩思迪　贾　敏　王文雁　周晓玲　张　茜

（二）植物保护学院（56 人）

宿爱凤	刘少强	闫亭秀	陈嘉宝	黄　海	张　昊	姚　艳	张丽娜	史琳烨
刘荣荣	苏盼盼	李　萍	王泊婷	王　巧	法　杨	杨　洋	辛龙涛	姚培炎
刘凡奇	唐　辉	张心雨	袁　锐	单　丹	王　强	徒功明	袁祝婷	郭殿豪
吕佳昀	徐晴玉	陈方方	朱良厅	张汲伟	高树照	丁银环	朱磊诚	张　啸
程　彪	陶继庭	肖泰峰	刘芳芳	张　勇	尤福洋	胡　强	戴相群	李小艳
贺建荣	蒋盼盼	王智勇	苏连水	赵燕燕	霍翠梅	刘　径	孙伟杰	赵晶晶
刘进伟	亓育杰							

（三）资源与环境科学学院（59 人）

郑燕恒	于秋红	李　冉	张建良	范文卿	梅小敏	邓　杰	袁先福	巩子毓
王　飞	昌晓黎	苗嘉曦	师元元	暴亚超	杨　华	邓照亮	王红菊	马　迅
董少卫	周　强	戴乐天	张应鹏	张鹏飞	陈露露	林小芬	陈定帅	田　达
李传哲	李　鹏	刘　璐	李　磊	吴书琦	孙志国	张力浩	樊　利	周　静
范学山	罗冰冰	张　勇	顾泽辰	李宇聪	江　杰	鄂垚瑶	部普源	冯程龙
李亚青	李遵锋	毕　阳	肖　靓	王　龙	王俊杰	豆叶枝	刘　瑞	徐银慧
尚骁原	周丹青	戴碧川	唐　皓	杜海文				

（四）园艺学院（66 人）

雷　亮	张　晨	殷　新	阚家亮	郭　聪	崔力文	刘丹丹	倪晓鹏	王万许
阎依超	习玉森	任丹丹	孙　超	程利召	董　慧	张　颖	王　彤	张　飞
施　露	张　蓓	李佳魁	丁强强	文　错	陈　微	张　宁	张　剑	却　枫
李　欢	徐宏佳	辛华洪	李东芹	辛静静	时春美	陈慧杰	徐佳一	封一统
于云霞	曹沛沛	钟兴华	吴洋洋	卢昱希	韩流莉	安利平	韩盼盼	王炫清
张　恒	陆　俊	袁　震	杨胡贝	宋　爽	李　翔	何晨蕾	林明露	郭　达
李　曼	黄佳娣	朱　洁	胡康兴	牛灵慧	李金雷	闫允青	廖亚运	张雪华
蔡少帅	郇国磊	余　超						

（五）动物科技学院（33 人）

李玉丹	随韶璞	付园园	邝美倩	刘　甜	宋思婧	陈镜刚	柳许娟	刘小凡
李孝鹏	王　通	纪婷婷	王凯周	李思奇	郭长征	薛　云	张金飞	杨伟丽
程业飞	陈亚迎	李金梅	范程瑞	陈青青	付宇阳	赵德强	金鹏锦	王　倩
吴　乐	高全伟	纪　宇	张敬旸	焦建桥	朱　博			

（六）经济管理学院（30 人）

杨　森	王善高	郑智聪	高　阳	郑颂承	万　悦	秦　姗	钟龙汉	陈晓敏
邵兴娟	徐　轻	黄红梅	胡莉红	叶良涛	薛　超	王　莹	冯　波	胡　杨
吕达奇	傅　顺	袁超涟	刘　琦	白晓磊	黄佳成	史建国	陈　杨	赵世鑫
王　燕	王　懿	林先慧						

（七）动物医学院（50 人）

朱怀森	乔文娜	杨　盛	王　典	李惠芳	田　平	冯　蒙	索　川	张　莹
郭洋洋	郭会朵	王晶宇	耿文学	凌明发	高文翔	张　蕾	高志参	赵　鹏
王　勇	石晓玉	蔡颖琳	逢凤娇	马　可	罗　森	王华夏	田瑞雨	左园园

张燕娜	陈海华	李银环	王晴晴	陈长超	张林林	徐祥兰	冀笑明	邢　杰
吴昕琪	田卫军	刘宽辉	张　磊	舒采松	吴当当	范世浩	李　娜	刘鲜姣
田　露	陈开拓	唐文辉	邢　海	牛亚乐				

（八）食品科技学院（36人）

闫晓坤	孔　静	曹　翠	吕　曼	李　倩	张杉杉	赵艺文	陆文俊	张　瑜
王　傲	朱业培	王　威	胡彦新	华雨薇	杨　柯	李　策	张冬寒	朱　莹
黄莹莹	胥佳佳	申莉丽	朱培培	王　霏	王文娇	杜连超	夏　天	谢静玲
杨凤田	朱翠平	王学敬	杜盼盼	芦　航	李宏飞	韦明明	孙倩倩	高　恺

（九）公共管理学院（24人）

穆亚丽	赵张云	张　鑫	张子红	王亚男	靳天宇	苏　曼	朱婷婷	朱梦华
张威震	高　啸	舒明艳	诸飞燕	陈　明	王海蓉	王冬冬	李泽华	陈奕橙
刘　湾	赵晶晶	沈梦萍	周润希	杨　鑫	余　道			

（十）人文社会科学学院（9人）

| 张秀梅 | 王　雨 | 华启航 | 饶夕嫒 | 高亮月 | 张淑雅 | 戚龙坤 | 刘　莺 | 陈　蕊 |

（十一）理学院（8人）

| 闫文凯 | 毛　矛 | 王佳群 | 张书浩 | 时　松 | 孙梦蓝 | 尹晓菊 | 卢亚男 | |

（十二）工学院（28人）

陈　浩	张　纯	葛双洋	姚家君	王　瑞	崔天宇	张守宝	赵明飞	朱　杰
杨道龙	贺华强	张士庆	肖登松	王　朕	李延华	王小冰	赵思琪	王　波
钱有张	魏昌成	郑　哲	谈冬雪	杨文学	尚帅楠	王敏行	李雪英	梁洋洋
史红珠								

（十三）渔业学院（11人）

| 宋飞彪 | 栾学斌 | 马源潮 | 褚志鹏 | 李孟孟 | 陈　倩 | 程大川 | 沈楠楠 | 吕　浩 |
| 陈兴婷 | 林　艳 | | | | | | | |

（十四）信息科技学院（9人）

| 罗亚玲 | 王　雪 | 陈佳悦 | 赵　南 | 于娟娟 | 杨　颖 | 王国亚 | 吴　毅 | 诸葛丽娟 |

（十五）外国语学院（11人）

| 龙　培 | 谢婉娟 | 吴婷婷 | 高文君 | 姜秋月 | 卞琦峰 | 徐艳玲 | 秦堤咔 | 陈古韵 |
| 李　娟 | 石静珠 | | | | | | | |

（十六）生命科学学院（47人）

温学辉	胡朝阳	李　芳	王长永	朱永伟	余海娟	王帅丹	向亚男	尹胜杰
邰正兰	刘　振	宋　萍	王晓晓	于　南	穆广茂	栾　宁	魏奉威	赵　娟
涂　辉	涂增付	程　然	庞海东	金　文	於　蝶	陈小龙	吴祖林	王远丽
张　稳	陈亚冉	卜莹莹	李　涛	张玉池	赵莉莉	王　清	张文升	苏晓妹
杨　柳	张毅华	郭鸿鸣	陶　花	陈　曦	张　琛	王利华	孙　晗	卢慧龙
杨正中	张　磊							

（十七）思想政治理论课教研部（3人）

| 卢　璇 | 徐　颖 | 徐亚琴 | | | | | | |

（十八）金融学院（28 人）

张　雷　冯美星　姚　珊　王　成　王明玉　吕芳茹　廖冬玥　钱　汶　殷宇航
沈　烽　姚佳佳　李　航　周燕霞　徐勋辉　汪超杰　杨云娇　沈　进　周茜燃
许　悦　周文伟　高玉洁　薛文健　黄振宇　赵雨桐　张　璐　王玉真　陈　方
钟明月

（十九）农村发展学院（12 人）

王丹丹　钱梦琦　苏云登　林世龙　张　逍　顾　潇　刘晓乾　魏永芳　张　莹
丁　宇　徐　行　曾倩雯

（二十）草业学院（7 人）

孙　健　唐海洋　张　敏　刘　洋　王思然　李晶晶　王　岩

附录 16　2014 年研究生名人企业奖学金获奖名单

（合计 99 人）

一、孟山都奖学金（20 人）

陈　群　曾研华　杨佳蒴　耿雅楠　张雪颖　张淑文　王莹莹　崔晓霞　陈杰丹
黄　鹏　张　松　孙雅菲　孟　齐　段伟科　蒋　倩　李海梅　李　蕾　邬　奇
齐学会　刘媛媛

二、金善宝奖学金（15 人）

费云燕　付开赟　王蓓蓓　李雷廷　张春暖　张明杨　阴银燕　肖　愈　顾汉龙
贾　睿　张超群　马娅同　程雨彤　虞晨阳　王梦怡

三、陈裕光奖学金（26 人）

陈莉莉　张静静　王继琛　李甲明　唐　娟　张晓恒　陈　云　关长坤　石　慧
赵　灿　赵丽娟　吕钊彦　徐洪乐　廖汉鹏　杨永恒　周　平　王全忠　赵明正
甘　芳　褚姗姗　王永丽　张　兰　李昕升　陈　煜　范虹珏　姜春霞

四、大北农助学金（20 人）

宫　宇　许　娜　高　翔　袁　熹　田祥瑞　丛路静　李俊怡　钱　好　李　婧
李艳娇　黄金虎　杜露平　陶　阳　王　晴　刘英娟　丁　娜　张　涛　杨洪杏
蔡　舒　孟　平

五、欧诺·罗氏奖学金（10 人）

刘　明　卢少林　陈　慧　布素红　陈则友　魏志红　刘俊丽　范宝超　宗昕茹
张亚宁

六、山水集团奖学金（8 人）

梁晋刚　方庆奎　靳德成　朱满党　缪屹泓　徐　芃　杨　赟　叶　红

附录 17　2014 年优秀研究生干部名单

（合计 137 人）

田书华	许之甜	卜远鹏	尹思慧	辛　亮	俞浙萍	冯　玥	孙宇欣	董冠杉
姚敏磊	李　晨	翁　飞	葛赏书	许　笠	陈雅婷	高洪礼	单　诚	张书恒
张建华	张玉强	唐铭一	廖　辉	吴　双	陈晨颖	沈方圆	谢　橦	罗永霞
邓旭辉	潘　寿	张　杨	赵钱亮	王蒙蒙	胡　荣	王伟东	辛　璐	徐　芃
陈小婷	施晓梦	黄　莹	赵　真	沈　盟	韩玉辉	姜　苏	王　丹	穆　甜
李伯江	杜学海	李佩真	金雯雯	杨晓晗	李　静	姜　愉	袁　斌	陈玉珠
周铮毅	凌　玉	徐倩倩	胡　林	韩　婧	邹　垚	钱　刚	曾　玲	慕艳娟
李鹏飞	束浩渊	张新笑	王　凯	张丹妮	史　爽	赵　哲	雷　云	范诗薇
张宸睿	管煜茹	洪敦龙	牟笑然	翟鸿健	石　婷	周佳慧	于　帅	李燕茹
阚　云	李玉姣	夏斯蕾	张亚楠	孙龙文	薛超月	巩　丽	张盼盼	杨　欢
郭素会	夏　丽	陈雅婷	柯希欢	张　浩	吴婵凤	张闻博	顾　慧	金　幂
虞晨阳	刘　佳	崔　鑫	范　琳	李　清	冯贻波	张晓辉	张宇晓	方东路
胡珍珍	王　博	宋　雄	纪红叶	刘　纯	徐　琳	唐　瓴	马百全	吴奇蒙
何　臻	冯媛媛	任才芳	李小曼	白　璐	万俊豪	李　青	姜璐璐	郭晓萌
孙晓妮	靳泽文	张　薇	吴燕楠	吴亚玲	卜艺林	任伟龙	王　丹	钱　林
邵　越	陈　刚							

附录 18　2014 年优秀毕业研究生名单

（合计 488 人）

一、2014 届优秀博士毕业研究生名单（87 人）

郑　明	史培华	陈　琳	张　俊	李向楠	侯朋福	蒯　婕	徐晓洋	晁毛妮
党小景	禹　阳	李颖波	孙聚涛	文　佳	刘春晓	陈　煜	田艳丽	彭　迪
孙　亮	沈丹宇	万品俊	阴伟晓	卢　珊	陈　岳	张亚楠	李　玲	董晓弟
孙冰清	卞荣军	孙丽英	张坚超	吴　凯	董　鲜	李依婷	任　君	庄维兵
张彦苹	翟璐璐	李　斌	宋爱萍	何立中	张永辉	鲁康乐	张媛媛	唐志刚
刘军花	李　丹	刘　丹	林大燕	黄宏伟	张晓艳	胡　越	潘士峰	邬　丽
蒋　征	张艳红	蔺辉星	林　焱	陈兴颖	叶耿坪	康壮丽	张　伟	武忠伟
祝超智	尹永祺	裴　斐	成　程	程　俊	唐　鹏	张　锐	杨亚楠	赵　光
王永丽	高国金	汪德飞	于　旻	王兴盛	王光明	崔彦婷	毛婵娟	王　飞
陈　永	刘洪明	谷　涛	王成红	周敬伟	上官彩霞			

二、2014 届优秀硕士毕业研究生名单（401 人）

李妮娜	宁爱玲	李　丹	时　鑫	郭贵华	林晶晶	李　叶	吴文丽	刘丽平

张武益	刘昭伟	母少东	汪欢欢	张国琴	郭秀华	许光莉	廖家凯	代慧敏
王文艳	赵 娜	张国敏	刘佳佳	李晨旭	王晓楠	陈学銮	王 彬	唐小洁
耿青春	陈 薇	邢鲁亭	胡乃娟	杨镒铭	刘晓菲	宗玉龙	柳 周	于 博
韩 霜	朱 茜	王婷婷	汪郁兰	王 翠	韩 冰	洪 丽	左荣芳	王 宁
朱 倩	郭娴娴	吴新荣	姚 萌	刘晓云	刘毛欣	李浩森	付茂强	徐继华
范金梅	杨 科	刘 莹	郭维维	徐婷婷	刘 敬	冯素芳	金 蓉	孔 晔
江 丰	荣 霞	韩 平	葛常艳	马 良	王美云	袁玉龙	王华子	张冬雨
王业成	张 凯	李晋玉	张 惠	胡星星	杨茂纯	王德龙	林钟员	殷祥贞
李 露	孙 震	张 振	孟 蝶	彭安萍	王意泽	汪 泓	姚 欢	郭 悦
毕文龙	霍敏波	宗 炯	靖 彦	张文敏	汪 超	王培燕	席 庆	钱 力
付传城	卢浩东	叶英新	曹亮亮	李晓明	王 昶	张 苗	徐春森	张小兰
张茂星	孙 鹏	贺乾嘉	陈 玲	訾 祥	靳 瑛	王 珊	俞梦妮	梁晓琳
李 娇	吴 萍	范 练	陶 然	王明玉	仲文君	任国慧	李阿英	李刚波
李 凡	屠煦童	高 攀	徐丽娟	夏 冬	刘环环	徐兵划	李洁英	苏晓琼
李丕睿	朱晓晨	张永侠	王静静	李祥志	杨 岚	李珍珍	张彦南	张晓倩
肖云华	崔志伟	王彦卓	林志明	方 金	管 苇	李 鹤	贾 玥	马丽妍
黄小云	李艳艳	冯春芬	杨 骏	张婉嬿	任佳宾	刘 尧	陈颢明	傅颖滢
李 艳	郭 晶	曹 蕊	萧 鹏	厉成敏	汪海洋	郭 芳	芮小丽	宋美艳
王伟兰	王丽娜	邱小燕	陈 雷	张桂芳	马 力	孙美洲	杨利娜	王 维
孙肖慧	李明娜	王 君	薛荦绮	童 毅	姚倩茹	马仁磊	姚怡甜	雷卓娅
丁建军	刘亚婧	沈荣海	胡 浩	冯晓梅	许 珺	田 静	周 梅	陆 艳
刘金金	陈 康	林紫茜	韩园园	唐梦琴	钱青青	陆林玲	李钟帅	王丛丛
王益文	陈敏敏	苏俊英	徐 蕾	李 杰	王 楠	郭梦婕	梁金逢	房 蕊
王珊珊	叶平生	许 静	慈 乐	杨绪秋	吴义龙	王卫雪	王兆飞	时晓丽
郑芳园	张 燕	高 波	王 月	孟庆美	蒋春阳	彭 旭	黄叶娥	邱树磊
侯羽浓	马荣生	周媛丽	林 梅	杨 倩	刘晓燕	赵康宁	余珊珊	任伟龙
闫梦菲	陈茜茜	闫 冬	王 芬	纪 鹃	仲 磊	叶晓枫	庞之列	王 健
沈跃丽	郭芳芳	张 露	张 嬿	贾雪娟	秦晓杰	王 惠	李伟明	石 韵
范嘉龙	刘 瑶	魏 微	冯郁蔺	顾艳娟	鲁楼楼	汪勋杰	朱传广	陈雪玲
方 芳	郭晓丽	齐福佳	郝诗源	许丽萍	张 敏	张 贤	顾媛媛	何 晓
黄 彪	刘晓红	乔 佳	王 磊	熊 强	张宏宇	张燕媛	张志宏	束恒春
王 博	吕沛璐	文 博	李成瑞	陈 真	王艳萍	胡乂尹	张瑞胜	吉 婕
王 微	刘 源	季 勇	徐天明	刘雪萍	胡 颖	严 韩	韦利娜	陈 超
刘军恒	王敏敏	李 科	王致情	柏广宇	金丽丽	刘志欣	谈 英	刘 政
张 阳	刘明坤	潘文远	莫振敏	赵 伟	邹小昱	朱 赫	张世勇	廖英杰
崔红红	王 菁	王 琼	董晶晶	魏广莲	李 晓	朱双宁	王芳芳	何 娟
孙 振	王曲蒙	陈 璐	倪丁香	徐玛丽	吴 净	桂雨薇	韩 旭	徐芙娟
郭 敏	牟思齐	王 静	高艳丽	刘 岩	曹泽韦	李艳军	姚冬梅	钱宝云
刘妍妍	李 莹	姚 慧	张 茹	王晓艳	吴冰月	朱玉琴	顾志光	邓诗凯

汤　晶	邹成达	赵　秀	娄向弟	邢转青	史明乐	李雄标	朱庆成	袁肖肖
史　珂	管　莉	杜明勇	赖迪文	毛　宇	朱凯凯	韩　宁	朱　华	李佳乐
祁　芳	柳慧丽	成珍珍	王永兴	谈　弦	彭运雷	尚娟娟	周金凤	陈旭阳
接　晋	余书恒	龚　璐	黄　丽	公绪生	李　扬	倪佳伟	张蓓佳	张学姣
李　蓉	孙雅薇	陶文静	左　捷	王诗露				

附录19　2014年博士毕业生名单

（合计439人，分14个学院）

一、农学院（78人）

宋利茹	宋桂成	郑　明	黄　婧	陈丽萍	刘　凯	赵绍路	张　锴	刘金定
黄　卉	王小华	吴　洁	王宗帅	韩慧敏	张　勇	陈　琳	雷武生	张　俊
赵艳岭	顾克军	李向楠	睢　宁	侯朋福	习　敏	邢兴华	杭晓宁	陈美丽
杜祥备	蒯　婕	陈　炜	王　方	袁静娅	郑德伟	陈树林	代金英	姜　华
聂智星	杜　磊	徐晓洋	晁毛妮	党小景	吴　涛	张　龙	刘艳玲	沈雨民
禹　阳	孔令娜	李颖波	王掌军	刘广阳	孙聚涛	宁丽华	魏　嵘	闫洪朗
余晓文	高桐梅	方慧敏	刘春晓	吴国荣	吴怀通	张志远	周　玲	栾鹤翔
陈　煜	曾彦达	程金平	李春生	刘良峰	陈建林	杨宝华	张　艺	文　佳
张诗苑	史培华	顾蕴倩	陈益琳	罗　佳	陈　吉			

二、植物保护学院（48人）

姜珊珊	田　珊	王德富	陈琳琳	沈丹宇	宋天巧	季英华	杨　扬	严　芳
周冬梅	田艳丽	迟元凯	李　玲	熊　琴	景茂峰	陈　岳	茹艳艳	阴伟晓
高　彀	刘乃勇	张亚楠	陈大嵩	张艳凯	陈　凯	张　赞	任相亮	万品俊
廖怀建	任广伟	孙　亮	王　然	滕海媛	王凤英	杨　帆	杨海博	罗楚平
章　虎	卢爱民	彭　迪	鲍海波	徐　曙	盛玉婷	卢　珊	张　鑫	张　峰
王彩云	董妍涵	韩阳春						

三、资源与环境科学学院（41人）

梁　操	吴　迪	邓家军	任笑吟	段晓尘	刘正一	董晓弟	孟宪法	沈小明
孙冰清	吴泽嬴	李　瑛	侯庆杰	丁宁宁	杨文亮	宋修超	马　超	刘亚龙
王　萍	卞荣军	刘　远	闫　明	郝珧存	孙丽英	王金阳	宋大平	高翠民
周金燕	张坚超	吴　凯	徐志辉	廖德华	张　芳	王化敦	夏秀东	朱静雯
李　冰	黄建凤	董　鲜	李依婷	徐君君				

四、园艺学院（34人）

王　刚	王　敏	张演义	张彦苹	侍　婷	庄维兵	王　龙	殷　豪	周宏胜

贾　利　沈　佳　武　喆　何立中　李　斌　宋小明　徐锦华　郑金双　任　君
孙成振　王　燕　翟璐璐　曹　雪　潘宝贵　闫　闻　张　玥　李佩玲　宋爱萍
孙　静　陈苏丹　郑开颜　彭　斌　杨雅婷　刘梦溪　许建民

五、动物科技学院（27 人）

张晨岭　韩　威　申　明　李　岩　张晓建　贾若欣　聂海涛　唐懿挺　丁晓麟
张子敬　郭志有　李蛟龙　陈　芳　张永辉　鲁康乐　张媛媛　孔令蕊　孔一力
吴大伟　袁　敏　李根来　周　玮　唐志刚　刘军花　刘培刚　黄　帅　古丽娜·巴克

六、经济管理学院（28 人）

赵翼虎　黄宏伟　申红芳　胡中应　杨中卫　李显戈　高　原　童　霞　崔春晓
陈　瑶　伽红凯　邢丽荣　曹晓蕾　傅前瞻　朱思柱　宋俊峰　胡　越　随学超
林大燕　唐　娟　张庆萍　李汉中　张　凯　张晓艳　施春杰　吴　敏　李　丹
刘　丹

七、动物医学院（43 人）

陈洪博　程艳芬　魏瑞成　邬　丽　顾　莹　闫　磊　谢正露　刘茂军　潘士锋
隋世燕　张艳红　蔺辉星　秦海斌　郁　磊　顾真庆　刘　捷　赵攀登　韩艳辉
谢　青　郭长明　林　焱　张金秋　郝洪平　陈晓娟　赵珊珊　马晓平　陈晓兰
陈兴颖　胡志华　叶耿坪　戴建军　马汝钧　张　羽　常广军　刘　瑾　任　喆
施志玉　蒋　征　袁　橙　邵　靓　鲁　岩　陈　新　沈　婷

八、食品科技学院（28 人）

武忠伟　应　琦　翟立公　陈　岑　祝超智　高振鹏　张娟梅　李文娟　宋江峰
尹永祺　裴　斐　胡美忠　汪晓鸣　朱筱玉　张雅玮　张　伟　康壮丽　王虎虎
黄劲松　康若祎　闫　征　龙　门　张迎阳　汪　峰　白红武　彭　斌　宋尚新
古丽皮艳·托乎提

九、公共管理学院（37 人）

成　程　夏　金　赵　风　甘金球　耿华萍　严　燕　况广收　周家明　蒋远喜
王务均　张　松　张天保　程　俊　沈　瑾　张　军　赵　光　张　娜　解安宁
欧胜彬　杨立敏　杨亚楠　钟国辉　陈　慧　张　锐　赵亚莉　许小亮　翟腾腾
姜　玲　唐　鹏　吉登艳　李青乘　周长江　刘衡作　陈　伟　郭　娜　米　强
上官彩霞

十、人文社会科学学院（13 人）

白振田　房　利　胡以涛　包艳杰　孙　建　张巍巍　高国金　曹　珊　陈如东
黄　颖　曾中平　李　勇　汪德飞

十一、理学院（1人）

高英杰

十二、工学院（17人）

陈桂云	逄　滨	吐尔逊·买买提	徐大华	于　旻	王兴盛	刘奕贯	夏春华
王光明	赵　超	李盛辉	郑青根	陈士进	刘永华	桂启发	楼恩平	付丽辉

十三、渔业学院（3人）

姜　涛　崔彦婷　孟顺龙

十四、生命科学学院（41人）

冯晓东	史贵霞	秦　春	温祝桂	李运祥	李　贵	毛婵娟	刘　佳	芮海云
贺　艳	屈娅娜	张晶旭	贾腾蛟	杨晓梅	陈琼珍	王　飞	何小芹	李周坤
陈　永	刘洪明	席　珺	张振东	谷　涛	姜爱良	陈　青	王成红	李梦娇
刘晓梅	张津京	李闻博	王　满	李　莉	周敬伟	李　岩	吴承云	顾　泉
徐道坤	王永丽	刘　骋	沈　悦	郑　婕				

附录20　2014年硕士毕业生名单

（合计2 008人，分19个学院）

一、农学院（187人）

田　东	翟丽娜	杜　皓	张雪颖	高秀莹	李文娟	杨　艳	刘彦芳	杨　霄
浦　静	光杨其	陈海元	陈　于	李妮娜	赵　丽	徐　影	宁爱玲	宋　卉
李　丹	王洋坤	蔡　跃	宋世玉	黄赛花	袁　瑗	王文博	张新新	郑宇飞
冯沛园	耿　婷	崔　博	李怡香	时　鑫	王　峰	王妮妮	窦　志	郭贵华
李玉祥	林晶晶	方传文	江洪强	蒿呈龙	李　叶	钟剑文	张会芳	邵　昕
张　娜	张新城	蔡　创	何帅奇	蒋闻予	吴文丽	刘丽平	吴　悠	张武益
郭永久	罗宝杰	周龙祥	王　瑞	杨立超	郭子卿	庞方荣	黄　洁	孙其松
刘昭伟	母少东	杨佳荪	余超然	林春波	田利迎	汪欢欢	何弯弯	贾　琪
王孝娟	张国琴	李美娜	张明懿	张丽萍	马玉杰	王丽梅	傅蒙蒙	刘方东
刘美凤	潘丽媛	刘慧娟	邵铭泉	郭秀华	张　峰	刘二宝	王　卉	王　伟
许光莉	廖家凯	马省伟	代慧敏	孙志广	王文艳	杨晓明	高　兴	赵　娜
秦海龙	陶　源	张国敏	姜　鸽	刘佳佳	徐晓武	金　岩	李晨旭	张　霞
王晓楠	张金凤	林　云	潘　根	王文鑫	赵婕好	丁　丹	陈丽芳	林泽锋
陈学銮	何立强	王宗宽	甘　婷	王　迪	崔晓霞	高明潇	李丽红	王　彬
孙　娟	杜新华	贺亭亭	张晋玉	左　丽	李点丽	牛姣姣	王　玲	张　贺
李洪戈	田书华	杨守平	唐小洁	苏姗姗	曹锡文	耿青春	张　丽	张晓林

陈世轩	陈 薇	何卓伟	任 锐	陈津津	兰倩倩	邢鲁亭	胡乃娟	付黎明
傅坤亚	戴 珍	李峰利	杨镒铭	唐小青	刘晓菲	宋云攀	凌溪铁	韩雅利
高 旭	王春涛	曾雅青	徐礼东	宗玉龙	王海平	陈依露	柳 周	李 坦
陈志君	于 博	刘建海	韩 霜	刘 璐	郭婷婷	夏迎春	姜苏育	伍 琳
张胜忠	柴骏韬	洪 骏	张 欢	薛 冬	祁孟喆	常丽静		

二、植物保护学院（200 人）

申有密	刘宇新	王成凤	刘 靖	张 斌	刘志兰	张培培	汪佳蕾	朱 也
王纯婷	李 娟	王亚明	胡 君	孔令泽	梁婷婷	于艳丽	李 波	杨秋夏
陈颖潇	曹宝剑	雷文婕	胡星星	朱海润	穆 琛	杨晶祎	孙志娟	马晓玉
张 惠	石旭旭	王亚会	李 姣	李向冬	张晓艳	王 健	娄琳琳	周 敏
李晋玉	张 捷	殷 星	胡 静	杨辉耀	王 琼	王明鑫	周 亭	王世娟
陈子豪	王 欢	魏君革	韩雪颖	李坤峰	周华飞	韩 冰	纪洪涛	穆淑媛
朱 茜	卢晓雪	苏黎明	吴育人	王跣姣	魏桂芳	吴黎明	朱青青	王 翠
王 勇	于侦云	吴新荣	徐 瑞	闫莉春	张 娟	管廷龙	梁旭东	王 宁
王婷婷	汪郁兰	王玉龙	吴桂春	徐会永	赵玉鑫	王志欣	朱 婕	朱烨琳
王文斌	杜 娟	亓竹冉	张雅虹	朱引引	刘毛欣	陈小姣	刘晓凡	沈 艳
吴鉴艳	张雯娜	孔 亮	刘晓云	聂萍萍	姚 萌	赵 耀	郭娴娴	洪 丽
季 俊	左荣芳	胡小斌	李 潇	朱 倩	梁淑平	刘克雪	张 晖	盛 洋
郭维维	王瑞林	赵宗潮	金 蓉	杨 科	叶占峰	朱珈瑶	李晓欢	任彬元
韩 平	李晨歌	蒲 建	张 扬	崔玉楠	丁秀蕾	蒋欣雨	刘 静	胡 浩
盛 超	张 平	贺 康	王 凯	邢艳茹	杨秋普	范金梅	孔 晔	李 娜
史继峰	杜 娟	冀含乐	荣 霞	宋 静	李永腾	马婷婷	徐婷婷	于居龙
程 倩	郭贝娜	张革伟	于 莹	冯素芳	郭慧娟	刘 敬	谢 钊	徐继华
徐 盛	周 景	杜 冰	康照奎	苏 文	于婉婷	江 丰	李浩森	娄 恒
高美静	刘来盘	叶 超	史金剑	吴 俨	徐兰珍	付茂强	刘 帅	刘 莹
葛常艳	张 宇	张 彬	张冬雨	董瑶雪	蒋田田	张 凯	柯红娇	孟祥坤
高 婷	王德德	孙星星	田祥瑞	王业成	张树坤	陆澄滢	盛恩泽	王美云
袁玉龙	管文辰	王军军	苗珊珊	王华子	李 枞	马 良	杨东冬	罗剑英
林艳玲	郑志天							

三、资源与环境科学学院（208 人）

马迪迪	严德凯	刘 梅	徐 瑶	王 涛	于晓娜	黄忠瑶	裴 峰	杨茂纯
张 轶	王德龙	杜迎春	刘雅萌	韩 宇	李 辉	林曼曼	林钟员	高会玲
马 梅	殷祥贞	王 伟	李方卉	潘 上	赵 婕	刘钦铛	马 芳	李 露
余 飞	孙 震	王 楠	李 懋	张立极	张腾昊	张 振	吴秋琳	王 震
张娜娜	张要军	代鹏飞	高 曦	刘璐璐	王秀翠	庞晓辰	孙 倩	陈林梅
张 静	叶 瑶	孟 蝶	彭安萍	王意泽	吴颖超	廖云燕	闵兴华	谢 飞
刘世明	汪 泓	严 佳	杨 旎	姚 欢	杜雁冰	林 峰	赵 春	陈文才

吴 强	肖 烜	曹 杰	曹 磊	郭 悦	唐 伟	孙 凯	丁浩然	刘国强
王斌楠	梁 银	潘经健	丁 正	顾锁娣	由宗政	毕文龙	崔雨琪	霍敏波
王鹤茹	宗 炯	靖 彦	南江宽	张聪聪	张洪梅	冯 雯	肖正高	宋晓阳
张文敏	汪 超	刘 婷	叶成龙	董 娟	付潘潘	李正东	陆海飞	王培燕
席 庆	张 欢	张 微	郑加为	钱 力	孙 璇	陶金沙	付传城	卢浩东
张 威	李文昭	陈照志	李 博	刘英烈	潘晓健	王耀锋	夏文斌	叶英新
蔡 枫	雷锡琼	申长卫	陈景光	谢 丹	覃丽霞	高丽敏	田广丽	王 伟
胡青荻	陆 强	王继琛	范森珍	方 琳	高 超	王 萍	肖 健	胡卫丛
曹亮亮	李晓明	王 昶	张 苗	裴文霞	周红敏	刘盼盼	倪远之	范红梅
李 畅	董 月	樊晓腾	徐春森	张小兰	马 涛	李 娟	钱 健	徐晨伟
龚显坡	黄双杰	陈 鹏	张茂星	张明超	陆佳俊	张 坤	马 昊	吴 蓉
花小雪	李爱平	贺乾嘉	蔡 虹	曲菲菲	唐 璐	许 宸	陈 玲	潘玉兰
唐金华	丁宝国	刘冰冰	刘竞妍	刘传骏	訾 祥	靳 瑛	顾小龙	董 亚
王萍萍	刘小康	姚 琴	王 珊	戴守政	袁小乔	赵呈明	温东旭	俞梦妮
黄 奇	吴 萍	梁晓琳	蒋亭亭	陆寿祥	张园园	曹月阳	陈桥伟	陈志超
王红莲	李 娇	孙云贺	徐冉芳	赵博文	芮郅鹏	孙 鹂	杨天杰	陈 淋
陈 雷								

四、园艺学院（208 人）

褚晓波	王舒婷	李 毅	王风雪	元 颖	林志明	罗海蓉	王 洋	郭逸凡
王彦卓	李刚波	陈 飞	尹 欢	李阿英	李晓鹏	任国慧	陶 然	古咸彬
孙海龙	仲文君	王明玉	胡 珺	张海元	周 贺	屠煦童	张仕杰	季晨飞
宋新新	张 雷	陈令会	孙 森	许 友	张 璐	竹龙鸣	范 练	李芳芳
王丹阳	慎家辉	孙江妹	张明月	石志军	杨 君	李 凡	许林林	赵碧英
刘雪娇	苏 芃	赵 娟	孙朋朋	武 悦	闫瑞霞	杜 静	高 攀	宋夏夏
苏晓琼	黄志楠	蒋 倩	李满堂	黄和喜	桑 婷	宋丽清	孙克香	段伟科
林婷婷	刘环环	钱 瑜	李 珍	冯英娜	刘 哲	聂姗姗	沈 虹	孙小川
何玉华	魏庆镇	徐兵划	刘 艳	李洁英	刘 敏	夏 冬	刘 亚	张云霞
刘云飞	李 楠	况媛媛	李 宁	王雅美	徐丽娟	郑于莉	孙洪助	陈 娟
郝 婷	彭天沁	张 更	周 琳	李珍珍	庞 鑫	王伟东	袁赛艳	李丕睿
王楚楚	王琳晓	朱 璐	高春艳	唐海强	王银杰	张 瓒	单 萍	董雪娜
高 迎	王宏辉	张永侠	程 越	董 彬	阳淑金	朱晓晨	高艳芝	李祥志
王芝权	张凤姣	赵瑞霜	李玉霞	王静静	叶志琴	袁茹玉	陈 希	张 翔
赵 慧	常作良	曲亚楠	王秀云	李 超	刘 波	杨娟娟	朱丽芳	刘 宏
肖云华	崔志伟	王 乾	张晓倩	张彦南	杨 岚	安开龙	吴盼婷	史大聪
李 雪	彭永彬	沈佳逾	许冰冰	吴欣欣	龚 露	方 金	卢晓彬	王仲慧
管 苇	杨靖华	陈孟龙	李宁宁	李 鹤	贾 玥	陈攀红	朱安超	丁恒毅
田 鑫	刘 容	朱美瑛	孙润生	滕美贞	闫 实	孙志伟	李德翠	马丽妍
徐金波	李 垚	王 宇	李艳艳	黄小云	徐洪武	安雅文	杜佳瑜	霍 源

李小玉　安燕尼　陈冰清　吴代理　贾　倩　刘　尧　杨　骏　张婉嬿　冯春芬
安　卫　林　岑　王　彪　陈颢明　程　虹　罗静静　王未来　杨丽萍　于素雅
张迎林　余爱国　任佳宾　王　宁　叶婉星　陈小云　骆振营　徐　建　王广龙
王晶晶

五、动物科技学院（105 人）

王　婧　傅颖滢　李　艳　刘　智　徐春瑛　唐　波　王　群　闵江涛　郑　婕
贺丽春　黄　阳　魏清甜　林昌俊　郭　晶　姚　勇　周吉隆　曹　蕊　王　艺
萧　鹏　徐小钦　孟晨玲　朱前明　唐小川　郅西柱　张传海　周　鑫　侯英萍
兰　山　李　卉　罗霏菲　颜光耀　白井岩　厉成敏　汪海洋　吴　洁　丁　潜
郭　芳　胡　进　罗国静　霍如林　李艳娇　尹茂文　朱爱荣　陈刚耀　朴元国
芮小丽　宋美艳　高月琴　王伟兰　张亚伟　李俊怡　钱　妤　王丽娜　井龙晖
邱小燕　许婷婷　陈　雷　王　勇　屈长波　孙得发　吴亚男　张　昊　周亚丽
陈丽媛　王广猛　徐奕晴　姚姣姣　杜环利　尚伟伟　夏双双　张桂芳　陈　星
李林枫　李　嫔　乔丽红　马　力　马艳艳　孙美洲　杨利娜　桂维阳　姚　佳
张　涛　孙肖慧　张　洁　薛　峥　张　昆　张　敬　黄　勇　朱　杰　王　维
崔　超　杨显强　林丽娟　普少瑕　张佳佳　冯建刚　熊　晨　林云财　祝向阳
邹冰洁　李晨博　贾志新　田丽丽　李君风　李明娜

六、经济管理学院（154 人）

尚永兴　颜一炜　王　君　李　瑭　薛荦绮　别　蒙　童　毅　姚倩茹　秦　雷
芦　月　姚怡甜　雷卓娅　肖　宵　丁建军　晋　乐　胡　浩　姚常成　张　飚
栗杰美　彭吟珏　冯晓梅　田　静　周淑甄　许　珺　周　梅　韩园园　陆　艳
刘金金　刘甜甜　唐梦琴　陈　康　李亚寒　张　倩　钱青青　戴　炜　王丛丛
王益文　杨泳冰　陈耀芳　刘　冲　钱秋霞　施　芳　李钟帅　谌　佳　王　瑜
董文芳　李　享　王　艳　苏俊英　徐　蕾　叶鸿欣　童亚平　李　杰　唐琳露
吕欣然　赵禹郴　王　楠　仓定三　曹丽君　曹珊珊　陈庚新　陈　健　陈　磊
陈　翔　陈　赟　范　蓉　封文彬　高　峰　顾丹妮　顾清华　韩倩倩　何学勇
侯启威　江　钱　江　彦　江　哲　蒋玲玲　蒋　伟　金　骋　李　丹　李　亮
李　煊　李亚庆　梁　萍　林啟春　林　睿　刘　芳　刘姣梅　刘　祥　刘兴龙
刘　妍　刘英楚　刘　喆　陆书明　马国宏　马　勤　孟桂玲　倪　军　钱　聪
邱玲玲　任　锋　戎　赟　沈　涛　沈未越　施永杰　施　勇　宋逸夫　苏　冉
孙　俊　滕建华　汪　腾　王爱琳　王健健　王刘虎　王维斌　王　伟　王雯雯
王　欣　王　证　夏冬珊　肖美芳　徐　伟　颜廷国　杨雨松　姚　露　姚　远
俞利双　袁菲菲　袁　萍　曾　波　张　诚　张春飞　张剑伟　张　晶　张　庆
张婷婷　张晓庆　张　瑶　赵庆年　赵文博　朱彩云　朱玲熠　朱　雯　左为民
陆五一　马仁磊　刘亚婧　沈荣海　陆林玲　林紫茜　刘乃栋　林亚雯　陈敏敏
唐若迪

七、动物医学院（153人）

杨迪	张晓辉	姚磊	张茜	吴昊	严明	邹倩影	房蕊	郑路程
黄瑜	丁逍	张贝	周英俏	董海波	段滇宁	郭梦婕	黄金虎	张崇
胡唯伟	梁金逢	许静	慈乐	韩俊源	黄燕平	耿智霞	刘腾飞	段云兵
王珊珊	叶平生	高贵超	谷颖	张亚群	陈辉	孟刚	朱丹	孟庆美
寇宁海	杨绪秋	袁晓民	冷欣彦	吴义龙	张凡庆	杜露平	张传健	闭璟珊
侯成才	时晓丽	朱雪蛟	黄明明	刘坤	高波	黄经纬	张振超	谢星星
陈攀	郑芳园	王兆飞	谢星	唐敏	王卫雪	葛玲玲	王月	纪燕
张燕	崔鹏超	王丽敏	周晓丽	李月华	李宝杰	马春晓	张旭亮	贾红颖
马家乐	侯湾湾	吴光燕	叶琳璐	于岩飞	孙静静	高珍珍	刘蓉蓉	邱树磊
车超平	黄钰	刘云欢	周媛丽	蒋春阳	易方	彭旭	杨旭	张艺宝
路丹	张凯	赵化建	柯肖	肖燕	黄叶娥	余韵	李盟	高新菊
侯羽浓	亓鲁	王永帅	孙一涵	唐龙琴	周闯	林梅	马荣生	张华
张杰	曹曰莹	金鑫	赵康宁	刘晓燕	张艳艳	丁云磊	刘沛增	司慧民
余珊珊	黄春娟	李玫毅	丁蓉龙	朱深圳	何瑜	李珂	束鸿鹏	刘旭东
狄景军	何再平	赵晨星	郭峻菲	徐磊	马雪丽	李满	王蓉蓉	潘华荣
任伟龙	杨光远	刘雅文	顾逸如	邢少华	闫梦菲	李磊	王延映	梁荣发
刘堃	李晶娇	卢镜宇	马会杰	杨倩	张雅晨	韩蓉	王海	田恬

八、食品科技学院（106人）

闫冬	袁芳	王健	杨杰	胡浩	李茜	陈计	陈茜茜	王芬
纪鹍	浦明珠	王玉娇	顾冬艳	郭强晖	张婷	庄言	丁艳	叶晓枫
卞梦瑶	陈慧婵	封莉	刘欣	肖亚冬	沈跃丽	张倩颖	钟蕾	郭芳芳
张爽	郭秀云	石金明	王园	张露	贾雪娟	李伟明	秦晓杰	王惠
王晓敏	张苏珍	常辰曦	郭添玥	王晓明	沙香	石韵	薛妍君	范嘉龙
王晴川	刘瑶	魏延玲	吴海舟	刘建丽	魏微	刘芳	吴方宁	郑聪
冯郁蔺	郭丽媛	李鑫	陶正清	魏朝贵	叶磊	张浩	张璇	姜晓青
汪文浩	许晴晴	张嬬	杨宁宁	郑平	张国琳	王华东	王慧倩	刘美超
孙慧婵	王美英	王秀	姜雯翔	时丽霞	曹苗丹	庞之列	何美娟	王亚楠
谷晓擎	苗圃	汪敏	王慧琴	郭秀风	徐然然	王晓霞	彭洁	魏心如
王慧力	杨奕辰	李丹	邸雅琼	陆珩	钱行	沙嫣	李亮	杨珺
仲磊	吕云斌	周翔	谢旻皓	李璨	刘桂超	杨萨萨		

九、公共管理学院（146人）

吴伟昊	逄谦	赵丽宁	孙哲	束恒春	何晓	黄彪	鲁楼楼	杜春林
乔佳	张宏宇	刘维佳	张鹏程	王磊	程浩	方芳	庄子龙	顾艳
韩倩倩	朱恩亮	张贤	侯怡	李馨儿	方超	余柳	张志宏	刘晓红

王 静	侯文娟	张燕媛	陈雪玲	吕 悦	张耀宇	顾媛媛	郝诗源	李 宁
陈 晨	郭晓丽	张 鑫	汪勖杰	熊 强	黄学成	李成瑞	齐福佳	吴晓涛
孟 霖	徐 倩	张艳飞	吕沛璐	王 博	郎海如	徐 青	周 冬	孙燕华
付 茹	朱传广	卢晓明	张 森	张敬梓	许丽萍	张 敏	文 博	侯雪姣
郭瑞明	徐 辉	王 丽	王 敏	丁琳琳	年立辉	孙浙丽	唐亚楠	娄宏霞
许海燕	王培永	万海聪	林 瀑	张惠子	李 启	裴丽丽	钟凤仪	周 丽
包佳超	汪春荣	朱 靖	单成程	朱新秋	周 俊	竹青清	周向英	朱方芳
胡金晶	金 涌	李 卿	黄振飞	刘 伟	黄 栋	刘 伟	严金涛	潘家栋
谢玲玲	李 凯	赵一冲	李振玉	李辉辉	戚荣健	钱群雷	吴 烨	朱永博
孙凤和	徐亮亮	周 敏	吉 耘	彭 佳	吴海涛	徐程灏	李 博	夏振鹏
叶巍峰	陈 松	谢淑玲	庞娓娜	张栩达	曹 俊	李 青	徐晓梅	周 艳
陈 楠	冯 雁	周 丹	陈静宇	金少华	孔 艳	陆 驰	杨振宇	沈春琰
王伊琨	杨菊萍	黄 培	王 斐	杨 洁	陈天文	王 艳	陈 悦	吕丹丹
仇胜昔	陆凤平							

十、人文社会科学学院（38 人）

吉 婕	王艳萍	陈 真	邹爱萍	王晓月	王 昭	胡义尹	朱晓雯	唐骏丹
于 静	王 微	李海锋	袁祯泽	张瑞胜	徐暄淇	赵忠晓	史文超	司冬旎
冯 兵	孔夏慧	梁 舟	钱 挺	陆依梦	朱 明	谢 瑶	张曙峰	姜从云
项盛林	林育达	严 清	朱 芳	陈雨润	周 婷	钱 洪	唐敏栋	朱晨悦
陈 旭	季 勇	刘 源	端木英子					

十一、理学院（24 人）

胡连果	徐天明	程小昊	刘雪萍	骈 聪	赵效毓	彭 忠	翁 瑞	杨 云
许海波	李 惠	王 利	胡 颖	卢一辰	徐子超	严 韩	高书林	陈 雪
董 超	张 娇	李 炜	刘红梅	汪芙蓉	韦利娜	刘 品		

十二、工学院（86 人）

徐建建	陈仕琦	陈 超	陈星谷	朱金荣	刘军恒	王敏敏	董相龙	李 科
吴俊淦	周伟伟	沈文龙	张顺顺	庞 浩	张 超	王致情	柏广宇	陈 满
黄玉萍	柏建彩	陈信信	方志超	汤永莉	金丽丽	程 同	姜春霞	陶镛汀
李 阳	惠 娜	李 雪	吕文倩	李 强	孙 啸	刘志欣	邹贻俊	谈 英
刘 政	张 阳	胡 燕	钱 琎	汪 帆	冯晶晶	刁含梅	朱 赫	吕铁庚
李文明	孟 丹	樊 兵	陈小玲	李廷龙	邹小昱	李 权	万 强	金云浩
付继成	王 宇	李安涛	孙 鹏	莫振敏	崔 洁	刘 一	朱明星	谭星祥
李旭义	张 鸣	赵 建	李珈慧	赵婷婷	熊 敏	汪红青	谢 琴	金文忻
雷 颖	马鹏鹏	赵 伟	刘思瑶	孙向楠	施 珺	陆文华	孙 敏	何孝颖
陈 祎	潘亚男	刘明坤	潘文远	郑 波				

十三、渔业学院（45 人）

丁敬波	张世勇	沈永龙	张 颖	汪 珂	王 琼	王 腾	于亚男	赵庆凯
李文婷	王 菁	崔红红	廖英杰	邓吉朋	徐利永	杨维维	陈永进	董晶晶
薛春雨	魏广莲	胡一丞	赵 鉴	朱双宁	雷 莹	陈浩成	刘彦娜	杨 星
李 晓	朱阿莉	赵 凤	宋 颖	阎明信	江丰伟	金 鑫	芦 雪	陶 健
王天娇	闫 杰	孙海伟	武秀国	王加豪	周 游	朱辰娴	康保超	肖凤芳

十四、信息科技学院（36 人）

王芳芳	孙东瑶	杨 帆	李 多	孙吉祥	翟 璐	曹 萍	周 露	沈军威
郑继来	何 娟	付玲玲	邵伟波	薛孟晓	王 岩	林 卉	杨沅瑗	张 俊
姚 娟	孙 振	王曲蒙	乔澄澍	张德林	吴俊慧	方 圆	崔倩倩	陈 璐
孙 杨	马京凤	李晔孜	张 雪	倪丁香	龙向军	尚武松	高晓静	徐玛丽

十五、外国语学院（41 人）

蒋婷婷	王亚男	汪油油	吴 净	丁佩佩	胡 顿	李雪华	桂雨薇	邵小丽
张 丽	朱德梅	韩 旭	王 帆	姜 劼	贝倩文	孔玉洁	李 璐	牟思齐
杨友梅	俞莹滢	任 扬	王 静	袁盈盈	尹菲菲	纪婷婷	李慧娟	宋 琳
徐 航	仲晴怡	田 琛	朱以财	李若练	徐芙娟	郭 敏	庞 涛	孙丹丹
薛 慧	高艳丽	唐 姝	庄家怡	黄梦菲				

十六、生命科学学院（170 人）

邓俊霞	吴惊昊	袁卫瑜	曹泽韦	冯志航	许璋阳	李 晗	鲁燕舞	张晓燕
张 敏	李艳军	张占芳	姚冬梅	钱宝云	范 俊	刘妍妍	叶 舟	段冰冰
周 龚	姜梦柔	赵 灿	何 莲	胡 蔚	雷雯瑞	李 莹	孔 磊	张 霄
朱 莹	郭元飞	姚 慧	张 茹	王晓艳	吴冰月	胡淑宝	李 伟	王青青
柏 杨	李文钰	宋腾钊	庄宝程	任 萌	朱玉琴	仇汝龙	靳 林	闫春晓
高新新	华 琳	张海龙	姜 威	范 璟	胡晓俊	孙志斌	潘 越	陈 坤
顾志光	龙建兵	陈雪婷	褚翠伟	邓诗凯	陈生涛	郭芯岐	王 璐	李云翔
倪海燕	王 翔	黄玲龙	许长峰	汤 晶	邹成达	赵 秀	朱小龙	黄 磊
孙 迪	王晓菡	俞雅君	张文彬	巫 萍	娄向弟	韦祥银	邢转青	张春燕
刘 鑫	孙运奇	王 峰	胡晓丹	史明乐	张向向	周丹霞	李雄标	徐 凯
孙金丽	吴 萍	唐 雨	滕 娇	朱庆成	刘 睿	尹艳宁	姚贝贝	袁肖肖
庄 超	刘 兴	李颖欣	张 倩	陈晓锋	李国伟	刘力波	文 锋	杨 菲
朱国忠	江龙飞	成后德	史 珂	张慧敏	管 莉	颜景畏	左明星	李秉宣
史婷婷	江宜龙	王芳权	王 磊	杜明勇	高存义	吴 蔚	赖迪文	毛 宇
朱凯凯	韩 宁	方 鹏	任 洁	田 卉	徐玉伟	孙 迪	杨 露	陈兆骞
李 欢	朱晓南	焦绪勇	李 宁	卢维浩	王孟兰	夏福珍	蔡江涛	李名星
郑 睿	朱 华	吴 浩	许学见	郑梦婷	安 霞	魏 伟	张羽佳	李佳乐

祁　芳　李孝敬　柳慧丽　成珍珍　王延祥　郑青松　刘　连　张旭晨　任增良
白　潇　张　扬　刘振宇　王　睿　孙　娅　张　薇　崔　杰　欧阳韶华

十七、思想政治理论课教研部（10 人）

齐　俊　宋梦吟　成　琳　王永兴　王　晗　窦　靓　朱娟芳　张月娥　颜晴晴
谈　弦

十八、金融学院（70 人）

陈　浐　李　扬　柳凌韵　常　洁　程　超　高　瑾　陈旭阳　应玮瑄　陈丹临
黄　丽　张蓓佳　刘　杰　彭运雷　许成雯　宋单单　王　莹　崔　吉　龚　璐
葛春艳　李宇哲　马永魁　吴晓云　蔡卓麟　王　月　卜艺林　王　辉　接　晋
靳　浩　李　靖　陈　琳　牛晓宇　万　千　陈蓉蓉　丁亚龙　张学姣　杨　璐
胡潇潇　桑　宇　孙　静　公绪生　姜　轩　徐　昕　黄　磊　陈　俞　芮航帆
尚娟娟　周金凤　胡珍珍　刘希涛　余书恒　顾宇灏　刘　莹　李云建　陶　源
张　璇　丁　琳　方　恒　李　蓉　倪闻华　邱　娜　沈春燕　刘梦夕　陈菁颖
李敬南　孙　薇　俞春兰　张　健　李祎雯　倪佳伟　王　鹏

十九、农村发展学院（21 人）

时彩莲　王诗露　张鹏鹏　费　苗　刘艳敏　孙雅薇　徐敏敏　周加艳　王静思
张雨帆　丁晓娜　吴秋霞　缪妍妍　詹　荔　高　媛　左　捷　陶文静　许宏玥
孙　璐　于雨倩　张艺灵

本 科 生 教 学

【概况】2014 年，南京农业大学现有本科专业 61 个，涵盖农学、理学、管理学、工学、经济学、文学、法学和艺术学 8 个大学科门类。其中，农学类专业 12 个、理学类专业 8 个、管理学类专业 14 个、工学类专业 19 个、经济学类专业 3 个（新增投资学，设在金融学院，该专业从 2014 年开始招生）、文学类专业 2 个、法学类专业 2 个、艺术学类专业 1 个。

表 1　2014 年本科专业目录

学院	专业名称	专业代码	学制（年）	授予学位	设置时间
生命科学学院	生物技术	071002	4	理学	1994
	生物科学	071001	4	理学	1989
农学院	农学	090101	4	农学	1949
	统计学	071201	4	理学	2002
	种子科学与工程	090105	4	农学	2006

（续）

学院	专业名称	专业代码	学制（年）	授予学位	设置时间
植物保护学院	植物保护	090103	4	农学	1952
资源与环境科学学院	生态学	071004	4	理学	2001
	农业资源与环境	090201	4	农学	1952
	环境工程	082502	4	工学	1993
	环境科学	082503	4	理学	2001
园艺学院	园艺	090102	4	农学	1974
	园林	090502	4	农学	1983
	中药学	100801	4	理学	1994
	设施农业科学与工程	090106	4	农学	2004
	风景园林	082803	4	工学	2010
动物科技学院	动物科学	090301	4	农学	1921
草业学院	草业科学	090701	4	农学	2000
渔业学院	水产养殖学	090601	4	农学	1986
经济管理学院	国际经济与贸易	020401	4	经济学	1983
	农林经济管理	120301	4	管理学	1920
	市场营销	120202	4	管理学	2002
	电子商务	120801	4	管理学	2002
	工商管理	120201K	4	管理学	1992
动物医学院	动物医学	090401	5	农学	1952
	动物药学	090402	5	农学	2004
食品科技学院	食品科学与工程	082701	4	工学	1985
	食品质量与安全	082702	4	工学	2003
	生物工程	083001	4	工学	2000
信息科技学院	信息管理与信息系统	120102	4	管理学	1986
	计算机科学与技术	080901	4	工学	2000
	网络工程	080903	4	工学	2007
公共管理学院	土地资源管理	120404	4	管理学	1992
	人文地理与城乡规划	070503	4	管理学	1997
	行政管理	120402	4	管理学	2003
	人力资源管理	120206	4	管理学	2000
	劳动与社会保障	120403	4	管理学	2002
外国语学院	英语	050201	4	文学	1993
	日语	050207	4	文学	1995
人文社会科学学院	旅游管理	120901K	4	管理学	1996
	公共事业管理	120401	4	管理学	1998
	法学	030101K	4	法学	2002
	表演	130301	4	艺术学	2008

（续）

学院	专业名称	专业代码	学制（年）	授予学位	设置时间
理学院	信息与计算科学	070102	4	理学	2002
	应用化学	070302	4	理学	2003
农村发展学院	社会学	030301	4	法学	1996
	农村区域发展	120302	4	管理学	2000
金融学院	金融学	020301K	4	经济学	1984
	会计学	120203K	4	管理学	2000
	投资学	020304	4	经济学	2014
工学院	机械设计制造及其自动化	080202	4	工学	1993
	农业机械化及其自动化	082302	4	工学	1958
	农业电气化	082303	4	工学	2000
	自动化	080801	4	工学	2001
	工业工程	120701	4	工学	2002
	工业设计	080205	4	工学	2002
	交通运输	081801	4	工学	2003
	电子信息科学与技术	080714T	4	工学	2004
	物流工程	120602	4	工学	2004
	材料成型及控制工程	080203	4	工学	2005
	工程管理	120103	4	工学	2006
	车辆工程	080207	4	工学	2008

继续推进专业建设。根据江苏省教育厅要求，对学校植物生产类等9个专业类和园艺等共计25个省级重点专业进行了中期检查，其中植物生产类和农业经济管理类2个专业类的中期检查结果被江苏省教育厅评为优秀；围绕专业内涵建设，学校组织开展本科专业建设评估工作，有效地推进了新专业和薄弱专业建设。

表2 江苏省"十二五"重点专业中期检查结果

重点专业序号	类别	专业类（专业）名称	中期检查结果
192	专业类	植物生产类	优秀
195	专业类	农业经济管理类	优秀
188	专业类	金融学类	良好
189	专业类	生物科学类	良好
190	专业类	农业工程类	良好
191	专业类	食品科学与工程类	良好
193	专业类	自然保护与环境生态类	良好
194	专业类	动物医学类	良好
196	专业类	公共管理类	良好

（续）

重点专业序号	类别	专业类（专业）名称	中期检查结果
197	专业	园艺	良好
198	专业	动物科学	良好

积极实施教育部卓越农林人才培养计划。根据《教育部办公厅农业部办公厅国家林业局办公室关于开展首批卓越农林人才教育培养计划改革试点项目申报工作的通知》精神，学校积极组织相关专业申报，成为首批国家卓越农林人才教育培养计划改革试点高校，学校8个专业分别获批为拔尖创新型和复合应用型农林人才培养模式改革试点专业。学校专门成立了推进高等农林教育综合改革研究小组，全面推动计划的实施。

表3 卓越农林人才教育培养计划试点专业

人才培养模式改革试点项目类型	涉及专业
拔尖创新型	农学、植物保护、农业资源与环境、农林经济管理
复合应用型	动物科学、动物医学、园艺、食品科学与工程

继续加强课程建设。积极组织教育部视频公开课申报，"动物福利"、"植物生产类专业导论"课程被授予"国家精品视频公开课"称号；"昆虫与人类生活"视频公开课顺利通过教育部第一阶段评审遴选。积极推动学校网络课程平台建设，开办了2期MOOCs工作坊，邀请清华大学、复旦大学知名教授讲授MOOCs建设经验，对促进校级MOOCs建设起到了重要的推动作用。

表4 国家精品公开课

课程名称	主讲教师
动物福利（1~5讲）	颜培实 连新明
植物生产类专业导论（1~6讲）	盖钧镒 丁艳锋 洪德林 洪晓月 侯喜林 吴震

开展本科生科研训练项目，加大力度提升学生创新能力。2014年，南京农业大学立项建设国家级大学生创新创业训练计划90项、50个省级大学生实践创新训练计划项目以及431个校级SRT计划项目；立项建设19个"校级学科专业竞赛"项目，8个"校级大学生创业"项目。开展了"SRT计划实施十周年工作总结"和"成果选编"工作，全面总结了学校SRT实施10年来取得的成就。学生参与科研积极性高涨，参与面广，过程管理不断加强，本科生的科学素养、创新意识和科研创新能力得到进一步提升。

教材建设成效显著。继续推进校"三类"教材建设工程，教材建设取得了显著成效。15种教材入选教育部第二批"十二五"普通高等教育本科国家级规划教材；10种教材入选江苏省高等学校重点教材建设；10种教材入选获农业部中华农业科教基金优秀教材资助项目；21门课程获农业部"全国高等农业教育精品课程资源建设项目"立项建设。

表5 "十二五"国家级规划教材

教材名称	主编	学院
生物化学（第2版）	杨志敏 蒋立科	生命科学学院
作物栽培学总论（第二版）	曹卫星	农学院
作物育种学总论（第三版）	张天真	
药用植物栽培学	郭巧生	
药用植物栽培学实验实习指导	郭巧生 王建华 张重义	园艺学院
园林规划设计理论篇（第三版）	胡长龙	
畜牧学通论（第2版）	王恬	
家畜环境卫生学（第4版）	颜培实 李如治	动物科技学院
动物生物化学（第五版）	邹思湘	动物医学院
兽医微生物学（第五版）	陆承平	
畜产品加工学（第二版）	周光宏	食品科技学院
农业经济学（第五版）	钟甫宁	经济管理学院
电子商务概论（第3版）	周曙东	
土地经济学（第三版）	曲福田	公共管理学院
农业机械学（第二版）	丁为民	工学院

表6 江苏省高等学校重点教材

教材名称	主编	学院
细胞生物学（第二版）	沈振国	生命科学学院
农业螨类学	洪晓月	植物保护学院
畜牧学通论（第2版）	王恬	动物科技学院
动物组织学与胚胎学	杨倩	动物医学院
电子商务概论（第3版）	周曙东	经济管理学院
畜产品加工学（第二版）	周光宏	食品科技学院
线性代数（第三版）	张良云	理学院
日语（1~4册）	成春有	外国语学院
金融学（新编）	张兵	金融学院
土地利用工程与规划设计（新编）	欧名豪 张颖	公共管理学院

表7 中华农业科教基金优秀教材

教材名称	主编	学院
细胞生物学（第2版）	沈振国	生命科学学院
无土栽培学（第2版）	郭世荣	园艺学院
植物组织培养（第2版）	王　蒂 陈劲枫	园艺学院
兽医微生物学（第5版）	陆承平	动物医学院
动物生理学（第5版）	赵茹茜	动物医学院
农业技术经济学（第4版）	周曙东	经济管理学院
资源与环境经济学（第2版）	曲福田	公共管理学院
有机化学（第3版）	杨　红	理学院
农业机械学（第2版）	丁为民	工学院
汽车拖拉机学（第三册：电气与电子设备）（第2版）	鲁植雄	工学院

表8 全国高等农业教育精品课程资源建设项目

项目名称	主持人	学院
作物育种学	张天真	农学院
试验统计方法	盖钧镒	农学院
农业昆虫学（南方本）	洪晓月	植物保护学院
植物组织培养	陈劲枫	园艺学院
设施园艺学	郭世荣	园艺学院
无土栽培学	郭世荣	园艺学院
园林规划设计	胡长龙 马锦义	园艺学院
饲料学	王　恬	动物科技学院
养猪学	黄瑞华	动物科技学院
动物生理生化	邹思湘 苗晋锋	动物医学院
动物生理学	赵如茜	动物医学院
兽医微生物学	陆承平 刘永杰	动物医学院
畜产品加工学	周光宏	食品科技学院
食品包装学	章建浩	食品科技学院
Visual Basic 程序设计	梁敬东 赵　洁	信息科技学院

（续）

项目名称	主持人	学院
农业经济学	钟甫宁	经济管理学院
农产品运销学	周应恒	
土地经济学	曲福田	公共管理学院
C语言程序设计	徐大华 李言照	工学院
汽车拖拉机学	鲁植雄	
大学体育	陈 欣 张 禾	体育部

　　加强国家级实验教学中心建设，"农业生物学虚拟仿真实验教学中心"成功入选首批国家级虚拟仿真实验教学中心。这是学校继植物生产和动物科学类国家级实验教学中心后的第三个国家级实验教学中心，为学校推进信息技术与优质实验教学资源深度融合，促进教学内容、教学方法和手段现代化，创新人才培养模式，提高教学质量和人才培养质量奠定了坚实的基础。

　　扎实有效推进校外实践教学基地建设工作，南京农业大学（中宜）农业资源与环境农科教合作人才培养基地获教育部批准立项建设。

　　根据《教育部关于批准 2014 年国家级教学成果奖获奖项目的决定》（教师〔2014〕8号），学校教学成果"'三结合'协同培养动物科学类人才实践创新能力的研究与实践"获得国家级教学成果二等奖（获得者名单：王恬、范红结、雷治海、杜文兴、刘红林、於朝梅、周振雷、黄克和、毛胜勇、王锋、刘秀红、贾晓庆、李静、曹猛）。

表9　2014 年国家级教学成果奖

成果名称	第一完成人	类别
"三结合"协同培养动物科技类人才实践创新能力的研究与实践	王恬	二等奖

　　截至 2014 年 12 月 31 日，全校在校生 17 426 人，2014 届应届生 4 103 人，毕业生 3 993人，毕业率 97.32%；学位授予 3 981 人，学位授予率 97.03%。

【教育部高教司张大良司长考察南京农业大学本科教学工作】 6 月 12 日，教育部高教司司长张大良来南京农业大学考察，教务处处长王恬做了题为《深化教学改革强化实践创新全面提高人才培养质量》的本科教学工作汇报。张大良充分肯定了学校在培养现代农业人才、服务"三农"等方面所做的重要贡献，希望学校继续发扬"诚朴勤仁"的优良传统，发挥农科教结合的人才培养模式优势，进一步加强教育教学改革，探索"十三五"教学改革重点，争取在全国农林院校起到先导性、示范性作用。

【召开纪念金陵大学暨中国创办四年制农业本科教育 100 周年座谈会】 10 月 20 日下午，纪念金陵大学暨中国创办四年制农业本科教育 100 周年座谈会在南京农业大学金陵研究院三楼报告厅召开。座谈会上，副校长董维春回顾了金陵大学农学院本科教育发展轨迹。教务处处长王恬总结了从金陵大学到南京农学院，再到南京农业大学的本科教育发展历史。老同志代表畅所欲言，深情回顾学校本科教育发展历史，对学校的教学改革与发展积极建言献策。校党委书记左惟在会议中指出：金陵大学首办四年制农业本科教育对中国农业生产、农学学科建设、对学校的发展具有深刻意义；100年来，农科在南京农业大学取得了巨大成绩；作为我们现在在职的老师、同学要承前启后，按照党代会的要求，努力建设世界一流农业大学。

（撰稿：赵玲玲　审稿：王　恬）

[附录]

附录1　2014届毕业生毕业率、学位授予率统计表

学　院		应届人数（人）	毕业人数（人）	毕业率（%）	学位授予人数（人）	学位授予率（%）
生命科学学院		189	184	97.35	184	97.35
农学院		197	190	96.45	190	96.45
植物保护学院		121	119	98.35	119	98.35
资源与环境科学学院		172	168	97.67	168	97.67
园艺学院		280	271	96.79	271	96.79
动物科技学院（含渔业学院）		119	115	96.64	114	95.8
草业学院		26	26	100.00	26	100.00
经济管理学院		232	228	98.28	228	98.28
动物医学院		181	176	97.24	175	96.69
食品科技学院		192	182	96.30	179	94.71
信息科技学院		200	186	93.00	186	93.00
公共管理学院		198	195	98.48	195	98.48
外国语学院		144	140	97.22	140	97.22
人文社会科学学院		186	186	100.00	185	99.46
理学院		117	110	94.02	110	94.02
农村发展学院		58	55	94.83	55	94.83
金融学院		253	251	99.21	251	99.21
工学院		1 238	1 211	97.82	1 205	97.33
总计	按毕业班人数计算	4 103	3 993	97.32	3 981	97.03
	按入学人数计算	4 154	3 993	96.12	3 981	95.84

注：1. 统计截至2014年12月21日。2. 食品科技学院4名学生参加学校与法国里尔大学的"2＋2"联合培养项目，未计入该院毕业率及学位授予率。

附录 2　2014 届毕业生大学外语四、六级通过情况统计表（含小语种）

学院	毕业生人数（人）	四级通过人数（人）	四级通过率（%）	六级通过人数（人）	六级通过率（%）
生命科学学院	189	178	94.18	110	58.20
农学院	197	182	92.39	102	51.78
植物保护学院	121	113	93.39	60	49.59
资源与环境科学学院	172	164	95.35	77	44.77
园艺学院	280	262	93.57	124	44.29
动物科技学院（渔业学院）	119	109	91.60	44	36.98
经济管理学院	232	224	96.55	153	65.95
动物医学院	181	156	86.19	96	53.04
食品科技学院	192	180	93.75	113	58.85
信息科技学院	200	184	92.00	79	39.50
公共管理学院	198	181	91.41	114	57.58
外国语学院（英语专业）	61	57	93.44	42	68.85
外国语学院（日语专业）	83	82	98.80	68	81.93
人文社会科学学院	186	158	84.95	80	43.01
理学院	117	111	94.87	47	40.17
农村发展学院	58	54	93.10	26	44.83
草业学院	26	21	80.77	10	38.46
金融学院	253	247	97.63	188	74.31
工学院	1 238	1 046	84.49	426	34.41
合计	4 103	3 709	90.40	1 959	47.75

注："英语专业"四级为专业四级通过人数，六级为专业八级通过人数。

本 科 生 教 育

【概况】2014 年，在学校党委、行政的领导下，学生工作紧紧围绕学校加快建设世界一流农业大学的战略目标，坚持以"立德树人、勤学敦行"为学生工作指导思想，扎实开展学生教育管理、招生、就业及队伍建设等各项工作，努力提升学生工作科学化、规范化、民主化和精细化水平，切实为学生成长成才提供优质、高效的管理服务。

全面开展各类主题教育活动，丰富校园文化生活。组织开展"大学之行　行于大学"、"同抒中国情怀　共享世界文明"系列主题教育活动，包括辩论赛、中英双语主持大赛、国际文化节和海外留学学子系列分享会等，丰富学生的校园文化生活，培养通晓国际规则、具有国际竞争力的高水平人才。着力建设"钟山讲坛"品牌活动。2014 年，学校层面组织开展4次"钟山讲坛",学院层面共举办各类讲坛、讲座403场,57 000余人次参与,其中评选出"南京农业大学优秀文化素质讲座"18个,受到学生们的广泛欢迎。持续开展学风建设工作,积极落实学工队伍听课查课制度,针对全校本科生到课情况开展随机抽查、调研工作,结果显示学生迟到早退情况较少,课堂纪律良好,学生主动学习的氛围浓厚。

细化学生心理健康教育工作,预防危机事件发生。面向全体新生开展心理健康普查并建立心理健康档案,对符合一类问题学生逐一约谈。心理咨询1 000余人次,举办团体辅导32场,参加人数600余人次。以"3·20"心理健康教育宣传周、"5·25"心理健康教育宣传月以及大学生心理协会十五周年为契机,开展大型校园心理健康教育宣传活动,近10 000人次参与心理教育活动,受到江苏教育电视台等媒体的关注。出版《暖阳》报4期,发放相关宣传资料近万份,开设"南京农业大学心理健康中心"微信公众平台,目前关注人数1 500余人,全年推送心理健康相关内容280余条。指导心理协会以及学院心理委员工作站工作,有效预防心理危机事件的发生。

规范学校奖助学金体系建设,拓展奖助育人途径。全年共认定家庭经济困难学生6 530人,占全校学生总人数的37.27%。发放各类资助款4 378.75万元,其中奖学金、助学金3 191.86万元、国家助学贷款876.19万元、勤工助学费用137.26万元、发放各类一次性临时补助173.44万元。充分发挥社团育人功能,提高学生的主体意识,开展资助社团的特色活动,有效地拓展服务育人、管理育人和资助育人途径。资助工作连续3年获"江苏省学生资助绩效评价优秀单位"称号。

调动全员招生宣传的积极性,有效提升生源质量。向全国1 200所高中邮寄祝贺喜报2 078份,面向全国5 000余所重点中学邮寄招生简章;招募在校生1 695人参与"优秀学子回访中学母校"活动,回访全国31个省(自治区、直辖市)1 000余所中学,采集中学信息1 205份;派出61支招生宣传队伍,对省内外193所中学进行走访、驻点宣传,参与省内外招生咨询会51场;开展中学生校园行活动2次,接待来访中学生共计400余人;开展金善宝夏令营活动,参与学生共计110人;结合学校的优势学科和特色专业,在全校范围内进行"中学生科普讲座"项目立项10项,组建专家教授宣讲团,全方位、深层次宣传学校;通过自主招生、艺术特长生、高水平运动员和艺术类等特殊类型招生等活动,打造良好的招生宣传平台。2014年,全校普通本科录取4 394人,院校一志愿率98.64%,与往年基本持平,其中24个省份实现了理科一志愿率100%,21个省份实现文科一志愿率100%,生源质量稳步提高。

深入推进就业指导服务工作,提高学生就业质量。编撰《大学生职业发展与就业指导》校本教材,继续推进职业指导课程体系建设。参加职业生涯TTT培训、BCC生涯教练培训和创业实务培训等计72人次,有重点、分层次提高队伍工作能力。开展"大学生职业生涯规划季"活动、与省市主管部门联合举办"创业导师进校园"、"企业HR经理进校园"等活动,获批建设"南京市大学生就业创业指导站",为学生职业能力提升搭建平台。开展调研与统计分析,面向社会发布《2014年毕业生就业质量年度报告》,增强就业工作科学化水平。巩固"大中小型"结合、"综合招聘、学科专场、区域专场"结合的多元化校园招聘格局。组织参加省、市、高校联盟供需交流会11场、全年举办大型供需洽谈会1场、中小型招聘会11场、单位宣讲会228场次、发布招聘信息2 000余条,合计来校招聘单位3 000余家。按照教育部就业率统计口径,学校2014届本科毕业生就业率97.31%,其中签约就业率 66.15%、升学率 25.71%、出国率 5.45%。2014 年，获江苏省第九届大学生职业规划大赛"十佳职业规划之星"1 项 、一等奖 2 项、"最佳组织奖"和"优秀指导老师奖"。

着力推进队伍建设工作，提升学工队伍工作水平。进一步优化"2＋3 模式"选聘制度，着力建设"以专职及'2＋3 模式'为主体，兼职为补充"的辅导员队伍结构，2014 年新招聘专职辅导员 8 人、"2＋3 模式"辅导员 5 人。参加各级主管部分举办的辅导员培训 106 人次，以"辅导员沙龙"为载体开展培训、交流及团体辅导等活动 20 余次，积极引导辅导员进行思想交流、信息沟通和成果共享，促进辅导员自身的成长与发展。2014 年，全校教育管理课题立项 19 项，获省级以上教育管理课题立项 4 项。面向全校辅导员开展职业能力竞赛，1 人代表学校参加江苏省辅导员职业能力竞赛，获得一等奖。

【辅导员工作精品项目培育工作】在开展学生教育管理课题立项研究工作的基础上，首次组织开展"辅导员工作精品项目培育建设"工作，立项资助辅导员工作精品项目 15 项，引导全体学生工作者加强工作实践与创新，积极构建大学生思想政治教育工作有效载体，深化实践成效，提升理论素养，全面提升大学生思想政治教育工作质量。

【组织大型仪式庆典及教育活动】首次组织全校规模的毕业典礼暨学位授予仪式以及入学典礼、入学教育活动，通过庄严隆重的仪式激发了广大学子对母校的归属感和荣誉感，弘扬了大学校园的人文精神和价值理念，发挥了大学校园"第一课"和"最后一课"的重要教育作用。

【获全国、江苏省年度人物表彰】2014 年，学校金融学院张轩同学荣获"第九届中国大学生年度人物"提名奖。3 月，参加由江苏省教育厅主办的"2013 江苏省大学生年度人物暨高校辅导员年度人物"评选活动，经过专家评审、风采展评、网络推选和实地考察等环节，张轩同学荣获"2013 江苏省大学生年度人物"称号。

（撰稿：赵士海　审稿：刘　亮）

[附录]

附录 1　本科按专业招生情况

序号	录取专业	人数（人）
1	农学	124
2	种子科学与工程	60
3	植物保护	119
4	农业资源与环境	66
5	环境工程	30
6	环境科学	62
7	生态学	30
8	园艺	121
9	园林	30

（续）

序号	录取专业	人数（人）
10	设施农业科学与工程	30
11	中药学	59
12	风景园林	64
13	动物科学	126
14	水产养殖学	69
15	国际经济与贸易	34
16	农林经济管理	57
17	市场营销	30
18	电子商务	32
19	工商管理	35
20	动物医学	112
21	动物药学	30
22	食品科学与工程	61
23	食品质量与安全	62
24	生物工程	60
25	信息管理与信息系统	59
26	计算机科学与技术	60
27	网络工程	60
28	土地资源管理	81
29	人文地理与城乡规划	33
30	行政管理	64
31	人力资源管理	62
32	劳动与社会保障	30
33	英语	93
34	日语	91
35	旅游管理	60
36	法学	58
37	公共事业管理	31
38	表演	40
39	信息与计算科学	62
40	应用化学	71
41	生物科学	54
42	生物技术	51
43	生物学基地班	30
44	生命科学与技术基地班	45
45	社会学	34

（续）

序号	录取专业	人数（人）
46	农村区域发展	31
47	草业科学	35
48	金融学	97
49	会计学	69
50	投资学	30
51	机械设计制造及其自动化	182
52	农业机械化及其自动化	125
53	交通运输	127
54	工业设计	59
55	农业电气化	65
56	自动化	185
57	工业工程	124
58	车辆工程	125
59	物流工程	92
60	电子信息科学与技术	126
61	材料成型及控制工程	126
62	工程管理	124
	合计	4 394

注：2014 年学校本科招生计划 4 500 人，面向全国 31 个省（自治区、直辖市）招生，完成计划 4 394 人（卫岗校区 2 934 人，浦口校区 1 460 人）。

附录 2　本科生在校人数统计

序号	学院	专　　业	人数（人）
1	农学院	种子科学与工程	228
		金善宝实验班（植物生产）	119
		农学	464
2	植物保护学院	植物保护	480
3	资源与环境科学学院	农业资源与环境	229
		环境科学	231
		环境工程	131
		生态学	106
4	园艺学院	园艺	443
		园林	130
		设施农业科学与工程	109
		中药学	223
		风景园林	68
		景观学	174

（续）

序号	学院	专　　业	人数（人）
5	动物科技学院	动物科学	378
		水产养殖	186
6	经济管理学院	国际经济与贸易	162
		农林经济管理	228
		市场营销	126
		电子商务	129
		工商管理	146
		金善宝实验班（经济管理类）	100
7	动物医学院	动物医学	629
		动物药学	141
		金善宝实验班（动物生产类）	150
8	食品科技学院	食品科学与工程	267
		食品质量与安全	267
		生物工程	221
9	信息科技学院	计算机科学与技术	259
		网络工程	221
		信息管理与信息系统	231
10	公共管理学院	土地资源管理	357
		资源环境与城乡规划管理	134
		行政管理	174
		劳动与社会保障	117
		人力资源管理	195
11	外国语学院	英语	329
		日语	327
12	人文社会科学学院	旅游管理	239
		法学	241
		公共事业管理	99
		表演	170
13	理学院	信息与计算科学	229
		应用化学	234
14	生命科学学院	生物科学	191
		生物技术	194
		生物学基地班	119
		生命科学与技术基地班	205
15	农村发展学院	社会学	114
		农村区域发展	110

（续）

序号	学院	专 业	人数（人）
16	金融学院	金融学	778
		会计学	429
17	草业学院	草业科学	105
18	工学院	机械设计制造及其自动化	693
		农业机械化及其自动化	387
		交通运输	406
		工业设计	205
		农业电气化与自动化	251
		自动化	622
		工业工程	455
		车辆工程	441
		物流工程	438
		电子信息科学与技术	462
		材料成型及控制工程	441
		工程管理	395
		总数	17 262

附录3　各类奖、助学金情况统计表

		奖助项目			全校	
类别	级别	奖项	等级	金额（元/人）	总人次	总金额（万元）
奖学金	国家级	国家奖学金		8 000	165	132
		国家励志奖学金		5 000	509	254.5
	校级	三好学生	一等	1 000	955	95.5
		三好学生	二等	500	1 765	88.25
		三好学生	单项	200	1 738	34.76
	社会	金善宝		1 500	52	7.8
		邹秉文		2 000	12	2.4
		过探先		2 000	2	0.4
		亚方		2 000	30	6
		先正达		3 000	15	4.5
		姜波		2 000	50	10
		江阴		1 000	15	1.5
		花桥		1 000	5	0.5
		山水		2 000	12	2.4

（续）

奖助项目					全校	
类别	级别	奖项	等级	金额（元/人）	总人次	总金额（万元）
助学金	国家级	国家助学金	一等	4 000	1 408	563.2
		国家助学金	二等	3 000	1 206	361.8
		国家助学金	三等	2 000	1 408	281.6
	校级	学校助学金	一等	2 000	1 856	371.2
		学校助学金	二等	400	15 461	618.44
	社会	唐仲英奖助学金		4 000	122	48.8
		香港思源助学金		4 000	60	24
		伯藜助学金		4 000	259	103.6
		招行一卡通		2 000	25	5
		张氏助学金（老生续发）		2 000	10	2
		大北农励志助学金		2 000	15	3
		金轮天地		5 000	10	5
合计				总计	27 165	3 028.15
				人均获资助		0.11

附录4　2014届参加就业本科毕业生流向（按单位性质流向统计）

毕业去向	本　　科	
	人数（人）	比例（%）
企业单位	2 431	89.05
机关事业单位	178	6.52
基层项目	100	3.66
部队	6	0.22
自主创业	3	0.11
其他	12	0.44
总计	2 730	100.00

附录5　2014届本科毕业生就业流向（按地区统计）

毕业地域流向	合　　计	
	人数（人）	比例（%）
派遣 小计	2 481	90.88
北京市	34	1.25
天津市	87	3.19
河北省	91	3.33

（续）

毕业地域流向		合　计	
		人数（人）	比例（%）
派遣	山西省	33	1.21
	内蒙古自治区	26	0.95
	辽宁省	54	1.98
	吉林省	20	0.73
	黑龙江省	17	0.62
	上海市	72	2.64
	江苏省	981	35.93
	浙江省	130	4.76
	安徽省	92	3.37
	福建省	74	2.71
	江西省	32	1.17
	山东省	95	3.48
	河南省	77	2.82
	湖北省	25	0.92
	湖南省	53	1.94
	广东省	89	3.26
	广西壮族自治区	35	1.28
	海南省	10	0.37
	重庆市	32	1.17
	四川省	47	1.72
	贵州省	44	1.61
	云南省	55	2.01
	西藏自治区	22	0.81
	陕西省	39	1.43
	甘肃省	17	0.62
	青海省	25	0.92
	宁夏回族自治区	15	0.55
	新疆维吾尔自治区	58	2.12
非派遣		237	8.68
不分		12	0.44
合计		2 730	100.00

附录6　南京农业大学2014年本科毕业生名单

一、农学院

郑怡斌	申　竹	赵文琪	仇泽宇	龙　瑶	付立曼	冯捷捷	师元君	刘　绪
闫艳艳	孙爱伶	李小春	李　志	李　松	李晨生	杨　骄	杨婉迪	吴婷婷
吴嘉维	张浩强	张腾月	陆益龙	陆智文	陈二龙	陈　成	陈康宁	周卓奇
郑明洁	胡逸群	柳　斌	洪俊壕	唐　雅	黄文晓	韩思迪	徐　玉	仲迎鑫
王　欢	王佩斯	王晶晶	邓穗宁	艾尼玩·阿布拉	刘　喜	汤林芳	李相霖
杨小奇	吴玉玲	宋楚崴	林元泰	周　玥	周俊杰	周　亮	赵俊韺	顾泽海
高文豪	郭航义	黄会玲	黄梦杭	曹　畅	董　明	覃建才	谢开锋	樊安琪
王　石	王囡囡	王卓然	王　茜	王莉欢	邓冰玉	田　旭	刘玉鹏	刘兴洲

孙晓璞	孙爱清	杨 威	肖晏嘉	吴居孝	汪 鑫	沈清弦	张文君	陈霜莹
陈 曦	邵巧琳	罗运青	饶抒夏	高雪松	黄晓敏	崔景慧	舒妍燕	滕 烜
丁 峰	王丹蕊	王 洪	牛浩鹏	朱 佳	刘 雪	李俊清	沈 博	张 庆
张建博	张蓉蓉	陈雅竹	邵宇航	罗曙红	周 建	周 娜	赵天伦	贺文觉
陶莉敏	黄友访	常 鉴	敬志惠	覃业辉	谢静静	靖 静	廖文林	于春艳
聂 威	王 芳	王清清	车志军	冯 昊	朱 莹	杜文凯	李晓庆	杨成凤
何孝磊	张佳婧	张盼盼	张秋莹	张琪梦	阿卜杜拉·买吐送	陈丛丛	陈佳鸽
陈宣亦	陈楷文	林仪恬	周婧琳	孟昭阳	赵 畅	聂汝砺	夏绍燕	黄颜众
龚 臣	谭孟法	王 敏	甘淑萍	朱小品	刘旭廷	刘 丽	刘瑞君	安彦颖
孙佳欣	李隽彦	李 敬	李锦涛	杨 洋	吴 双	吴 扬	吴 楠	吴颖静
何宛盈	陆伟婷	侯挺挺	胡晨曦	王炳青	郑恒彪	赵 宇	赵智芳	徐 涛
曹鹏辉	符琳沁	程朝泽	曾 鹏	谢凤斌	褚姚瑶	熊 炜	张晓旭	姚心一
赵妙苗	张 磊	翁 飞	方 佩	刘金友	钟宇帆	张宝娟	郭 星	张 询
王高鹏	胡 杨	黄 健	钱 莹	周姝彤	陈 强	贾 敏	张延君	杨博斐
张亦飞	李 军	仇 敏	黄 磊	帕力克·亚尔买买提	萨拉麦提·麦合木提

二、植物保护学院

廖 尧	于东立	王大成	王 兴	王诗雅	王萌萌	占小云	卢松玉	田金菊
朱晓微	朱磊诚	祁小芳	李宁宁	李 芳	李 夏	李晓东	杨 楠	杨 瑾
余思江	汪莺莺	张云辉	张浩森	陈 红	陈油鸿	陈 敏	金培云	袁婷婷
顾 丽	倪 明	董 彦	薛元元	于嘉俊	王 平	王亚迪	王 浩	王敏慧
乐鑫怡	冯 璐	刘亚男	刘希未	刘 新	李庆玲	李肖依	李弯弯	何祎楠
佟志鹏	宋泉震	张 弛	张裕盈	张 腾	陈 汉	陈培佩	范晓斌	周 晨
赵昀树	侯思佳	宫 雷	莫一丹	凌方场	郭昊岩	龚君淘	熊 峰	王东宁
王 勇	朱 聪	任朝仪	李文汇	李文卓	李文博	李 双	李袭杰	李嘉宝
肖瑞华	邱智涛	宋 欢	张 圆	陈荣华	陈 勇	陈 瑶	周泽华	钟焕瑜
侯力维	侯雨辰	袁婷婷	钱 斌	徐 慧	高东杰	黄建雷	戚 燕	傅 佳
管 放	马雪英	王芝慧	王志娟	叶睿翔	史文静	朱 欢	朱 健	刘俊娥
刘瑞琦	江 睿	李 臻	杨明明	肖茹元	迟晓雪	张俊楠	张 婧	张琦梦
陈 凤	陈 鑫	周冰颖	逄崇洋	顾晟骅	顾婷婷	黄立鑫	曹兆兵	简 颖
蒋梦怡	刘海燕	杨 嵩	依明江·艾力木

三、资源与环境科学学院

韩亚静	李金龙	马 磊	王 乐	王 翔	冯超宇	朱 晨	刘 向	刘 琦
许 欣	牟晓明	纪 程	杨丽琴	豆叶枝	张沁心	苗 畅	庞晓丹	段关飞
姚 宁	贺 竞	徐新雨	黄珂毓	董洪林	谢珊妮	潘翔宇	柏 璐	王汉宇
王 迪	韦柳玲	邓益秋	邓琼鸽	任丽飞	李 硕	吴健强	沈 忱	张楗峤
陈 川	陈宏坪	陈盛达	陈 博	陈 露	周赟璪	赵馨洁	胡佩佩	胡 炎
俞双双	洪 俊	徐海杰	徐榕谦	郭 鹏	黄焕阳	董 为	覃孔昌	傅宾统
雷 蕾	毛煜琪	巩子毓	朱 隐	刘 宇	刘楚烨	许彩云	杜霞飞	李 思

李晨星　李　楠　李　锦　杨子莹　何国秀　张　朋　陈开涛　陈　黎　苑晓佳
林相昊　欧阳明　周丹青　周紫燕　郑楚楚　赵金萍　郝书鹏　俞云鹤　黄　焱
曹　精　龚　琼　谢佳男　蔡　非　丁元君　马群宇　王承承　王　爽　王敏初
王　磊　邓晓俊　史少东　包　蕊　刘汩莎　吴梦依　张兴东　陆淑敏　陈　进
陈丽珠　陈　晨　陈　婧　尚丹丹　宗凌禧　赵健桥　郝　鑫　柏　杨　秦康洁
夏杰超　高　明　唐　皓　谢　丹　樊　利　樊　艳　颜克红　王　玲　艾　昊
卢绍山　任　轶　刘　冉　刘潇韩　李卫红　李英瑞　李　佩　李梦莎　李瑞霞
李　镇　杨　弋　杨丰璐　吴　迪　吴　灏　张　旭　张　如　张博文　李　玥
彭兴丽　徐　畅　余　晓　陈定帅　陈　超　范文卿　周　鹏　宝　俐　南琼琼
祝康利　隋扬穗　蒋林惠　路　畅　王孝芳　王雪莹　王雪琦　王琦慧　毛　梅
孔　超　叶昂成　邝恒书　朱　权　朱　琼　刘凤琳　刘茂甸　刘婵婵　李甜甜
吴婉莹　邱金思　宋金茜　张汝慧　苑　浩　胡　雪　徐垚方　黄　进　崔久强
隋凤凤　彭　望　穆少秋　阿地力·斯力木　阿力木江·阿不都热合曼

四、园艺学院

马卫林　王亚静　左元梅　卢伟凡　付文苑　朱　笛　向　宇　刘鲁玉　孙　茜
孙胜男　杜宏达　李子昂　李春晓　李胜男　李薇薇　吴雯雯　陈慧慧　周天美
祝雪琪　姚弘喆　姚韫喆　夏　芸　高　杰　黄书珍　韩　笑　曾慧晶　蔡文博
黎东均　潘德林　王一涵　王嘉妮　卢　纯　付梦云　任巧未　孙洁莹　孙朝霞
芮伟康　李本柱　杨　越　邱奕铭　张云芳　张　岩　张佳曼　陈　欣　陈虔文
陈盛君　范　方　林珊珊　钟荔媛　姚　曳　姚征宏　贾俊洁　顾叶辉　徐宏佳
徐碧雪　黄　蔚　韩　宇　于海儒　王艳芳　王梦琦　方萍萍　史玉娇　白保辉
孙帅欣　李晓栋　杨　宵　何深颖　张海英　张焕茹　范彬彬　郑骏阳　宗晶晶
胡　鑫　段　凯　袁　璐　耿牧帆　顾金瓶　徐佼俊　徐　飚　徐馨琰　唐安然
曹　薇　臧君诚　廖雪竹　王　慧　卢昱希　刘介伟　刘　君　刘　畅　刘　哲
汤　辉　孙立华　李　娟　李婉雪　李　琳　邱　奇　张雅萍　张　新　林星超
顾至立　徐亚婷　郭　获　唐彦坤　黄芷晗　黄振宇　曹　雪　廖木平　缪佳丽
潘运敏　王　申　丁诗陶　王　宁　王沛迪　王　雷　车瑾瑜　毛　悦　叶　爽
朱彦婷　朱恩寿　孙　韦　纪　雪　苏文一　李　萍　杨凯丽　杨　洁　邱全妹
何娇娇　张江华　张　波　张晓娜　张梦玺　张骥凯　陈凌志　陈梦娇　周小巧
孟　希　荆　涛　柳婧雯　贺勇珅　崔志国　蒋立瓛　喻　慧　樊丁嘉　赵　杰
丁美姣　马素花　王天媛　刘　丹　刘红苏　刘春妹　刘雅研　关燕妮　许　嘉
李臻颖　林志超　金美惠　周海凤　赵江涛　赵　勇　赵雪玲　段云晶　莫日江
贾　萍　徐梦妮　徐道华　奚梦茜　高慧子　黄玉杰　盛　琼　谢　敏　管　晖
王艺霖　王　伟　朱碧春　刘　琪　孙　媛　李家鸿　杨凯雯　杨嘉伟　何华清
张晓燃　张　翔　张　燕　陈玲英　林燕茹　赵秀梅　赵剑青　赵道松　赵　慧
胡　敏　段舒予　耿天华　钱伟伦　唐　倩　韩欢欢　翟　欣　王雅萌　王紫涵
吕秀红　任　芳　祁舒展　李志兵　李佩玲　李腾飞　杨少康　肖亚明　肖　威
何炳颖　汪礼文　张先庆　张晓燕　张溢文　陆　攀　陈思静　陈绿萍　邵秋晨
宗思雨　王　蕾　洪诗琦　贾亦杨　席冬雪　席江月　黎昱杉　瞿莹藜　丁　丁

卜　嘉　王忠进　王　岩　王　晴　邓冰凌　石　矿　白雪菲　乐京璐　刘运红
刘　园　孙　芹　孙　静　李蓓蓓　杨　光　杨　萌　吴思茹　何　嘉　张　宁
张春霞　欧阳涛　周　薇　洪　怡　董凤娇　解柠亦　颜雅婕　穆鸿渐　魏金星
丁改改　于明洋　万成东　王　尧　王　潎　丘爱娟　孙丽丽　孙佳颂　劳权基
李翔宇　张　杰　卓　嵩　金　玲　庞正扬　郑惠元　郑舜怡　房　晨　施　洋
姜袭嘉　徐　扬　桑勤勤　黄天虹　黄蕊蕊　常嘉琪　董　超　潘长春　陈璐洁
苏江硕　沈维维　皇甫凌子

五、动物科技学院

黄九锡　封小洋　曹丹阳　李明伟　方宇瑜　白亚勇　石一帆　刘　甜　吴　胜
张　弘　张皓源　李　洁　李　莹　李富春　李　震　周抱宝　尚建勋　林宇轩
林宇臻　欧昌磊　徐　苗　崔馨玥　曹小倩　蒋雪樱　管志强　蔡　旻　薛春旭
马子玉　王卫正　刘奇军　刘艳婷　朱　博　吴　乐　吴艳萍　张广源　张仕仪
张信宜　把程成　芦　娜　岳　超　郑媛媛　施一姗　胡　方　贺丹丹　赵倩茹
翁茜楠　翁　臻　高铭蔚　游思佩　葛欣洋　潘佩琳　马雪雅　王丹阳　王国涛
邓　烨　卢丽娜　孙　阳　池小烨　吴　赛　张　苗　张　耘　李欠欠　谢海疆
李　姣　迟大明　陈俊竹　周　亲　呼　伦　郑　婷　姚　望　章思雨　童伟君
董书圣　蒋文筊　鲁明月　王佳佳　吴　凡　沈振华　陈　良　林平舟　龚培华
金灵红　朱玉萍　李照见　陈凌杰　李晓晗　梁婷婷　曾亚琼　蔡祚涛　陶　阳
周文君　赵宣武　马　建　王亚冰　王志恒　边海燕　任靓芷　朱　明　许萌霆
李　丹　邱春绿　陈丹青　和映雪　罗奕秋　胡开春　徐　亮　晏　涛　高金伟
高　硕　董晨辉　鲍昕炜　翟明丽　王荆祎　刘　洋　刘　璐　吕　钊　张圆琴
李建东　李思奇　李梦珂　杨思雨　杨　顺　陈兴婷　陈素华　陈　蕾　陈镜刚
赵振新　骆仁军　夏　锋　袁舞媛　郭俊南　谌　璇　谢宝伟　李立思纳

六、经济管理学院

蒋一凡　高　蓉　付小曼　赵康如　张　雷　王之琴　张尤明　陈　思　王　丹
顾煜乾　冯紫曦　吴　桐　王子璇　王世语　王　雪　王霖杰　杨　光　王　倩
史建国　刘明慧　汤　婕　孙成程　李　扬　李坤范　张巧婷　陆佳炜　李　琪
陈凯渊　陈　麓　罗玉峰　周亦妮　周启凡　贺雯婕　顾天竹　徐一苇　徐双伟
黄业晓　曹　欢　韩雪冬　乔剑琪　王　飘　白晓磊　冯星星　黄紫辰　刘旭凡
孙佳妮　孙家堂　李茜茹　张　弦　张家汝　张馨元　陆婷婷　陈惠莹　房　璐
赵　亮　姚　晨　徐青平　殷　璐　翁泽婷　高　洋　黄　元　黄佳成　童陈晨
路　瑶　魏　来　魏昭颖　卜晓明　王世聪　王　伟　尹华榕　龙晨晨　徐　凯
申　楠　包广婷　乔庆允　闫耀文　江仁兰　江　妮　李　建　李春艳　杨飞鹏
吴玉秀　余　潇　沈　曦　陆东梅　邵　然　周亚雯　郑颂承　郎露华　赵雨桐
赵　梦　恽　逸　袁　銎　章雨晴　彭　喆　傅业臻　储江伟　薛成伟　薛宇鹏
魏婷婷　赵雪蕊　王　琦　景令怡　程　欣　朱冬雪　商婷婷　潘国华　沈　红
陈嘉烨　王雅昭　丁　乐　王诗含　王莉婷　王　清　王　辉　牛文豫　吕小玲
朱江韩　朱程芳　刘子璇　杨迎迎　杨　康　何家欢　佟　旺　张义弘　张佩瑜

张骁驰　林芸芸　金婉怡　施馥瑾　徐丽丽　唐　松　唐　迪　黑小纯　冀经纬
丰森帆　卞　韧　卢巧燕　刘　阳　刘　岩　刘晓晗　安婷婷　许恒春　杜艳扬
李兴林　李　岚　杨其林　杨　洋　肖　然　汪东升　张荣敏　张　静　陈宗慧
陈慧瑶　苑金凤　范慧玲　林　莹　周　敏　胡　静　高　博　郭中华　郭　佳
曹　华　曹梦新　章晓佳　蒋　浩　曾凡功　雷亚萍　翟亮亮　马文敏　王　梁
王　震　邢青青　朱健鸣　朱　辉　刘　佳　刘　超　杨小梦　杨子贤　杨书敏
吴庆双　汪舒婷　张会芳　张　虹　张洪宇　张维晔　陈唯佳　周　涯　周琨杰
祝汝君　聂红波　郭瑞英　崔　艳　喻　美　程　越　谢马婷　简欣怡　滕　瑶
薛　磊　唐　瑭　王　晶　杨　丹　唐春燕　徐　雷　俞文博　赵　诣　徐　晨
梁　钰　殷钱茜　王力耕　徐凡淇　韩桂芝　马　欢　顾雨晨　张　婕　和　圆
李姗姗　葛　昭　刘坤丽　安　琪　杜晶一　陈奕奕　张梦君　章涵君　柏　晶
朱嘉麒　骆　婷　储　东　达娃卓玛　普琼次仁　陈林亚培　扎西拉姆　洛桑次珠

七、动物医学院

徐海滨　李亚芯　王梦琳　陈小春　金小丽　张彩丽　沈张飞　徐晨阳　鞠艳敏
朱寅初　黄　恺　于　快　马　琪　王建美　王　倩　王晓东　王翘秀　董　斌
史　晴　刘丽娜　孙思思　安　然　朱清俊　何英俊　张明举　余一军　张　璐
张　慧　李振富　李婧怡　李维琳　征　黎　唐　姗　徐伟超　明　鑫　裴晓萌
徐晓杰　徐嘉易　顾　菲　高珊珊　黄璐璐　蒋　毅　蔡　璐　穆文彬　檀济敏
马子贵　王思敏　王　娟　刘经华　朱九超　朱倩丽　朱　睿　吴征卓　张爔文
李　彬　杨啸吟　邵宇瑶　陈林子　陈　腾　周明瑶　周雪影　孟德诚　缪　超
赵学涛　赵情梅　郝春娟　徐嘉萍　贾文思　郭西周　黄　波　马　英　冯学明
向昌路　吕秋霞　师保浚　庄腾寒　许秀仙　邢宪平　吴　朵　李　浪　李爱心
杨心怡　杨和俊　苏亚楠　陆雨晴　陈文桂　陈晓婷　田玉洁　刘培辰　李晓航
陈梅芳　孟　凡　武晓丹　胡　丹　耿文学　高　强　董昱廷　杨宏鹏　杨其昌
濮雪寅　马晓莹　王　驰　王　彦　王　雪　吴佳珉　张寿明　沈　忱　苏永波
邹　莹　陈富珍　林飞虎　徐　桃　徐慧晖　谈豪雯　豆丹丹　邵泽鹏　张梦岩
高云鹏　崔　丹　董大伟　谭孙辉　糜　杰　顾　亘　梁　姗　丁　凯　田骏飞
刘朋超　刘　杰　纪　鹏　余　骏　宋美芸　李　阳　李娇娇　谷　康　邱　拓
陈婷婷　陈静龙　孟俊超　林森灿　郑亚妮　唐欢宇　奚文芳　徐　璇　桑怡鞯
郭　荔　程　浩　楼晶莹　蔡雨林　周　达　赵翰飞　梁　爽　朱洁莲　张幸星
张东慧　李雪琪　杨　柳　赖小芳　夏雨婷　冯　阳　陈　玲　古丽巴尔·玉素甫
依拉木江·依斯坎旦　艾沙·麦提热依木　柔鲜古丽·图尔苏　阿巴拜科日·艾麦提
艾科热木·达吾提　阿尔孜古丽·达尼亚尔　喀哈尔·依吾拉音　热娜古丽·艾买提
甫拉提江·吐尼牙孜

八、食品科技学院

徐　敏　曹　永　卜　于　王文雪　王丽夏　王婧娴　田梦琦　巩妙颖　刘天囡
刘　丹　刘妙研　许　昕　纪　莉　严文君　李晓凤　李紫君　杨文曦　杨生辉
吴晨雪　何倚倩　张秀文　张茂源　张　涛　张　磊　陆文俊　陈昭燊　季　悦

赵　雪　郝方萍　胡冠蓝　胡　霞　袁　霖　夏彩萍　黄亭亭　梅　玉　雷添峰
谭学成　尹方平　叶伟伟　吕畅培　邬慧颖　刘娅杰　汤　莉　许丽丽　孙　仪
孙建娜　孙若恩　巫　娜　李大鹏　李佳伶　李　晢　李　黎　何　聪　余　经
张心怡　陈　威　陈　蕊　黄　瑾　周轶亭　洪　霞　郭云璐　唐为芷　唐晓来
黄蒙蒙　梁敏刚　谌　悦　韩文溢　焦　阳　潘　敏　徐傲雪　丁肇旭　干维琼
马　慧　王妍妍　王诗佳　王思宇　田　文　刘怡君　刘桂枝　杨小体　杨　兰
杨春凯　吴金生　张　晨　陈丽霞　陈宏强　陈　蒙　范焱红　周春涛　郑明媛
赵晶婧　顾欣哲　钱　颖　高昕然　黄　成　麻鑫坤　彭丰福　彭　菁　曾嬿琼
楚佳希　蔡涵宇　潘　沐　薛智文　王亚慧　王明洋　王梦瑶　朱诗晟　朱　菁
刘桂青　杜　萍　李伟群　李昱萱　李美琳　李　潇　杨净雯　吴旻谕　吴健英
沈　航　张少杰　张崔晶　陆　洲　金　炼　周星宇　赵晓龙　赵瑞璇　侯伶伶
贾　凡　顾震宇　徐国威　唐颖滢　曹佐琼　窦艳君　褚　鹏　蔡名柳　蔚一帆
潘丽华　黄蔡伦　邵楠妮　丁秋月　王　丰　王　研　王　姝　史晓伟　刘孟阳
闫静芳　孙小鹏　孙　晋　李　春　李　顺　杨子江　杨传云　何栩晓　沙佳彤
陆隽雯　陈昀舟　罗　巍　赵　璇　柳晓丹　段霞飞　秦　妍　高　涛　曹　琳
谢翌冬　阚　召　王红霞　王英杰　王振兴　石举然　刘湘琼　刘蓓蓓　孙　凯
芮秋明　邵泽香　畅　敏　周　箐　赵吉宇　柳一凡　姜　博　徐梦佳　徐瑞祥
高　鹏　郭玉鑫　黄凯雁　韩文忠　焦琳舒　龚淳渝　段德宝　宁兆坤　刘　琦
左庆翔　骆宇强　欧阳抒馨

九、信息科技学院

尹　航　王　硕　王天尧　王　洋　王　硕　王　蔚　田　帅　刘亚骏　刘建航
刘　飒　安琪琪　李天皓　杨乐平　杨宏杰　杨　青　肖　玥　何　伟　汪　润
宋广宇　张宇锢　陆昱辰　陈志良　范远标　林　彬　居晓丹　郗建红　夏　静
黄玉姗　黄　冰　梅　兰　谢　莹　谢博伦　雷　丹　马清君　王东君　王　继
王清稚　刘世敏　刘杰明　刘金玲　关庆平　祁　晨　孙　花　严文政　李　杲
李　萃　杨军威　杨　溪　何文静　张云帆　张宁宁　张伟明　张英坤　陆胜健
陈　璐　林延胜　侯　雪　夏　雨　唐王辉　黄锦光　潘佳俊　魏雅雯　丁　渊
解飞翔　于　乐　王子康　印　帆　乔燕南　刘　洋　孙　望　杨炜光　何飞鹏
何　婧　何　琳　宋俊杰　宋　震　张　玉　张宇萌　陈　靖　庞　婷　赵　南
侯思宇　洪晓宇　徐　进　陶志奇　戚鹏鹏　屠潇楠　谭孟元　瞿　涛　于可望
万伟华　王　坤　王晶森　白逸博　成济巍　华丽萍　刘　鑫　孙　全　李　姣
李植成　宋锦翔　张兴垣　张旷野　张春磊　张莹莹　张　铜　赵慧雪　俞　森
袁宇伟　徐　慧　郭子浩　黄立民　蒋颖文　靳亚楠　潘家定　戴广权　于　雷
王　益　王　然　仓　伟　吕诗遥　庄文强　庄　倩　李　栋　李艳慧　吴　亮
吴曼琦　怀　辉　张红军　陆丁龙　陆广泽　陈　功　陈　洋　罗诗笛　周　敏
郑光磊　郝虹屹　童楚格　谢雨虹　谢　斌　滕英冬　于　玺　马其青　王海东
王婷婷　王　瑾　冯苗苗　朱尘炀　朱笑倩　刘昊程　刘　洋　李小馨　杨　坤
佘　鹏　张力方　张李洋　张茂林　张　轶　张　瑜　陈　琳　钱璐瑶　黄肖凯
黄秋艳　淳　娇　程正然　管亚伟　戴陈鹏　丁　丹　王大为　王永劼　王　洋

王晓峰　朱桂锋　仲　雷　刘继玺　刘　爽　许珑于　李戎瑞　杨　巍　陈佳悦
陈雄兰　陈　鹏　环先平　罗　宇　郑恩福　胡永智　胡盼卿　顾潇远　高成俊
高宇翔　郭　阳　唐执博　曹　静　蒋翠翠　谢　大　刘　鹏　王　奇　魏　玮
王天放　刘立成　许　啸　刘　玺

十、公共管理学院

李　丹　张梦妍　杨筱栩　张丹丹　于祥君　王大蓉　王宏晴　王紫君　陈冠南
朱　昀　乔蓓蓓　刘亚鹏　刘璟菲　孙时杰　孙　馨　李晓斌　何聘彧　周羽辰
张威震　张莎莎　张　航　张新平　陈云莲　陈新玉　邵春妍　明泽华　周　园
郑安然　房　骁　袁晓枫　高　苗　郭晓慧　朗　珍　陶永青　黄　玥　梁卓著
蓝庆乐　马玉红　马凯曦　邓　林　田明飞　包　霞　边於悦　吕萍萍　许巧萍
孙永福　李宜璇　李　蓉　李璟莹　杨晓琳　杨溶榕　何一枫　宋梦洋　陈　卓
陈　萌　林潇然　姜凯帆　徐　涛　徐　祥　郭　文　涂文燕　梁　瑞　潘苗苗
马　惠　马雯秋　马瑞衢　王　苒　王　悦　王　森　王　新　方杰代　白　苗
地那·胡尔曼太　朱王美　任怡嵘　刘　慧　刘　璇　孙君龙　李元辰　李金超
杨　岩　吴一恒　吴　鹏　宋展腾　张　晶　周露露　郑小珏　郑洋清　居　婕
赵海军　侯文浩　施田力　秦　羽　徐之寒　殷　爽　赖映圻　赵雪程　夏钟宇
王清雅　王　璐　仓木拉　卜凯琪　左虹丹　申静雅　代荣艳　包　倩　邢一丹
刘玥汐　刘　洋　刘晓琴　刘颖悟　江　帆　许　洁　李亚婷　杨洪旭　杨　梅
杨　博　杨霁晓　杨　鑫　应毓喆　张启宁　张　朕　张舒婷　陈慧敏　周　丹
周　延　郑　琦　贾文慧　徐双禹　章　果　葛佳琪　董　坤　丁屹红　徐　飞
于雪婷　马　威　王怡静　仇　华　邓诗琪　卢亚恒　付胜利　张乙冰　仲　彤
刘　科　孙　洁　李浩华　杨亚璐　张蓓佳　徐　冬　徐　扬　郭言寒　韩　璐
童　尧　詹　阳　王丹丹　王冬冬　王超骥　朱俊娴　朱越悦　任飞翰　刘立群
芮　蓉　苏　慧　杜　薇　李仙花　李亚红　李　梅　李雪纯　杨倩雯　沈冰清
宋厚承　张明明　张　健　陆姝丽　陈小凤　陈伟杰　周润希　翁蔚蔚　高亦克
黄雪飞　敬丽萍　鲍　婷　樊禹彤　潘明熙　李　琳　严桢立　王　聪　刘　洋
姚　楠　孙季韵婷　沙恒古丽　次旦卓嘎　拉姆德吉　尼玛拉姆　嘎松拉姆
索朗央宗　巴桑普赤　边巴次仁　欧阳雯雯　阿布都热合曼·阿布迪克然

十一、外国语学院

孟　月　葛　潇　王若木　金　花　霍虹宏　丁佳丽　韦茜倩　朱栩佳　刘秀婷
孙　跃　李亚芳　李圆臻　吴秋佳　邱　玲　沈丽萍　陈佩佩　俞笑倩　贾金婷
崔秋雯　韩　斐　蔡少全　潘　写　穆俊竹　王姝玥　刘香云　刘　洋　李丽君
李洁茹　吴　曼　张　黎　陆滟波　陈兆霞　卓婷婷　郑晶婷　侯云清　姜东宁
姚　珊　顾欢欢　郭笑薇　程　莹　曾　峥　王早艳　王若水　王振宁　代思洋
朱雨丽　任　娟　麦洁莹　李婷婷　杨柳思　杨燕晓　沈　燕　张思彤　周怡菲
赵　娟　钟晓炜　施　静　秦可蓉　高　军　魏佳慧　孙梦妮　赵　婕　沈诚俊
丁　楠　王　凡　王裕枫　王　婷　尹　靓　吕　楠　刘　佳　严　珺　李　运
张宇涵　张秀平　张　晓　陆佩佩　陈　莺　罗小雅　罗开云　岳玉清　赵　丹

胡灶梅	袁 兵	徐 成	殷 赛	曹春巧	蒋静烨	潘 晔	王亚娟	吕 玥
吕婉琳	许卉青	杜晶晶	李思雨	杨桂枝	宋一正	宋梦婕	张玉珠	张明丽
张翔宇	陆佩佩	陈古韵	陈浩哲	陈 琼	周 慧	孟秋霞	侯 宇	唐 斌
黄 钦	黄 晶	曹琛茜	葛 锐	童慧萱	蔡赛梅	潘 瑜	王宇玺	包晨玮
刘海云	刘 蕾	李 光	李湾湾	杨思思	吴奇焕	吴 岸	吴 琳	何乔旭
汪高源	沈 艳	张丹萍	邵玉娟	周晶晶	周 渺	姜晓莉	顾芳芳	倪逸蕾
徐亮飞	唐文平	龚 晓	靳红倩	睢少鹏	潘 乐	潘 丽	高 希	王 翀
罗欣蓓								

十二、人文社会科学学院

张云清	刘海英	林雪娇	尹鑫森	甘继文	郭 悦	王 宇	王 倩	方冰凌
刘冉冉	刘 昕	刘 艳	江 姗	李玥霖	李潇云	吴顺一	沈平梅	沈 忱
张红红	陆诗灵	陈 讯	林 青	欧 溪	周文静	郑世容	封 睿	赵晚秋
胡雪花	施俊成	莫佳蓓	徐 晤	徐超伟	高 彦	郭海龙	陶 颖	梁雪岩
梁蕴槔	丰丹丹	王 希	王 玲	王俊杰	王婧钰	王 琼	牛亚星	朱令芬
任 杰	刘秋凯	刘慧芳	许 娴	李 飞	李旭薇	杨忠艳	张凡卉	张馨源
陈丽钦	周 锐	孟文娟	侯干娟	翁李胜	高妞妞	郭石磊	康砾芳	程玮康
储建媛	谢晓迪	蔡瑜莹	缪维维	魏玉峰	张 娇	马倩倩	王智宇	卞丽娟
巩章山	闫梦珂	江 媛	许康丽	孙玉兰	李一琦	时靓琰	吴 琳	沈雨珣
张 莹	张 雪	赵晓晨	郝雄飞	胡肖露	耿子婷	倪珍珠	徐志翔	徐思超
徐慧颖	龚自强	蒯发伟	潘迎溪	丁春阳	万培轶	叶 艳	朱梦佳	潘 燕
苏秋婷	李婷婷	杨 子	邱一平	何桥昕	沈雨朦	张丽君	陈尚娇	陈 萍
罗云涛	周宇星	赵洪方	侯晓宇	莫雯婷	徐慧文	高瑾瑜	黄 海	颜如雪
梁丹云	葛恒欢	蔡佳佳	裴文淇	于 鲨	马 丽	王 琳	王 璐	裴 徽
冯琬雯	刘 帆	孙林峰	吴丹妮	吴秀玲	汪晗聪	陈思晗	周 文	郑 珺
赵 磊	郝燕媛	胡静静	倪 晖	凌 聪	郭景媛	郭腾文	黄 雅	蒋诗雨
丁 宇	王思懿	王 越	王 楠	龙意腾	卢博雯	叶夏芸	冯晓晗	朱城芳
朱俊亦	任一帆	刘 颖	许 昇	孙 磊	花瑞雪	李欢愉	杨汉东	肖诗贻
吴恒毅	张其洋	陈 思	罗 敏	周 灵	周培培	周 越	郑超玄	赵雅婷
郝鑫林	胡馨月	施晓雯	姜 洲	姜 静	秦 菁	顾 潇	黄 嬉	曹 璇
彭静怡	韩 非	童亚琦	群培罗布	徐林祥宇	次旦曲珍			

十三、理学院

沈雨阳	雷伊潇	丁冬梅	韩 亮	马同杰	王 欢	韦燕红	史元飞	齐惠民
李 英	杨 健	杨 超	何美娜	沈艳梅	张子昱	张昌坚	张 俊	张聪桂
陆科帆	周 鹏	郑 迪	孟 梦	徐亚魁	黄 斌	崔瑶瑶	章如强	斯 欣
蒋宇恒	惠 慧	游 超	潘 虹	马 姜	王小双	王鹏飞	石智慧	包小萍
冯伊明	朱玉春	朱永胜	朱傲哲	刘文杰	苏满格	杜 山	李鸣春	李朋飞
李 磊	杨惟之	吴 彬	沈婷婷	张尚杰	陈 青	周子琳	周 青	郑 琦
曹 军	谢新斌	樊 亮	滕小芳	霍慧敏	冯 彬	王子恺	王云泽	王帅军

王亚茹	王红菊	王坤瑶	王婷婷	云楚帆	文勤亮	卢亚男	刘一锋	刘 伟
刘丽平	孙梦蓝	严志鹏	李俊杰	邹 达	宋 越	张书浩	张 晨	张瀚文
陈 靓	陈 程	贺晓静	黄莲珍	黄敬安	曹博微	韩文生	管寅初	丁亚娟
王 爽	刘云兵	刘 腾	闫映寒	杜 阳	李春英	吴小磊	吴静雨	吴潇笑
张 宇	张 超	陈年春	陈晓芳	陈 耀	范昕阳	罗琳杰	施晨杰	秦 欢
袁 坡	顾佳燕	徐尔安	郭英英	黄超技	曹志敏	梁 冉	谢梦霞	颜志鹏

十四、生命科学学院

吕贵英	王岩岩	王梦琴	王 晴	卢逸群	刘 明	刘萍萍	刘 璐	孙艳娣
孙 晗	曲晓旭	张 竞	张淼燚	李宇聪	李达宇	李金凤	李 栋	杨信程
肖圣彬	陈为龙	孟凡强	孟晓青	姚 远	徐 莹	高 权	曹 静	傅乃强
蒲梦瑶	丁 伟	王丽君	王妍龚	朱仪方	吴耿尉	张凌霄	李天麒	李 美
李 斌	杨丰华	邱淑婉	陈天玺	陈黎恒	周 洋	荀 力	赵叶新	赵梦奇
殷岑楠	郭文慧	顾孝平	曹 刚	章 玲	葛铭铭	谢玉蕊	薛忠慧	马龙雨
王 哲	王 超	王 熠	方 遒	方 媛	田浩章	吕福娇	刘 恺	刘静娴
闫兵法	何慧敏	张雅楠	张毅华	陈 杰	陈 昀	陈莉娜	胡玄烨	娄柏冬
耿 君	贾 锐	晏 禹	陶成圆	黄思宇	曹海岩	彭 程	焦 杰	管豪杰
王 荟	王 珺	吕燕玲	朱 鑫	乔维维	任天朗	孙 宇	李同同	李寒絮
肖腾伟	何克喆	邹 琰	陈文彬	陈 玉	陈雨婷	陈晓鹏	周义东	赵 阳
钱沛泽	徐 超	黄一刚	蒋 伟	蒋君翊	舒望琴	戴 磊	李 根	王安然
王 植	邓佳男	田松泽	田 璐	朱程宇	邬程伟	刘永闯	刘建兴	刘雅静
刘 婷	孙前成	李 佳	李维林	何壮壮	余沛文	谷时雨	张 硕	武晓琳
季敏杰	钟金男	饶锡生	蒋 丹	蔡瀚林	董好奇	于 南	王少礼	王秋梦
王章孝	包 焱	冯 烨	刘艺端	孙 晔	花爽爽	吴 强	张本申	张立帆
陈 瑞	邵 铖	周 恩	单林群	赵梦丽	赵 越	赵 磊	费 聪	顾晓雅
顾晨浩	钱 洋	董 群	韩 月	丁 帅	朱玉康	孙英心	李 贺	吴延普
何泽龚	汪泽栋	沙 慧	张炜俊	张怡昕	张 森	陈冬冬	陈昌杰	范宝佳
郑运祥	郑焕明	赵映雪	相妍冰	钮沈浩	骆象田	秦瑞欢	姚燊豪	赵 剑
夏丽明	盛 颖	傅嘉萍	管仪婷	孙依然	李婷申	陈怡瑞	黄 科	葛新成
欧阳林武								

十五、农村发展学院

陈迪波	王 征	田晓琴	曲 措	向 琪	庄资源	孙 崇	魏丽云	严轲筠
李秀丽	李源阳	杨 晨	张 凯	陈叶清	陈启铭	陈慨词	欧昌胜	项优萍
赵前杰	贺肖芸	钱玮琦	徐 爽	黄凌豪	黄 斌	曹胜男	梁家轩	焦志伟
管敏媛	漆 军	樊 超	潘 芃	马少东	马雯彬	吕艳艳	刘津宁	刘海梅
李昭桦	邱赵君	何 丽	张雨薇	张晓州	张 倩	张 瑞	陈 琦	陈媛媛
陈露明	范梦衍	周永霞	赵 聪	徐 丽	郭 琛	曹丽宁	曹 哲	常亚甫
崔 雪	窦维杨	强巴索朗	次吉拉姆					

十六、金融学院

于 斐	杨 颖	范玉昊	魏盈或	王重阳	毛文筠	卢 意	冯海贝	任 虹
邹婷婷	刘 曜	齐 霁	严雅乔	李弘博	李 晅	杨成浩	吴诗菁	吴 越
邹宏明	沈 靓	张增骏	陈 更	赵梦华	顾晓晨	顾 嫣	徐千惠	徐 晨
高志翔	黄龄毓	董艳枫	谭建祥	王姝妍	王 斌	韦 伟	左阳一	匡珊琪
刘昕昊	杜梦琳	杨 丽	杨 璞	张 杨	张炜然	张 锐	陈秋月	胡 昀
钟 敏	俞秉操	贾 越	夏 爽	顾雨蒙	徐海滨	郭朝鹍	浦 昊	陶雯岩
黄 浩	葛之腾	董星星	蔡易伦	万雨桐	左松茂	冯安妮	邢 立	朱一帆
汤路易	孙丹妮	孙晓晨	吴 琳	张子阳	张秋婷	张艳睿	张梦玉	陆 昊
罗安康	赵佳辉	赵梦瑶	施 凯	姚星辰	董 捷	蒋 亦	蒋蓝天	程申磊
蒲姣姣	蔡国庆	潘邱越	马晨昊	马晗笑	王婉菁	王翘楚	邓智文	朱晨露
刘文雯	刘维漪	许玉韫	孙一方	吴 迪	张 伟	张 弛	张 晨	张博文
陈媛媛	苗映映	金 姗	周 靖	胡文玥	钟 鼎	施金龙	耿 聪	钱冰清
曹菱雁	符亚勋	董 俊	靳楠曦	王子瑜	王凯铭	王 婕	韦 亮	车雨阳
牛遵博	朱甜甜	刘 琦	刘惠玲	刘 璇	池乔青	李 航	李偲健	杨书恒
肖孝栋	吴蓓其	张廷宇	张逸超	周通平	赵 廷	祝 逊	班丝蓼	贾西贝
徐翙旖	卿瑾涵	唐 峥	唐 琦	黄丹青	蒋军杰	刘 锋	宋美青	赵文婧
王文璟	王成琛	石成琼	龙灵英	叶婷婷	乐陈怡	刘晓萌	刘超群	李 轩
李知人	李莎莎	杨心怡	杨 宵	何雪静	沈文杰	张弘宇	张倩琳	张 琳
陈 杨	段蘅倩	施梅苑	倪晓梅	倪 瑞	黄 楠	梁 芳	董珍珍	蒋美玲
程 杨	谢梦珂	樊雨珂	王秋寒	王 姣	王骁翔	朱丽敏	朱思轶	刘心远
刘艳娇	刘婉红	齐凤晓	李丰妤	李雨锌	李晓晓	张 轩	张怡宁	陈 佳
陈菲菲	范 峻	赵雪飞	赵 毅	姜宇琪	徐灵君	高艺匀	高文佳	黄 佳
葛泳佳	谢 园	缪楚谣	樊金茜	戴晟捷	王 萍	卢美苓	刘凯利	刘经纬
刘雅洁	江恩皞	许 未	苏江申	李阿香	吴水林	吴念琦	余 晨	沈冠楠
陈政霖	周 倩	周 鹏	项泽萍	胡璐嘉	秦 晶	顾洪溢	倪蓓蓓	高 扬
高 欢	高 强	陶舒奕	董来宝	蒋雪娇	韩潇玥	温洋子	田 甜	包欣耘
郑 阳	陈震豪	韩梦玲	刘飞扬	范书菡	喻选安	梁亚会	王 银	卞晓宇
韩坤玲	李一沁	盛 雪	刘滨豪	史博元	饶小欢	晁菲雪	庄 园	田 奕
孙 昊								

十七、工学院

孙 源	苏振杨	季诗瑶	闫应姣	张 宏	闫小幸	王春霞	许水波	许旭敏
陈天翔	陆敏妍	丁承之	尤俊杰	尹佳杰	毛会星	王长林	王 峰	王桑龙
王彩霞	王 磊	史晨迪	左方磊	华凤玲	何文强	吴春杨	张志强	张李华
李晶亮	杨镇彭	陆 蓓	罗夕红	姚宝根	姚树文	宣海涛	徐青峰	徐 路
郭东东	钱有张	章江宜	蒋 婷	瞿书涯	王伟康	王 浩	王 超	付 军
刘 松	刘 涵	华 滨	朱晓阳	朱 鹏	吴 美	宋 华	张华标	李亚云

李　洋	杨文超	杨　桑	陈　平	陈春佳	周敏烃	金盼墅	俞红运	姚　江
查全福	胡善玲	夏立民	郭　玮	梅伟君	缪金炜	蔡　金	魏昌成	季明东
马建英	马　莉	王亚威	王芊粟	王利宁	王海林	王　晰	邓旭文	罗伟力
龙清华	刘佳汶	孙　晶	齐泽群	张土旺	张浩亮	李永霞	郑奇昀	金时萌
李全全	李成玉	李旭辉	沈　浩	金湧彬	姜　婉	贾俊杰	郭勇良	崔　涛
郭巧慧	高述琴	崔　杰	曹　蕾	梅　雪	葛双洋	蒋勤伟	霍茂森	于国强
马　楷	尹长亮	王　东	王冰洋	邓家洋	田宇星	白龙飞	梁洋洋	谢飞翔
刘文昭	许成香	张小娟	张庆怡	张金霞	沈海琪	丁贞钰	裴泽全	代时兴
史承俊	刘本强	孙琼琼	朱奕霏	宋纯朋	李秀琛	李俊美	李　想	韦永杭
杨雪松	杨　赫	沈　忱	陈保森	周伟钱	罗小刚	郑泾全	俞道平	徐浩然
徐融融	郭丹丹	高陈杰	曾汇辉	马　军	韦　康	史亚利	尼玛穷	刘俊博
孙智晨	朱大鹏	朱善学	江永祥	许勇强	张兴如	张秋波	张　骏	张晨光
张　淼	李丙刚	李宇鹏	李志广	来进勇	杨凤阳	陈愿波	卓明泽	昝炘廷
赵伊文	卿爱妮	陶金鑫	马建国	马　智	王炳卫	刘翻霞	孙　勇	朱　璇
张德恒	李　宁	李佳颖	李雪英	李聪聪	杨林巧	肖　敏	万妮娜	陈晶晶
万　露	郑　凯	修子康	赵　煦	郝楠楠	宾拥军	贾文荟	梁程涛	逯蔚蔚
蒋言振	蒲　超	熊　彬	郭　辉	袁玉涛	仇　冲	文健康	王亚道	王　军
冯　策	刘　琳	祁华宪	张欣欣	李文珊	李晓刚	杨　东	杨　平	陆　益
陈子昂	陈欣欣	陈能光	周仁勇	赵一蓉	赵鹏远	夏云浩	高　洋	高雅婧
康一帆	程　准	蒋益费	薛旭东	瞿　涛	于士兵	王伟月	代留朋	叶　娜
刘文博	汤　毅	吴亚龙	吴湘萍	李宇洋	杨会亮	杨　杰	杨超勋	苏　彬
陆海东	陈海冬	陈　煜	周红飞	和瑞瑞	赵世明	赵佳琪	郝耀斌	郭东妮
郭奕蓉	郄国其	陶　健	梁家俊	程文俊	董　欣	潘小飞	魏　俊	马凤侠
方世强	王中云	王心怡	王　欣	王　坤	吕　思	朴　威	吴　哲	吴新强
张一西	张俊炜	沈　钢	陈　丹	陈少杰	陈经纬	陈新秀	陈鹏年	郁秋荣
赵荣尊	唐浩强	郭　政	崔　灿	梁永鹏	龚成明	彭　月	葛　月	楚伟华
解双双	鲍　宇	戴荣军	王　征	王　茜	王翔锐	叶岩古	叶　松	刘建男
吕学慧	阴敬宝	张平梅	张　岩	张　熹	杨晓明	陈祥芳	姜祖峰	赵思佳
桑倍杰	殷志鹏	贾佳祺	郭永秋	郭　震	高任飞	高国欣	崔天宇	谢赖平
廖再亮	马伟康	王宏博	王佳宁	邓宗万	卢　楠	刘　杰	刘　畅	刘前进
刘　璐	吕华飞	吕晨光	许　卉	许　欢	张　丽	张　征	张　恒	李　云
沈鹏飞	陈志伟	居　佳	郑彩霞	赵清舜	唐博文	夏　伟	曹单一	傅大伟
童　兵	马文涛	王晓冬	冯志珂	左　亮	石小倩	刘红伟	刘　楠	孙秋伟
邢　娜	张彦虎	张浩栋	张梦桥	李庆洋	李　雷	杨昌兵	陈　扬	周　健
屈媛媛	姜　希	赵开发	赵迎迎	高　渤	温海蓝	裴宏阳	潮建拓	于纬伦
王小冰	王敏杰	王　琳	吴玉青	吴思怡	张云松	张　宏	张　曼	李冬梅
李雪琴	李　想	杜艳琪	沈庭瑾	单云舟	屈安平	林　刚	欧瑜强	范　震
郑洋洋	段　丽	胡庆雷	赵家玉	闻　蕊	郭瑞琴	高彰蔚	黄立秋	黄　凯
蒋金微	谢海兵	王明君	王洪彬	王倩兰	叶文华	庄文华	闫窈博	吴静怡

马学忠	张 振	李 丽	李梦枭	陈文娟	周淑瑞	金 帅	施 萍	徐军营
徐博文	贾馥蔚	郭思黎	黄小凤	黄 杰	黄晓菊	温丹苹	游琳玲	董雪锋
蒋 涛	韩 迪	马占胜	王玉洁	王 宇	王 冠	刘金凤	朱渊博	许维维
许 博	许 镇	佟彩虹	吴宇玲	吴邦本	吴 琪	张雪芳	张琴琴	李文丽
李兴旺	李欣盈	李家兴	李 攀	杜斐儿	杨 莹	苏志生	周含芝	罗 威
郑若君	高宁煜	高 京	曹 洁	黄 欣	黄美玲	卢露萍	任碧芬	刘宝林
吕良洁	孙凌云	毕 胜	汤羞月	邢 新	何 欢	吴腾飞	宋东阳	张宇航
李 娇	李桔茂	李博雅	沈 杰	陈文冲	陈静文	周娴铖	林锦洪	武丹敏
金筱杰	姜顺婕	贺晓春	赵 洁	赵 倩	夏 霁	崔 艺	谢冠超	蔡小龙
瞿 伟	马凤兰	孔 晖	付瑶华	仝泽强	刘晓敏	孙杨阳	朱浩波	朱开龙
江绍水	严 涛	冷思源	张 晨	李羊羊	李 跃	陈曙霞	郑 哲	侯烁星
姜艳梅	徐利德	郭建强	郭蓉凯	黄书君	程福营	蒋 玲	谢 星	韩雷杰
鲁泽群	雷慧芳	缪金蓉	万泽卿	马瑞彬	孔维汉	王 阳	刘 丹	刘 雕
孙昌杰	何倩云	吴 涵	吴雅丽	宋 晓	张明文	张 涛	张 婷	杨 洋
陆 月	陈 旭	周欣苗	孟妤婷	徐 航	钱文婷	戚丽娟	梁俊秀	黄雪婷
曾 茹	程施达	蒋玉婷	韩彦玲	雷 涛	蔡四喜	龙雨竹	刘孟冬	吕文敏
孙福明	成玉杰	朱璐瑶	冶海明	吴孔兵	张克嘉	张 荧	张晓艳	李逸阳
李琳娜	杨 婷	肖 培	陈 旺	陈秋婷	周 攀	孟宪勐	段 磊	唐芳坤
桂鹤鸣	袁 玮	顾季婷	顾 睿	高 珉	章 超	程玲玲	锁铃铃	雷 波
潘灏悦	张可珍	谢红娟	朱晓妍	傅佳燊	彭志超	丁 元	马顺孝	丛 群
王 坤	王 欣	王殿元	王瑾琨	朱 洲	朱倖余	何 鹏	吴王俊	杨 鑫
钟友发	钟日铭	院东阁	高梓翔	沐欣欣	邱雪莹	得丹初	蒋菲菲	韩 龙
王枫明	王 蔚	卢军艳	刘旭宇	刘芳圣	鲁 伟	马步原	马海平	王生财
刘 晋	朱永杰	江梅华	羊中兴	余洪锋	吴嘉伟	张 杰	杜文通	杨志军
卿立立	梁栋辉	黄雪梅	蔡婷婷	杨锌沂	谷瑞昭	黄小敏	龚 娴	窦川川
滕召安	毛悍林	牛海宾	王佳群	王喜健	卢志诚	刘屹霄	师雨杰	曲法新
朱晨聪	何孝周	余 鑫	吴旭成	吴林华	宋 雪	张 黎	李长林	杨建伟
杨飔颖	谷雄飞	奉 雪	范书洁	范春梅	钟思旭	倪逸昕	崔建顺	崔聆娟
路潇然	魏 伟	魏贤盼	丁 翔	于常龙	王成辉	左 桐	刘诗磊	刘 晶
吕开妮	孙 兴	许新亮	闫 莹	宋 全	李嘉琳	李 鑫	杨一璐	周 坤
庞春阳	范航宇	俞敏强	施鹤鸣	唐 迪	徐 彪	高心宇	彭 晨	程新源
董 超	虞 群	鲍炳柄	凤靖羽	王继福	王雅萍	田 丰	边晓东	华 程
张广琦	李林凯	李雨芮	杜静涵	杨 月	杨宇轩	陈文明	陈 林	陈武华
陈彦池	周子超	周代君	周 鹏	孟洪宇	胡 迪	谈冬雪	高依依	高 波
高璐琦	崔 巍	喻博言	戴昕宇	魏中力	王丹丹	王 浩	王 腾	刘偌祎
刘 铵	刘 喆	吴 昊	吴奕霖	张泽宇	张淑磊	李馨怡	汪盼盼	肖 遥
邹 亮	陈 明	陈 淞	陈智慧	陈 然	陈慧珊	宗振海	范梓建	郑崇政
胡思韬	赵宗宝	赵 鹏	高 翔	龚一庭	薛 彬	王昌梅	王洪喜	王笑钧
王 雄	付忠敏	冯国龙	叶 波	刘少鹏	刘 成	华志伟	吉原冶	吴 雪

张庆召	张 弛	李文洋	李亚杰	李蔚蓝	苏清宇	周志浩	罗亦琳	范学一
金 鑫	姚 婷	宦 松	赵小婷	贾 冉	常 明	梁 挺	黄 梦	丁上上
丁志杰	马玉博	王永娇	王由舟	王 爽	王琳琳	刘佳佳	刘 德	孙山东
宋佳霖	宋 硕	李炎坤	杨文艳	肖忠斌	周春雨	庞秋颖	范雪健	胡古月
赵宇新	顾 煜	高 越	崔 晨	黄 艺	黄丽华	黄 贤	曾小洁	焦默予
韩玉敏	鲍义林	燕天强	于连泽	马 浩	方 升	王 伟	王君晔	王 建
王胜南	王莉榕	生 利	刘可可	吕亚军	何禹燊	佘玉成	吴 凡	吴应钦
张 彦	杨 毅	邵晶晶	陆婷婷	陈 琳	周 峰	罗引杰	苗 硕	赵 聪
高晴晴	梁忠强	董嘉贤	蒙镜勇	樊逸夫	王文武	王润生	王艳鹏	卢根华
乔西洋	刘凤仙	刘 念	孙 利	许又东	何晓波	吴刘松	吴赞雯	张玉梅
张亚平	张 明	李俊男	李彬彬	杜小峰	杨桂蒙	杨福佳	苏 欣	周洪刚
周 豪	林筱枫	武运佳	夏利蕊	秦 烺	梁宇图	彭春雨	韩馥廷	王 煊
刘俊鹏	刘博钊	孙晓丽	吴 迪	张 宏	张 健	张梦莹	李玉文	杨 帆
陈义杰	陈 奇	陈科瑞	陈 硕	陈超炜	周思思	林从武	柏林宜	赵玉叶
徐 谦	秦璐瑜	彭静宇	谢淋晒	樊开阳	穆曦明	霍豪豪	戴时悦	王明槟
王法隆	史红珠	史明德	申玉飞	任 刚	刘首乾	刘 聪	孙婷婷	朱彩晓
许汉军	吴少峰	张君业	张 玲	李绍文	李 超	杨志辉	肖 雄	陈玉祥
周海彬	周 鹏	贺华强	赵 阳	唐 辉	黄世蒙	黄 伟	黄贵诚	刁敬洁
马茂川	马雪亭	王 刚	王明明	王冠军	王 晶	刘学林	朱校辰	江冠超
汤永祥	闫传超	吴东坡	张立斐	张志磊	张 翼	杜 婉	邴瑞泽	陈元兴
陈 庚	陈勇均	房 超	林星宇	侯坤朋	胡新敏	贺广尧	赵思扬	徐晓东
蒋浩权	鲁文广	熊文斌	尹庆玲	王国庆	王 晗	冯天麒	孙江涛	成 康
朱守玉	余佳力	余海洋	况少华	吴彬彬	张 元	张海洋	李佳俊	杨武群
屈万峰	林艺庆	林淑贞	姜伟强	施星宇	唐 鹏	秦 磊	高 檬	崔光磊
曹剑伟	韩 龙	樊文广	王 亮	王 玲	刘林飞	孙东磊	阳 雄	何朝阳
余国弟	吴闽江	吴鲁宁	张炫东	张 烽	张 瑞	李明伟	李胜堂	汪建兴
汪海潮	苏小娟	单宏彬	武 涛	郑晓龙	施钦天	胡州勇	胡明杰	钱军宇
隋延晖	黄璐瑶	龚 铜	谭 杰	瞿 丽	于冠群	王永刚	王进怡	王学昌
王 颂	孙禹舜	张圣明	张 杰	张 洋	张 洋	张联锋	李冉冉	李志江
杨军校	杨 扬	杨 威	杨 威	陈金润	陈 洋	陈燕茂	侯辛奋	贺 丹
钟小煜	徐申扬	袁 吉	袁成臣	虞振兴	丁永盛	于世伟	王璟瑶	冯少博
冯业良	占亚洲	刘 杰	刘珲祯	朱 冰	朱 杰	朱秋红	吴 比	张江华
张雨轩	汪 靖	肖 晖	邵振威	林奕文	胡誉荣	胡 磊	赵 琪	赵 曜
唐国强	贾 伟	高 杰	高洪兴	梁少飞	梁光龙	廖梨清	潘月华	王宇越
王 影	邓春红	孙金红	朱佳凤	江 凡	宋 珂	张 洋	张 静	杨 丽
汪正义	沈 煜	陈美彤	陈 娟	陈晓龙	尚雁峰	郁晓明	高烨红	崔 娟
崔莹莹	黄文茜	董 月	穆 兰	马艳博	王 茜	王晓璐	王 航	兰 玉
刘子奇	许汪颖	闫汝萍	余 静	张旭晓	张 杨	张玲玲	张 琦	张程程
陈 丹	赵冠楠	夏 彤	徐 健	徐 悦	殷 芹	黄 娇	谢寒洁	戴维军

王灵艳　乔东旭　刘雨嘉　朱宇斌　朱梦丹　何小磊　何舒凯　吴树岸　张智华
张　超　李　欢　李京峰　李　娜　杜晓霞　杨　宏　邹雨程　陈为贵　陈少龙
陈　鹏　郑　蕊　金　昕　施晓丽　胡玲玲　桂　佳　秦可心　喻　君　韩　磊
丁晓琦　万思远　乌　岩　王冬柳　王叶青　刘泽伟　刘　倩　刘振鹏　刘　琦
严　欢　吴翊晓　张　兵　张毅旸　李胜奎　李继兴　杜　阔　杨　洁　沈伯健
肖帅召　肖登松　陈冬梅　周　松　俞国荣　姜玉伟　胡　洁　赵明飞　郝　宇
黄鑫书　佘志娟　吴开通　李　政　兰海昕　刘重庆　刘晓琳　刘　彬　汤晨翔
何宇晨　佘志娟　吴开通　李　政　李玲慧　李梅子　杨　非　杨　胜　沈荣荣
邱长儒　陈茂龙　武小平　唐健新　耿鹏飞　黄伟明　景　胜　焦珊珊　潘贤晖
穆玫丹　戴宙君　牛亚辉　王丽丽　王　泽　王　敏　刘　丹　刘阳阳　曲明阳
朱　靖　汤　睿　张万之　张　本　张　倩　李亚进　李伟英　杨　勇　汪俊成
陈世鹏　陈兴林　官敏政　罗　勇　姜春洋　柏世梅　徐素峰　常正雷　梅亚飞
陆晓伟　斯迪克·也坦木　艾比巴·艾买提　达瓦旺堆　曼孜依拉·哈布勒别克
吾尔克西·肖克来提　巴合努尔·萨哈提拜克　叶尔克希·波拉提　哈斯特也尔
阿娜尔古丽·沙勒木别克　艾海提·依迪力斯　图达吉·图尔苏　于苏甫·牙生
阿依丁·豪汗　克热木尼亚孜·伊马木尼亚　哈力木别克·木哈别克　索娜扎西
海那尔·对山艾力　昵牙孜艾力·孜牙吾东　西力艾力·买买提　塔衣尔·衣明
穆太力普·阿卜杜合力力　艾克力木·买买提　阿布都热合曼·司马义　泽仁拉姆
周琳美子　马舍瑞夫

附录7　百场素质报告会一览表

序号	讲座主题	主讲人及简介
1	出国，你准备好了吗？——农学院"出国留学面对面"报告会	张红生　南京农业大学国际交流与合作处处长、国际教育学院院长、农学院教授
2	"SCI论文写作指导"讲座	王春明　江苏省"双创计划"引进人才、江苏省"创新团队"核心成员、南京农业大学作物遗传育种专业教授
3	美国大学研究生教育管理专题报告会	华健　美国康奈尔大学终身教授、康奈尔大学植物生物学系Director of Graduate Study，农学院种业系特聘教授
4	新农村发展规划讲座	卞新民　南京农业大学农学院教授，中国农学会耕作制度分会副理事长，中国农学会立体农业分会常务理事
5	农学院教授讲坛之国外留学报告会	高夕全　南京农业大学作物遗传和种质创新国家重点实验室工作，教授、博士生导师
6	农学院教授讲坛之科研·留学·筑梦	程涛　南京农业大学国家信息农业工程技术中心工作，2014年江苏特聘教授，博士生导师
7	Introduction to SVATS and Land Surface models	Anne Verhoef　英国雷丁大学地理和环境科学学院土壤物理学和微气象学专业教授，国际杂志《农林气象》(*Agriculture and Forest Meteorology*)副主编

（续）

序号	讲座主题	主讲人及简介
8	创新驱动发展	盖钧镒　院士，我国著名的作物遗传育种学家、数量遗传学家，南京农业大学国家大豆改良中心、农业部大豆生物学重点实验室主任，兼任中国大豆产业协会副理事长
9	新生入学教育暨农学院院情介绍	朱艳　教授，南京农业大学农学院院长
10	我在日本茨城大学的科研经历	洪晓月　南京农业大学教授、博士生导师
11	我的科研点滴——资环院"面对面"活动之对话马建锋	马建锋　"千人计划"专家、世界著名植物营养学家、日本冈山大学资源植物科学研究所教授
12	面对面系列活动——我的大学、研究生与择业选择	李荣　副教授，资源与环境科学学院青年教师、校钟山学术新秀
13	"我与校长谈生态"资环学院举行面对面系列活动	胡锋　教授，南京农业大学副校长 郭辉　副教授，生态学系 2013 年引进人才 武俊　副教授，生态学系 2013 年引进人才
14	"美国园艺"主题座谈会	程宗明　园艺学院教授兼美国田纳西大学植物科学系教授
15	师生座谈会	房经贵　园艺学院副院长 房伟民　园艺系系主任 丁绍刚　园林系系主任 孙锦　设施系副教授 朱再标　中药系副教授
16	园艺学院二级论坛学术报告会	MICHAEL DEYHOLOS　教授，哥伦比亚大学生物系系主任 JIAN ZHANG　加拿大 Alberta 研究院教授
17	园艺学院教学工作师生交流会	房伟民　园艺系系主任 张清海　园林系系主任 唐晓清　中药系系主任 束胜　设施系教师
18	致力学术、关注积累	钟翔　动物科技学院副教授，获"钟山学术新秀" 张立凡　动物科技学院副教授，获"钟山学术新秀"
19	闲谈美国工作学习之感悟	邹康　动物科技学院青年教师
20	乐在韩国	孙少琛　动物科技学院教授
21	Long - Term Global Food Supply and Demand Prospects：Implications for China	Robert L. Thompson　约翰霍普金斯大学访问教授、伊利诺伊大学荣誉教授
22	太平洋伙伴关系协定和东亚地区的影响的研究进展	郑仁教　韩国仁荷大学教授
23	漫谈中国历史上的经济危机	于晓华　德国哥廷根大学教授
24	Public Acceptance of Nanofood Episode of Genetic Modification	胡武阳　美国肯塔基大学农业经济系教授、《加拿大农业经济》主编、美国农业与应用经济协会中国区主席

（续）

序号	讲座主题	主讲人及简介
25	农业经济管理学科向何处去——我们应该如何选择未来	钟甫宁　国务院学位委员会农林经济管理学科评议组召集人、"钟山学者"特聘教授
26	Trade and domestic food policy in China and India in the 2007/8 world food price crisis	余武胜　丹麦哥本哈根大学教授
27	中国农业现代化模式精细密集农业	王征兵　教授，国务院学位委员会学科评议组成员、西北农林科技大学西部农村发展研究中心常务副主任
28	风险与农业信贷需求：墨西哥与中国的比较研究（Risk Rationing and the Demand for Agricultural Credit：A Comparative Investigation of Mexico and China）	Calum G. Turvey　美国康奈尔大学教授
29	气候变化对我国农业生产的影响——自然资源模型与经济模型的融合与模拟分析	仇焕广　中国人民大学农业与农村发展学院教授，荷兰自由大学、英国伦敦大学兼职研究员和博士生导师
30	风险偏好与生产中的经验性挑战	David Just　美国康奈尔大学教授
31	Grain and Oilseed Price Spikes：Perfect Storm or Predictable Policy Result	David Just　美国康奈尔大学教授
32	The Role of Specialists/Researchers：Public Perception and Interactive Communication on Food Related Risks	新山阳子　日本京都大学教授
33	Do Employers Prefer Undocumented Workers? Evidence from China's Hukou System	沈凯玲　厦门大学副教授
34	Rejuvenation of Farmer Population and Restructure of Japanese Agriculture	柳村俊介　北海道大学农学院副院长
35	Promotion Policies for Food Industry Cluster in Korea	李炳午　教授，韩国江原大学、南京农业大学经济管理学院访问学者
36	破坏性创新，开创性就业——"博萃讲坛"系列讲座	曹林　南京诺唯赞生物科技有限公司董事长、南京农业大学食品科技学院副教授
37	学术新星的成长之路——"钟山新秀"访谈活动	张充副　食品科技学院副教授 胡冰　食品科技学院副教授
38	如何树立正确的世界观	王建光　教授，思想政治理论课教研部教研室副主任
39	"Non - meat ingredients"——"博萃讲坛"系列讲座	Dong Uk Ahn　美国爱荷华州立大学动物科学系教授
40	食品类研究生如何做好科研——食品科技学院"博萃讲坛"系列讲座	李伟　南京农业大学食品科技学院副教授、硕士生导师，学院生物工程教学实验中心主任

（续）

序号	讲座主题	主讲人及简介
41	"揭开食品营养的面纱"——"博萃讲坛"系列讲座	黎军胜　南京农业大学食品科技学院副教授，营养学专家
42	图书情报学领域研究方法的借鉴与创新	马费成　武汉大学教授
43	人口城镇化相关问题解析	黄健元　河海大学公共管理学院教授、博士生导师
44	第二课堂专业化建设工作推进会	于水　公共管理学院副院长、教授 汪浩　公共管理学院辅导员老师
45	"人大代表是否应该专职化"辩论会	郑永兰　行政管理系主任、副教授
46	公共管理学科人才价值力提升讲座之让青春无悔：江苏大学生"村官"的鲜活实践与启示	吴国清　思想政治理论课教研部中国特色社会主义理论教研室主任
47	国家治理现代化与公共行政改革	严强　著名政治学家、南京大学政府管理学院教授、博士生导师
48	How to do research in social science	Arie Kuyvenhoven　荷兰瓦赫宁根大学社会科学院
49	公共权利公开化运行：国家治理现代化的必由之路	钱再见　南京师范大学公共管理学院教授
50	国家土地督察体制改革设想	黄贤金　南京大学地理与海洋科学学院教授
51	公共事务治理之道：中西方政府管理实践创新	于水　南京农业大学公共管理学院副院长、教授
52	都市区耕地保护与生态建设研究	张凤荣　教授
53	公共管理学院第十届神农科技文化节之社科论坛	张新文　公共管理学院教授
54	农村人口"空心化"治理	于水　南京农业大学公共管理学院副院长、教授
55	经济发达地区房屋拆迁补偿	于水　南京农业大学公共管理学院副院长、教授
56	大学生"村官"的生存现状	于水　南京农业大学公共管理学院副院长、教授
57	教育经济学的新发展	钟宇平　教授，香港中文大学教育学院教育行政与政策学系教授，兼任北京大学、南京大学客座教授
58	"选择的自由"主题讲座——暨翟以平老师退休仪式	翟以平　南京农业大学公共管理学院副教授
59	中国土地问题研究中心智库专家论坛（第二期）——中国经济减速与未来的潜在增长率	张军　复旦大学"当代中国经济""长江学者"特聘教授
60	中国农村土地制度向何处去？	钱忠好　扬州大学商学院教授、南京农业大学公共管理学院兼职博士生导师
61	规划人生	王万茂　教授，南京农业大学土地管理学院创始人、资深教授、博士生导师，中国土地学会副理事长兼学术工作委员会主任，中国环境科学学会理事，中国国土经济研究会理事

（续）

序号	讲座主题	主讲人及简介
62	宗教问题与社会和谐	米寿江　江苏省委党校教授
63	依法治国与坚持党的领导	张新文　南京农业大学公共管理学院教授
64	依法治国与坚持党的领导	陈会广　南京农业大学公共管理学院副教授
65	行管天下，政通乾坤	郭春华　南京农业大学公共管理学院副教授
66	漫谈语言学习与研究、科研与个人成长	潘文国　著名语言学家、华东师范大学终身教授、博士生导师
67	日语声调在句子中的体现	朱春跃　日本神户大学国际交流中心教授
68	科研论文写作与课题申报	许家金　教授，北京外国语大学中国外语教育研究中心专职研究员、中国语料库语言学研究会常务理事
69	关于翻译、翻译研究与翻译教学的思考	王宏　教授，中国典籍翻译研究会副会长、苏州大学外国语学院翻译研究所所长、博士生导师
70	新形势下的日本考研与就业	马越雪夫　教授，日本九州外国语学院院长
71	日语作家村上春树作品的思想和内涵	细谷博　教授，日本南山大学教授
72	外国语学院新生专业教育	侯广旭　南家农业大学外国语学院教授
73	以雷丁大学为主的英国大学概况以及如何赴该校留学深造的问题	唐银山　英国雷丁大学亨利商学院（Henley Business School at the University of Reading）副院长
74	文学、诗歌以及人文学科领域的研究	Jonathan Hart　教授，加拿大皇家学院院士、剑桥大学卡莱尔学院（Clare Hall）终身成员
75	英语学习策略培养与文化关照	吴鼎民　教授，南京航空航天大学教授
76	英语语音教学模式：理论、选择与思考	裴正薇　南京农业大学外国语学院教授
77	大学生英语写作以及语料库建设	Sheena Gardner　教授，考文垂大学英语与语言系主任、著名语言学家
78	我国高校日语教育的发展与现状	曹大峰　北京日本学研究中心教授
79	日本汉语初学者偏误角度探讨了汉日语言的可比性	卢涛　广岛大学研究生院教授
80	电子词典在高校日语教学中的运用——现状、理论、实践	彭曦　南京大学外国语学院副教授
81	日语语言学	何慈毅　南京大学教授
82	日本文化与社会、日本文学	林敏洁　江苏省特聘专家、南京师范大学教授
83	美国高校艺术教育的新动态	苏文星　美籍著名华人指挥家，美国克洛纳音乐学院院长、美国加州长滩周州立大学教授
84	iGEM 国际基因工程机械大赛培训宣讲	陈嘉　南京大学生命科学学院副教授、博士生导师
85	"梦想飞越太平洋"留学讲座	董海军　曾任世界 500 强高管、大学特聘教授和研究生导师
86	"胸怀祖国，放眼世界"留学讲座	叶盖博　南京农业大学生命科学学院加拿大籍副教授

（续）

序号	讲座主题	主讲人及简介
87	用社会主义核心价值体系引领大学生成长成才	葛笑如　南京农业大学思想政治理论课教研部副教授
88	"时间都去哪儿了"	徐朗莱　南京农业大学生物化学与分子生物学系教授
89	科普宣传——"低碳经济与生态文明""现代农业园区的建设与发展"	卞新民　江苏省系统工程学会副理事长、南京林业大学经济管理学院院长 张智光　南京农业大学农学院教授
90	家庭农场相关问题交流讲座	马锁才　南京农业大学经济管理学院 何军　教授，丹阳市稻中道粮食专业合作社负责人
91	"村庄里的中国：农村社会变迁漫谈"（学术沙龙讲座）	陈相雨　南京林业大学副教授
92	"学霸去哪儿"之 UC 戴维斯访学经验交流会	黄惠春　南京农业大学副教授，"钟山学术新秀"
93	我院邀请宁波大学商学院执行院长熊德平教授做学术报告	熊德平　教授，宁波大学商学院执行院长
94	我院邀请北京振兴联合会计师事务所所长岑赫教授做学术报告	岑赫　教授，北京振兴联合会计师事务所所长
95	我为什么研究草坪科学	黄炳茹　教授
96	漫谈草业科学发展的历史和机遇	任继周　院士
97	师生面对面之草业科学发展	张英俊　教授
98	师生面对面之与本科生畅谈草业科学	张英俊　教授
99	师生面对面之饲草调制加工与贮藏	邵涛　教授
100	学生干部礼实用礼仪培训	郑永兰　副教授
101	大学与人生	陈真　南京师范大学公共管理学院博士生导师、教授
102	法治创新	顾大松　东南大学法学院副教授
103	库存不确定情形下的鲁棒生产控制策略	汪峥　东南大学自动化学院博士生导师
104	3D 打印技术及在航空航天复杂构件的应用	田宗军　南京航空航天大学机电学院教授、博士生导师
105	非智力因素，在试错中成长	李俊奎　南京理工大学人文与社会科学学院教授、博士生导师
106	学业追求与人生幸福	黄明理　河海大学教授、博士生导师，江苏省伦理学会副会长，江苏省公民道德与人的现代化研究基地首席专家
107	学业·职业·事业	刘杨　农业机械化系/交通与车辆工程系交通运输教研室主任、副教授
108	乌克兰大危机进程与中国对策	崔建树　解放军国际关系学院国际战略研究中心副教授
109	善治与道德生长	金林南　河海大学马克思主义学院博士生导师

附录8 学生工作表彰

表1 2014年度优秀学生教育管理工作者（按姓名笔画排序）

序号	姓名	序号	姓名	序号	姓名
1	马先明	13	李绚	25	钱国良
2	王敏	14	吴峰	26	徐文
3	王小璐	15	张兆同	27	徐梅
4	王春伟	16	陆凌云	28	殷美
5	白云	17	陈俐	29	郭彪
6	白振田	18	陈洁	30	郭旺珍
7	吕一雷	19	赵士海	31	黄星
8	朱志平	20	柳禄	32	韩正彪
9	伍洁	21	施雪钢	33	韩喜秋
10	刘信宝	22	祖海珍	34	熊爱生
11	孙笑逸	23	班宏	35	戴芸
12	李荣	24	顾康静	36	蹇鄂

表2 2014年度优秀辅导员（按姓名笔画排序）

序号	姓名	学院
1	王春伟	信息科技学院
2	王雪飞	食品科技学院
3	孙荣山	工学院
4	杨博	生命科学学院
5	张杨	经济管理学院
6	周琨	经济管理学院
7	赵育卉	工学院
8	施雪钢	人文社会科学学院
9	徐文	外国语学院
10	徐晓丽	金融学院
11	殷美	农学院
12	曹猛	动物医学院

表3　2014年度学生工作先进单位

序号	单位
1	农学院
2	动物科技学院
3	公共管理学院
4	生命科学学院
5	金融学院
6	工学院

附录9　学生工作获奖情况

序号	奖项名称	获奖级别	获奖人	发证单位
1	江苏省第九届大学生职业规划大赛最佳组织奖	省级	南京农业大学	江苏省大学生职业规划大赛组委会
2	江苏省学生资助工作绩效评价优秀	省级	南京农业大学	江苏省教育厅
3	江苏省高校教育管理创新奖	省级	南京农业大学	江苏省高等教育学会
4	江苏省高校教育管理优秀论文奖	省级	南京农业大学	江苏省高等教育学会
5	江苏省第九届大学生职业规划大赛优秀指导教师奖	省级	周莉莉	江苏省大学生职业规划大赛组委会
6	第六届全国高校辅导员年度人物入围奖	国家级	殷　美	高校辅导员工作研究会
7	第三届江苏省高校辅导员职业能力竞赛一等奖	省级	周　琨	江苏省教育厅
8	2013江苏省大学生年度人物	省级	张　轩	江苏省教育厅
9	第九届中国大学生年度人物提名奖	国家级	张　轩	人民网
10	江苏省第九届大学生职业规划大赛十佳规划之星	省级	赵　瑞	江苏省大学生职业规划大赛组委会
11	江苏省第九届大学生职业规划大赛一等奖	省级	王玮明	江苏省大学生职业规划大赛组委会

继　续　教　育

【概况】2014年继续教育学院工作概况：①积极组织实施成教招生改革，扩大"艰苦行业"及"校企合作"招生专业，招生规模持续保持高位运行，招生人数再创历史新高；②规范函授站点管理，在加强与原有教学站点合作的基础上，培育新的增长点，2014年新增一个教学点；③拓展培训领域，努力争取省内外农技推广新伙伴，并承担相关业务培训，2014年培训人数再创历史新高、培训层次不断提升，社会影响力进一步增强；④稳步推进远程教学，2014年在5个校外教学点试行网上教学。

2014年共录取各类新生6392人，比2013年增加483人。

二学历的招生人数与2013年相比略有提升，达到243人，累计在籍学生677人。因受到专业限制专接本的学生规模比2013年有所减少，注册入学373人，在籍学生总数841人。

对教学情况进行全方位的监督检查，严肃考场纪律，狠抓考风，以考风促学风，全年专项或利用各种机会对近30个站（点）招生、教学教务、学籍和档案等环节进行检查和督导，促进了站（点）管理的良性发展。

2014年完成了新一轮岗位聘任，增设远程教育科，学院共设有5个科室，在职职工20名。加快数字化课件资源建设进程，全年建设完成12门网络课程并上线，自我建设的课件资源总数52门。2014年所有校本部学生7门基础课程全面实现远程学习，部分学科的专业课程的网上学习陆续展开，积极在站（点）中推行远程学习。

为适应高等教育自学考试事业发展的需要，加强学校高等教育自学考试实践性环节考核工作的组织和管理，学校农村自学考试实验区（专科段）企业管理、农业经济管理和农艺3个专业考生的实践性环节考核工作，2014年首次由学院统一安排组织，规范写作、考试等环节程序共考核140人。

2014年共举办各类专题培训班65个，培训学员5697人次，培训班次较2013年增长25%，培训人数较2013年增长85%，培训班次和人数再创历史新高。

2014年学院积极参与"江苏省会计人员继续教育网络培训项目"的竞标工作，通过精心准备材料、合理整合软硬件资源和认真总结培训案例，经过层层竞争，成功中标，这为今后学院开展网络在线培训奠定了良好的基础。

2014年1月10日，召开南京农业大学2013年函授站工作会议，来自全国29个函授站（教学点）的74名代表和继续教育学院全体教职工参加了会议。

2014年4月10日，召开2014年成人招生工作研讨动员。会议回顾总结2013年成人招工作突显的亮点和存在的不足，分析2014年成人招生工作的形势和面临的问题，动员布置2014年成人招生工作任务，研讨2014年及今后一定时期成人招生改革发展的相关问题，为学校成人招生工作的规范、稳定和科学发展夯实基础。

【科技部国家级科技特派员创业培训基地挂牌】2014年11月19日，科技部国家级科技特派员创业培训基地在继续教育学院挂牌。继续教育学院近年来承担了农业部农牧渔业大县局长轮训、新疆克州干部科学发展主题系列培训、四川省资阳现代农业发展专题系列培训、职业农民培训和江苏省"876"培训计划等。此次科技部国家级科技特派员创业培训基地在南京农业大学挂牌，是对学校在培训工作的肯定。

【农业部2014年第七期农牧渔业大县农产品质量安全负责人培训班开班】2014年4月21日，农业部全国农牧渔业大县局长轮训班——农产品质量安全监管培训班在南京农业大学学术交流中心开班，此次培训班由南京农业大学承办。农业部副部长陈晓华、农业部农产品质量安全监管局局长马爱国、农业部管理干部学院党委书记、院长蒋协新、南京农业大学校长周光宏出席了开班典礼。

（撰稿：董志昕　曾　进　章　凡　审稿：顾义军　李友生）

[附录]

附录1　2014年成人高等教育本科专业设置

学历层次	专业名称	类别	科别	学制（年）	上课地点
高升本	会计学	函授、业余	文、理	5	校本部、无锡、盐城、南通、常州
	国际经济与贸易	函授、业余	文、理	5	校本部、无锡、盐城、南通
	电子商务	函授、业余	文、理	5	校本部、盐城、扬州、南通
	信息管理与信息系统	函授、业余	文、理	5	南京、无锡、盐城、南通
	物流管理	函授、业余	文、理	5	无锡、盐城、扬州、南通
	旅游管理	业余	文	5	无锡
	酒店管理	业余	文	5	校本部
	农学	函授	文、理	5	校本部、盐城
	园艺	函授	文、理	5	校本部、盐城、南通
	园林	函授	文、理	5	校本部、盐城
	土地资源管理	函授	文、理	5	高邮
	工商管理	函授	文、理	5	高邮
	金融学	函授	文、理	5	校本部
	人力资源管理	函授	文、理	5	校本部、高邮
	车辆工程	函授	理	5	扬州
	环境工程	函授	理	5	南通
	农业水利工程	函授	理	5	盐城
	机械设计制造及其自动化	函授、业余	理	5	扬州、浦口、南通、盐城
	计算机科学与技术	函授、业余	理	5	扬州、南通
	土木工程	函授	理	5	盐城、扬州
	网络工程	函授	理	5	扬州
	化学工程与工艺	函授	理	5	盐城
	动物医学	函授	理	5	校本部
专升本	金融学	函授	经管	3	校本部、高邮、南通
	工商管理	函授、业余	经管	3	无锡、苏州、高邮、南通、常州
	会计学	函授、业余	经管	3	校本部、无锡、苏州、南通、盐城、泰州、淮安
	国际经济与贸易	函授、业余	经管	3	校本部、无锡、苏州、盐城、泰州、南通、淮安
	电子商务	函授、业余	经管	3	南京、南通
	信息管理与信息系统	函授、业余	经管	3	南京、扬州、苏州、南通、淮安
	物流管理	函授、业余	经管	3	苏州、泰州、扬州、南通
	市场营销	函授、业余	经管	3	校本部、淮安、南通

（续）

学历层次	专业名称	类别	科别	学制（年）	上课地点
专升本	行政管理	函授	经管	3	高邮、南通
	酒店管理	业余	经管	3	校本部
	房地产经营管理	业余	经管	3	校本部
	土地资源管理	函授	经管	3	校本部、高邮、南通
	人力资源管理	函授	经管	3	常州
	投资学	函授	经管	3	校本部
	园林	函授	农学	3	校本部、盐城、淮安、南通、苏州
	动物医学	函授	农学	3	校本部、苏州、镇江、南通、广西
	动物科学	函授	农学	3	校本部
	水产养殖学	函授	农学	3	无锡、泰州、南通
	园艺	函授	农学	3	校本部、淮安、南通、盐城、苏州
	农学	函授	农学	3	校本部、南通、盐城
	植物保护	函授	农学	3	校本部、南通
	风景园林	函授	理工	3	南通
	环境工程	函授	理工	3	南通
	计算机科学与技术	函授	理工	3	南通
	食品科学与工程	函授	理工	3	淮安、泰州、苏州、镇江、南通
	机械工程及自动化	函授	理工	3	泰州、苏州、南通、淮安、盐城
	网络工程	函授	理工	3	镇江、南通
	车辆工程	函授	理工	3	高邮
	农业水利工程	函授	理工	3	盐城、南通
	土木工程	函授	理工	3	高邮、苏州、南通、盐城
	建筑学	函授	理工	3	高邮

附录2 2014年成人高等教育专科专业设置

专业名称	类别	学制（年）	科类	上课地点
会计	函授	3	文、理	校本部、苏州、扬州、徐州、盐城、淮安
国际经济与贸易	函授	3	文、理	南京
计算机信息管理	函授	3	文、理	扬州、淮安
经济管理	函授	3	文、理	校本部、苏州、盐城
农业技术与管理	函授	3	文、理	校本部、盐城
畜牧兽医	函授	3	文、理	校本部、盐城、广西、淮安
物流管理	函授	3	文、理	苏州、盐城、扬州
园艺技术	函授	3	文、理	校本部、盐城、淮安

（续）

专业名称	类别	学制 （年）	科类	上课地点
园林技术	函授	3	文、理	校本部、盐城
电子商务	函授	3	文、理	校本部、扬州、盐城
建筑工程管理	函授	3	文、理	盐城、高邮
工程造价	函授	3	文、理	无锡、扬州
市场营销	函授	3	文、理	淮安
图形图像制作	函授	3	文、理	扬州
人力资源管理	函授	3	文、理	常州
国土资源管理	函授	3	文、理	高邮
农业水利技术	函授	3	理	盐城
机电一体化技术	函授	3	理	盐城、扬州、淮安、常州
化学工程	函授	3	理	盐城
机械设计与制造	函授	3	理	镇江、扬州
电气设备应用与维护	函授	3	理	镇江
土木工程检测技术	函授	3	理	盐城
汽车运用与维修	函授	3	理	盐城、淮安
汽车检测与维修技术	函授	3	理	扬州
数控技术	函授	3	理	盐城
电子信息工程技术	函授	3	理	盐城、扬州
动漫设计与制作	函授	3	理	扬州
计算机应用技术	函授	3	理	盐城
计算机网络技术	函授	3	理	扬州
检测技术及应用	函授	3	理	扬州
航海技术	业余	3	理	浦口
轮机工程技术	业余	3	理	浦口
船舶工程技术	业余	3	理	高邮
农业机械应用技术	函授	3	理	盐城
汽车技术服务与营销	函授	3	理	扬州
酒店管理	业余	3	文	校本部
房地产经营与估价	业余	3	文、理	校本部
电子商务	业余	3	文、理	校本部
会计	业余	3	文、理	校本部、无锡
国际经济与贸易	业余	3	文、理	校本部、苏州
计算机信息管理	业余	3	文、理	南京、无锡
旅游管理	业余	3	旅游	无锡、浦口
物流管理	业余	3	文、理	无锡

（续）

专业名称	类别	学制（年）	科类	上课地点
交通运营管理	业余	3	文、理	浦口
烹饪工艺与营养	业余	3	旅游	浦口
机电一体化技术	业余	3	理	浦口、无锡
汽车运用与维修	业余	3	理	浦口
铁道交通运营管理	业余	3	理	浦口

附录 3　2014 年各类学生数一览表

学习形式	入学人数（人）	在校生人数（人）	毕业人生数（人）
成人教育	5 909	16 477	4 101
自考二学历	237	1 091	147
专科接本科	373	818	350
总数	6 519	18 386	4 598

附录 4　2014 年培训情况一览表

序号	项目名称	委托单位	培训对象	培训人数（人）
1	江苏省农技推广部级培训班（种植业）	江苏省农业委员会	农技推广人员	74
2	江苏省农技推广部级培训班（农机）	江苏省农业委员会	农技推广人员	29
3	江苏省农技推广省级培训班（高研班）	江苏省农业委员会	农技推广人员	178
4	江苏省农技推广省级培训班种植业第 1 期	江苏省农业委员会	农技推广人员	154
5	江苏省农技推广省级培训班种植业第 2 期	江苏省农业委员会	农技推广人员	138
6	江苏省农技推广县级培训班种植业第 1 期	江苏省农业委员会	农技推广人员	108
7	江苏省农技推广县级培训班种植业第 2 期	江苏省农业委员会	农技推广人员	110
8	江苏省农技推广县级培训班（畜牧业）	江苏省农业委员会	农技推广人员	54
9	山东章丘农业技术推广班	章丘市农业委员会	农技推广人员	100
10	山东济宁党校现代农业专题培训班	济宁市委组织部	乡镇干部	42
11	广西党校	广西党校	厅局级干部	14
12	浙江萧山现代农业龙头企业负责人培训班	萧山市农业委员会	农业龙头企业负责人	40
13	农牧渔业大县局长轮训班（农产品质量安全）	农业部	局长	112
14	苏州太仓农产品质量安全专题培训班	太仓市农业委员会	一般干部	14
15	南京市处级干部食品安全与公共健康专题培训班	南京市委组织部	处级干部	89
16	公共营养师	在校学生	学生	94

（续）

序号	项目名称	委托单位	培训对象	培训人数（人）
17	农机经销商培训班（3 期）	江苏省农机局	经销商	456
18	农机系统工作培训班（7 期）	江苏省农机局	工作人员	1 413
19	广东佛山南海农产品质量安全班	佛山南海农林局	业务骨干	32
20	青年骨干教师培训	江苏省农民培训学院	青年教师	22
21	南京市农民创业培训	南京市农业委员会	家庭农场主	100
22	山东烟台农资经销商培训班	烟台三合有限公司	经销商	80
23	广东顺德国土资源管理专题培训	顺德国土局	国土管理人员	30
24	太仓农机培训班	太仓市农业委员会	农机人员	30
25	宁波市农业科技创新培训	宁波市农业局	科级干部	40
26	中等职业技术学校骨干教师能力培训	深圳国泰安科技有限公司	中职教师	18
27	克州高层次人才班	克州党委组织部	科技人才	10
28	克州科技英才班	克州党委组织部	科技人才	10
29	克州转型发展班	克州经信委	科级以上干部	20
30	公共营养师	在校学生	学生	12
31	扬州广陵区大学生"村官"培训班	广陵区委组织部	大学生"村官"	46
32	济宁任城区现代都市农业班	任城区委组织部	科级以上干部	46
33	盐城国税专业人才培训班	盐城国税局	业务骨干	85
34	句容家庭农场培训班	句容市农业委员会	农场主	150
35	克州招商引资培训班	克州招商局	科级以上干部	20
36	资阳现代农业培训班	资阳市农业委员会	处级干部及企业家	30
37	攀枝花现代农业培训班	攀枝花农牧业局	系统内干部	31
38	南京市处级干部（食品）	南京市委组织部	处级干部	87
39	克州转型发展 1 期	克州组织部	机关干部	40
40	克州转型发展 2 期	克州组织部	机关干部	40
41	南京市处级干部（房地产）	南京市委组织部	处级干部	57
42	广西南宁现代农业园区建设与规划班	南宁市农业委员会	系统内干部	55
43	芜湖新型职业农民培训班（种植班）	芜湖市农业委员会	种植大户	50
44	芜湖新型职业农民培训班（养殖班）	芜湖市农业委员会	养殖大户	50
45	余杭现代农业园区培训班	余杭区农业委员会	系统内干部	56
46	江阴市现代农业培训班	江阴市农业局	系统内干部	57
47	霍邱农技推广专题培训班 1 期	霍邱县农业委员会	农业技术人员	127
48	霍邱农技推广专题培训班 2 期	霍邱县农业委员会	农业技术人员	132
49	如皋市农业农村工作专题班	如皋市委组织部	农业干部	46
50	江苏省农技推广县级畜牧	江苏省农业委员会	农技推广人员	36

（续）

序号	项目名称	委托单位	培训对象	培训人数（人）
51	江苏省农技推广省级种植	江苏省农业委员会	农技推广人员	135
52	江苏省农技推广县级种植	江苏省农业委员会	无锡农技人员	148
53	句容职业农民培训	句容市农业委员会	职业农民	200
54	张家港市现代农业培训班	张家港市农业委员会	农业干部	41
55	江苏省农技推广县级种植	江苏省农业委员会	连云港农技员	106
56	江苏省创业农民培训（西瓜草莓班）	江苏省农业委员会	创业农民	100
57	江苏省创业农民培训（设施蔬菜班）	江苏省农业委员会	创业农民	100
58	江苏省创业农民培训（稻麦班）	江苏省农业委员会	创业农民	100

附录5　2014年成人高等教育毕业生名单

南京农业大学继续教育学院2009级国际经济与贸易（高升本）
（无锡现代远程教育）

浦敏杰　李　天　王梦科　陶慕莲　许　运　祁　峰　陈　梦　夏振英　刘琪军
张　骁　高　波　陆新科　张佳伦　曹　栋　李凌云　张志杰　华　珂　许　乐
华　凯　费　杨　谢　阳　孙梦珺　华　斌　薛雯静　吴皓杰　杨丹颖　胡玉倩
马佳炜　林　丹　左　洋　江晓芳　周　琳　徐　宁　施　静　张　闪　杨　玺
刘建峰

南京农业大学继续教育学院2011级国际经济与贸易（专科）
（无锡现代远程教育）

顾　倩　汪丹丹　庄　云　周忆文　臧嘉玲　邰佳燕　吴永强　马琳贤　朱云飞
阎　黎　高　昇　魏　云　徐　娜

南京农业大学继续教育学院2011级会计（专科）
（无锡现代远程教育）

李　云　邹倩颖　陈冰莹　潘丽君　华　芸　张爱若　张　强　杨晓东　李　匡
杨骏宇　李　丽　李　玲　徐青青　刘　莉

南京农业大学继续教育学院2009级会计学（高升本）
（无锡现代远程教育）

吴莉莎　张汝婷　葛育韵　顾妍丽　唐雪萍　钱亚兵　钱　雯　李玲莹　尤晓婷
蔡曦磊　黄晓昉

南京农业大学继续教育学院2011级动物医学（专升本）
（射阳兴阳人才培训中心）

周福娴　赵　杰　董　波　马　瑞　徐忠辉　何　杰　陈文帅　马　盼　成倩倩
陶孙信　田宏玮　魏荣耀　陈晓美　杨冬明　王小龙　董　洁　徐海锋　朱　勇

南京农业大学继续教育学院2011级农学（专升本）
（射阳兴阳人才培训中心）

陈秀东　王海霞　陈　丽　刘　浩　刘秀梅　段贵华　魏　仙　陈燕霞　周文彬

陆立建

南京农业大学继续教育学院 2011 级农业技术与管理（专科）

（射阳兴阳人才培训中心）

丁蕾蕾　李月姣　项金花　周庆双　潘龙岭　赵成梅　潘士春　吕　青　孙海林
梁　浩　谢　玲　刘海军　陆立超　杨志坚　徐燕燕　唐卫峰

南京农业大学继续教育学院 2011 级农业水利工程（专升本）

（射阳兴阳人才培训中心）

蔡浩成　蔡　健　高玲玉　洪海华　陈　伟　王　彬　陈　伟　肖智勇　夏立本
蔡建萍　朱海峰　宗爱国　宋红艳　刘立军　沈　军　孙晓芳　季　春　张贵霞
陈洪友　马道加　祁　琨　李志国　高曙东　徐　进　顾加扣　李梦昭　刘义春
陆紧跟　陆凤霞　孙　燕　凌万军　丁海东　周　峰　张宗峰　张　军　林　峰

南京农业大学继续教育学院 2011 级农业水利技术（专科）

（射阳兴阳人才培训中心）

窦怀超　王玲林　朱　健　袁海波　刘　波　庞东杰　刘干红　王成斌　许海波
汪爱民　李敬东　张娟娟　王丽娟　鲍中志　顾晓春　单姗姗　张爱民　顾克见
杨新军　谢立兵　沈广浩　马俊骥　许　佳

南京农业大学继续教育学院 2011 级畜牧兽医（专科）

（射阳兴阳人才培训中心）

韩品成　王永存　陈建石　朱田兵　李红梅　杜广兵　夏春美　王国军　刘井亮
窦春季　朱　亮

南京农业大学继续教育学院 2011 级工商管理（专升本）

（苏州农业职业技术学院）

张礼宝　唐小辉　冯莉莎　王　波　楼文艳　陈　蓉　陈　亮　邵丽娟　夏　亮
李宁华　杨柏君　张　婷　束红梅　殷继均　谭玉兰　王子龙　徐明霞　倪贤斌
任继波　姚文兰　沃　仪　邹晨曦　孙敬溪　周建根　郭巧玲　周友明　朱　琦
鲁　文　郭　婷　董　益　蒋振群　宋征宇　顾铭成

南京农业大学继续教育学院 2011 级国际经济与贸易（专升本）

（苏州农业职业技术学院）

许　艳　李小杰　查冬云　周子文　姚伟伟　陈　斐　方晓瑜

南京农业大学继续教育学院 2011 级会计学（专升本）

（苏州农业职业技术学院）

纪秀娟　吕玉婷　冯晓达　朱学明　李锦兰　邵　洁　周志燕　钱璐飘　钦雪平
马丽倩　陆　婷　朱俊文　乔　霞　王　萍　徐　哲　冯铃铃　苏　达　姚　玉
鞠燕燕　费　湫　范雅婷　金为夷　颜彩云　沈　茜　王敏岚　杜　樱　瞿　溶
李　艳　杨　婧

南京农业大学继续教育学院 2011 级机械工程及自动化（专升本）

（苏州农业职业技术学院）

孙　威　陆继洪　程　欣　张　浩　朱　雷　周建卫　史明亮　彭进平　万之瀚
陈晓刚　陈双全　秦　洋

南京农业大学继续教育学院 2011 级食品科学与工程、物流管理、信息管理与信息系

统、园艺（专升本）

（苏州农业职业技术学院）

刘石军　芮天来　洪　敏　高　怡　吴　斌　刘　强　杨　彬　刘　慧　余　黎
夏宏栋　杨　帆　洪丽霞　仲　闯　胡燕萍　刘志宝　耿文静　张　赟　杨　健
周召军　唐海峰　阚华芳　李维维　麻紫真　赵朝艮　顾纯纯　庞忠云　张　琪
何　静　朱湘琳　董群伟　易能红　吕万梅　张　云　胡桂梅　吴玉娟　张　颖
卢振亚　杨龙庆　赵燕苏　童顺标　王顺飞　蒋园园　周　蕾　吴志均　殷奎剑
沈志伟　刘思蓦　张　翮　张晓钢　崔秋红　徐　科　吴　凡　张师强　殷成刚
焦冬梅

南京农业大学继续教育学院 2011 级工商管理（专升本）

（苏州市农村干部学院）

顾金花　李　曦　刘俊青　马培强　王　珏　黄建英　金　明　沈子程　顾生翔
王保玉　尹　磊　倪雯昊　汤雪冬　陈文强　华兆钧　蒋　炯　印　晔　马伊婷
葛才华

南京农业大学继续教育学院 2009 级国际经济与贸易（高升本）、2011 级国际经济与
贸易（专科　专升本）、2011 级会计（专科）

（苏州市农村干部学院）

卜旭冉　林　雪　孟　佳　龚逸婷　周锋洁　林　颖　王甜甜　徐永红　徐　静
余　瑶　嵇尚超　曹玲玲　李爱华　周雪连　叶慧芬　苏东晓　张芳芳　杨佳娟
司马叶琼　皋　娟　张忠园　尹　燕

南京农业大学继续教育学院 2009 级会计学（高升本）、2011 级会计学（专升本）

（苏州市农村干部学院）

吕彩云　沈立芳　吴　芳　徐　敏　冯　敏　王　燕　府敏晔　段丽吉　刘　芳
唐晓兰　陈菊芳　陆凤梅　张　赟　王文斌　吴钟青　王　琼　董　静　丁彩霞
张晗霞　李　腾　陈　凉　金娅萍　顾巧莲　吴丽华　钱文娟　王晓燕　吴　芳
顾静兰　钱峰华　赵　燕　唐雅婷　肖　霞

南京农业大学继续教育学院 2011 级机电一体化技术、2011 级计算机信息管理、2011
级经济管理（专科）

（苏州市农村干部学院）

张荣华　徐　凤　姜锦枝　张建东　郭帅涛　乔海峰　曹　金　马　闯　宋晓明
耿方方　张松平　王丽慧　李　圆　王文渊　王文静　景娆娇　张良义　林　东
李苏宁

南京农业大学继续教育学院 2011 级农学（专升本）、2011 级水产养殖学（专升本）、
2011 级物流管理（专科）

（苏州市农村干部学院）

黄　忠　张　俊　任茗茗　周　平　朱黎青　潘云生　周　颖　邓丽丽　王凤娟
刘春静　钟永春　徐　娟　顾雪芳　胡安中　解　佳　师　慧　郭艳红　吴　杰
钱娇娇　马金华　陈雪林　李　文　冯魁花　陆　玥　黄爱华　彭　安　徐飞虎
惠海华　宋保森　仇建国　张　华　金雪霞　陈张健　曹秋花　华雪宏　吴　莹
黄　峰

南京农业大学继续教育学院 2011 级工商管理（专升本）

（常熟工会学校）

张怡红	朱利刚	邓彪	陆刚	李恝	金晓莉	韩向红	汤焕鑫	范卫中
叶建清	屈辰	赵持解	蒋健	李卫	彭榴	周刚	蔡葵	吴梅
王维杰	杨志红	李敏	马晴	殷依新	颜雪中	吴立达	施闵华	徐志平
王健	王涛	孔闻宇	王锡芝	周晓青	王丽霞	黄伟	邵聪	张天伦
姚丽丹	陈志峰	诸振宇	高飞	徐伟萍	顾冰冰	王苏岗	薛玉龙	沈阳
乔金美	刘晓娜	马雨薇	王卫	夏亦峰	戴志成	魏岚	李艳	徐岚
范钧	孙宇强	郭俊	王琪	吴琼瑛	熊绍周	陈建铭	徐静卢逸	

南京农业大学继续教育学院 2011 级会计（专科）

（常熟工会学校）

顾迪	施发美	邵梦珠	程丽云	徐瑛	吴丽强	王静	宁莲花	朱文亚
顾文霞	夏昕月	濮丽雪	金弋蓝	濮燕华	武美丽	范明霞	唐秋艳	王明亚
季新华	钱梦佳	徐逸	吴婷	黄炬	祁枫	李芳	周萍	高诗苇
屠梦嘉	陈敏洲	高晶晶						

南京农业大学继续教育学院 2011 级会计学（专升本）

（常熟工会学校）

陈婷婷	宗丽欢	陈董华	马建锋	浦兰英	钱东亚	陈志强	季健	钱映红
汤奇梅	薛艳红	邓裕安	归军华	肖露	卢娟	韩莉芳	陈起鸣	管明安
夏艳	陈圆	王爱军	李梅	张虹	姚怡婷	谢景虹	沈新英	张健
费晓阳	张超	黄蕾	窦弘焱	姚慧	单晓莉			

南京农业大学继续教育学院 2011 级经济管理（专科）

（常熟工会学校）

顾芳	查雯蔚	穆春丽	方洁	虞申平	夏恒	宋建宏	姚燕芳	汪水英
周继军	邱键	陈飞	吴圣	邵刚	陈健	薛冬飞	陆姣姣	丁珠珍
马刚	庄益	赵静	陆菊明	周丽娅	仲亚婷			

南京农业大学继续教育学院 2011 级工商管理（专升本）、会计学（专升本）、会计（专科）

（无锡圣贤培训中心）

朱颖雯 钱晓军 赵凯 刘秋霞 李夏 梁莹

南京农业大学继续教育学院 2011 级工商管理（专升本）、2009 级国际经济与贸易（高升本）、2011 级国际经济与贸易（专科）

（无锡渔业学院）

李德成	黄鹏	俞青青	冯真平	李莉	朱菁	姜伟	袁维清	陈明翔
李桂	蒋桂凯	阚春晶	袁淑蓓	罗瑛	朱超群	潘程程	潘雪莲	李彩云
徐亭亭	任菁	周慧	顾洁	刘华华	刘通	汪家巧	黄美琳	沈佳佳
董涛	袁政	张星	陶瞿颖	张越洲	徐洁	项蕾		

南京农业大学继续教育学院 2011 级会计学（专升本）、2009 级会计学（高升本）、2011 级会计（专科）

（无锡渔业学院）

陈志军　张　琳　万莉莉　王　俊　陈　红　陆昭霖　唐钿钿　姚园园　刘　杨
姚园园　刘晓龙　姚志强　陈新凤　刘小龙　韦梦凡　何红梅　张　艳　王雯洁
吉露燕　邵明朋　沈明兰　曾　云　董海燕　李　霞　奚茂瑞　陈明明　唐　丹
金后举　陈海燕　王海军　赵春霞　丁　勇　陈倩倩　姚建璠　周文旭　袁敏鸣
朱　玲　刘会平　叶长金　王珍巧　常　贞　刘　虎　薛　成　朱小玲　包　卉
周　燕　王冬生　周凤英　曹恩正　陆文英　赵仁梅　江春梅　刘丽华　倪同干
杨海红　张小庭　闫占胜　陈红琴

南京农业大学继续教育学院 2011 级机电一体化技术（专科）、机械工程及自动化（专升本）、
计算机信息管理（专科）、建筑工程管理（专科）、经济管理（专科）、市场营
销（专科）、水产养殖学（专升本）
（无锡渔业学院）

高友强　孙爱娣　施海兵　杨　彬　刘　霆　严　挺　何志国　年长青　朱大勇
李建华　程　成　郁　军　许　玲　周孟荣　程　铭　卢丽群　韦　娟　王　平
张林军　王　锐

南京农业大学继续教育学院 2009 级信息管理与信息系统（高升本）、2011 级信息管理
与信息系统（专升本）、2011 级园艺（专升本）、2011 级园艺技术（专科）
（无锡渔业学院）

潘　洋　周奋韬　单星玮　张青青　穆春云　张德兰　凌晓燕　丁　丽　茅小辉
龚云华　周文美　蔡玉兰　黄国成　田晓刚　蒋祝海　严万秀

南京农业大学继续教育学院 2009 级会计学、信息管理与信息系统（高升本）
（泰兴农机学校）

成先泽　刘志萍　王海燕　焦俊杰　徐云云　季海云　何慧筠　范荣斌　叶　昆
刘利佳　钱　蕾　肖　兰　杨　云

南京农业大学继续教育学院 2011 级会计（专科）
（高邮市财政干部培训中心）

梁　雪　张忠玉　杨春玉　姚金娣　金高娟　王　丹　郭冬梅　居加慧　焦　静
张鹏飞　徐柯香　程　娟　姚　艳　吴晓艳　居　芳　解桂萍　胡　静　钱　敏
邹国梅　周仁忠　张　玲　徐翠芳　夏春梅　张同兰　徐　莹　陈　薇　王红梅
徐淑君　刘　颖　刘　鑫　何毓健　高　艳　曹达荣　秦慧云　唐敏月　朱祝梅
邵东勇　赵　凤　赵　静

南京农业大学继续教育学院 2011 级会计学（专升本）
（高邮市财政干部培训中心）

陈素琴　王　悦　张　越　周　莹　曹　妤　冯冰凌　周芳菲　梁　磊　朱仕春
曹　静　王　晔　徐慧平　居政卿　朱云峰　严士明　陈金通　刘　莹　王素梅
周家华　沈　利　高　红

南京农业大学继续教育学院 2011 级电子商务（专科）、国际经济与贸易（专科）、国
际经济与贸易（专升本）
（南京农业大学工学院）

胡　云　王　娟　张彦梅　陶艳莉　张彦莉　吴广绪　林　瑞　喻　帝　叶吟峰
殷军荣　周晓琴　安静静　丁丹丹　吴雪燕　段邦娣　张彩云　李　羊　何　珍

张 灌　吴芳芳　刘运轩　蔡源飞　翟广亮　徐 健　杨 晖　李 远　杨盛凯
严维祥　陈 冬　黄 帅　顾 娟　蒋 笑　滕 芸　洪 楠　叶青霞　卢 艳
樊芃芃

南京农业大学继续教育学院 2011 级会计（专科）、2009 级会计学（高升本）、2011 级会计学（专升本）

（南京农业大学工学院）

陈亚清　陈昱如　吕亭亭　梅素艳　周欢欢　张丽君　包淋娟　单梦雨　陈萍萍
卜 锋　朱 曼　施 萍　马 莉　康巍巍　尤 芬　徐 玮　汤发旺　徐 伟
李 捷　曹 运　徐 清　于 翔　王 芳　朱 云　陆 隽　杨彩霞　章倩倩
顾 琴　金志萍　胡 维　丁 媛　顾 静　董婷婷　王春丹

南京农业大学继续教育学院 2011 级机电一体化技术（专科）、计算机信息管理（专科）汽车运用与维修（专科）、信息管理与信息系统（专升本）

（南京农业大学工学院）

崔 亮　顾 震　张苏竹　冯 早　徐 华　吉 斌　李 丹　吴敏敏　谈国信
黄 文　段邦站　王功钱　王家伟　刘 阳　杨 猛　栾超群　杨勇光　丁一帆
张 瑞　展炎深　徐晓骏　石岩松　张 洁　李红玉　尚锦梦　陈亚琪　胡寿全
吉冬平　刘剑伟　赵文志　李小龙　冯 宇　王 宇　吕军胜　王亚洲　庄昌延
骆 洋　叶 宁　戴 鑫　朱 俊　谢 静　石 娟　范 超

南京农业大学继续教育学院 2009 级国际经济与贸易（高升本）

（长江科技学校）

郭海培　黄昱昊　倪方元　崔晨晨　杨 阳　胡莹莹　戚爱东　孙 超　闵美晶
戴海兰　张湘云　杨 青　曹天鹏　赵世雨　丁 波　陈 静　张欣子　杨富荣
刘 鑫　孟 萍　王 沁　冯巢娜　王 琨　施亚平　徐晓培　张 翔　高 佳
徐志强　潘亚健　王 洁　李 斌　李功民　戴春菲　李蒙蒙　丁 康　陆 健
陈昌多　夏婷婷　潘宏虹　黄小艳　陈小贺　张恒林　李 飞　高 威　朱 艳
宋柯文　沈 成　张 丽　吴 月　周 婷　郜文斌　马广龙　王伟熠　张 佶
张 倩　邬家林　张炬伟　谢文秀　袁 玥　兰 洁　陈 露　赵松松　陈 宇
管星星　康 杰　王 赛　张钟鸣　张苏海　赵雪林　孙斯旸

南京农业大学继续教育学院 2011 级会计（专科）

（长江科技学校）

孙建宁　李文娟　徐 誉　陈 剑　陈玲玲　黄海华　严 苗　邱维维　朱海鹏
张 鹏　关 凤　邓 姗　井晓丽　赵曾林　朱 芸　陈义云　赵 婧　李 敏
朱明洁　陈 瑜　朱莉亚　郁 丹　陈亚萍　黄亚骏　贺元宁　高 辉　胡 月
胡文佩　王 雷　王蓓蓓　黎倩倩　王 丹　顾文潇　张颖颖　刘 欢　邹 青
冯 倩　孟文静　陈丽君　田 清　郁娟娟　杨亚秋　高 燕　杜明静　唐无瑕
潘梦园　孙盼盼　严红丽　王 倩　张海勤　丁 雅　冯 超　张 琪　卜晶晶
李雪怡

南京农业大学继续教育学院 2009 级会计学（高升本）

（长江科技学院）

葛健慧　但友杰　常胜男　董 雷　周哲铭　陆梓源　杨洪军　薛建萍　潘 芳

耿雪凝　周宇洁　俞　静　孙清红　徐　丹　胡　蕾　朱　萍　程美林　许红霞
李娟娟　王　丹　张凡勇　沈国敏　徐　霞　谢同同　俞　雯　谢永进　徐欣欣
徐小龙　郝清香　黄加慧　嵇　慧　殷　慧　周　莹　周士超　解　静　吴　颖
徐　霞　宋莉芝　樊妍妍　谢　政　杨　柳　郑　圆　王　会

南京农业大学继续教育学院 2009 级旅游管理（高升本）、2011 级旅游管理（专科）、
轮机工程技术（专科）、信息管理与信息系统（专升本）
（长江科技学院）

韩　钊　岳婷婷　吴燕燕　邵　烨　朱艳琴　王　莹　徐彩玲　黎　洁　杨　丽
任咏菊　张　京　王科迪　姜惠惠　朱亚亚　谢齐全　朱玲伟　楚小萌　张　婷
张　妹　陆美君　谢　琪　侯素文　李　芮　朱　利　曹言廷　曹雪先　阚明丽
刘　莉　王庆飞　孙运章　郑享成　周　洋　杨　航　宋　歌　胡建龙　朱　彦
李大超　王永林　吕佳霖　张　鹏　徐　杰　马裘进　陈泓延　华夏伟

南京农业大学继续教育学院 2011 级工程造价（专科）、工商管理（专升本）、会计（专科）、
会计学（专升本）
（溧阳人才中心）

马　辉　沈　文　史燕婧　朱科爱　王　辉　周　新　杨雪梅　蒋文杰　蒋亚杰
周志俊　陈　刚　谢　菊　赵妙娟　陆　惠　张桂芝　王文婷　张友娣　葛　静
杨　如　周　晶　刘　琴　蒋杭丹　任迪愉　仲春兰　向红霞　狄　红　唐　菲
卞晶文　潘丽丽　郑　铮

南京农业大学继续教育学院 2011 级机电一体化技术（专科）、建筑工程管理（专科）、
金融学（专升本）、经济管理（专科）、旅游管理（专科）
（溧阳人才中心）

陈玉芳　赵　凯　唐　龙　任　耀　曹全林　刘　琦　杨　骥　郑旭娟　江界山
黄　琪　张振达　蒋燕飞　陈雯雯　陆苏敏　戴　丹　孔益君　赵俊成　潘　茜
杨冰心　张小花　宋佳璇　宋　波　姚泽云　蒋　利

南京农业大学继续教育学院 2011 级动物医学、会计学、农学、食品科学与工程、园
艺（专升本）
（江苏农林职业技术学院）

平　勇　杨　立　金励赟　吴玉娟　刘　梦　杨　洋　张景楠　邹丽兰　陈　畅
莫丽娟　张　敏　俞　华　黄俊达　张　健　曹　霄　王　婷　樊丛丛　郭晓青
王　敏

南京农业大学继续教育学院 2011 级电气工程及其自动化（专升本）、工商管理（专升本）、
2009 级国际经济与贸易（高升本）、2011 级国际经济与贸易（专科）、2011 级会计
（专科）、2009 级会计学（高升本）、2011 级会计学（专升本）
（高邮建筑学校）

戴　彬　刘　欣　钱春安　王　瑜　杨　静　殷学东　徐　敏　周　阳　肖洁琼
陈　慧　王　燕　王　玮　吴振泰　杨　坤　江　娟　张小丽　周晓亮　林　菊
刘　美　仲　军　王　月　李春霞　杨美华　毛婷婷　徐　燕　翟　霞　吴恒秋
范霄春　陈志坚　戴璧金　吴　梅　陈　娴　祝素超　刘　寅　郑　帆　孙　红
王　君　顾利敏　钱晓燕　许　鹏　吴　浩　张　伟　杜　萍　王　燕　房　晨

贺　晶　吴　峰　耿燕伟　陈　周　崔玉华　裴润清　刘　伟　夏仙慧　杨　静
吴宏阳　倪孙华　张　鹏　李　伟　祝　叶　王　燕　王宏燕　钱桂芳　刘　铁
俞闽芳　汤中伟　封　娟　陈春花　段艳霞　陈钊毅　靖宽兰　梁　卉　王小凤

南京农业大学继续教育学院 2011 级机电一体化技术（专科）、机械工程及自动化
（专升本）、计算机信息管理（专科）、建筑工程管理（专科）

（高邮建筑学校）

盛　利　冯德新　徐　建　张凤芹　王小勇　陈　磊　葛　桢　刘　颖　王　帅
马小冬　庄　俊　高志忠　徐丹丹　张　婷　邱　瑾　苏长娟　卢　刚　杨　革
马小平　刘发锦　魏春迎　顾小妹　王忠武　吴　倩　周美玲　陆会锦　纪　云
陈　辉　丁慧芳　王庆松　潘秋霞　郭　茜　徐　丽　严　芳　丁家祥　金　玉
田广慧　张冬梅　周　宁　陈　蕾　柏嵩山　杨卫冲　芮跃军

南京农业大学继续教育学院 2011 级金融学（专升本）

（高邮建筑学校）

王庆国　杭　琴　李文峰　葛倩云　张路路　李莉华　陈　婕　严婷婷　周庆磊
刘祥余　陈　美　刘兴旺　谢义军　刘德正　王声权　周建平　蒋　颖　李晓露
聂　鑫　许爱军　秦进华　赵宝建　朱在洞　孙泉凤　孙卫国　刘树忠　刘　云
孙　明　辛素琴　刘　伟　王登云　单　静　孟　伟　屠金融　蒋　瑶　李建芳
刘文珺　徐来娣　许文兵　王玉春　蒋思明　徐晓云

南京农业大学继续教育学院 2011 级经济管理（专科）、农业水利工程（专升本）、土地资
源管理（专升本）、物流管理（专升本）、农业水利技术（专科）、市场营销（专科）

（高邮建筑学校）

房　谷　张志琴　张永生　龙在庆　周　伟　顾朝阳　汪　艳　朱　玮　刘永博
胡艳丽　韦京志　秦　伟　刘永兵　徐进涛　侍振华　刘　涛　黄河杰　李　刚
胡　实

南京农业大学继续教育学院 2011 级信息管理与信息系统（专升本）、2009 级信息管
理与信息系统（高升本）、2011 级园艺技术（专科）

（高邮建筑学校）

李　曦　徐　俊　尹建雄　张　湛　王　敏　葛建宇　薛　伟　袁　媛　周　延
龚　雪　毛艳俊　朱劲松　梁林生　何丹萍　杨　璐　蔡　娟　钱　莉　钟晓君
王迎春　仇　艳　时文俊　陈益斌　孙其斌

南京农业大学继续教育学院 2011 级动物医学（专升本）

（广西水产畜牧学校）

廖飞龙　黄芝杰　李宣宏　覃孝杰　伍小梅　邹启立　韦双侣　谭湘辉　李　成
彭肇宇　黄天统　韦　盛　何覃杰　蓝海宁　覃　娜　周毅蓉　雷又境　张婉聪
严珮珊　谢明珠　黄海群　杨家臣　戴　琳　郑祝火　韦燕梅　覃翠艳　张荣锦
陈春榕　龙小舟　宁留保　李宇统　梁雪村

南京农业大学继续教育学院 2011 级畜牧兽医（专科）

（广西水产畜牧学校）

谢玲玫　韦祖瑜　胡德坤　曾　文　石映国　莫　建　宁达煜　王春燕　覃庆星
卢　震　石佳佳　粟海华　韦凤春　倪春玉　罗克辉　卢智远　陆　文　覃树勤

王进宁　周梦春　马乃恒　黄　丽　傅利珍　韦海清　黄徐祥　农小琴　覃庆毅
何丽丽　唐园园　黄仁创　李射文　卢光虎　孔凡新　吕　顺　农建华　陈柳明
兰宁恒　兰雄明　粟予俊　黄江敏　钟毅文　余多成　叶建铭　蓝德华　程隆旺
邹　化　陈美秀　石水宝　姚万云

南京农业大学继续教育学院 2011 级计算机信息管理（专科）

（金湖县粮校）

韦爱华

南京农业大学继续教育学院 2011 级园艺（专升本）

（连云港职业学院）

陈正龙　赵樱裴　刘　惠　魏新秀　薛国庆　姜　柳　朱彩龙　曹朋亮　张珂语
仲为伟　刘　琼　尹海霞　朱芳静　唐纪虎　江　亚　张天一　胡亮亮　曹　慧
闫　严

南京农业大学继续教育学院 2011 级会计（专科）、会计学（专升本）

（淮安生物工程高等职业学校）

张　宇　王贝贝　李腾云　李　霞　王丽君　王玉娇　徐丹丹　许婷婷　陆永娟
满新艳　刘华强　邹志红　蒋鑫玲　许　娟　李媛媛　费新宇　姬倩倩　丁　方

南京农业大学继续教育学院 2011 级畜牧兽医（专科）、园艺（专升本）、园艺技术（专科）

（淮安生物工程高等职业学校）

李桂兵　任高阳　吴天园　鲁　林　肖玉卓　范　杨　周　益　魏　建　王志亮
宗　桃　徐　健　陈小丽　杨雨婷　王坤鹏　张海龙　张刚梁　刘　丽　杜春标
王　丽　柴丹丹　郭燕青　陈卫亚　顾　迁

南京农业大学继续教育学院 2011 级电子商务（专科）、国际经济与贸易（专科）、国际经济与贸易（专升本）、会计（专科）、会计学（专升本）、2009 级会计学（高升本）

（金陵职教中心）

马　洪　陶　伟　肖　茜　王健慧　石海花　奚　子　李春明　葛富勇　张　颜
秦小霞　夏舒文　王　玲　阮　婷　邵宁宁　王小华　方　圆　汪　君　陈晓兰
任　鹏　林　慧　姚传玲　魏振梅　张珊珊　陈荣林　李一坤

南京农业大学继续教育学院 2011 级信息管理与信息系统（专升本）、计算机信息管理（专科）

（金陵职教中心）

唐　娣　陆霆锋　陈　龙　田　野　辛晓珊　陈亚萍　谢文程　马晓勇　刘智芳
宣焕奇　张慧娟　谢惠娟　徐　茜　张　骏　蒋婷婷　刘辉生　夏　娟　倪海岩
张力军

南京农业大学继续教育学院 2011 级动物医学（专升本）

（南京农业大学校本部）

张海龙　夏在安　张　萍　王喜国　阚　琳　张益龙　曹　辉　王海健　陈　萍
伲　梅　张顺明　叶思明　常　琛　杨　然　杨忠卫　赵甜甜　张　敏　咸　慧
邓伯琪　史秋盛　相苏芹　丁常海　张　荧　唐海彬　徐　勇　吴　伟　祝　英
招海珊　于　军

南京农业大学继续教育学院 2009 级国际经济与贸易（高升本）、2011 级国际经济与贸

易（专升本）、国际经济与贸易（专科）

（南京农业大学校本部）

成 欢 叶小伟 陶云花 郑 璐 方鑫源 董 昊 汪 健 刘兆洋 朱 慧
高 洁 刁亚萍 王 浩 周艳华 施裕松 杨 悦 邵 岩 马委洁 缪小建
耿康康 罗梦嫄 黄 萍 夏 萌 王久章 朱翠平

南京农业大学继续教育学院 2011 级会计（专科）、会计学（专升本）、2009 级会计学（高升本）

（南京农业大学校本部）

余海娟 梅 玲 朱佳欢 王 杰 魏俊玲 范 洁 王 影 吴阿楠 葛冉婧
何小敏 陈婧文 汪仕昌 李 超 杨炜炜 刘如波 张 琪 龙 璨 郭 香
陈 成 张小飞 钱仁丽 成 燕 金沙沙 梁 辰

南京农业大学继续教育学院 2011 级经济管理（专科）、农学（专升本）、农业技术与管理（专科）、土地资源管理（专升本）、2009 级土地资源管理（高升本）

（南京农业大学校本部）

刘 杰 张 玉 郭 栋 徐佳佳 徐同云 梅 佳 姜 俊 高红婷 邹建祥
倪建秀 吴涛涛 魏 帅 李劲松 张开朗 庄锦贵 金雨洁 薛 飞 王 芳
陈 池 许梨梨 刘 钰 李汶洋 夏文倩 戴鹏飞

南京农业大学继续教育学院 2011 级园艺（专升本）、园艺技术（专科）

（南京农业大学校本部）

许薇薇 赵朝欣 汪 菲 胡 娜 陆艺伟 韩明伟 靳 健 马文廷 谈 逊
王云巧 乌钟辉 宋昌国

南京农业大学继续教育学院 2011 级会计学（专升本）、2009 级会计学（高升本）、2009 级旅游管理（高升本）

（南京农业大学经济管理学院、南京农业大学人文社会科学学院、南京农业大学继续教育学院）

王 莹 陈 诚 马 佳 刘 晨

南京农业大学继续教育学院 2011 级工商管理、会计学、农学（专升本）

（南通农业职业技术学院）

杨云凤 赵陆萍 张晓滢 陆志彦 薛一吟 闻烨娟 曹丹丹 王荣涓 孙 青
张 倩 徐志国 徐晓圆 樊 晔 许 萍 杨 玥 王金娟 潘 登 徐煜明
王俐俐 陈忠军 康昊文 祝志钢 包俊花 许映祥 沈向东 丁 斐 陈建华
王海洪 徐士忠 李 春 顾恒青 沈晓林 乔岳峪

南京农业大学继续教育学院 2011 级园艺（专升本）

（南通农业职业技术学院）

卞弘洁 陈 铜 曹 丽 林 霖 葛 晟 何 默 张 霞 柏 乐 费呈呈
殷小芳 李 剑 朱 雷 秦小玉 刘 云 万 亮 丁泠钰 冯园园 龚 超
丁 倩 李通天 冯 玮 羌玉平 姚一艳 徐春红 吴 军 史玲琳 费得银
高 箭 施 展 刘 莉 李园园 丁 玲 张 瑶 李 璟 许惠慧 王星星
苗玲玲

南京农业大学继续教育学院 2011 级汽车运用与维修、数控技术（专科）

（盐城技师学院）

徐晓洋　陈　斌　张　聪　杜　姚　周　雄　余庆龙　王　斌　宇文成　高庆青
刘星星　柏龙艳　崔珊珊　王　超　祖锡杭　许路生　朱建鹏　陈　雷　何大彬
焦天蒙　应云娟　颜亚洲　杨　丽　王　默　王　韬　王　川

南京农业大学继续教育学院 2009 级电子商务（高升本科）

（盐城生物工程高等职业技术学校）

陈雅婷　吴丹丹　杨　洋　张苏云　施春婷　李　娜　成　露　黄婷婷　陈金龙
王臻跞　王秀全　王　杰　陈　继　高　明　陈　稳　陈　雨　谢意红　王培培
肖　倩　郑　叶　吉凝眉　费　华　孙　青　汪雅婷　王艳妮　崔小芳　谢　露
吴　冰　谢香群　朱丹丹　薛希颖　周俊敏　潘龙娟　宁宗亮　苏丹丹　沈永帅
宗　琪　张艳红　王佳佳　杨　健　徐凤桃　于　静　周婷婷　顾晓艳　胡雪姣
李　艳　张　瑾　刘文平　付王燕　刘　运　顾　蓉　吴　庭　刘冰洁　杨兰兰
刘佩佩　陈　真　孙　莹　朱明敏　刘兰芳　崔静秋　耿　青　徐　南　杨成香
张月婷　闻东风　刘　心　薛　倩　牛万亮　蔡来娣　周玲玲　蔡　君　洪　兴
桑玉容　成红艳　张　霞　李露露　赵化化　夏丽丽　李伟琪　陈艳梅　刘海艳
朱晓明　田　芮　杨梦香　彭琳琳　耿瑞霞　倪江华　戚全秀　王冰新　余芳芳
冉　旭　刘　丹　王亚荣　王　卫　刘媛媛　蔡志亚　陈飞飞　徐　辉　陈　鑫
夏恒彬　田锦丽　蒋春节　徐小荣

南京农业大学继续教育学院 2011 级电子商务（专科）

（盐城生物工程高等职业技术学校）

付　露　何　青　姜　倩　吴恒飞　高水亚　魏芸霞　薛立秋　蔡林林　吴瑶瑶
周　琪　范文娟　施　鑫　周　倩　刘　琪　刘云云　张悦凡　蒋　平　蒋　安
李　进　黄建燕　张　静　彭　敏　朱娟梅　陈守金　王宝婷　傅丹丹　张　娜
柴文娜　王晶晶　渠　杉　韦乃瑕　彭春花　王照支　鲍　艳　陈俊宇　陈可清
丁万磊　郭　倩　胡云凤　梁莉莉　石　佳　王　慧　王贝贝　王艳南　薛红芹
杨丽媛　于　芳　岳海迪　周慧慧　吕浩益　孙　伟　潘本路　李焕成　费秀清
陈晓丽

南京农业大学继续教育学院 2011 级电子信息工程技术（专科）

（盐城生物工程高等职业技术学校）

李艳苏　胡换换　杨国强　陈亚洲　李东旭　严勤洲　刘美荣　毛大妮　顾　欢
李　晴　崔伟伟　沈流承　何书娟　高　转　李　琳　何　颖　马占霞　潘红梅
高元秀　朱海君　朱鹏鹏　谢　驰　潘成建　周林红　寇芳芳　白永青　金锁云
闫　情　齐行书　许　然　盛雨薇　周雪艳　陈　侃　蒋雅茹　王向红　张　阳
杨　杰

南京农业大学继续教育学院 2011 级动物医学（专升本）

（盐城生物工程高等职业技术学校）

王　琴　吴晓玲

南京农业大学继续教育学院 2011 级会计（专科）

（盐城生物工程高等职业技术学校）

张恒婷　陈丽丽　王　娟　王　慧　蔡晶晶　郑云云　印志萍　姜玲玲　房倩倩

张师森	桑婉秀	张 旋	赵苏文	王丹丹	季文玲	范 珊	武利娟	司 敏
邱迎月	徐浩竣	赵楠楠	万思琪	秦绍卿	聂 革	胡利娜	朱 丹	周 瑜
喻雅芹	徐 林	汪 娟	王娇娇	杨 洁	薛晶晶	汪 萍	赵一新	刘珊珊
嵇春晓	岳翠仙	刘政金	孙福力	陈旭东	黄 慧	王婷婷	杜亚梅	蔡艳凤
徐凤娇	孙洪云	徐春迎	杨 娟	王丽君	王盼盼	吴珊珊	郑慧慧	季婷婷
蔡婷婷	曹 会	周爱平	宋亚会	吴婷婷	陈小婷	陈亚男	陈丽娟	管芸锐
李姜婷	徐丹丹	于 雪	穆 林	孟亚男	韦华丽	朱东林	唐 云	房 丹
史建凤	邵 静	蒋静静	万佳佳	仲焱鑫	邵婷婷	徐 利	卢立军	朱婷婷
严赵快	傅 裕	马 毓	周姗姗	王丽娟	王珊珊	马 丽	卜艳艳	吴金梅
王乐军	付荷廷	张月娥	赵洋春	黄莉雯	黄桂平	解明珠	江 平	王 慧
娄晓娟	縻 迎	解彤辉	韩文静	田倩倩	张雪妹	臧千秋	孙晶晶	徐 莉
尹茹雪	马 标	王红星	孟雪伟	魏杰杰	樊艳艳	邓 珊	刘 艳	刘 璐
陈永清	郑婷婷	汤 斌	张爱圆	张 燕	颜 文	余海民	朱灿灿	田 枫
陈雨蒙	李亚婷	曹 静	薛彩虹	韦 敏	尚庆芝	贾 琪	马宝珍	李 娜
骆海迪	郇秋月	关衡艳	何 艳	侍守焕	周希娟	卢 艳	曹雨晴	徐海芹
陈宇驰	马佳佳	陈 状	陆启成	仲 帅	王 燕	宋方明	张席席	赵 丹
赵雪莲	薛珊珊	王家敏	张岩岩	闫庆来	贾东东	万春梅	倪三波	张 颖
张 艺	杜 艳	成进霞	陈翠红	李英芬	徐 婷	刘影影	马海侠	余 琼
刘 晶	孙林玲	周楠楠	蔡伟冬	杨传峰	顾亚萍	费小勤		

南京农业大学继续教育学院 2009 级会计学（高升本）
（盐城生物工程高等职业技术学校）

彭锦平　戚龙琴　苏 艳　陈小丽　蔡林静　成 玥

南京农业大学继续教育学院 2011 级机电一体化技术（专科）
（盐城生物工程高等职业技术学校）

刘 兵	柳雯溪	周永华	梁 栋	戴 磊	时海峰	邵引亮	刘 伟	史勇春
臧省齐	张浩浩	卢晓文	曹 杨	祁彦扣	洪 兴	陆珊珊	周爱华	张海鹏
任 晶	陈 诚	龚 奇	王 潇	杨 骏	袁大伟	司艾祝	黄 星	张保明
朱成佩	王 强	任君青	丁 全	张航领	徐 盅	沈 雨	胡建顺	蔡文祥
陈 辉	张 霖	曹金金	范 青	王苏伟	刘 飞	张 伟	姜飞翔	苗亚洲
于 豪	汪 登	朱圣春	周剑峰	王 阳	朱 强	贺亚洲	李 斯	徐 成
王甫浪	张 猛	张胜静	颜廷良	陈 路	彭俊科	赵国瑞	张学宁	王坤广
王 昊	王连新	马红刚	王浩臣	周 益	吴兆霞	曾伟伟	王步高	左 慧
徐 刚	陈恒杰	周 刊	蒋 功	韩亚辉	姚志永	黄素成	沈强国	崔朝阳
孙正周	周伟伟	单淦中	华 建	刘尧舜	田 港	戚 可	罗 浩	谭云凤
朱 天	薄 雷	张 倩	沈 岳	单华坚	祝 远	张联之	孙志路	张利军
张立春	史长洋	冯 兵	李青国	陶大勇	冯 进	梅志文	王 彬	秦 欣
周 刚	叶 磊	李 报	王 远	陈 晖	周 山	庄 宇	孙 洋	赵 猛
刘相伟	王腾腾	靳超群	许行双	洪广西	郁怀杰	纪瑞阳	陈 旺	谢孟贤
陈 婷	徐 维	张 宝	胡义苏	吴宝德	王 斌	胡金龙	赵忠听	王修韬
杨平西	孟贤文	邓玉霞	李艳霞	白祖莲	刘洋洋	刘 开	潘 帅	王 硕

吴慧敏	厉伟伟	杜宏伟	李海龙	王登超	孙丹洋	张 石	曹利原	樊士通
丁 艺	谢 峰	刘 通	朱井洲	胡继军	曹 阳	吴良腾	孙远洋	李再翔
仇 蒙	赵 亮	潘海峰	高国获	瞿明成	赵跃庭	朱 梅	吴荣臻	黄成洋
单友双	刘 侠	赵加青	周 瑾	赵 为	段宏伟	张子足	陈 才	祁 强
苏 宁	李 伟	陈荣得	徐 彬	成 翔	王 闯	钟章旭	韩占乔	陈 成

南京农业大学继续教育学院 2011 级机械工程及自动化（专升本）
（盐城生物工程高等职业技术学校）

王万兵　张品品　李海洋

南京农业大学继续教育学院 2009 级计算机科学与技术（高升本）
（盐城生物工程高等职业技术学校）

徐海江	吴 烨	袁 明	蔡富军	蔡星星	蔡亚中	陈建楠	陈育成	陈圆圆
高 娜	胡苏云	黄 龙	贾 猛	李郅彬	刘雪艳	马银龙	沙步坤	王秀杰
吴春芹	徐大振	徐柯歆	邹留阳	张 文	张 越	张开鹏	张晓娜	周亚玲
朱玲玲	李 荣	罗佳佳	管明明	姜建蓝	孙佩佩	张雪艳	刘东升	邹 东
金雅婷	陈 浩	陈 晨	王倩倩	赵 静	徐从庆	薛 辉	王 慧	王 靖
任 琴	凌秀丽	张海云	宁海琴	梁 卫	王晓芳	徐梦丽	郑 颖	张 倩
陈 静	吕艳飞	李利娜	秦 浩	陈星如	倪春叶	刘金婷	孟得华	姚 萍
吕 芹	李惠玲	尤慧娟	韦 佳	邵 丹	武 露	王 玲	张 慧	夏 婷
李金凤	杜 欣	王文成	刘 练	刘 练	张林玉	孙 清	林 兰	李弯弯
于少华	赵 权	王善龙	胡冠群	陈欣永	张跃兰	黄洁焱	马晓玲	顾宜竞
骆映平	唐月蓉	颜 婷	许 鹏	于 超	王 越	窦富胜	王 盼	孙 凯
田 芳	高梅梅	王秋梅	崔晶晶	刘 玉	蔡海兰	周 琴	段宏霞	周玲玉
吴东青	朱雪琦	郭登亮	徐 玲	胥 梅	胡茂根	叶仁超	吴德彩	王大大
杨智恒	季仲秋	吴 清	吴晓懿	王玲玲	吴海燕	魏静静	张正红	黄约法
朱海荣	吴淑芳	胡庆喜	张杨阳	黄春苗	张莹莹	王 红	杨 阳	董 磊
杨海菊	钱 程	张 颖	张 婷	徐娇娇	马凤云	吴 俊	季 勇	刘益平
苏 艳	吴银伟	张清成	许兴刚	徐春权	茆云凯	周 捷	蔡兰慧	贾勇智
严 俊	胡春波	李宵宵	陈黎明	陈慧慧	王海华	李留利	徐 鹏	

南京农业大学继续教育学院 2011 级计算机信息管理（专科）
（盐城生物工程高等职业技术学校）

韩 丽	董晓喜	邹 涛	许晓娟	单云瑶	王燕清	单莉莉	朱仟仟	吴 晗
韩 庆	潘顺军	曹 磊	刘 慧	沈佃华	王 静	王 琦	蔡 青	王婷婷
严 任	方淑贞	唐 微	严春洋	沈强施	陈 腾	王金华	史良丽	黄亚军
张丽利	周 旭	耿海莉	马忠海	石丹丹	霍云霞	许 妍	王文帅	严长武
金于人	王 晶	贺 颖	苏 兰	李晗文	潘 娜	郑春丽	仇大艳	费雅静
顾洁莹	杨 瑞	刘东宁	刘永驰	李 彬	钱 垒	王雪艳	潘星星	李美娟
沈 慧	马金玉	马 云	高园园	倪贝贝	郑学刚	徐晶晶	丁良丹	薛 亮
薛 超	樊继峰	王楠楠	赵 晨	伍乾坤	吴海剑	谢凯玲	刘 凯	陆 兴
沈玉芹	张啸东	张云云	段雪露	潘珍珍	周 敏	赵文国	王玉玉	李婷婷
詹怀明	马 威	杜佩阳	梁慎慎	樊欣童	刘 乐	夏中玉	胡仿云	刘位平

薛 萍	李 盼	胡卫霞	陈珍珠	胡 敏	周兰兰	王伟丽	沈晶晶	单 瑛
卞嘉惠	蔡炳强	蔡万超	蔡 燕	崔 健	戴晶晶	付秀艳	高 敏	何东芹
黄凯强	黄文婷	贾成月	江 雷	蒋菽蔚	李金霞	李云云	练文婕	刘 雷
刘林月	刘苗苗	刘 杨	卢 萍	陆 浩	孟宪俊	潘酉玲	茹 慧	宋振彪
孙培培	唐 峰	王庆秋	吴旭东	徐 满	许戈辉	于芬芬	张 峰	张新亮
张元军	周彩红	周 瑾	周美芹	朱华奇	王旭东	李娜娜	戴成琴	吉 楠
伍春秋	袁欢欢	陈艳艳	蒋明城	张磊磊	李焕焕	张 鑫	刘文娟	张维维
李志明	高龙威	张 卫	武 闯	朱继科	孙思成	段信誉	胥东东	孙 权
赵 鹏	张 宁	陈 林	陆二京	张晴晴	孙威威	金 艳	张 勇	柏 煜
孙梦月	邢晶晶	陈 萍	李 耸	陈伟建	渠东营	洪 豆	何承洋	邵玉梅
韩春艳	王 成	史佳佳	张 盼	孙亚威	谢友胜	周星星	王富明	赵斯浦
王健丽	刘碾平	赵 娇						

南京农业大学继续教育学院 2011 级建筑工程管理（专科）

（盐城生物工程高等职业技术学校）

倪 蔓	赵春波	李基跃	李彦星	张 国	渠奎奎	李 浩	耿 兵	房德科
束方杰	唐伟哲	邱 冬	时 磊	陈 诚	李冬伟	明 健	李 涛	庞 朋
朱成实	冯新伟	姜 韧	刘 鹏	戴志远	张 研	张 闯	吴 磊	李亚楠
葛志振	史 超	皮强风	张 会	仲苏荣	葛志岩	葛明亮	陈盛东	王兆远
刘 训	张 虎	高庆辉	陶正凯	李知锦	潘 华	田平霞	周树方	唐 飞
孟强盛	吴长青	颜俊杰	刘 冉	邱孝广	方明汉	赵兴杰	段少波	陈 美
任灵敏	姚 芬	王效帝	袁 贺	廖旭峰	蒋 伟	俞进娣	金晓雷	徐 鹏
王树恒	李 波	陈蓉蓉	林 海	朱国其	刘 覃	叶至超	马 冲	于韩志
张效通	徐大伟	张启源	朱金需	顾梅馨	刘训严	王 迁	刘 备	黄苍洋
王建磊	许 露	佟设计	王保旗	徐继威	丰启龙	丁堂柏	薛 婷	张 诚
钱 犇	杨华勇	魏 培	郭 聪	洪良壮	仲 强	左双阳	朱秋峰	于珉斌
汤 健	刘前洪	陈笑笑	夏学波	周明达	于海奇	陈维永	陈德蕾	陈 敏
单小锋	徐金成	徐鹏程	陈大庆	王柏强	张 笑	徐 杰	李宝宝	陆训康
张 蒙	陆 伟	袁东胜	王保怀	徐法成				

南京农业大学继续教育学院 2011 级经济管理（专科）、农学（专升本）、农业技术与管理（专科）、农业水利工程（专升本）、农业水利技术（专科）

（盐城生物工程高等职业技术学校）

蔡 峰	潘婉婉	张 芳	商志玮	常 莹	朱景琰	周 磊	苏 玲	王海平
王本芹	高景龙	刘爱华	刘春来	李开娟	陈巍巍	高晶晶	丁 峰

南京农业大学继续教育学院 2011 级汽车运用与维修（专科）

（盐城生物工程高等职业技术学校）

章 坤	周 祥	沈同甫	朱小杰	曹加辉	胡 正	郑亚阳	汪大鹏	贺 洋

袁克栋	杨 扬	陈立驰	王伟超	张红卫	张冬磊	冯 军	缪国新	姜康明
许兴娣	丁娇龙	王 航	王崇政	孙存进	章兵启	王 停	仲奇特	王帅帅
陈明龙	纪长松	相堂伟	范徐杰	顾东阳	程 云	王宇明	李海宁	王 勃
夏 伟	王扬穆	秦 珂	杜 忍	王 玉	王金来	刘志伟	耿 强	杨德志
张 杰	冯 建	时义明	徐昆鹏	王志伟	吴德荣	付明杰	高雨生	杨 勇
戈 豹	范明祝	马瑞峰	马 停	吴 永	岳守德	李 义	李 伟	黄春建
刘 森	侯光明	张凤群	尤 春	程士远	仲 伟	王智超	朱孔武	王唯唯
郭 靖	季俊康	张盼盼	朱淮洋	杨大磊	张 景	魏 涛	佟 昌	陈凯强
葛广夺	徐国庆	杨 帆	韩梦醒	陈世界	李 阳	蒋林波	马黎明	耿书报
吴海阳	史继松	赵 稳	赵善武	陈建南	许 潮	汪加林	洪 达	张 坤
张 楠	乔丰越	朱 亮	李健华	张 晨	嵇洋洋	孙海威	顾 琦	陆立顶
卓 昆	张宁波	焦 旭	徐 江	张 凌	陈 实	陈大伟	沈玉扬	蔡 磊
宋文宁	王凯歌	李伟伟	张 伟	张 飞	刘加利	祁 亮	屈 扬	窦贝超
史海群	刘乐洋	孙雄辉	祁树东	蒋玉书	闫腾飞	薛 圣	冯金浩	高飞龙
汤 洁	周 飞	高 升	鲍 雷	罗涵洲	庄思佳	吴晓晓	晏向阳	刘春雷
魏贵阳	吴玉娟	田建青	张福东	印建伟	张 鼎	马盼盼	周 纺	蔡广辉
尹光耀	梁大来	吴海全	秦礼奋	邵 帅	程 浩	张 攀	杨 益	赵 昊
蔡 铭	韦耀庭	曹 勇	辛爱东	阮伟泰	李彬彬	徐海龙	皋文德	顾 健
杨晓勇	赵星星	南正文	杨明程	肖 晓	马维维	胡之亚	吉加峰	王剑峰
刘国伟	朱庆明	王 敏	陈 龙	徐 磊	田 全	王东成	朱庆中	沈海永
伊佳伟	杨 洋	李云飞	陈建桂	张 杰	吴向东	朱士远	陈晓杰	杨 阳
陈 任	葛 永	徐梓祥	袁 龙	李 军	孙永恒	吴伟男	孙贝贝	薛 威
徐洋洋	石 诚	申圆兵	孙 雷	时小超	李 艳	黄海成	张 腾	张 杰
章德全	刘 超	陆敬赛	吴 奇					

南京农业大学继续教育学院 2011 级数控技术（专科）
（盐城生物工程高等职业技术学校）

陈柏达	姜 岚	石杉杉	周海青	裴 培	黄 华	赵辰辰	刘海军	张艺凡
王红梅	姚高艳	邢胡广	花 韦	卞廷羊	丁 伟	武 阳	康 凯	魏 锋
贾太根	胡建祥	吴 杰	潘春山	陈必柱	张显亮	金广祥	单孙发	刘洋洋
邱金春	叶 舟	赢益明	王 健	解维鹏	范佳硕	席德鹏	徐昌林	郁 园
王丁成	缪勤凯	高天文	陈 贺	李士敏	闫旺旺	陈 庚	郑 杰	李伟阳
吴满亮	赵腾飞	孙腾腾	张 成	仲 旺	王 瑞	魏理想	范影艳	刘 义
徐 明	鲍俊洲	蒋 礼	祁兵兵	徐芝富	殷其东	陈存华	陈允坤	程 余
丁前进	顾 飞	胡小良	金海涛	李登宇	李苏川	李 煜	刘海洋	吕洁明
倪小礼	钱宝闯	盛 建	时 杰	孙先锋	孙 阳	王欢欢	王 健	王 猛
王 唯	魏金磊	鲜崇月	杨国印	叶金鹏	张得恩	张金良	张乐园	仲委阳
周建伟	周正海	朱友俊	郑 辉	孙荣华	尹建森	秦 浩	董宏昌	朱淮涟
陈 瑞	秦巧龙	鲁安荣	刘凤楠	黄建武	韩朝均	张俊飞	孙学富	王祚伟

董荣广　林祥俊　刘仍磊　丁帅帅　薛许华　茅　梁　常　飞　朱林森　李彤明
王志刚　贺冉冉　刘　勇　张　涛　陈　磊　田　超　陈伟洋　赵子文　唐为良
王履楼　张　磊　周镇东　尤　阳　刘　魁　张　璐　田蒙蒙

南京农业大学继续教育学院 2011 级物流管理（专科）

（盐城生物工程高等职业技术学校）

陈慧慧　赵　娜　杨国栋　薄恩光　陈　伟　黄　涛　李亭亭　刘　方　刘　颖
吕　静　宋丹丹　王　芳　王梦梦　吴小冬　肖　旭　辛倩倩　徐　云　杨　越
杨春义　张　慧　张婷婷　张娴娴　刘　邓　顾　磊　单洁培　周敏敏　李二威
陈冠伯　张忠琴　陈刘三　张　静　王　威　王汉龙　仲崇静　蔡新垚　陈　雨
崔宁宁　陆双成　王甫新　王佳佳　王晶晶　王亚洲　严　丹　张　菲　张晓恒
吴小艳　廖世娟　杭卫明

南京农业大学继续教育学院 2009 级信息管理与信息系统（高升本）

（盐城生物工程高等职业技术学校）

王历平　万雪萍　张文娟　徐晶晶　崔玉娇　周　慧　陆　通　卢　辉　单丹丹
陈春欢　王海平　杨　正　沈永青　蔡　芬　杨　敏　杨　静　李春燕　陈　斌
陈　伟　徐　萍　于　胜　冯国兴　毛建建　庄　娇　胥粉兰　冯娟娟　王娟娟
孙海超　李翠莲　吕妍妍　高莎莎　姜明明　周子钦　马继荣　王沿沿　黄青春
潘春芝　朱彦彦　陶佳佳　李小娟　尹永坤　穆成东　邵玉凤　刘丽丽　邢杰妮
王丽娟　单阿红　周　磊　王姜磊　王　忠　魏警卫　李珊珊　吴　娟　汪　悦
倪中杰　李　凤　王小龙　茅锦平　吴波玲　单红兰　李　腾　李新雨　花延龙
陈维维　黄金龙　张　玉　施　义　寇恒东　苗大伟　魏　通　刘　健　袁　野
孙　龙　孟凡龙　孙振峰　邵宏伟　张增光　戚锐英　肖滕昌　彭传恩　赵德成
聂卫东　李　通　刘华乔　荣　静　李红兵　吴晓锋　刘坤亮　李　燕　杨　勇
嵇怀明　尹宝庆　金　方　王菊荣　张馨允　孙月娟　陈文瑞　孙　杰　徐荣霞
成　琪

南京农业大学继续教育学院 2011 级畜牧兽医（专科）

（盐城生物工程高等职业技术学校）

傅巧云　于　冉　朱　俊　李　迎　刘海尧　赵学兵　梁延帅　张　森　王　萍
尚华敏　段燕秋　蔡华国　王志堂　邱中奇　孙振宇　宗　盖　任　欢　彭大春

南京农业大学继续教育学院 2011 级园艺（专升本）、园艺技术（专科）

（盐城生物工程高等职业技术学校）

顾冬梅　陈　超　巩玫瑰　海　洋　吉才志　李冬芝　李伟男　陆启佳　孙　兰
王建新　王　乐　王小丹　王　瑶　吴　霞　谢　晶　沈长生　阮秦明　杨志海
李　乐　徐佳佳　仲　茹　戴婷芝　陶亚彬　汤习华　殷前慧　茆双双　董　梁
李　祥　尚金乐　王　丹　徐明珠　刘　沾　倪　骏

南京农业大学继续教育学院 2011 级动物医学（专升本）

（江苏农牧科技职业学院）

赵志刚	华 元	曹 溯	王 荣	沙 莎	范菁曹	钱 婧	刘妍妍	张 敏
顾乃松	张春玲	徐 锋	张莉莉	苗明娟	张小卫	柏 静	薛 英	董一博
佘 婧	吴佳惠	卢开琴	赵婍郁	方学超	陈 俊	陈 夕	刘 钊	丁 跃
李易兴	李青爽	马灿永	朱 熙	蒋建娟	虞川宁	赵奕韵	王露喜	杨 程
徐 鹏	顾 静	巫 嘉	葛于波					

南京农业大学继续教育学院2011级工商管理（专升本）、国际经济与贸易（专升本）、会计学（专升本）、机械工程及自动化（专升本）、农学（专升本）、农业技术与管理（专科）、食品科学与工程（专升本）

（江苏农牧科技职业学院）

王苏财	宋 洁	滕枝洋	包曹蕾	胡 威	荆 晶	沈 莉	徐 洁	邵亚香
张志昂	刘 群	徐临获	赵 莉	曹 阳	姜 颖	朱振勇	李 峰	张明军
杨 晨	万 利	张 馨	王玉楼	肖炳红	陆小刚	田 力	王 伟	孙信标
郭 楠	陈东升							

南京农业大学继续教育学院2011级水产养殖学（专升本）、物流管理（专升本）、信息管理与信息系统（专升本）、园艺（专升本）

（江苏农牧科技职业学院）

杨文溢	倪 华	王 宏	刘 将	仲其龙	李 洁	刘长城	仲取光	陆荣龙
肖 莉	张永明	虞太巧	胡超鹏	张攀攀	徐哲昊	郭 敏	曾智军	蔡冬明

留 学 生 教 育

【概况】2014年度招收长短期留学生共706人，其中长期留学生288人，包括学历生212人（博士生135人、硕士生59人、本科生18人）和进修生76人。毕业留学生共37人，其中博士生25人、硕士生7人、本科生5人。2014年学校留学生来自80多个国家和地区，2014年毕业学生共发表SCI论文52篇。

招收渠道多元化，专业结构更加趋于合理。长期留学生包括中国政府奖学金生124人、江苏省茉莉花奖学金首次招生5人（全额奖学金2人、部分奖学金3人）、南京市和校级联合奖学金生45人、外国政府奖学金生75人、校际交流生35人、自费生4人。留学生分布于动物医学院、农学院、经济管理学院、资源与环境科学学院、食品科技学院等14个学院。学历生中以研究生为主，研究生占学历留学生的比例为91.5%。新招收南非自由州省的联合培养项目语言预科生58人，进行为期一年的汉语学习。

留学生培养过程中，探索"趋同化管理"和"个别指导"相结合的培养机制，突出学校学科优势与特色，开展英语授课课程建设，推进课程国际化进程，确保高质量培养国际人才。有机肥与土壤微生物、高级生态学、农业遥感原理与技术和高级微观经济学入选"2014年高校省级英文授课精品课程"。

留学生新生入学教育常规化、系列化开展，"院长接待日"制度效益显著，目前学生反映问题日益减少，管理逐步规范化和科学化。留学生会组织自我管理与服务意识和能力加强，逐步依靠其自身力量组织和参与丰富多彩的国际文化节等相关活动。留学生在校内外的文化活动中，20 多人次获得省校级以上奖项。

【有机肥与土壤微生物等 4 门课程入选"2014 年高校省级英文授课精品课程"】2014 年是学校的"国际化推进年"，国际教育学院和研究生院共同组织启动第二批英语授课课程建设，按照植物科学、动物科学、生物与环境、食品与工程、人文社会科学五大学部进行课程的模块式建设，新建 30 门英语授课系列课程。其中，4 门课程有机肥与土壤微生物、高级生态学、农业遥感原理与技术和高级微观经济学入选"2014 年高校省级英文授课精品课程"，入选课程数在江苏高校中居于第二位。

【第七届国际文化节系列活动】2014 年 10 月 20 日，南京农业大学第七届国际文化节在学校图书馆北门广场开幕。本届活动为期 2 个月，共吸引了 23 个国家的留学生参与，在总结以往成功经验的基础上，本届活动首次由学工处、国际处、国际教育学院和金融学院共同举办。本届国际文化节系列活动包括多国风情展、留学生秋游、中外大学生足球友谊赛、书法比赛和元旦联欢晚会等一系列精彩活动，受到中外学生的热烈欢迎，引起多家媒体的广泛关注和新闻报道。

（撰稿：程伟华　苏　怡　审稿：张红生）

[附录]

附录 1　2014 年外国留学生人数统计表

单位：人

博士研究生	硕士研究生	本科生	进修生	合计
135	59	18	76	288

附录 2　2014 年分学院系外国留学生人数统计表

单位：人

学部	院系	博士研究生	硕士研究生	本科生	进修生	合计
动物科学学部	动物科技学院	14	3			17
	动物医学院	27	10	1		38
	渔业学院	5	7			12
动物科学学部小计		46	20	1		67
食品与工程学部	工学院	15	3		3	21
	食品科技学院	11	2			13
	信息科技学院		1			1
食品与工程学部小计		26	6		3	35
人文社会科学学部	公共管理学院	4	1	1		6
	经济管理学院	6	15	5		26

（续）

学部	院系	博士研究生	硕士研究生	本科生	进修生	合计
人文社会科学学部小计		10	16	6		32
生物与环境学部	理学院		1			1
	生命科学学院	3	1			4
	资源与环境科学学院	8	6		2	16
生物与环境学部小计		11	8		2	21
植物科学学部	农学院	16	4	8	1	29
	园艺学院	9	4	2		15
	植物保护学院	17	1	1		19
植物科学学部小计		42	9	11	1	63
国际教育学院					70	70
合计		135	59	18	76	288

附录3　2014年主要国家留学生人数统计表

单位：人

国家	人数	国家	人数
埃塞俄比亚	4	蒙古	3
巴布亚斯几内亚	2	孟加拉国	3
巴基斯坦	79	莫桑比克	5
赤道几内亚	2	纳米比亚	3
多哥	3	南非	60
多米尼克	3	塞拉里昂	2
厄立特里亚	2	圣卢西亚	1
斐济	1	苏丹	28
佛得角	1	土库曼斯坦	1
牙买加	1	西班牙	1
圭亚那	1	乌干达	1
韩国	6	伊朗	2
加纳	3	印度	1
柬埔寨	4	越南	10
喀麦隆	6	赞比亚	1
肯尼亚	24	坦桑尼亚	1
老挝	2	巴西	1
利比里亚	1	泰国	1
卢旺达	3	日本	6
马达加斯加	2	菲律宾	1
乌克兰	1	塞内加尔	1
美国	3	叙利亚	1

附录 4 2014 年分大洲外国留学生人数统计表

单位：人

大洲	人数
亚洲	120
非洲	153
大洋洲	3
美洲	10
欧洲	2

附录 5 2014 年留学生经费来源

单位：人

经费来源	人数
中国政府奖学金	124
江苏省茉莉花奖学金	5
南京市政府和南农联合奖学金	45
本国政府奖学金	75
校级交流	35
自费	4
合计	288

附录 6 2014 年毕业、结业外国留学生人数统计表

单位：人

层次	人数
博士研究生	25
硕士研究生	7
本科生	5
合计	37

附录 7 2014 年毕业留学生情况表

序号	学院	毕业生人数（人）	国籍	类别
1	动物医学院	7	巴基斯坦、越南、苏丹、肯尼亚	博士 5 人，硕士 2 人
2	动物科技学院	3	巴基斯坦、苏丹、越南	博士 3 人

（续）

序号	学院	毕业生人数（人）	国籍	类别
3	资源与环境科学学院	2	巴基斯坦、肯尼亚	博士2人
4	农学院	5	巴基斯坦、韩国、越南、多米尼克、圭亚那	博士2人，硕士1人，学士2人
5	经济管理学院	5	泰国、越南、喀麦隆	博士2人，学士3人
6	植物保护学院	5	巴基斯坦、越南、肯尼亚	博士5人
7	食品科技学院	3	巴基斯坦、肯尼亚	博士3人
8	园艺学院	1	韩国	硕士1人
9	理学院	1	苏丹	硕士1人
10	生命科学学院	1	巴基斯坦	硕士1人
11	工学院	2	巴基斯坦	博士2人
12	渔业学院	2	塞拉利昂、南非	博士1人，硕士1人

附录8　2014年毕业留学生名单

一、博士

（一）农学院
菲安斯 Fiaz Ahmad（巴基斯坦）
金炫志 Kim Hyun Jee（韩国）

（二）动物医学院
布格赫 Shamsuddin Bughio（巴基斯坦）
陈德寰 Tran Duc Hoan（越南）
法米达 Fahmida Parveen（巴基斯坦）
苏力曼 Ibrahim Adam Hassan Sulieman（苏丹）
瑞阿斯 Riaz Ahmed Leghari（巴基斯坦）

（三）资源与环境科学学院
格蕾丝 Kibue Grace Wanjiru（肯尼亚）
拉沙瑞 Muhammad Siddique Lashari（巴基斯坦）

（四）食品科技学院
马瑞伽 Alfred Mugambi Mariga（肯尼亚）
阿比德 Muhammad Abid（巴基斯坦）
贾巴 Jabbar Saqib（巴基斯坦）

（五）植物保护学院
卡威莎 Kiriam Karwitha Charimbu（肯尼亚）
沙赫德 Muhammad Shahid（巴基斯坦）

阿默德·纳赛尔 Ahmed Nasir（巴基斯坦）

范文孝 Pham Van Hieu（越南）

弗黑摩 Faheem Uddin Rajer（巴基斯坦）

（六）动物科技学院

纳义姆 Naeem Muhammad（巴基斯坦）

法都尔 Jaafar Sulieman Fedail Toar（苏丹）

丁文勇 Dinh Van Dung（越南）

（七）渔业学院

马修 Kpundeh Mathew Didlyn（塞拉利昂）

（八）工学院

塔伽 Tagar Ahmed Ali（巴基斯坦）

马瑞 Mari Irshad Ali（巴基斯坦）

（九）经济管理学院

申宝秀 Sonthaya Sampaothong（泰国）

农友松 Nong Huu Tung（越南）

二、硕士

（一）渔业学院

莫洛克 Matlala Moloko Petunia（南非）

（二）动物医学院

威廉 William Keeru Kimaru（肯尼亚）

鞠爱丝 Joyce Wanjiru Maingi（肯尼亚）

（三）理学院

穆萨 Ibrahim Hussein Musa Tahir（苏丹）

（四）农学院

吴氏恒 Ngo Thi Hang（越南）

（五）生命科学学院

沙玛 Muhammad Kaleem Samma（巴基斯坦）

（六）园艺学院

许爱理 Heo Aerie（韩国）

三、本科

（一）经济管理学院

陈海智 Tran Hai Tri（越南）

撒米尔 Ngoh Samuel Aziseh（喀麦隆）

塔比 Tabi Gilbert Nicodeme（喀麦隆）

（二）农学院

米娜 Mason Aminah Myriah（多米尼克）

洛林 Paddy Lauren Laroyce（圭亚那）

六、发展规划与学科、师资队伍建设

发 展 规 划

【完成南京农业大学"十二五"发展规划中期检查】开展学校"十二五"发展规划的中期检查工作，对规划实施情况进行监测评估和跟踪检查，并进行考核结果反馈。于 2014 年 5 月形成《各学院"十二五"发展规划目标完成情况汇总表》、《各学院 2015 年发展目标设置情况汇总表》、《各学院 2020 年发展目标情况汇总表》。切实保证了学校各部门、院（系）的建设目标、建设重点、主要举措等与学校的发展目标一致。

【完成《南京农业大学章程（试行）》修订工作】为推进中国特色现代大学制度建设，促使学校各项事业管理实现科学化、民主化与法制化，学校于 2014 年完成了学校章程的修订工作。经过 10 多次的反复修改与各种会议讨论，最终通过党委全会通过后于 2014 年 12 月 2 日形成《南京农业大学章程》并报送教育部核准。

【完成校学术委员会重组与秘书处组建工作】完成了南京农业大学第七届学术委员会及学部、专门委员会、学院分会的成立与组织重建等工作，发布《南京农业大学学术委员会公报》，形成各学术组织成立的相关标准和要求，完成《南京农业大学学术委员会章程（初稿）》。同时，专门设立红头文件序列（南京农业大学学术委员会文件），完成《南京农业大学关于学术委员会工作程序和基本原则的汇报》和《南京农业大学"四步走"推进学术委员会改革》材料，教育部于 2014 年 9 月发布《南京农业大学着力推进学术委员会改革》的工作简报。

【启动综合改革工作，形成了《南京农业大学综合改革方案》（汇报稿）】根据教育部直属高校工作咨询委员会第 24 次会议精神的要求，学校于 2014 年 9 月成立了综合改革领导小组，领导小组下设 8 个改革专题小组，负责学校综合改革方案的起草工作。通过对各改革专题小组材料进行归纳和凝练的基础上，经校综合改革领导小组反复讨论、修改和完善，形成了《南京农业大学综合改革方案（汇报稿）》，以待上报教育部。11 月，根据国

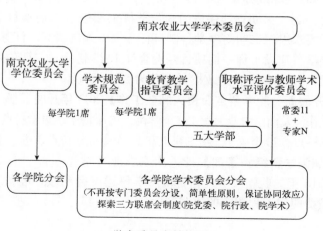

学术委员会结构图

家教育体制改革领导小组办公室《关于报送 2014 年教育改革进展情况材料的通知》（教改函〔2014〕25 号）要求，学校综合改革领导小组认真总结了综合改革以来所采取的举措及取得的成效，并提出了下一阶段的改革方案，形成了《南京农业大学 2014 年教育改革进展情况汇报》并上报教育部。

【发布《南京农业大学 2013 年校情要览》】 为全面展示学校建设发展的主要成就，学校决定从 2013 年开始每年年初发布上一年《南京农业大学校情要览》。2014 年 3 月，由发展规划与学科建设处牵头、党委宣传部等部门参与，共同编写并出版《南京农业大学 2013 年校情要览》，以图文并茂的形式展现了学校 2013 年的突出成就。

学 科 建 设

【概况】 南京农业大学拥有作物学、农业资源与环境、植物保护和兽医学 4 个一级学科国家重点学科，蔬菜学、农业经济管理和土地资源管理 3 个二级学科国家重点学科及食品科学国家重点培育学科，有 8 个学科进入江苏高校优势学科建设工程，农业科学、植物与动物学、环境生态学、生物与生物化学 4 个学科领域进入 ESI 学科排名全球前 1%。共有 16 个博士授权一级学科、32 个硕士授权一级学科、15 种专业学位授予权。根据 NTU Ranking，南京农业大学位居世界农学领域的第 94 位，比 2013 年前移 15 位。

【江苏高校优势学科一期项目考核验收与二期项目立项建设】 根据"江苏高校优势学科建设工程"管理协调小组办公室《关于做好江苏高校优势学科建设工程一期项目考核验收工作的通知》要求，对学校 8 个优势学科一期项目进行了考核验收学校自评及结项审计工作，形成总报告并报送江苏省教育厅；同时，按照江苏省教育厅要求，制作了各优势学科宣传展板材料，展示了一期项目建设以来取得的主要成就，并上报江苏省教育厅。

组织专家对学校优势学科二期项目申报遴选进行了论证。根据江苏省政府办公厅《关于公布江苏高校优势学科建设工程一期项目考核验收结果二期项目立项学科和省重点序列学科通知》（苏政办发〔2014〕37 号），南京农业大学 7 个学科考核验收结果为 A 等，1 个学科为 B 等，一期立项建设的 8 个学科全部进入二期项目立项建设学科名单。按照江苏省教育厅要求组织二期立项学科制订任务书、编制预算。江苏省财政拨付南京农业大学江苏高校优势学科建设工程一期项目经费合计 1.25 亿元；二期项目建设省财政拨付经费总额为 1.16 亿元，2014 年度省财政拨付经费为 2 900 万元。

【开展新一轮学科点负责人聘任工作】 2014 年开展了新一轮学科点负责人聘任工作。此次聘任工作涉及南京农业大学 130 个学科、16 个博士一级学科点、50 个博士二级学科点、3 个硕士一级学科点、25 个硕士二级学科点和 28 个专业学位点，进一步加强学科建设的组织管理工作。

【加强学科经费管理】 推进南京农业大学江苏省"十二五"重点学科的经费管理工作，为2015 年的验收及下一轮省重点学科建设启动做好准备工作；发布南京农业大学《关于学科经费使用流程调整的说明》（发规〔2014〕9 号），进一步强化了学科经费管理的主体责任。

（撰稿：江惠云 常 姝 潘宏志 审稿：刘志民）

[附录]

附录 2014 年南京农业大学各类重点学科分布情况

所在学院或牵头学院	一级学科国家重点学科	二级学科国家重点学科	国家重点（培育）学科	江苏高校优势学科建设工程立项学科	"十二五"江苏省重点学科
农学院	作物学			作物学	
				▲农业信息学	
植物保护学院	植物保护			植物保护	
资源与环境科学学院	农业资源与环境			农业资源与环境	
					生态学
园艺学院		蔬菜学			
				▲现代园艺科学	
动物科技学院					畜牧学
草业学院					草学
经济管理学院		农业经济管理		农林经济管理	
动物医学院	兽医学			兽医学	
食品科技学院			食品科学	食品科学与工程	
公共管理学院		土地资源管理			公共管理
人文社会科学学院					科学技术史

注：带"▲"者为交叉学科。

师资队伍建设与人事

【概况】2014 年，人事处、人才工作领导小组办公室各项工作继续以高水平师资和人才队伍建设为主线，开拓创新，锐意进取，按照校党委和行政的统一部署，积极推进各项人事制度改革，切实提高人事管理和服务水平，较好地完成了年度重点工作目标，继续为实现学校建设一批世界一流学科夯实人才和智力基础。

深入落实"人才强校"战略，加强高端人才队伍建设。克服学校在空间资源上的制约，全年共考察海内外各类高层次人才 4 批共计 17 人，达成引进意向 14 人，2014 年实际到岗 11 人。其中，二级教授 1 人，三级教授 3 人，四级教授 4 人。调整思路，重点引进杰出领军人才。引进"万人计划"领军人才、"长江学者"特聘教授、国家杰出青年科学基金获得者周继勇教授加盟南京农业大学，担任动物医学院院长。

加强申报管理，国家和省部各类高端人才计划取得新成绩。1 人入选"千人计划"专家；1 人入选"长江学者"特聘教授（另有 4 人通过通讯评审，进入答辩环节）；2 人入选"青年千人计划"；1 人入选"双创"创新团队。获批国家、省级人才项目（工程）资助经费总额接近 1 500 万元，已经到账超过 1 300 万元。

健全机制，创新人才管理形式，发挥人才示范效应，营造良好学术氛围。制订高层次人才考核办法，对陶小荣等 8 位引进的高层次人才开展中期评估，努力建立高层次人才产出的激励与保障机制，营造"引得进、留得住、用得好"的人才环境。将"钟山学术论坛"拓展至特聘教授讲坛、引进人才报告会和新秀学术沙龙 3 个系列，2014 年共邀请 2 位特聘教授做讲座、3 位引进人才做报告以及 5 个学部的 20 多位学术新秀报告研究进展，并以"土地金融"为主题与金融学院联合举办学术沙龙。

紧密围绕学校重点工作和发展目标，深化人事制度改革。在学校综合改革框架下，确立了人事分配制度改革基本目标和思路，形成了整体的改革方案。南京农业大学的人事分配制度改革将以建立适合学校事业发展的人力资源管理模式为目标，以分配制度改革为突破点，以"按需设岗、以岗定薪、岗变薪变、多劳多得、优劳优酬"为导向，调整用人制度、考核管理制度和薪酬分配制度，进行岗位分类管理，合理配置学校和二级单位的管理权限。

为构建学习和研究体系，把握学校人事制度改革方向，南京农业大学人事处领导带队，对浙江大学、南京大学、苏州大学等 10 余所人事人才管理和改革工作先进的高校开展调研；实地走访，深入了解校内各学院的师资队伍建设状况。立项人事管理类研究课题 15 项（其中重点课题 5 项），涉及校院二级管理等与人事制度改革密切相关的研究内容，以期形成具有战略意义的政策性报告。举办人事人才工作战略研讨，邀请了副校长董维春、学术评价领域专家南京大学叶继元教授、美国赠地大学暨南京农业大学高层次人才程宗明教授等专家做人事人才管理主题报告，邀请周继勇教授以浙江大学实例谈师资队伍建设。

着眼"世界一流"建设目标，加强师资队伍建设。为加强南京农业大学青年后备人才的引进和培养力度，制订《南京农业大学师资博士后管理暂行办法》，逐步实施与国际经济接轨"非升即走"管理模式。完善制度，修订教授和副教授职称评审条件。新增科研型、推广型和实验型 3 个类型，进行教师的合理引导和分流。执行过程中妥善处理，平稳过渡，评审通过正高人员 23 人（含破格 2 人）、副高人员 61 人（含破格 4 人）、中级人员 28 人。加强培训，增强青年教师素质和能力。依托国家留学基金委平台及江苏省教育厅青年教师海外留学项目，公开考核遴选，选派 28 名青年教师出国研修。加强考核，与国际交流与合作处共同对 26 位归国教师进行评估，其中 1 人暂缓通过。

紧扣时代发展脉搏，加快人事信息化建设。建成人事处新网站——人事人才网。在处领导亲自指导下，完成了人事人才网的建设工作，新网站已经投入使用，功能运行良好。成功完成招聘系统及报到注册系统的设计开发。实现招聘全程信息化、透明化和简便化，同时配套注册报到系统，与现行人事管理信息系统完美对接，实现从应聘到履职的人事信息全程一体化管理。完善已建成的信息系统。重点对职称评审、岗位聘任和人事管理信息系统运行的问题进行整改，确保专人实时维护全校人员基础信息。

关注民生，落实薪酬分配制度。完成 2010—2011 年校内岗位津贴补发工作。核算金额计 6 724 万元，分 4 次发放，2014 年已发放 3 362 万元；完成全校教职工公积金、新职工住房补贴缴费基数调整，做好缴纳工作；根据上级精神，提高了租赁人员及编制外用工工资水平。

完成科级及以下岗位人员考核聘任和岗位调整。组织科级及以下管理岗位和其他非教学科研岗位人员共 726 人参加聘期考核，确定聘期考核优秀人员 143 人。调整卫岗校区科级及相当科级机构，调整后为 171 个，科级岗位 208 个。聘任科级岗位人员 194 人，聘任科级以下管理岗位和其他非教学科研岗位人员 424 人。聘任 96 名系主任（或系副主任）、20 名实验教学中心主任（或副主任）。

规范流程，完成各类人员招聘。全年共有 165 人参加教学科研岗面试，录取 116 人，其中 37 人进入师资博士后岗位，已报到 77 人，非本校学缘 82.4%，海外一年以上经历 43.2%。录取非教学科研岗人员 31 人，专职辅导员 12 人。

在博士后管理方面，全年自主招收博士后 53 人（其中 3 名为外籍博士后），与企业、科研院所工作站联合招收博士后 3 人；全年获得国家和江苏省博士后基金资助 53 人。

关怀老龄生活，做好老龄工作。完成活动中心维修改造；协助各老年社团开展活动，举办老年健身运动会、祝寿会和元旦联欢会等活动；继续办好老年大学，活跃老同志精神文化生活；关心老龄生活，举办 4 次老同志情况通报会，按时发放福利，组织体检等。

2014 年，南京农业大学人事处一如既往地注重组织建设，以科级及以下岗位聘任为契机，调整内部科室结构，增设综合科，配备优秀人员，理顺工作流程，明确职责分工，建立顺畅工作机制。研究制订《南京农业大学人事处内部人员奖励办法》，激发员工积极性，提高整体工作水平。

【胡水金教授入选"千人计划"专家】来自美国北卡罗来纳大学的胡水金教授入选国家第十批"千人计划"专家，全职入职南京农业大学资源与环境科学学院。这是由南京农业大学首位自主申报成功的"千人计划"专家。

【董莎萌、吴玉峰入选第十一批"千人计划"青年人才】在中共中央组织部正式公布的第十一批国家"千人计划"青年人才项目入选名单中，南京农业大学董莎萌教授、吴玉峰教授成功入选，实现了学校该人才项目零的突破，为学校今后 10～20 年学校科技、产业的跨越式发展提供支撑。

【制订《南京农业大学师资博士后管理暂行办法》】加强学校青年后备人才的引进和培养力度，充分利用博士后平台，探索实施师资博士后制度，制订《南京农业大学师资博士后管理暂行办法》，逐步建立有利于调整和优化师资队伍结构的人才管理和服务"非升即走"的国际通用遴选机制，以此推进师资水平的提升。

（撰稿：陈志亮　审稿：包　平）

[附录]

附录 1　博士后科研流动站

序号	博士后流动站站名
1	作物学博士后流动站
2	植物保护博士后流动站

（续）

序号	博士后流动站站名
3	农业资源利用博士后流动站
4	园艺学博士后流动站
5	农林经济管理博士后流动站
6	兽医学博士后流动站
7	食品科学与工程博士后流动站
8	公共管理博士后流动站
9	科学技术史博士后流动站
10	水产博士后流动站
11	生物学博士后流动站
12	农业工程博士后流动站
13	畜牧学博士后流动站
14	生态学博士后流动站
15	草学博士后流动站

附录 2　专任教师基本情况

表 1　职称结构

职务	正高	副高	中级	初级	未聘	合计
人数（人）	401	539	452	69	121	1 582
比例（%）	25.35	34.07	28.57	4.36	7.65	100.00

表 2　学历结构

学历	博士	硕士	学士	无学位	合计
人数（人）	979	412	174	17	1 582
比例（%）	61.88	26.04	11.00	1.08	100.00

表 3　年龄结构

年龄	30岁及以下	31～35岁	36～40岁	41～45岁	46～50岁	51～55岁	56～60岁	61岁及以上	合计
人数（人）	205	353	288	237	226	189	66	18	1 582
比例（%）	12.96	22.31	18.20	14.98	14.29	11.95	4.17	1.14	100.00

附录 3　引进高层次人才

一、农学院

吴玉峰　杨东雷　关雪莹

二、植物保护学院

董莎萌　马文勃

三、动物科技学院

熊　波

四、动物医学院

周继勇　宋素泉

五、生命科学学院

曾　严

六、理学院

朱映光

附录4　新增人才项目

一、国家级

（一）"千人计划"专家

胡水金

（二）"长江学者"特聘教授

陈发棣　周继勇

（三）国家杰出青年科学基金

陈发棣　周继勇

（四）国家优秀青年基金

董莎萌

（五）"万人计划"科技领军人才

周继勇

二、部省级

（一）双创团队

黄炳茹

（二）双创人才

黄炳茹　蒋甲福　张文利

（三）双创博士

程　涛　孙顶强　骆　乐　芮　昕

（四）江苏特聘教授

奚志勇　程　涛

（五）六大人才高峰

　　吴　俊

（六）"青蓝工程"学术团队

　　徐阳春

（七）"青蓝工程"骨干教师

　　周月书　刘爱军　欧维新　章维华　田永超　陈法军　高志红　陈志刚　王丽平

（八）"青蓝工程"学术带头人

　　卢　勇　纪月清　董井成　鲍永美　张海峰　李　荣　张　群

附录5　新增人员名单

一、农学院

　　邹保红　曹　强　程金平　叶文雪　方　磊　李　娜　丁承强　吴玉峰　杨东雷
关雪莹

二、植物保护学院

　　李圣坤　赵春青　朱　敏　沈　丹　张懿熙　奚志勇

三、资源与环境科学学院

　　李舒清　程　琨　刘晓雨　冯慧敏　徐志辉　姜灿烂　李　真　丁大虎

四、园艺学院

　　贾海锋　吴　寒　金奇江　肖　栋　徐志胜　王海滨　侍　婷　顾婷婷　张虎平
耿　芳　郭　敏

五、动物科技学院

　　温　超　郑卫江　韦　伟　林　焱　魏胜娟　黄　赞　熊　波

六、动物医学院

　　贺　斌　雷　静　胡伯里　邢　刚

七、食品科技学院

　　王虎虎　张秋勤　曹明明　严文静　彭　菁

八、经济管理学院

　　张兵兵

九、公共管理学院

　　刘　晶　周　军　蓝　菁　高　平

十、理学院

金　冰　陈　智

十一、人文社会科学学院

陈学元　苏　静　伽红凯　严　燕　周樨平

十二、生命科学学院

朱文娇　曾　严

十三、农村发展学院

成　程　刘　影　祝西冰

十四、金融学院

王　娜　桑秀芝　陈俊聪　刘　丹　唐　好　曹　超

十五、草业学院

胡　健　杨高文　袁志友

十六、思想政治理论课教研部

马　彪　姜　姝

十七、体育部

赵　朦　孙雅薇　卢茂春

十八、后勤集团

岂建军

十九、工学院

汪浩祥　曹晓萱　李　泊　于安记　吴六三

附录6　专业技术职务评聘

一、正高级专业技术职务

（一）教学科研系列

1. 正常晋升教授

农　学　院：田永超　刘正辉

植物保护学院：叶永浩

园艺学院：黄保健　滕年军

动物科技学院：毛胜勇　杭苏琴

动物医学院：许家荣　严若峰

资源与环境科学学院：刘满强

生命科学学院：何琳燕

食品科技学院：李春保

经济管理学院：李祥妹　林光华

公共管理学院：邹　伟

人文社会科学学院：曾玉珊

外国语学院：范　晴　裴正薇

金融学院：周月书

信息科技学院：茆意宏

2. 破格晋升教授

农　学　院：赵志刚

公共管理学院：陈会广

(二) 教育管理系列研究员

计　财　处：单正丰

二、副高级专业技术职务

(一) 教学科研系列副教授

1. 正常晋升副教授

农　学　院：邢莉萍

植物保护学院：王利民　侯毅平　张　峰

资源与环境科学学院：刘　娟　张　隽

园艺学院：王　晨　黄小三

动物医学院：姚大伟

动物科技学院：刘　杨

草业学院：刘　君

食品科技学院：王　鹏　胡　冰

公共管理学院：刘红光　刘　琼

金融学院：杨　军

人文社会科学学院：尹　燕

外国语学院：朱　云

农村发展学院：戚晓明

信息科技学院：朱淑鑫　刘金定　夏　欣

理学院：杨　涛　徐峙晖　石　磊

生命科学学院：严秀文

体　育　部：杨春莉　孙　建

工　学　院：刘璎瑛　杨　飞　肖茂华　傅秀清

2. 破格晋升副教授

农　学　院：刘蕾蕾

动物医学院：冯秀丽

信息科技学院：王东波

理 学 院：吴梅笙

（二）其他系列

1. 教学科研系列副研究员

人文社会科学学院：刘馨秋

2. 教育管理系列副研究员

信息科技学院：李晓晖　汤亚芬

公共管理学院：余德贵

工 学 院：赵桂龙　郁隐梅

研究生院：张桂荣　康若祎

继续教育学院：徐风国

科学研究院：李井葵

教 务 处：陈兆夏

3. 思政副教授

学 工 处：吴彦宁

4. 高级实验师

植物保护学院：马洪雨

生命科学学院：钱　猛

教 务 处：孔令娜

工 学 院：赵艳艳

5. 副研究馆员

图 书 馆：张正慧　朱锁玲　周　勇　胡以涛

工 学 院：李红旗

6. 副编审

科学研究院：刘怡辰

三、中级专业技术职务

（一）讲师

园艺学院：丛　昕

工 学 院：李　征

动物医学院：盛　馨

农村发展学院：裴海岩

（二）教育管理研究系列助理研究员

食品科技学院：邵士昌　童　菲

科学研究院：董　艳

组 织 部：丁广龙

发展委员会：丁海涛

宣 传 部：刘传俊

团　　委：朱媛媛

人 事 处：张莉霞　周国璠

教 务 处：赵玲玲

学 工 处：赵士海

继续教育学院：陈辉峰

工 学 院：李业俊　张　鸣　蒋　菠　梁　斌

（三）实验师

食品科技学院：于小波

生命科学学院：茅冬梅

（四）工程师

档 案 馆：张　丽

（五）馆员

图 书 馆：陈　骅　辛　闻　陈　琳

工 学 院：陈丽清

（六）主治医师

校 医 院：吉　萍

附录 7　退休人员名单

韩航如	吴美华	刘须乾	徐息荣	雷广梅	陈佩度	冯祯民	田传海
张保镖	方和平	庄　菊	史广忠	高寿人	濮秀芳	杨　琳	贾桂平
蹇兴东	牛有生	王忠富	孙长美	侯加法	周延大	高　宏	高宝琴
陶桂霞	陆承平	李业俊	马　蓝	郑爱菊	朱德利	翟以平	杨学金
张敦连	孙仁和	秦礼君	高　光	鲁　霞	邵云成	李玉泉	邵祖琴
曾　进	曹长春	汪素美	管恒禄	韩福军	应长琴	董　梅	李　慧
李小兵	朱培忠	何　莉	宋　辉	周君凌	马基林		

附录 8　去世人员名单

一、校本部（28 人）

褚孟原*（园艺学院、教授）

钱元汀（后勤集团公司、工人）

屠惠中*（动物科技学院、干部）

殷善达（资源与环境科学学院、副教授）

林茂松（植物保护学院、教授）

邹介正（人文社会科学学院、研究员）

何志宝（继续教育学院、科长）

毕嘉秀*（图书馆、干部）

明图林（教务处、讲师）

张周莱（经济管理学院、教授）

俞仲林（农学院、教授）

骆美熹*（人文社会科学学院、中教高级）

匡培如（后勤集团公司、工人）

姚春晖*（人文社会科学学院、助理研究员）

周威君*（植物保护学院、副教授）

王克荣（植物保护学院、教授）

曹隆恭（人文社会科学学院、副研究员）

罗锦章（校区发展与基本建设处、副科）

胡霭堂*（资源与环境科学学院、教授）

李汝敏*（动物科技学院、副教授）

邹康南（动物医学院、教授）

阮大为（图书馆、馆员）

张鼎立（图书馆、工人）

李如治（动物科技学院、教授）

张之练（图书馆、副处）

崔志祥（后勤集团公司、工人）

章镇（园艺学院、教授）

张秀芬（校医院、副主任医师）

二、工学院（9人）

马维幸（副高）

陶桂红（工人）

李慧君（中级）

赵　强（副高）

施德芝（副教授）

唐荫椿（副高）

王燧远（副高）

奚伯清（中级）

张锡俊（科级）

三、农场（2人）

柏由之（工人）

黎荣忠（工人）

注：带有＊者为女性。

七、科学研究与社会服务

科 学 研 究

【概况】2014 年，学校到位科研总经费 6.03 亿元，其中：纵向经费 5.18 亿元，横向经费 0.85 亿元。立项科研总经费 4.52 亿元，其中纵向立项经费 3.25 亿元；横向合作签订合同 493 项，横向合同金额 1.27 亿元。

新获国家自然科学基金立项资助 173 项，立项经费 10 219 万元；获科技部"973"计划立项资助 1 项，国际科技合作 2 项，农业科技成果转化资金项目 1 项；获转基因生物新品种培育重大专项 12 项，其中重大项目滚动 3 项、重点课题 9 项。江苏省自然科学基金有较大突破，获得立项资助 70 项，资助经费达 1 291 万元，其中青年基金项目获资助 54 项，在江苏省内排名第一。

2014 年新增人文社科类纵向科研项目 306 项。其中，国家社科基金重大项目立项 2 项，立项总经费 160 万元；国家社科基金其他项目立项 5 项，立项总经费 100 万元；国家自然科学基金项目 17 项，占全校自然科学立项总数的 10%，立项总经费 585 万元；国家软科学研究计划项目立项 1 项。

学校共申报自然科学类科技成果奖 64 项，其中以南京农业大学为第一完成单位申报 21 项。以南京农业大学为第一完成单位获省（部）级以上奖励 9 项，其中：万建民教授团队研究成果获国家技术发明二等奖，获教育部科技成果奖 4 项（一等奖 3 项、二等奖 1 项），江苏省科学技术奖 3 项（一等奖 1 项、三等奖 2 项），江苏省农业推广类 1 项。7 项成果获中国园艺学会、中国食品工业协会等科技奖励。6 项成果通过教育部、江苏省农业委员会鉴定。

学校人文社科有科研成果奖励 28 项："江苏省第十三届哲学社会科学优秀成果奖"获奖 11 项，其中一等奖 2 项、二等奖 4 项、三等奖 5 项；"江苏高校第九届哲学社会科学研究优秀成果奖"获奖 9 项，其中一等奖 1 项、二等奖 1 项、三等奖 7 项；江苏省社科联"社科应用研究精品工程奖"获奖 8 项，其中一等奖 1 项、二等奖 7 项。

以南京农业大学为第一通讯作者单位被 SCI 收录学术论文 1 130 篇，比 2013 年增长 30.189%；被 SSCI 收录学术论文 16 篇，被 CSSCI 收录论文 351 篇。学校进入 ESI 前 1% 的 4 个学科（领域）中，农业科学排名第 72 位，比 2013 年提升 28 位，接近 ESI 前 1‰。2014 年，学校共申请国际专利、国内专利、品种权和软件著作权等 464 件，授权 255 件。强胜教授课题组申请的生物除草剂技术发明专利"一种生物源化合物细交链格孢菌酮酸的结构修饰产品及其用于除草"，获得美国专利，这是南京农业大学获得的首个独立知识产权的美国专利。

新增 3 个省级重点实验室（研究中心）：江苏省消化道营养与动物健康重点实验室、江苏省生态优质稻麦生产工程技术研究中心、江苏省花卉种质创新与利用工程中心。农作物生物灾害综合治理教育部重点实验室、江苏省杂草防治技术工程技术研究中心、江苏省农业环境污染微生物修复与利用工程技术研究中心顺利通过建设验收；江苏省信息农业高技术研究重点实验室、江苏省固体有机废弃物资源化高技术研究重点实验室考核良好，各获省科技厅奖励 200 万元的年度建设资金。农村土地资源利用与整治国家地方联合工程研究中心、绿色农药创制与应用技术国家地方联合工程研究中心召开管理委员会和技术委员会会议暨学术交流会。江苏省消化道营养与动物健康重点实验室完成了论证会暨第一届学术委员会。

南京农业大学技术转移中心通过了第五批国家技术转移中心示范机构验收，在江苏省高校技术转移中心考评中成绩良好，获得奖励经费 50 万元。在第八届中国产学研合作创新大会创新促进奖评比中，学校分别获得"2014 年中国产学研创新成果奖"、"2014 年中国产学研合作促进奖"各 1 项。在第七届"中国技术市场金桥奖"申报评比中，南京农业大学技术转移中心荣获先进集体奖，1 位教授荣获金桥奖先进个人。在第十六届中国国际工业博览会上，学校科技成果获该届工业博览会高校展区特等奖，学校获得展区优秀组织奖。

《南京农业大学学报（自然科学版）》核心影响因子达到 0.793，核心总被引频次为 1 427。各项学术计量指标综合评价在 1 989 种科技核心期刊中列第 250 位。连续 5 届荣获教育部科学技术司"中国高校精品科技期刊"奖，获中国高校农业期刊"编辑创新奖"，"园艺学科"栏目获"全国高等农业院校学报优秀栏目奖"，1 人获"江苏期刊明珠奖·优秀主编"称号。8 篇论文被选为"中国精品科技期刊顶尖学术论文（F5000）"。

2014 年，《南京农业大学学报（社会科学版）》"三农研究"栏目入选教育部名栏建设工程，并获省直重点社科理论"优秀栏目"一等奖；学报（社会科学版）被评为全国高校精品社科期刊；在全国哲学社会科学规划办对资助期刊的年度考核中，学报（社会科学版）获得"良好"评价。2013 年影响因子为 1.439，在综合性人文社会科学期刊中排名第九，江苏省内高校排名第二，农业高校排名第一。

《园艺研究》正式上线运行，共接收稿件 125 篇，上线 34 篇文章，其中 article 24 篇、review article 7 篇、mini review 2 篇、editorial 1 篇，国内稿件 8 篇（低于 25%），国际稿件 26 篇（超过 75%），每一篇原创性文章都有相应的 Editorial Summary。1～3 月的文章平均引用次数（谷歌学术搜索）达到 3.1。

2014 年，科学研究院先后深入 7 个学院走访青年骨干教师及学科领军人才，完成重大项目的前期规划任务。组织 14 场校内评审会，邀请校内外专家 50 人次对学校申报项目进行把关，提高项目申请书的质量。建立青年教师线上线下交流平台，共举办 3 期青年教师学术论坛，有 9 位青年骨干教师做了相关报告，参与人次达 200 余人。成功承办教育部"11 号文件"华东区宣讲会、江苏省科研管理论坛，举办"11 号文件"校内宣讲会、专利讲座等，帮助老师解疑释惑。

编制了《南京农业大学科技体制改革方案》，修订完善了 2 项内部管理办法，制定出台 2 项规章制度、汇编服务手册 2 部。汇编了《南京农业大学科研成果与科研团队汇编》（中、英文版），为学校科研团队与国内外相关机构的合作交流提供了信息保障和服务。

【南京农业大学人文社科处成立】2014 年年初，人文社科处成立，通过多场次走访座谈、论证研讨和问卷调研，首次在全校社科领域制定并实施了《南京农业大学中央高校基本科研业务费人文社科基金资助体系（试行）》和《南京农业大学中央高校基本科研业务费人文社科基金管理办法》。全年多次组织校内人文社科科研管理工作会议及国家基金申报专题报告会，规范管理，打造平台、广泛宣传，全面提升了人文社科科研管理与服务水平。

【科研成果获奖】万建民教授课题组研究成果"阐明独脚金内酯调控水稻分蘖和株型的信号途径"、"水稻矮化多分蘖基因 *DWARF* 53 的图位克隆和功能研究"分别入选 2014 年度"中国科学十大进展"、"中国高等学校十大科技进展"。万建民教授课题组科研成果"水稻籼粳杂种优势利用相关基因挖掘与新品种培育"发掘出水稻广亲和、早熟和显性矮秆基因，开发相应分子标记和育种技术，荣获 2014 年国家技术发明奖二等奖。

【4 个国家级协同创新中心通过教育部初审认定】学校牵头建设的"作物基因资源研究协同创新中心"通过教育部初审认定，进入答辩评审。参与建设的"肉类生产与加工质量安全控制协同创新中心"和"现代作物生产协同创新中心"获江苏省立项建设。参与建设的"食品安全与营养"、"长江流域杂交水稻"和"生猪健康养殖"3 个国家级培育中心顺利进入教育部答辩。

【人才与团队】陈发棣教授获得国家杰出青年科学基金资助；董莎萌教授获优秀青年科学基金资助；丁艳锋教授科研团队被评为科技部重点领域创新团队；李艳、邹建文 2 位教授当选为科技部中青年科技创新领军人才；孙少琛教授获江苏省杰出青年科学基金资助。赵方杰、杨志敏、沈其荣、沈文飚、董汉松、郑永华和徐国华 7 位教授入选 2014 年中国高被引学者（Most Cited Chinese Researchers）（农业和生物科学领域）榜单。人文社会科学学院路璐副教授获首批"江苏青年社科英才"称号。

【高水平研究成果产业化】万建民教授科研团队成功完成了 *Bph*3 的图位克隆，进一步利用分子标记辅助选择将该抗性基因簇导入感虫品种，创制了高抗褐飞虱粳稻新品系。2014 年 12 月，万建民教授团队研究成果抗褐飞虱水稻育种材料（非转基因）991 和 991S 使用权，以 1 000 万元转让给袁隆平农业高科技股份有限公司。姜平教授科研团队成功建立 PCV2 规模化培养工艺，提出疫苗免疫效力质量标准，率先研制成功猪圆环病毒 2 型灭活疫苗（SH株），获国家发明专利和新兽药注册证书，成功转让给 3 家企业，转让金额合计 1 960 万元。

【咨政"三农"】2014 年南京农业大学人文社科处与江苏农村发展学院、南京农业大学新农村发展研究院共同发起，编写《江苏农村发展决策要参》8 期，分别报送国家及江苏省 40 多个相关部门，4 份报告获江苏省主要领导批示。

《江苏新农村发展系列报告（2014）》发布会召开。13 位校人文社科重大项目主持人围绕农业生态文明、农村金融发展、农村社会保障、休闲农业和农业信息化发展等议题发布了一年来的研究成果。农民日报、科技日报、中国社会科学报、新华日报、江苏卫视和新华网等 10 多家媒体对发布会进行了相关报道。

2014 年度，南京农业大学有 8 项社科研究报告获省部级以上领导批示，其中周应恒教授学术团队的科研成果《日本农协发展的新动向》被农业部软科学办公室主办的《决策参考》所采用，得到中央领导的批示；徐志刚教授参与的研究报告《改革我国农作物品种审定制度势在必行》被国家自然科学基金委员会简报（内参）采用，得到中央领导的批示。

（撰稿：陈　俐　陈学友　毛　竹　审稿：姜　东　俞建飞　陶书田

周国栋　姜　海　郑金伟　周应恒　卢　勇）

[附录]

附录 1   2014 年到位科研经费汇总表

序号	项目类别	经费（万元）
1	国家转基因重大专项	4 606.46
2	国家自然科学基金	7 428.57
3	国家"973"计划	1 734.57
4	国家"863"计划	1 596.83
5	国家科技支撑计划	2 509.68
6	科技部其他科技计划	383.95
7	国家公益性行业科研专项	7 360.86
8	现代农业产业技术体系	1 710.00
9	"948"项目	696.00
10	农业部其他项目	548.10
11	农业部重点实验室	3 616.00
12	国家重点实验室	680.00
13	教育部人才基金	5 310.00
14	教育部其他项目	325.95
15	江苏省科技厅项目	3 177.05
16	江苏省其他项目	4 568.72
17	南京市科技项目	225.70
18	国际合作项目	937.77
19	其他项目	4 385.36
	合　计	51 801.57

附录 2   2014 年各学院到位科研经费统计表

序号	学院	到位经费（万元）
1	农学院	9 208.86
2	植物保护学院	5 686.96
3	资源与环境科学学院	4 885.67
4	园艺学院	3 946.50
5	动物医学院	3 357.98
6	食品科技学院	2 622.65
7	生命科学学院	2 094.79
8	动物科技学院	2 631.70

（续）

序号	学院	到位经费（万元）
9	工学院	954.87
10	理学院	410.30
11	草业学院	311.20
12	经济管理学院	923.73
13	公共管理学院	579.32
14	信息科技学院	212.58
15	金融学院	177.75
16	农村发展学院	166.76
17	人文社会科学学院	147.18
18	思想政治理论课教研部	31.70
19	外国语学院	13.70
20	体育部	3.40
20	其他*	771.20
合　计		39 138.80

*：其他科研人员到位经费。

附录3　2014年结题项目汇总表

序　号	项目类别	应结题项目数（个）	结题项目数（个）
1	国家自然科学基金	86	86
2	国家社会科学基金	3	3
3	国家农业科技成果转化资金项目	2	2
4	教育部新世纪优秀人才计划	7	7
5	教育部人文社科项目	13	13
6	农业部"948"项目	7	7
7	农业公益性行业科研专项	3	3
8	江苏省自然科学基金项目	23	19
9	江苏省社会科学基金项目	11	11
10	江苏省农业科技支撑计划	17	14
11	江苏省社会发展项目	4	4
12	江苏省工业支撑计划	1	1
13	江苏省高校优秀科技创新团队	1	1
14	江苏省农业三新工程项目	20	19
15	江苏省农业自主创新项目	5	4
16	江苏省农业综合开发科技项目	6	6

（续）

序 号	项目类别	应结题项目数（个）	结题项目数（个）
17	江苏省软科学	1	1
18	江苏省教育厅高校哲学社会科学项目	13	13
19	江苏省社科联研究课题	6	6
20	校青年科技创新基金项目	51	47
21	校人文社会科学基金	63	48
22	自然科学其他	32	32
	合　计	375	347

附录4　2014年各学院发表学术论文统计表

序号	学　院	SCI（篇）	SSCI（篇）	CSSCI（篇）
1	农学院	118		
2	植物保护学院	167		
3	资源与环境科学学院	135	2	
4	动物科技学院	137		
5	动物医学院	124		
6	生命科学学院	83		
7	园艺学院	131		
8	食品科技学院	130		
9	草业学院	1		
10	信息科技学院	1	2	31
11	理学院	51		
12	工学院	31	2	7
13	渔业学院	10		
14	经济管理学院	7	6	91
15	公共管理学院		3	119
16	人文社会科学学院		1	41
17	农村发展学院	1		15
18	金融学院	2		31
19	外国语学院			9
20	思想政治理论课教研部	1		4
21	体育部			3
	合　计	1 130	16	351

附录5　2014年国家技术发明奖成果

成果名称	获奖类别及等级	授奖部门	完成人	主要完成单位
水稻籼粳杂种优势利用相关基因挖掘与新品种培育	国家技术发明奖二等奖	国务院	万建民　赵志刚 江　玲　程治军 陈亮明　刘世家	南京农业大学农学院

附录6　2014年各学院专利授权和申请情况一览表

学院	授权专利		申请专利	
	件	其中：发明/实用新型/外观设计	件	其中：发明/实用新型/外观设计
农学院	27	26/1/0	25	20/5/0
植物保护学院	16	15/1/0	34	33/1/0
资源与环境科学学院	22	22/0/0	42	42/0/0
动物科技学院	5	2/3/0	14	11/3/0
动物医学院	13	12/1/0	16	15/1/0
生命科学学院	9	8/1/0	8	8/0/0
园艺学院	20	16/4/0	49	47/2/0
食品科技学院	33	30/3/0	73	69/4/0
公共管理学院				
信息科技学院			2	2/0/0
理学院	2	1/1/0	2	2/0/0
工学院	72	5/67/0	116	45/71/0
图书馆				
合计	219	137/82/0	381	294/87/0

附录7　主办期刊

《南京农业大学学报（自然科学版）》

2014年，学报共收文692篇，用稿200篇，用稿率为29%。刊出论文150篇，其中研究报告144篇、研究简报4篇、综述2篇。平均发表周期为8个月（2013年11个月）。学报核心影响因子达到0.793，核心总被引频次为1 427。各项学术计量指标综合评价在全部1 989种科技核心期刊中列第250位。获教育部科学技术司"第五届中国高校精品科技期刊"奖，获中国高校农业期刊"编辑创新奖"，园艺学科荣获"全国高等农业院校学报优秀栏目奖"，1人获"江苏期刊明珠奖·优秀主编"称号。8篇论文被选为"中国精品科技期刊顶尖学术论文（F5000）"。

《南京农业大学学报（社会科学版）》

2014年，《南京农业大学学报（社科版）》"三农研究"栏目入选教育部名栏建设工程，并获省直重点社科理论"优秀栏目"一等奖；学报（社会科学版）被评为全国高校精品社科期刊；在全国哲学社会科学规划办对资助期刊的年度考核中，学报（社会科学版）获得"良好”评价。2013 年影响因子为 1.439，在综合性人文社会科学期刊中排名第九，江苏省内高校排名第二，农业高校排名第一。

《园艺研究》（*Horticulture Research*）

2014 年，《园艺研究》（*Horticulture Research*）正式上线运行，共接收稿件 125 篇，上线 34 篇文章，其中 article 24 篇、review article 7 篇、mini review 2 篇、editorial 1 篇，国内稿件 8 篇（低于 25%），国际稿件 26 篇（超过 75%），每一篇原创性文章都有相应的 Editorial Summary。1～3 月的文章平均引用次数（谷歌学术搜索）达到 3.1。

社 会 服 务

【概况】2014 年，学校共签订横向合作合同 493 项，合同金额 1.27 亿元，横向到位经费 0.85 亿元。共办理免税合同 96 份，减免额 216 万元。江苏省 2014 年前瞻性项目申报 8 项，获资助 5 项，合计经费 120 万元，2012 年江苏省前瞻性项目结题 3 项。江苏省产业技术研究院联合创新项目 1 项，获经费 200 万元。2014 年校技术转移中心获省科技厅建设经费资助 50 万元，常州市、高邮市政府合作项目经费各 10 万元。校技术转移中心申报的江苏科技副总项目获得省科技厅专项经费 70 万元。

"十二五"国家科技支撑计划子课题——"长三角现代农业区大学农业科技服务模式关键技术集成与示范"实施过程中，共申请专利 20 项，获得专利 6 项，获得新标准 4 项，研制新品种 13 个，发表论文 16 篇。依托项目开展人才培训，共培养年轻学术骨干 19 名，硕士、博士研究生 58 名；进行技术培训达到 130 余场次，合计培训县乡企事业单位技术骨干、农业示范户和基层技术人员 3 000 余名。

推进江苏省挂县强农富民工程项目。2014 年，学校先后与江苏张家港、射阳、泗洪和东海 4 县市对接，推广"新品种、新技术、新模式"。示范户平均效益增长 20% 以上，示范基地农业三新技术入户率达到 95% 以上。获得 2014 年度"全省挂县强农富民工程挂县突出单位"称号。中央电视台、中国教育报、科技日报、农民日报、新华网和江苏城市频道等媒体多次报道学校社会服务工作。

【新农村发展研究院建设】2014 年 1 月，南京农业大学成立新农村发展研究院办公室、江苏农村发展学院办公室、新农村发展研究院和江苏农村发展学院院务委员会秘书处，3 个正处级机构合署办公；新农村发展研究院与江苏农村发展学院设立院务委员会，院务委员会由党委办公室、校长办公室、组织部、宣传部、团委、人事处、教务处、计财处、科学研究院、研究生院、人文社科处、学生工作处、继续教育学院和资产经营公司等单位组成。院务委员会主任由南京农业大学党委书记左惟担任，副主任由学校分管副校长丁艳锋担任，院务委员会下设秘书处，秘书长由新农村发展研究院办公室主任陈巍担任。依据构建新型大学科技推广模式的建设目标，全面推进学校社会服务工作。

【平台搭建】学校参加省内外多地的校地对接和科技推广活动 20 余场，涉及工作人员及各类专家共计 100 多人次。省外与河南省、四川省资阳市、内蒙古蒙草抗旱股份有限公司签订了战略合作协议；省内与常州溧阳市、苏州吴江区、扬州高邮市签署了全面合作协议。进一步推进南京农业大学—康奈尔国际转移中心的工作，邀请康奈尔大学的菲利普欧文教授来华，洽谈动物疾病诊断系统、花卉延期花期基因的引进问题，并取得很大进展。在各类网站发布专家团队和技术需求600多条。通过第五批国家技术转移中心示范机构验收，在江苏省高校技术转移中心考评中成绩良好。

2014年，学校开发了基于"M＋1＋N"模式的科技服务信息化平台"南农在线"（V1.0），专家使用该平台可以实现实时对生产信息进行感知、病虫诊断和远程指导等。该平台包含基地感知系统、基地可视化系统、远程控制系统、远程指导系统、远程培训系统、专家问题解答系统、用户与专家利用移动终端网络交互等应用板块，能支持1000人同时在线访问。将常熟新农村发展研究院、溧水肉制品产业研究院2个基地信息化建设并接入到"南农在线"（V1.0），基本满足新农村服务基地上教学科研业务的需要。

【基地建设】学校按照"立足江苏、侧重华东、辐射全国"的总体规划原则，对既有校外社会服务基地进行重新评价准入及公示认定。截至2014年年底，学校确定综合示范基地3个、特色产业基地5个、分布式服务站10个。

在教育部、科技部、省教育厅、科技厅等上级领导和学校党委、行政的指导支持下，于2014年12月在常熟新农村发展研究院召开以"深化合作，共谋发展"为主题的首届基地建设大会，全面展示了学校新农村服务基地建设成果，促进了基地、学校、政府和企业间的沟通交流和工作研讨，提高了学校社会服务的声誉和地位。基地建设大会上对2014年准入的18个新农村服务基地进行授牌。

【资产经营】按照教育部政务司《财政部审计署关于开展贯彻执行中央八项规定严肃财经纪律及"三公"经费和"小金库"专项检查治理工作方案的通知》要求，对下属全资、控股公司展开全面检查。根据《财政部关于开展中央级事业单位及事业单位所办企业国有资产产权登记与发证工作的通知》和《关于做好直属高等学校、直属事业单位及所办企业办理产权登记工作的通知》的文件要求，完成12家下属企业的产权登记。优化调整了职能部门，增设人力资源部和企划部，成立资产公司工会。完成南京南农兴农商贸有限公司法人变更工作；完成江苏南农宝祥再生能源研究院有限公司增加750万元中央国有资本金投入及法人变更工作；承办由教育部科技发展中心、中国高校校办产业协会举办的"高校科技成果资本化与产业化专题研修班"；成立校办企业国有资产管理自查自纠领导小组，对校办企业国有资产拥有、使用、管理情况进行了全面的清理、盘点。

【获奖情况】在第八届中国产学研合作创新大会创新促进奖评比中，动物医学院姜平教授团队研发的"猪的两种免疫抑制性病毒免疫防控技术的创建与应用"获得"2014年中国产学研创新成果奖"，李玉清同志获得个人"2014年中国产学研合作促进奖"。在第七届"中国技术市场金桥奖"申报评比中，南京农业大学技术转移中心荣获先进集体奖，周立祥教授荣获金桥奖先进个人。在第十六届中国国际工业博览会上，由学校食品科技学院黄明教授牵头，南京农业大学和南京农大肉类食品有限公司联合申报的科技成果项目"采用绿色加工保鲜技术的传统肉制品"获本届工博会高校展区特等奖，南京农业大学获得展区优秀组织奖。

（撰稿：陈　荣　陈　俐　王胜楠　严　谨　许承保
审稿：姜　东　俞建飞　吴　强　陈　巍　乔玉山）

[附录]

附录 1 　 2014 年各学院横向合作到位经费情况一览表

序号	学院	到位经费（万元）
1	农学院	510.10
2	植物保护学院	765.24
3	资源与环境科学学院	1 074.15
4	园艺学院	735.07
5	动物科技学院	449.08
6	动物医学院	1 158.62
7	食品科技学院	246.79
8	生命科学学院	187.50
9	理学院	18.75
10	工学院	187.71
11	信息科技学院	194.20
12	公共管理学院	512.60
13	经济管理学院	324.00
14	人文社会科学学院	121.69
15	外国语学院	28.80
16	农村发展学院	196.50
17	金融学院	152.00
18	其他	1 688.99
合　计		8 531.79

附录 2 　 2014 年科技服务获奖情况一览表

时间	获奖名称	获奖个人/单位	颁奖单位
2014 年 4 月	2013 年全省挂县强农富民工程挂县突出单位	南京农业大学	江苏省农业委员会 江苏省教育厅 江苏省科技厅
2014 年 9 月	第七届中国技术市场金桥奖先进集体	南京农业大学技术转移中心	中国技术市场协会
2014 年 9 月	第七届中国技术市场金桥奖先进个人	周立祥	中国技术市场协会
2014 年 9 月	第十六届中国国际工业博览会展区特等奖	黄 明	第十六届中国国际工业博览会组委会

（续）

时间	获奖名称	获奖个人/单位	颁奖单位
2014 年 9 月	第十六届中国国际工业博览会组织奖	南京农业大学	第十六届中国国际工业博览会组委会
2014 年 11 月	中国产学研合作促进奖	南京农业大学	中国产学研合作促进会
2014 年 11 月	中国产学研创新成果奖	南京农业大学	中国产学研合作促进会
2014 年 11 月	2014 年中国产学研合作促进奖	李玉清	中国产学研合作促进会
2014 年 12 月	江苏省"三下乡"先进集体	南京农业大学科学研究院	江苏省教育厅等

附录 3 2014 年南京农业大学准入新农村服务基地一览表

基地类别	名称	合作单位	所在地	服务领域
综合示范基地	淮安研究院	淮安市人民政府	江苏淮安	种植、养殖、加工业等
	常熟新农村发展研究院	常熟市人民政府	江苏常熟	园艺、作物栽培等
	句容新农村发展研究院	句容市人民政府	江苏句容	稻麦、果蔬、茶叶
特色产业基地	宿迁设施园艺研究院	宿迁市人民政府	江苏宿迁	园艺
	昆山蔬菜产业研究院	昆山市城区农副产品实业有限公司	江苏昆山	蔬菜
	盱眙神力特生物凹土产业研究院	江苏神力特生物科技有限公司	江苏盱眙	生物凹土、饲料
	溧水肉制品加工创新产业研究院	南京农大肉类食品有限公司	江苏溧水	肉制品加工
	灌云现代农业装备研究院	灌云县科技局	江苏灌云	农机
分布式服务站	云南水稻专家工作站	云南省农业科学院粮食作物研究所	云南永胜	水稻
	如皋信息农业专家工作站	如皋市农业技术推广中心	江苏如皋	作物栽培
	海安雅周农业园区专家工作站	江苏丰海农业发展有限公司	江苏海安	种植业
	安徽和县常久园艺专家工作站	和县常久农业发展有限公司	安徽和县	蔬菜
	丹阳食用菌专家工作站	江苏江南生物科技有限公司	江苏丹阳	食用菌
	宜兴茶叶专家工作站	宜兴市张渚镇人民政府	江苏宜兴	茶叶
	高邮家禽加工专家工作站	扬州天歌鹅业发展有限公司	江苏高邮	家禽加工

（续）

基地类别	名称	合作单位	所在地	服务领域
分布式服务站	八卦洲葡萄专家工作站	南京缘派蔬菜专业合作社	江苏南京	葡萄
	常熟田娘生态农业专家工作站	江苏田娘科技有限公司	江苏常熟	有机肥
	常熟食品包装专家工作站	常熟市屹浩食品包装材料科技有限公司	江苏常熟	食品包装

八、对外交流与合作

外事与学术交流

【概况】2014 年是学校"国际化推进年"。在学校党委和行政的领导下，国际合作与交流处、国际教育学院和港澳台办公室全体人员认真学习中共十八大、十八届三中全会和四中全会文件精神，立足建设世界一流农业大学的发展目标，紧密结合国际化推进年工作实际，推动各项工作有序开展。制定完善了《南京农业大学境外专家短期来访管理规定》、《南京农业大学因公临时出国（境）审批管理暂行规定》等管理文件，编辑发布了《南京农业大学教师国际交流与合作手册》。

2014 年，接待境外高校和政府代表团组 49 批 288 人次，包括荷兰瓦赫宁根大学校长代表团、新西兰梅西大学校长代表团、澳大利亚维多利亚州州督代表团和南非自由州省省长代表团等。签署和续签 21 个合作协议，包括 14 个校（院）际合作协议和 7 个学生培养项目协议。通过与高水平大学共建实质性合作平台、拓展在非洲和东南亚等发展中国家的校际合作，不断优化学校国际合作伙伴的全球布局，加快了学校"引进来"和"走出去"的全球化步伐，为提升学校的国际影响力奠定基础。继续协助举办"农业及生命科学教育与创新的世界对话国际学术研讨会"和 2014 年"世界农业奖"颁奖大会。

2014 年获得国家各类聘请外国专家经费 760 万元。新增"高端外国专家项目"1 项、江苏省"百人计划"1 项和"111 计划"1 项；新增欧盟"伊拉斯谟行动 3（Erasmus Munduns Action 3）"项目、中美"扩大美国对中国出口市场准入涉及的农业和贸易政策环境"等国际合作项目 3 项。聘请包括美国科学院院士在内的外籍文教专家、外籍教师 360 人次。"111 计划"海外学术大师、美国俄勒冈州立大学教授布莱特·泰勒（Brett Tyler）获"江苏省国际合作贡献奖"，美籍英语教师麦克·布朗（Michael Brown）获"江苏省五一劳动荣誉奖章"。

2014 年，学校严格执行教育部《关于进一步加强教育外事管理的意见》（教外综〔2013〕63 号）文件精神，从严审批出访团组计划。选派教师出国（境）访问交流、参加学术会议和合作研究等团组总数 226 批 306 人次，比 2013 年压缩了 23%。继续推进学生海外学习项目，派出学生 620 人次，其中攻读学位 231 人次，交换留学和联合培养 85 人次，参加国际会议或短期（3 个月以下）交流 278 人次，赴国外高校或科研院所从事长期（3 个月以上）科研合作 20 人次。继续执行"本科生国际交流专项基金项目"，鼓励学院设立院级层次的奖学金资助优秀学生出国交流。

【南京农业大学—加州大学戴维斯分校全球健康联合研究中心正式成立】2014 年 1 月，学校与美国加州大学戴维斯分校（University of California Davis）签署《共建全球健康联合研究中心意向书》。5 月，两校签署实施协议，正式启动中心各项工作，首个工作周期为 5 年（2014—2018 年）。联合研究中心的工作内容包括开展合作科研、实施学生联合培养、举办国际研讨会及培训课程等。2014 年，联合中心举办 2 期"国际高端兽医继续教育课程"，完成第一期"优秀本科生寒假进修项目"，举办 2 次"全球健康与食品安全研讨会"和一次工作会议。

【举行第二届"世界农业奖"颁奖典礼】2014 年 9 月 20 日，第二届"世界农业奖"颁奖典礼在南京农业大学举行，获奖人为德国波恩大学（University of Bonn）教授保罗·弗莱克（Paul L. G. Vlek）。"世界农业奖（WAP）"是由南京农业大学在 2012 年建校 110 周年之际倡导，并经 GCHERA 董事会和执委会通过而设立，旨在表彰在全球农业和生命科学领域的教育、研究、成果转化等方面做出杰出贡献的学者。保罗·弗莱克教授是世界知名的土壤学家，是德国波恩大学发展研究中心（ZEF）主任和创始董事之一。

【美籍英语教师麦克·布朗（Michael Brown）获"江苏省五一劳动荣誉奖章"】2014 年 4 月，学校美籍教师麦克·布朗先生荣获江苏省"五一劳动荣誉奖章"，这是学校第二位获此殊荣的外籍教师。布朗先生于 2011 年 9 月起担任学校外国语学院英语教师，承担本科生英语口语、英语阅读和英语写作等课程。江苏省"五一劳动荣誉奖章"是表彰为国家和江苏省经济、社会发展做出突出贡献的、在江苏省连续工作一年以上的外籍人员、港澳台同胞，每年表彰一次。学校美籍教师克里斯·迪克曼先生（Christopher B. Dieckmann）曾于 2010 年获奖。

（撰稿：石　松　魏　薇　陈月红　杨　梅　童　敏　丰　蓉
蒋苏娅　郭丽娟　审稿：张红生）

［附录］

附录1　2014 年签署的国际交流与合作协议一览表

序号	国家	院校名称（中英文）	合作协议名称	签署日期
1	美国	康涅狄格大学 University of Connecticut	校际合作备忘录	5 月 5 日
2		艾奥瓦州立大学 Iowa State University	海外学习项目协议	4 月 1 日
3		加州大学戴维斯分校 University of California，Davis	全球健康联合研究中心实施协议	5 月 1 日
4	英国	雷丁大学 University of Reading	海外学习项目协议	1 月 1 日
5		考文垂大学 Coventry University	本科生双学位项目协议	2 月 14 日
6	法国	梅斯国立工程师学院 ENIM	校际合作备忘录	6 月 20 日
7	荷兰	瓦赫宁根大学 Wageningen University and Research	合作意向书	10 月 10 日

（续）

序号	国家	院校名称（中英文）	合作协议名称	签署日期
8	德国	柏林自由大学 Freie Universität Berlin	校际合作备忘录（续签）	1 月 3 日
9	瑞典	瑞典农业大学 The Swedish University of Agricultural Sciences	合作意向书	10 月 13 日
10	比利时	根特大学 Ghent University	农村发展硕士项目协议	10 月 27 日
11	澳大利亚	西澳大学 The University of Western Australia	海外学习项目协议	1 月 3 日
12	新西兰	梅西大学 Massey University	商学硕士联合培养项目协议	3 月 17 日
13	日本	筑波大学 University of Tsukuba	学术交流合作协议	2 月 1 日
14		北海道大学 Hokkaido University	学术和学生交流协议	12 月 30 日
15	韩国	国立首尔大学 Seoul National University	学术交换项目协议	5 月 20 日
16	伊朗	赞詹大学 University of Zanjan	校际合作备忘录	7 月 10 日
17	印度尼西亚	南加里曼丹省 Province of South Kalimantan	合作协议书	9 月 30 日
18	苏丹	巴赫里大学 University of Bahri	校际合作备忘录	5 月 28 日
19		苏丹高等教育与科研部 The Ministry of Higher Education and Scientific Research	合作意向书	11 月 27 日
20	莫桑比克	莫桑比克师范大学 The Universidade Pedagógica	校际合作备忘录	9 月 24 日
21	南非	自由州省 The Free State Province	合作意向书	11 月 28 日

附录 2　2014 年举办国际学术会议一览表

序号	时间	会议名称（中英文）	负责学院/系
1	4 月 6～8 日	杂草科学与农业可持续发展国际学术研讨会 International Symposium on "Weed Science and Sustainable Development in Agriculture"	生命科学学院
2	9 月 13～16 日	作物生长监测国际研讨会 International Symposium on Crop Growth Monitoring	农学院
3	9 月 19～22 日	2014 农业及生命科学教育与创新的世界对话国际学术研讨会 GCHERA World Dialogue Education and Innovation in Agriculture & Life Sciences	高等教育研究所

（续）

序号	时间	会议名称（中英文）	负责学院/系
4	10 月 14～18 日	2014 国际园艺学术会议 2014 International Horticulture Research Conference	园艺学院
5	10 月 18～20 日	2014 粮食安全与农村发展国际学术研讨会 2014 International Conference on Food Security and Rural Development	经济管理学院
6	10 月 27～30 日	2014 消化道分子微生态国际研讨会 2014 International Symposium on Gastrointestional Microbial Ecology and Functionality	动物科技学院
7	10 月 27～30 日	2014 年土壤微生物区系与农业可持续发展国际学术研讨会 International Workshop on Exploiting the Soil Microbiome for Agricultural Sustainability	资源与环境科学学院
8	11 月 30 日至 12 月 4 日	2014 年国际模型比较与改进项目水稻组研讨会 2014 AgMIP (Agricultural Model Intercomparison and Improvement Project) Rice Team Workshop	农学院
9	12 月 1～5 日	2014 国际菊芋研讨会 2014 International Workshop on Jerusalem Artichoke	资源与环境科学学院

附录 3　2014 年接待主要外宾一览表

序号	代表团名称	来访目的	来访时间
1	特立尼达和多巴哥共和国国立大学校长代表团	了解学校情况，探讨在农学、生物科学等领域的合作	2 月
2	新西兰梅西大学校长代表团	签署《商学硕士联合培养项目协议》，探讨合作办学项目	3 月
3	日本国立大学协会专务理事	探讨促进学校与日本国立大学合作事宜	3 月
4	英国东英格兰埃塞克斯郡农业、生命科学企业代表团	探讨在生物技术和产学研合作等领域开展交流合作的可能性	3 月
5	英国生物技术与生物科学研究理事会副主席	推动学校与英国高校在产学研领域的合作	4 月
6	以色列希伯来大学副校长代表团	探讨建立校际合作关系的可能性	4 月
7	伊朗赞詹大学副校长代表团	探讨建立校际合作关系的可能性	5 月
8	法国里尔商学院副校长代表团	商讨开展学生联合培养项目合作事宜	5 月
9	美国科学院院士罗杰·比奇（Roger Beachy）	了解"南京农业大学—加州大学戴维斯分校全球健康联合中心"	6 月
10	新西兰梅西大学副校长代表团	商讨两校共建联合学院、开展合作办学项目事宜	9 月
11	荷兰瓦赫宁根大学校长代表团	出席"世界农业奖"系列活动，商讨进一步深化两校合作事宜并参加"瓦大校友日（南京）"活动	9 月

（续）

序号	代表团名称	来访目的	来访时间
12	肯尼亚埃格顿大学校长	出席"世界农业奖"系列活动，商讨进一步深化两校合作事宜	9 月
13	法国拉舍尔博韦综合理工学院校长	出席"世界农业奖"系列活动	9 月
14	GCHERA 副主席、美国公立赠地大学联盟副主席	出席"世界农业奖"系列活动	9 月
15	欧洲生命科学大学联盟秘书长	出席"世界农业奖"系列活动	9 月
16	GCHERA 主席、加拿大阿尔伯塔大学农业与生命科学学院院长	出席"世界农业奖"系列活动，商讨拓展两校学术合作的相关事宜	9 月
17	第二届世界农业奖获奖人	出席"世界农业奖"系列活动	9 月
18	第一届世界农业奖获奖人	出席"世界农业奖"系列活动	9 月
19	莫桑比克师范大学校长代表团	商讨建立校际合作关系、开展研究生联合培养合作等相关事宜	9 月
20	爱尔兰科克郡郡长代表团	推动学校与爱尔兰科克郡相关高校开展合作	9 月
21	纳米比亚霍马斯省省长代表团	推动学校与纳米比亚相关高校在学生联合培养、科研和科技推广方面的合作	9 月
22	印度尼西亚南加里曼丹省省长代表团	签署合作协议，商谈在教育培训、联合培养等合作项目	9 月
23	澳大利亚维多利亚州州督代表团	推动学校与维多利亚州高水平高校开展合作	10 月
24	澳大利亚墨尔本大学代表团	探讨共建"南京农业大学—墨大联合研究中心"设想	10 月
25	日本北海道大学农学院副院长代表团	商讨建立校际合作关系、拓展学术合作的相关事宜	11 月
26	荷兰北布拉邦省副省长代表团	推动学校与北布拉邦省相关高校、企业开展教育、科研和技术推广等合作	11 月
27	苏丹高等教育和科研部部长代表团	签署合作意向书、探讨在研究生联合培养、技术推广等方面的合作事宜	11 月
28	印度旁遮普邦省省长代表团	了解学校教育科研情况，探讨合作可能性	11 月
29	南非自由州省省长代表团	签署合作意向书，看望在学校学习的南非学生	11 月
30	肯尼亚埃格顿大学校长代表团	参加孔子学院理事会	12 月
31	美国佐治亚州立大学副校长	商讨与学校开展学术合作的可能性	12 月
32	美国科学院院士、密歇根州立大学詹姆斯·迪杰（James Tiedje）教授	出席国际学术研讨会	12 月

附录 4 国家建设高水平大学公派研究生项目 2014 年派出人员一览表

序号	姓 名	院系/单位	留学国家	留学院校	出国时间	留学时间	留学身份
1	于晓玥	植保	美国	克莱姆森大学	3月	2年	联合培养博士
2	陆隽雯	食品	法国	巴黎高科	7月	2年	攻读硕士学位
3	李 露	资环	泰国	亚洲理工大学	8月	3年	攻读博士学位
4	杨天元	资环	以色列	希伯来大学	8月	1年	联合培养博士
5	周雪影	动医	美国	堪萨斯州立大学	8月	5年	攻读博士学位
6	管迟瑜	动医	美国	堪萨斯州立大学	8月	5年	攻读博士学位
7	唐姝	动医	德国	汉诺威兽医大学	8月	1年	联合培养博士
8	王伟兰	动科	加拿大	阿尔伯塔大学	8月	4年	攻读博士学位
9	汪海洋	动科	韩国	忠北国立大学	8月	4年	攻读博士学位
10	孙 迪	生科	美国	德州农工大学	8月	4年	攻读博士学位
11	周 琳	园艺	美国	美国农业部农业研究院	8月	2年	联合培养博士
12	陈 飞	园艺	美国	田纳西大学	8月	2年	联合培养博士
13	李 玉	园艺	日本	RIKEN	8月	10个月	联合培养硕士
14	李馨儿	公管	新西兰	怀卡托大学	8月	1年	联合培养博士
15	张仕杰	园艺	日本	东京大学	9月	3年	攻读博士学位
16	张明月	园艺	美国	康奈尔大学	9月	1年	联合培养博士
17	管 莉	生科	德国	慕尼黑大学	9月	4年	攻读博士学位
18	古咸彬	生科	美国	马里兰大学	9月	2年	联合培养博士
19	张瑞胜	人文	美国	普渡大学	9月	4年	攻读博士学位
20	杨泳冰	经管	美国	德州农工大学	9月	2年	联合培养博士
21	赵杨扬	植保	美国	内布拉斯加大学林肯分校	9月	15个月	联合培养博士
22	闫莉春	植保	美国	佐治亚大学	9月	2年	联合培养博士
23	孙海娜	植保	美国	康奈尔大学	9月	18个月	联合培养博士
24	韩 笑	植保	新西兰	皇家科学院土地保护研究所	9月	1年	联合培养博士
25	马 超	资环	美国	佐治亚理工学院	9月	1年	联合培养博士
26	乐 乐	资环	美国	麻省大学阿姆赫斯特校区	9月	2年	联合培养博士
27	孙 凯	资环	美国	佐治亚大学	9月	1年	联合培养博士
28	林 峰	资环	美国	康奈尔大学	9月	1年	联合培养博士
29	刘 婷	资环	加拿大	麦吉尔大学	9月	18个月	联合培养博士
30	蔡 枫	资环	奥地利	维也纳理工大学	9月	2年	联合培养博士
31	黄金虎	动医	美国	爱荷华州立大学	9月	2年	联合培养博士

（续）

序号	姓名	院系/单位	留学国家	留学院校	出国时间	留学时间	留学身份
32	蔡德敏	动医	美国	加州大学戴维斯分校	9月	1年	联合培养博士
33	张敬	草业	美国	罗格斯大学	9月	2年	联合培养博士
34	翁辰	金融	荷兰	瓦赫宁根大学	9月	1年	联合培养博士
35	张兰	公管	荷兰	瓦赫宁根大学	9月	1年	联合培养博士
36	孙啸	工学	美国	阿肯色大学	9月	2年	联合培养博士
37	付菁菁	工学	美国	田纳西大学	9月	15个月	联合培养博士
38	孙菲菲	经管	德国	哥廷根大学	10月	4年	攻读博士学位
39	李天祥	经管	丹麦	哥本哈根大学	10月	1年	联合培养博士
40	傅颖滢	动科	德国	癌症研究中心	10月	4年	攻读博士学位
41	刘燕培	生科	法国	巴黎第十一大	10月	4年	攻读博士学位
42	王晓婷	农学	美国	普渡大学	10月	2年	联合培养博士
43	刘兵	农学	美国	佛罗里达大学	10月	20个月	联合培养博士
44	胡伟	农学	美国	阿肯色大学	10月	1年	联合培养博士
45	周蓉	园艺	丹麦	奥胡斯大学	10月	10个月	联合培养博士
46	虞夏清	园艺	丹麦	奥胡斯大学	10月	10个月	联合培养博士
47	李晓红	植保	美国	普渡大学	10月	1年	联合培养博士
48	王欢	植保	英国	詹姆斯赫顿研究所	10月	2年	联合培养博士
49	杨天杰	资环	荷兰	乌特勒支大学	10月	2年	联合培养博士
50	俞仪阳	植保	美国	东北大学	11月	2年	联合培养博士
51	李欢	资环	美国	北卡罗来纳州立大学	12月	1年	联合培养博士

港 澳 台 工 作

【概况】2014年，接待港澳台团组来访4批28人次，其中来自台湾大学、中兴大学和嘉义大学师生3批26人次；接待香港浸会大学专家来访2人；派出教师赴台访问16人，赴港访问7人；赴台湾高校交换学生10人，赴台参加暑期短期访学学生25人。

[附录]

附录　2014 年我国港澳台地区主要来宾一览表

代表团名称	来访目的	来访时间
台湾大学学生代表团	参加"两岸大学生新农村建设研习营"	7 月
中兴大学学生代表团	参加"两岸大学生新农村建设研习营"	7 月
嘉义大学师生代表团	参加"两岸大学生新农村建设研习营"	7 月

（撰稿：姚　红　杨　梅　魏　薇　审稿：张红生）

教育援外、培训工作

【概况】学校共举办农业技术、农业管理和中国语言文化等各类短期来华培训项目 22 期，培训学员 418 人，比 2013 年增长 27％。学员来自美国、英国、法国、德国、日本、韩国、俄罗斯、拉脱维亚、罗马尼亚、波兰、老挝、朝鲜、巴基斯坦、巴勒斯坦、菲律宾、越南、印度尼西亚、斯里兰卡、肯尼亚、加纳、津巴布韦、纳米比亚、坦桑尼亚、赞比亚、喀麦隆、埃及和马拉维等 70 个国家和地区。

继续执行教育部"中非高校 20＋20 合作计划"，选派 2 名研究生赴肯尼亚埃格顿大学进行为期 6 个月的毕业实习和调研，开展了"萝卜品种比较试验和品种推广"、"小麦、玉米栽培技术试验和推广"等项目研究，资助学校和肯尼亚埃格顿大学教师进行"非洲农业增产潜力研究"、"肯尼亚马铃薯软腐病防治"等 4 项非洲农业研究专项。

【获批建设"中—肯作物分子生物学联合实验室"】2014 年 5 月，学校与肯尼亚埃格顿大学合作共建"中—肯作物分子生物学联合实验室"获科技部批准，立项经费 250 万元。实验室将致力于开展作物种质资源的收集和鉴定，发掘优异基因资源，促进肯尼亚作物资源开发利用，为肯尼亚培养掌握现代分子生物学理论和技术的高级研究人员。

【获批成立"中国—东盟教育培训中心"】2014 年 12 月，外交部和教育部联合发文批准学校成立"中国—东盟教育培训中心"。中心将发挥学校学科优势和专业特色，分享我国在现代农业与生命科学等领域的研究成果，加强与东盟国家的教育交流合作，为东盟国家培养现代农业科技人才和管理人才。

【自筹经费建设"中—肯农业科技园区"】2014 年 4 月，学校自筹经费与埃格顿大学合作共建的"中—肯农业科技园区"启动建设。园区致力于将我国优良的作物品种和先进实用的农业技术在园区周边地区进行示范推广；进一步与我国农业企业合作，实施优良品种和实用技术在肯尼亚本土产业化。

[附录]

附录 2014 年教育援外、短期培训项目一览表

	培训班名称	培训时间	人数（人）	国别或区域名称
1	英国考文垂大学中国语言文化研修班	4月10～20日	21	拉脱维亚、英国、俄罗斯、罗马尼亚、波兰、伊朗、德国、法国
2	2014亚洲国家农业信息技术应用研修班	5月9～29日	16	东帝汶、吉尔吉斯斯坦、老挝、朝鲜、巴勒斯坦、菲律宾、斯里兰卡、越南
3	艾奥瓦州立大学短期实习	5月1日至8月31日	4	美国
4	印度尼西亚玛琅大学生物学和化学培训班	6月19日至8月18日	45	印度尼西亚
5	韩国庆北大学中国语言文化研修班	7月6～19日	27	韩国
6	两岸大学生新农村建设研习营	7月23～29日	24	中国台湾
7	埃格顿孔子学院教育工作者代表团	8月23日至9月15日	11	肯尼亚
8	日本鹿儿岛县立短期大学中国语言文化研修班	8月27日至9月10日	4	日本
9	2014年非洲国家农业经济发展研修班	9月5～24日	16	加纳、津巴布韦、纳米比亚、南苏丹、坦桑尼亚、赞比亚、厄立特里亚、喀麦隆、埃及、马拉维、肯尼亚
10	印度尼西亚玛琅大学农学课程硕士班	9月11日至12月4日	7	印度尼西亚
11	匈牙利德布勒森大学短期交流访问	9月28日至10月5日	6	匈牙利
12	2014年柬埔寨开发区建设研修班	11月5～18日	20	柬埔寨
13	农产品质量与安全高级培训班	10月22～31日	25	肯尼亚、卢旺达、坦桑尼亚、苏丹、赞比亚
14	2014年非洲英语国家水产养殖技术培训班	5月25日至6月19日	56	加纳、津巴布韦、马拉维、毛里求斯、纳米比、尼日利亚、南苏丹、乌干达、赞比亚、厄立特里亚、喀麦隆、塞舌尔、埃及
15	斯里兰卡鱼类苗种生产培训班	5月12～19日	8	斯里兰卡

（续）

	培训班名称	培训时间	人数（人）	国别或区域名称
16	2014 年非洲法语国家水产养殖技术培训班	5 月 15 日至 7 月 9 日	56	刚果（布）、刚果（金）、吉布提、几内亚、几内亚比绍、科特迪瓦、马达加斯加、摩洛哥、乍得、布隆迪、贝宁、卢旺达、马里、阿尔及利亚、科摩罗、突尼斯
17	伊朗鲤科鱼类水产养殖技术培训班	6 月 21 日至 7 月 1 日	10	伊朗
18	2014 年亚欧国家渔业发展和管理研修班	7 月 9～29 日	21	阿塞拜疆、格鲁吉亚、哈萨克斯坦、吉尔吉斯斯坦、塔吉克斯坦、土库曼斯坦、亚美尼亚、拉脱维亚、摩尔多瓦、白俄罗斯
19	南非水产养殖技术人员培训项目	7 月 17～29 日	13	南非
20	缅甸标准化稻田养鱼技术示范项目	8 月 12～21 日	10	缅甸
21	2014 年发展中国家渔业发展和管理部级研讨班	9 月 19～25 日	7	斯里兰卡、瓦努阿图、加纳、肯尼亚、马尔代夫、马拉维、汤加、纳米比亚
22	印度鲤科鱼类养殖培训项目	10 月 9～19 日	11	印度
合计			418	

（撰稿：姚　红　满萍萍　石　松　审稿：张红生）

孔　子　学　院

【概况】在埃格顿大学本部、那库鲁郡克里木中学等 5 个教学点开展汉语教学工作，共计 46 个班次、学员 1 740 人，同比增长 208.5%。举办"孔子学院日"、"传统节日庆祝"等文化活动 28 场次，参与人数累计 16 615 人次，同比增长 605.8%。汉语教学和文化活动的开展增强了孔子学院在当地的影响，在埃格顿大学及周边社区掀起了一场"汉语热"和"中国热"。

　　为埃格顿大学园艺系 180 名本科生、研究生开设园艺研究法、高级温室管理学和园艺植物保护理论 3 门农业课程；为当地中小农户和周边国家政府官员、管理人员举办"农产品质量与安全培训班"、"温室技术培训班"，对提高非洲农业生产技术水平发挥了积极作用。

【举行孔子学院日庆祝活动】2014 年 9 月 27 日，埃格顿大学孔子学院在埃格顿大学广场隆重举行"孔子学院日"活动，庆祝全球首家孔子学院成立 10 周年。埃格顿大学校长詹姆斯·托涛伊克（James Tuitoek）及学校各行政部门负责人，各学院领导和师生代表，孔子学院师生和周边社区居民共 2 000 余人参加活动。肯尼亚主流媒体肯尼亚电视网（KTN）和肯尼亚民族日报（*Nation Daily*）对活动进行了报道。

【孔子学院教育工作者代表团访华】2014 年 8 月 23 日至 9 月 5 日，埃格顿大学副校长露丝·阿吾尔（Rose Awuor）率埃格顿当地设有汉语教学点的 5 个中小学校长组成教育工作代表团一行 10 人来华访问。访华期间，代表团听取了中国国情、中国传统文化讲座，参观访问南京市孝陵卫小学，现场观摩学校大学英语课堂教学，实地考察江苏农林职业技术学院的农业科技园，拜会孔子学院总部。

（撰稿：李　远　姚　红　审稿：张红生）

校　友　工　作

【概况】2014 年，校友会秉承校友为本的理念，努力凝聚校友力量，全力支持校友发展，积极为学校建设贡献力量。

新成立西藏校友会、山西校友会；组织开展四川校友会、上海校友会的换届工作；走访了山东、广东、福建、浙江、新疆、上海以及南京、淮安、泰州等地校友，听取当地校友会的工作汇报，指导地方校友会开展校友活动；联络及支持中央大学、金陵大学农学院校友的聚会和返校活动。

为密切广大校友与母校的联系，开创"校友联络大使"聘任活动，同步创建"南京农业大学校友联络大使 QQ 群"，通过此 QQ 群定期向毕业生发布校报和《南农校友》杂志的电子稿、学校招聘会等信息；开通"南京农业大学校友会官博"，通过微博发布各类校友活动、学校重要新闻、文体活动及公益活动等信息；通过"南京农业大学校友会 QQ 群"，实现了与 12 000 名校友在网上的直接沟通。

举办了 3 期"杰出校友论坛"。向校报《校友英华》专栏供稿 13 篇，介绍杰出校友先进事迹，篇幅字数近 3 万字。改《校友通讯》为《南农校友》，并且全面改版，全年共编印 3 期；每月组织邮寄《南农校友》和《南京农业大学校报》，累计 3 万份。校友馆开通参观网上预约系统，全年共接待各类参观近 20 批次。

【首届校友联络大使聘任仪式】2014 年 5 月 21 日，在金陵研究院举行首届校友联络大使聘任仪式。学校副校长陈利根教授，泰州市校友会秘书长祝伟民，校团委、研究生工作部、学生工作处和发展委员会办公室等相关单位领导出席了本次活动。出席聘任仪式的领导和嘉宾为首届从 2014 届毕业生中选拔出的 222 名校友联络大使颁发了聘书。

【中央大学南京校友会农学院校友返校】10 月 28 日，夏祖灼、沈丽娟、朱立宏、蔡宝祥、韩正康、祝寿康和原葆民等中央大学南京校友会农学院的老校友偕陪护一行 36 人，齐聚南京农业大学新落成的体育中心会议室，听取陈利根副校长介绍学校沿革及近期发展概况，进行座谈交流，参观体育中心多功能自动化主场馆和校友馆。聚会校友中有 10 位已逾 90 岁高龄。

（撰稿人：李　冰　审稿人：杨　明）

九、财务、审计与资产管理

财 务 工 作

【概况】加大对专项资金的管理，2014年学校修购专项共获批11项，涉及金额1亿元。科研经费实行预算额度分项控制管理，实现了科研经费使用的实时控制。

在新《高校会计制度》出台的背景下，2014年8月，会计核算中心启动新财务核算系统，完成了软件更新，实现了账务对接，严格根据新《高校财务制度》、《高校会计制度》的要求，执行日常经费报销工作。2014年度审核复核原始票据75.37万张，录入凭证科目笔数21.41万笔，编制凭证约6.37万张，开具转账支票、电汇凭证3万余份，会计凭证装订成册约1971本。加强资金支付的信息化，电子支付系统日趋成熟，2014年度通过银校互联系统支付报销金额达到1.5亿元。

加强与税务部门的沟通，做好个人所得税、企业所得税的税务筹划工作。完成2013年所得税汇算清缴税务鉴证及2013年所得税汇算清缴申报工作；完成玄武地税、国税对学校的税务风险评估工作。2014年度全年开具税务发票4 300份，国产设备累计退税金额200万元。

根据物价、财政及主管部门的相关要求，完成了收费许可证备案、年检及非税收入上缴财政专户工作。全年接受助学贷款880万元，发放各类奖勤助贷金50余项，计7 377万元、近16万人次。按照票据管理办法，建立健全了票据的领用台账，全年共发放各类票据2 000本，核销往年票据1 592本。完成到期中央行政事业单位财政票据销毁共249 100份；江苏省财政票据共4 361本；南京农业大学校内收据共9 081本；南京农业大学科技开发部票据共460本。5月，根据《江苏省物价局　江苏省财政厅关于公办高等学校学费标准等有关问题的通知》（苏价费〔2014〕136号）文件，调整了学校本科生及研究生学费标准并报江苏省物价局备案。

全年发放校园卡1.3万张，接受各类报名收费2.3万人次（英语、计算机和普通话）。校园卡圈存接待48万人次，涉及金额6 678万元，日均179人次。对教工餐厅老鑫龙卡进行集中清理和退款工作，共计退款3 000多人次。完成了继续教育学历教育近50余个教学点及校本部1 500多人的学费、书费及各类考务费的收费工作；完成了非学历教育27个培训项目备案及收费工作；完成了50余个教学点及校本部近6 000多人的毕业清费工作。

全年完成了南苑19号楼学生宿舍及科技综合楼等项目工程竣工的财务决算等工作。积极做好理科实验楼和多功能风雨操场2个项目的财务预算执行进度工作；积极做好教职工医疗费报销工作，并协助校工会做好大病补助人员信息核准工作。

　　根据实际工作需要，科学编制了 2014 年全校收支年度预算。在预算执行过程中，不断强化预算执行监管，确保预算的刚性，充分发挥了资金的使用效益。2014 年南京农业大学作为江苏、安徽片区教育部所属 8 所高校的组长单位，负责审核 8 所高校的预决算，并参加教育部组织的预决算会审工作，圆满完成了 2015 年预算编制的"一上"、"二上"会审工作。

【建章立制规范财务管理】为了进一步加强管理，根据财务实践以及各类检查审计中发现的问题，计财处及时出台了多个经费管理办法，让广大教师在经费使用中更加规范，发挥资金使用的最大效益。为进一步加强和规范学校差旅费、会议费和培训费的报销管理工作，根据中央文件精神，结合实际情况，2014 年制定了《南京农业大学差旅费报销规定》、《南京农业大学会议费报销规定》和《南京农业大学培训费报销规定》。

【加强财会人员培训】根据新《高校会计制度》要求，2014 年组织财会人员参加天财高校财务管理系统 5.0 应用的培训，新高校会计制度科目设置及使用的培训；积极参加教育部财务司与经费监管中心组织的直属高校财务人员培训班，累计 4 期次 12 人；参加财政部、科技部《国务院关于改进加强中央财政科研项目和资金管理若干意见》（国发〔2014〕11 号文）视频培训学习以及教育部、科技部《部属高校中央财政科研项目和管理改革培训工作会议》的学习与培训。

[附录]

附录　教育事业经费收支情况

　　南京农业大学 2014 年总收入为 161 576.05 万元，总支出为 141 399.56 万元。2014 年，南京农业大学总收入比 2013 年增加 18 104.62 万元，增长 12.62%。其中：教育补助收入增长 11.16%；科研补助收入增长 23.37%，其中，基本建设经费增加 39%；其他补助收入增长 18.13%；教育事业收入增长 19.52%，科研事业收入增长 5.85%；其他收入增长 1.35%。

表 1　2013—2014 年收入变动情况表

经费项目	2013 年（万元）	2014 年（万元）	增减额（万元）	增减率（%）
一、财政补助收入	80 521.19	90 194.56	9 673.37	12.01
（一）教育补助收入	73 704.03	81 926.26	8 222.23	11.16
1. 专项补助收入	24 753.08	25 646.82	893.74	3.61
2. 非专项补助收入	48 950.95	56 279.44	7 328.49	14.97
（二）科研补助收入	4 108.00	5 068.00	960.00	23.37
其中：基本建设经费	1 513.00	2 103.00	590.00	39.00
（三）其他补助收入	2 709.16	3 200.30	491.14	18.13
1. 住房改革拨款	2 478.00	2 782.00	304.00	12.27
2. 外交拨款	51.16	118.30	67.14	131.24
二、事业收入	55 176.57	60 509.11	5 332.54	9.66
（一）教育事业收入	15 405.68	18 412.11	3 006.43	19.52

（续）

经费项目	2013 年（万元）	2014 年（万元）	增减额（万元）	增减率（%）
（二）科研事业收入	39 770.89	42 097.00	2 326.11	5.85
三、经营收入	626.17	1 695.98	1 069.81	170.85
四、其他收入	9 054.43	9 176.40	121.97	1.35
（一）非同级财政拨款	6 618.14	7 070.78	452.64	6.84
（二）捐赠收入	919.20	919.33	0.13	0.01
（三）利息收入	1 195.51	2 931.26	1 735.75	145.19
（四）后勤保障单位净收入	−1 906.93	−1 954.29	−47.36	2.48
（五）其他	321.59	209.32	−112.27	−34.91
总计	143 471.43	161 576.05	18 104.62	12.62

数据来源：2013 年、2014 年报财政部的部门决算报表口径。

2014 年，南京农业大学总支出比 2013 年减少 4 511.80 万元，同比下降 3.09%，其中教育事业支出增长 4.23%，科研事业支出减少 2.51%，行政管理支出减少 11.94%，后勤保障支出减少 51.1%，离退休人员保障支出增加 0.4%。

表 2   2013—2014 年支出变动情况表

经费项目	2013 年（万元）	2014 年（万元）	增减额（万元）	增减率（%）
一、财政补助支出—事业支出	78 094.53	78 679.47	584.94	0.75
（一）教育事业支出	50 959.79	54 632.14	3 672.35	7.21
（二）科研事业支出	4 940.21	5 077.93	137.72	2.79
（三）行政管理支出	6 661.63	6 238.26	−423.37	−6.36
（四）后勤保障支出	8 260.94	4 295.66	−3 965.28	−48.00
（五）离退休支出	7 271.96	8 435.48	1 163.52	16.00
二、非财政补助支出	67 816.82	62 720.09	−5 096.73	−7.52
（一）事业支出	67 166.4	61 473.74	−5 692.66	−8.48
1. 教育事业支出	19 306.76	18 605.17	−701.59	−3.63
2. 科研事业支出	35 962.59	34 799.11	−1 163.48	−3.24
3. 行政管理支出	2 773.12	2 070.18	−702.94	−25.35
4. 后勤保障支出	3 438.89	1 425.53	−2 013.36	−58.55
5. 离退休支出	5 685.05	4 573.75	−1 111.3	−19.55
（二）经营支出	576	1246.35	670.35	116.38
（三）其他支出	74.43		−74.43	−100.00
总支出	145 911.36	141 399.56	−4 511.8	−3.09

数据来源：2013 年、2014 年报财政部的部门决算报表口径。

2014 年学校总资产 401 256.47 万元，比 2013 年增长 12.53%，其中固定资产增长 5.60%，流动资产增长 26.01%；净资产 362 573.60 万元，比 2013 年增加 13.14%，其中事业基金增加 70.67%。

表 3　2013—2014 年资产、负债和净资产变动情况表

项目	2013 年（万元）	2014 年（万元）	增长额（万元）	增长率（%）
资产总额	356 565.25	401 256.47	44 691.22	12.53
其中：				
固定资产	193 541.94	204 387.22	10 845.28	5.60
流动资产	113 099.00	142 512.19	29 413.19	26.01
负债总额	36 088.93	38 682.87	2 593.94	7.19
净资产总额	320 476.32	362 573.60	42 097.28	13.14
其中：				
事业基金	13 614.21	23 235.82	9 621.61	70.67

　　数据来源：2013 年、2014 年报财政部的部门决算报表口径。

（撰稿：李　佳　蔡　薇　审稿：杨恒雷）

审　计　工　作

【概况】2014 年，审计工作紧紧围绕学校"1235"发展战略，切实履行审计职责，在规范校内财经秩序、提高资金使用效益和推进党风廉政建设等方面取得了良好的成效。全年共完成各类审计项目 445 项，审计总金额 26.58 亿元，直接经济效益 570.37 万元（基建、维修工程预结算审减额）。

　　加强审计制度建设，不断完善内部审计制度与工作程序。顺应教育领域综合改革的新形势，助推审计方式由"做审计"到"管审计"的转变。2014 年 9 月，出台《南京农业大学科研经费审计办法（试行）》，对开展科研经费审计的目标、类型、范围、内容、方式和程序等方面做了详尽规定，强化了学校科研经费的管理与监督。2014 年 11 月，针对维修工程管理中存在的问题，制定《卫岗本部 10 万元以上的维修项目打包进行跟踪审计（试行）》，明确相应程序，加强了对维修工程施工过程、签证和隐蔽工程的跟踪审计，为确保造价控制到位、防范廉政风险打下了良好基础。

　　深化领导干部经济责任审计，推行"三责联审"。以中层干部换届为契机，启动全校 82 名离任干部的离任审计。对 2 名提拔为校级领导的干部进行了重点离任审计。2014 年发出经济责任审计通知书 103 份，其中离任审计 98 份、任中审计 5 份，共开展经济责任审计 99 项，其中离任审计 98 项、任中审计 1 项，完成离任审计 86 项，审计总金额达 18.27 亿元。审计人员严格检查各个领导干部在经费管理与审签、设备购置与保管、重大经济事项集体决策等方面的守法守纪守规情况，发现账务处理不当金额 59.22 万元，违规报销金额 9.51 万元，审计组与相关责任人进行约谈并做了必要的纠正。另外，清理暂付款 6 373 万元、清理设备 4 493 台件，计价 2 510.74 万元。审计组梳理了 86 份审计底稿，归纳总结出学校在预算、招投标及资产管理等方面存在的 8 类 16 种问题，提出推行公务卡、加强耗材采购管理以及各类收入收费必须上缴财政等 95 条整改建议，有效促进各级领导切实履责尽责。

强化科研经费审计，促进财政资金安全高效使用。学校高度重视科研经费贪腐的预防与监督，吸取相关高校科研人员涉嫌违法犯罪的教训，多次召开专题会议，对学校 3 个"转基因生物新品种培育科技重大专项（课题）"的项目管理与经费使用情况进行自查自纠，审计金额达 1.67 亿元。对校内 11 个科研项目进行专项资金审计，总金额达 5 901 万元。通过上述审计，发现学校科研经费使用中存在经费报销附件不全、财务审批手续不完善、报销使用同日连号发票以及差旅费报销与事实不符等一系列问题，问题金额共计 1 759.49 万元。审计组明确提出整改建议，并与项目负责人逐一约谈，集中整改了劳务费报销虚假、连号发票和审批手续不完备等问题，退回不当报销金额 86 124.90 元，进一步强化了科研人员的遵纪守法意识。开展了科研结题审签 152 项，审签金额 4 834.80 万元。

开展工程项目审计，改进审计工作方式，着力提高建设资金使用效益。共完成基建维修审计项目 182 项，审计金额 7 144.45 万元，审减金额 570.37 万元，平均核减率 7.98%，提高了学校建设资金的使用效率。其中，家属区给水系统改造工程，不仅在工程上核减 154.64 万元，并为后期取费谈判提出建议；220 kV 钟山变 105kV 间隔扩建工程、2 号中心站 10 kV 接入工程，工程审计人员从造价方面给出专业意见，核减 51 万元。2014 年度继续对体育馆、白马教学科研基地 12 个工程项目进行全过程跟踪审计，审计总金额 1.77 亿元。针对各项目具体情况，细化审计方案，明确审计重点和节点，强化对工程变更审批程序、现场签证及隐蔽工程计量的审计。在聘请造价事务所进行跟踪审计的基础上，内审人员通过参加工程例会、施工现场巡查和市场调研等形式，对工程变更预算、隐蔽工程签证和材料核价等一系列工作进行审核把关，对跟踪审计过程中发现的情况和问题，及时向工程管理等相关部门反馈，实现审计成果向决策成果的转化。

开展各项常规审计，推进学校管理规范化。开展专项资金审计，2014 年度根据江苏省教育厅要求，开展 1 项"江苏省高校优势学科一期项目结项审计"，重点审核作物学、植物保护等 8 个学科的预算执行、项目资金使用和管理等情况，审计金额 4.27 亿元。通过审计，有效促进学校优势学科项目顺利通过验收，获得 7 个"A"、1 个"B"佳绩；开展 3 项"教学中心验收工作的审计"，审计金额各 50 万元，有效促进各教学中心顺利通过验收。开展财务收支审计，坚持"内外审结合、内审主导"的工作方式，对兴农公司、技术服务公司等 6 家单位的财务收支情况进行审计，审计总金额 5 714.53 万元。开展 1 项财务预算执行情况和决算审计，配合纪检监察开展 1 项经费使用审计。

加强队伍建设，不断提高审计人员思想政策水平、业务实践能力和理论研究能力。重视内部审计人员的理论学习，组织他们学习中共十八大和十八届三中、四中全会精神，学习《国务院关于加强审计工作的意见》、《江苏省人民政府关于贯彻落实国务院加强审计工作意见的通知》等上级文件精神，深刻理解、准确把握党和国家各项方针政策。组织审计人员参加各类工程造价新定额培训、广联达软件培训、固定资产投资审计培训以及会计继续教育培训等共计 18 人次，鼓励审计人员参加一级建造师（房建专业）等相关专业资格考试。先后 4 次组织审计人员赴南京大学、东南大学、西北农林科技大学和华中农业大学进行审计工作调研，重点学习兄弟院校在新校区建设跟踪审计工作管理、科研经费审计的经验与做法。鼓励审计人员立足岗位开展理论研究。1 名审计人员荣获中国内审协会"2011—2013 年全国内部审计先进工作者"称号。

（撰稿：章法洪　审稿：尤树林）

国有资产管理

【概况】截至 2014 年 12 月 31 日，南京农业大学国有资产总额 40.13 亿元，其中固定资产 20.44 亿元，无形资产 1 503.83 万元（附录 1），土地面积 896.67 公顷（附录 2），校舍面积 64.42 万米² （附录 3）。学校资产总额、固定资产总额分别比 2013 年 12 月 31 日增长 12.53% 和 5.60%。2014 年学校固定资产（原值）本年增加 1.13 亿元，本年减少 493.97 万元（附录 4）。

【完善资产管理制度和体系】完善学校内部资产管理制度，优化资产调拨和处置业务流程，编写《南京农业大学 2013 年国有资产发展报告》，分析学校资产使用和管理情况，编制《南京农业大学国有资产管理制度汇编》，利用制度规范加强国有资产管理。

根据学校人事调整和岗位聘任情况，及时更新各部门专兼职资产管理员信息。召开全校固定资产管理培训会议，组织学习和研讨，加强资产管理队伍建设，不断完善资产管理体系。

【产权登记和自查自纠】按照财政部、教育部文件要求，开展事业单位产权登记和事业资产自查自纠工作。统计汇总全校资产数据，收集和整理土地、房屋和车辆原始产权证明材料，完成国有资产占有产权登记申报工作。落实事业资产管理自查自纠工作，逐项对全校资产管理情况进行自查，全面排查问题，分析原因并制定整改措施。

【完善信息化建设】根据科室职能调整和工作需要，完善资产系统调拨、处置业务流程。"南京农业大学资产管理信息系统"通过学校"校园信息化平台"对接人事系统、财务系统，实现全校人、财、物等基本信息的共享，使得资产与财务能保持实时对账，确保资产账与财务账一致。按照教育部《事业单位资产管理信息系统（二期）工作部署》要求，顺利完成与教育部系统、校财务系统数据接口对接工作。全年组织召开资产系统专题协调会 5 次，优化或解决系统问题 72 个，资产服务大厅访问 27 131 人次。

【规范资产的使用和处置】学校资产使用事项严格按照国家国有资产管理规定和教育部要求，履行报批、报备和评估备案手续。2014 年调拨设备 556 批次、家具 312 批次，调剂 25 批次；初步组建了学校"固定资产处置报废技术鉴定专家库"，并成功进行了一次设备报废技术鉴定。

严格执行"岗位变动人员（校内调动、退休和离职）固定资产移交手续工作程序"，2014 年完成离职资产移交审核 73 人次。

按规定履行资产处置报批程序，2014 年上报教育部资产处置文件 1 批次，经教育部批复同意处置的资产包括仪器设备 590 台（件）、家具及用具 1 269 张、图书 212 本和汽车 1 辆，资产总值 494 万元（附录 5）。配合计财处办理核销处置资产账面价值的手续，确保资产账与财务账一致。

[附录]

附录1 2014年南京农业大学国有资产总额构成情况

序号	项目	金额（元）	备注
一	流动资产	1 425 121 873.76	
	其中：银行存款及现金	1 217 350 740.52	
	应收及暂付款项	140 953 074.09	
	财政应返还额度	64 128 009.40	
	库存材料	2 690 049.75	
二	固定资产	2 043 872 184.20	
	其中：土地	—	
	房屋及建筑物	927 277 706.72	
	构筑物	19 051 863.00	
	通用设备	762 074 828.24	
	专用设备	116 157 514.11	
	车辆	15 664 657.45	
	文物、陈列品	3 583 568.41	
	图书档案	98 267 013.17	
	家具用具装具	101 795 033.10	
三	对校办产业投资	94 858 990.00	
四	在建工程	433 673 402.13	
五	无形资产	15 038 295.56	
	其中：土地使用权	1 298 626.00	
	商标	161 300.00	
	软件	13 578 369.56	
	资产总额	4 012 564 745.65	

数据来源：2014年度中央行政事业单位国有资产决算报表口径。

附录2 2014年南京农业大学土地资源情况

校区 （基地）	卫岗校区	浦口校区 （工学院）	珠江校区（江 浦实验农场）	白马教学科 研实验基地	牌楼 实验基地	江宁 实验基地	合计
占地面积 （公顷）	52.32	47.52	451.20	336.67	8.71	0.25	896.67

数据来源：2014年度中央行政事业单位国有资产决算报表口径及白马教学科研基地用地规划。

附录 3　2014 年南京农业大学校舍情况

序号	项目	建筑面积（米²）
一	教学科研及辅助用房	326 585
	其中：教室	61 404
	图书馆	32 108
	实验室、实习场所	131 712
	专用科研用房	98 930
	体育馆	2 431
	会堂	0.00
二	行政办公用房	42 032
三	生活用房	275 586
	其中：学生宿舍（公寓）	193 061
	学生食堂	20 346
	教工宿舍（公寓）	29 489
	教工食堂	3 624
	生活福利及附属用房	29 066
四	教工住宅	0.00
五	其他用房	0.00
	总计	644 203

数据来源：2013—2014 学年初高等教育基层统计报表口径。

附录 4　2014 年南京农业大学国有资产增减变动情况

项目	年初价值数（万元）	本年价值增加（万元）	本年价值减少（万元）	年末价值数（万元）	增长率（%）
资产总额	356 565.25	—	—	401 256.47	12.53
1. 流动资产	113 099.00	—	—	142 512.19	26.01
2. 固定资产	193 541.94	11 339.24	493.97	204 387.22	5.60
（1）土地	0	0	0	0	0
（2）房屋构筑物	91 784.45	2 848.51	0	94 632.96	3.10
（3）通用设备	70 771.32	5 607.95	171.79	76 207.47	7.68
（4）专用设备	10 786.28	947.07	117.60	11 615.75	7.69
（5）车辆	1 328.46	279.10	41.10	1 566.47	17.92
（6）文物、陈列品	349.62	8.74	0	358.36	2.50

（续）

项目	年初价值数 （万元）	本年价值增加 （万元）	本年价值减少 （万元）	年末价值数 （万元）	增长率（％）
（7）图书档案	8 757.85	1 068.85	0	9 826.70	12.20
（8）家具用具装具	9 763.96	579.02	163.48	10 179.50	4.26
3. 对外投资	9485.90	0		9485.90	
4. 在建工程	40 094.09	3 273.25	0	43 367.34	8.16
5. 无形资产	344.32	1 159.51	0	1 503.83	336.75
6. 其他资产					

数据来源：2014 年度中央行政事业单位国有资产决算报表口径。

附录5 2014 年南京农业大学国有资产处置情况

批次	上报时间	处置金额（万元）	处置方式	批准单位	批准文号
1	2014 年 5 月 27 日	494	报废	教育部（备案）	校资发〔2014〕162 号
合计		494			

（撰稿：陈　畅　马红梅　审稿：孙　健）

南京农业大学教育发展基金会

【概况】本年度教育发展基金会共签订捐赠协议 15 个，协议金额达 1 109.145 万元。全年接受各界捐赠到账金额为 364.122 万元，报送 2013 年 9 月至 2014 年 8 月捐赠配比共计 17 项，获得配比总金额 292 万元，划拨学院配比资金奖励 806.4 万元。走访了 3 家基金会和 7 家企业。在教育发展基金会自身建设和管理方面，绘制出教育发展基金财务管理的体制机制、入账、筹资过程管理、报账以及资金运作的工作流程图，并在工作中详找风险点、资金使用单位需注意的防控点，做到有效防止与监督。

召开 2014 年理事会会议，制订了《南京农业大学教育发展基金管理办法》和《南京农业大学教育发展基金会财务管理办法》。

【教育发展基金会 2014 年理事会会议】12 月 1 日，南京农业大学教育发展基金会召开 2014 年理事会会议。理事长张海彬汇报了学校教育发展基金 2014 年各类捐赠及教育发展基金会资金划拨情况，对 2013 年和 2014 年的伯藜助学金、唐仲英德育奖学金和香港思源助学金 3 项奖助学金的预使用情况进行了说明。与会理事审议并一致通过关于发放 2013 年和 2014 年度伯藜助学金、唐仲英德育奖学金、香港思源助学金的决议以及使用 2013 年和 2014 年伯藜学社学生活动经费、唐仲英学社活动经费的决议。对《南京农业大学教育发展基金管理办法》和《南京农业大学教育发展基金会财务管理办法》进行了讨论。

[附录]

附录　2014 年教育发展基金会接受社会各界捐赠情况

序号	时间	用途/类别	实际到账（元）	捐赠单位（个人）	负责单位
1	2014 年 3 月 19 日	助学金	100 000.00	福州超大现代农业发展有限公司	学生工作处
2	2014 年 3 月 21 日	助学金	20 000.00	南京赛吉科技有限公司	资源与环境科学学院
3	2014 年 4 月 1 日	助学金	14 000.00	南京农大科贸发展有限公司	学生工作处
4	2014 年 4 月 30 日	ADM 奖学金	53 000.00	艾地盟（上海）管理有限公司	食品科技学院
5	2014 年 5 月 6 日	奖学金	120 000.00	浙江诺倍威生物技术有限公司	动物医学院
6	2014 年 5 月 7 日	奖学金	100 000.00	上海海利生物技术股份有限公司	动物医学院
7	2014 年 6 月 17 日	"江苏山水集团"奖学金	128 000.00	江苏山水环境建设集团股份有限公司	植物保护院
8	2014 年 9 月 9 日	助学金	100 000.00	姜波	学生工作处
9	2014 年 9 月 10 日	奖学金	100 000.00	孟山都生物技术研究（北京）有限公司	农学院
10	2014 年 9 月 13 日	奖学金	20 000.00	罗定红	研究生院
11	2014 年 10 月 10 日	发展金	200 000.00	范炳炎	发展委员会办公室
12	2014 年 10 月 29 日	EGS/研究生奖学，43159#	33 000.00	赢创德固赛（中国）投资有限公司	动物医学院
13	2014 年 10 月 30 日	奖学金	45 000.00	先正达（中国）投资有限公司	学生工作处
14	2014 年 11 月 6 日	奖学金	100 000.00	无锡求和不锈钢有限公司	工学院
15	2014 年 11 月 10 日	助学金	20 000.00	江苏欧诺科技发展有限公司	研究生院
16	2014 年 11 月 24 日	助学金	6 000.00	孙进贤	公共管理学院
17	2014 年 11 月 25 日	奖学金	100 000.00	江苏景瑞农业科技发展有限公司	园艺学院
18	2014 年 11 月 25 日	奖学金	240 883.44	即期结汇—总分（港币）（香港思源）	学生工作处
19	2014 年 11 月 26 日	伯藜助学金	1 048 950.00	江苏陶欣伯助学基金会	学生工作处
20	2014 年 11 月 28 日	资助 社会援助资金	24 386.80	唐仲英基金会（美国）江苏办事处	学生工作处
21	2014 年 12 月 4 日	助学金	50 000.00	招商银行股份有限公司南京分行	学生工作处

（续）

序号	时间	用途/类别	实际到账（元）	捐赠单位（个人）	负责单位
22	2014 年 12 月 8 日	奖学金	30 000.00	南京金斯瑞生物科技有限公司	生命科学学院
23	2014 年 12 月 8 日	天邦动物医学奖	500 000.00	宁波天邦股份有限公司	动物医学院
24	2014 年 12 月 19 日	唐仲英德育奖学金	488 000.00	唐仲英基金会（美国）江苏办事处	学生工作处
合计			3 641 220.24		

（撰稿：李　冰　审稿：杨　明）

十、校园文化建设

校 园 文 化

【概况】2014年，南京农业大学充分发挥学生的主体作用，举办主题迎新生联欢晚会、新生学唱校歌和参观校友馆等活动，传承南农精神，培养学生归属感。通过举办校园文化艺术节、高雅艺术进校园等活动，营造积极、健康、向上的校园文化氛围，发挥文化育人功能。学校精心组织和编排的高水平文化艺术作品，在江苏省大学生艺术展演活动中取得佳绩。

【举办南京农业大学国际交流促进季活动】围绕学校"国际化推进年"，学校团委联合国际教育学院、教务处，举办了学校首届"大学生国际交流促进季"活动。活动通过导航篇、文化篇、能力篇和竞赛篇等模块，开展系列讲座、国外高水平大学和国际交流项目展览，编印《留学宝典》，举办"我爱记单词"拼写大赛、大学生英语综合能力竞赛、国际交流形象大使选拔赛、留学心路分享会、国际前沿讲座和留学项目推介会等各类活动170余场，吸引8 000余人次参与。同时，开展了学校大学生留学情况调研，为学校工作决策提供参考。

【参加江苏省大学生艺术展演】2014年5月9～21日，江苏省第四届大学生艺术展演艺术表演类比赛在南京举行。学校精心组织和编排的高水平文化艺术作品参与了大合唱、小合唱、器乐、舞蹈和戏剧5个项目的比赛，大合唱《沂蒙山歌新唱》、《江南古镇》、小合唱《American Pai》、舞蹈《喜鹊喳喳喳》、戏剧《牡丹亭·游园惊梦》获特等奖，其余作品分别获一等奖3项、二等奖9项、三等奖11项、优秀创作奖3项，成绩名列江苏高校前列，取得学校历史最好成绩。戏剧作品将代表江苏省参加全国大学生艺术展演。

（撰稿：翟元海　审稿：王　超）

体 育 活 动

【学生群体活动】2014年早操、早锻炼有2 000多名学生参加。南京农业大学第四十二届校级学生运动会由校体育部及各学院承办。共有4 300多名学生参加6个项目的比赛。4月举办篮球赛。5月开展排球赛、太极拳赛并举行体育文化节。11月举办足球赛及田径运动会。

【学生体育竞赛】 2014 年南京农业大学高水平运动队参加全国、省级各类比赛中获得成绩：排球队于 2014 年 9 月在江苏师范大学举行的江苏省第十八届运动会排球比赛中获得女子排球第二名。2014 年 10 月在湖南长沙师范大学举行的全国大学生排球联赛（南方赛区）中获得女子排球第二名。网球队于 2014 年 9 月在浙江师范大学举行的全国大学生网球锦标赛中获得男子乙组单打第八名、男子乙组团体第五名。武术队于 2014 年 7 月在东北师范大学举行的全国大学生武术锦标赛中获得甲组女子棍术、孙式太极拳第一名，甲组女子刀术、甲组男子吴氏太极拳第二名，甲组男子南拳、南刀第三名。

2014 年南京农业大学普通生组参加全国、省级各类比赛中获得成绩：在江苏省第十八届运动会上获得高校部羽毛球比赛女子单项第七名、双打第五名和团体第六名；跆拳道甲 B 组女子 47 公斤级第三名、甲 B 组女子 52 公斤级、甲 B 组男子 65 公斤级第五名；舞龙舞狮比赛中舞龙自选第三名、舞龙规定第五名；游泳 100 米蛙泳、200 米仰泳第一名、50 米仰泳、400 米自由泳、100 米仰泳、100 米自由泳第二名、普通女子组 4×100 米混合泳接力第三名；田径赛女子 5 000 米第一名、女子 3 000 米、男子三级跳远、男子 5 000 米第二名、女子跳远、女子跳高第三名；沙滩排球赛女子第二名、男子第六名；定向越野赛男子接力第三名。江苏省省长杯足球联赛校园组获得甲 B 组第二名。南京高校普通大学生篮球赛获甲组女子第二名。南京高校普通大学生健美操、啦啦操比赛获街舞规定动作、街舞自编动作一等奖。华东区大学生网球比赛获男子团体第四名。中国高等农业院校第八届大学生田径运动会女子 100 米、女子 10 000 米、男子三级跳远第四名；女子跳高、女子 4×400 米接力第五名。

（撰稿：付光磊　吕后刚　审稿：许再银）

【教职工体育活动】 2014 年 3 月，"三八"国际劳动妇女节女教职工迎春绿道健身行，全校500 多名女教职工参加。4 月，教职工中国象棋比赛在教工活动中心举行，14 个部门工会 31名棋手参加，农学院、体育部、机关一队和外国语学院获得团体前四名，肖进、王泗宁、巩师恩和丁宇峰获得个人前四名。组队参加省教科工会组织的在宁高校教职工羽毛球赛，获女子团体第五名。5 月，教职工钓鱼比赛，有 20 个队参加，资产与后勤（一队）获得第一名。5 月 24 日，江苏省第三届"汇农杯"职工足球友谊赛，教工足球队以两胜一平的战绩夺得桂冠。6 月，教职工乒乓球比赛在校体育馆举行，140 多名教职工参加，资产与后勤（一队）摘得团体赛冠军，经济管理学院取得亚军，资产与后勤（二队）获得季军，叶可萍荣获女子单打冠军，徐峄晖荣获男子单打冠军。9 月，2014 年首届教职工羽毛球混合团体比赛，24支代表队参加男子双打、女子双打和混合双打 3 个项目的比赛，信息科技学院代表队夺冠，体育部、资产与后勤（一队）分获亚军、季军。10 月，南京农业大学第四十二届运动会，25 个部门工会的 27 支代表队 500 多人次参加男、女（中、青年组）100 米、铅球、跳远、4×100 米混合接力、"播种收割"、"赶猪入圈"、钻呼啦圈、定点投篮和集体跳绳等 18 个集体和个人项目的角逐，农学院、生命科学学院、图书馆分别获得教工部田径、健身项目团体总分第一至第三名。

（撰稿：姚明霞　审稿：胡正平）

各类科技竞赛

【概况】第二课堂创新创业工作是大学生成长成才的重要实践平台，是学校创新型人才培养的重要渠道。学校通过举办"挑战杯"大学生课外学术科技作品竞赛、本科生学科专业竞赛、优秀大学生科技创新成果项目培育和学术菁英人才培养等活动，在全校学生中营造了浓郁的学术氛围，引导学生参与科研，学以致用。学校初步构建了创业菁英培养、创业项目支持、创业实践竞赛、创业项目孵化四位一体的大学生创业实践教育模式，通过开展大学生创业大赛、创业实践项目立项资助、创业实践基地入住孵化和创业菁英人才培训等工作，培养学生创业意识和能力，促进创业项目落地。

【2014 年"创青春"全国大学生创业大赛】2014 年 10 月 31 日至 11 月 4 日，由共青团中央、教育部、人力资源和社会保障部、中国科学技术协会、中华全国学生联合会、湖北省人民政府主办，工业和信息化部、国务院国有资产监督管理委员会、中华全国工商业联合会支持的 2014 年"创青春"全国大学生创业大赛在湖北武汉举行。南京农业大学 3 个学生团队全部进入终审决赛并最终获得 2 金 1 银的优异成绩。其中，由王翔宇、钱畅、赵雪蕊、高蓉、张彪和汤沁涵等同学完成的创业计划竞赛项目"南京维润食品科技有限责任公司"（指导教师：徐幸莲教授等）以及由张雨轩、蒋倩文、朱志良、吴诗菁、刘熙垚和王逸群等同学完成的创业计划竞赛项目"南京多恩环保科技有限公司"（指导教师：李坤权副教授等）2 件作品获得金奖；由戴璐、董丹玥、白徐林佩、吕雅雪、杨佳莹和王思瑶等同学完成的公益创业赛项目"甫田计划"（指导教师：姚兆余教授等）获得银奖。学生创办的企业"南京多恩环保科技有限公司"在广州股权交易中心"青年大学生创业板"成功挂牌。在省级竞赛选拔环节，学校报送的 6 件作品在江苏省获得 3 金 3 铜的优异成绩，并获得大赛"优胜杯"和"高校优秀组织奖"。

【本科生学科专业竞赛】2014 年 3～11 月，校团委、教务处立项的 18 项本科生学科专业竞赛圆满完成了各项竞赛组织工作。在各级团组织的精心组织和专业教师的大力支持下，全校 3 600 余名学生直接参与竞赛活动。活动促进了学生专业学习和专业核心能力培养，推动第一课堂和第二课堂的实质性融合。其中，学校立项支持的"基因工程机械大赛"作品代表学校首次参加 2014 年"国际基因工程机械设计大赛（iGEM）"并获得银奖。

【"挑战杯"大学生课外学术科技作品竞赛】2014 年 9～12 月，学校举办了"挑战杯"大学生课外学术科技作品竞赛，共收到全校 18 个学院推报的 79 件作品参赛，分为自然科学类学术论文、哲学社会科学类社会调查报告和学术论文、科技发明制作三大类。经资格审查、网络评审、终审决赛和结果公示等环节，共评选出 6 件特等奖、9 件一等奖、19 件二等奖和 26 件三等奖，46 名教师被评为优秀指导教师，9 个单位获优秀组织奖。另外，校团委、教务处联合开展了"挑战杯"全国大学生课外学术科技作品竞赛项目培育，共立项 7 个培育项目。

（撰稿：张亮亮 翟元海 审稿：王 超）

学 生 社 团

【概况】2014 年 3 月，学校团委成立了社团部，下设联络协调中心、社团管理中心、社团发展中心和财务中心，对学校社团进行分类管理，有效促进了社团活动的开展。修订完善《南京农业大学社团成立、注销与合并条例》、《南京农业大学院级社团转校级社团条例》和《南京农业大学社团联合会公章管理办法》等一系列规章制度，使社团管理工作进一步制度化、规范化。2014 年，学校登记注册学生社团 66 个、院级社团 84 个，全年举办社团活动 127 场，覆盖全校师生近万人。

【月全食观测】2014 年 10 月 8 日晚，由南京农业大学天文协会携手江苏科技馆、南京林业大学天文协会和东南大学天文协会举办了月全食观测活动，学校天文协会成员给市民进行了月全食等天文现象科普。本次活动吸引包括《南京零距离》、江苏教育频道在内的多家媒体采访报道。

【创业文化节】2014 年 5 月 21 日，由企划同盟主办的创业文化节活动在学校玉兰路开展，共有 12 个学生创业团队参与展示和宣传。

【国标舞专场】2014 年 5 月 24 日，由学校国标舞协会主办的国标舞专场在文化广场举办。将拉丁、伦巴和恰恰等舞种演绎得淋漓尽致，受到在场师生的一致好评。

（撰稿：翟元海 审稿：王 超）

志 愿 服 务

【概况】2014 年，南京农业大学各级志愿服务组织在校内外广泛开展了支农支教、关爱留守儿童、弱势群体帮扶、环保宣传、法律维权和赛会服务等一系列志愿服务工作，践行"奉献、友爱、互助、进步"志愿者精神，培养青年学生的责任担当。全校志愿服务时间累计逾 15 万小时，参与人次达 1.3 万人次，志愿者获省市级以上奖励 500 余项。

【第二届夏季青年奥林匹克运动会志愿服务工作】2014 年，学校组织选派 814 名青奥会志愿者，圆满完成了青奥会奥体中心体育场 37 项田径比赛的赛会服务任务及开、闭幕式 6 万人次观众服务和内宾引导工作，赢得了青奥组委会的充分肯定和社会各界的普遍赞誉。闭幕式上，南京农业大学多哥籍志愿者斯瓦丹作为 2 万名赛会志愿者代表之一接受运动员献花；哈萨克族志愿者马地理·别克扎提、哈尔勒哈什·笑汗结在闭幕式期间受到了李克强总理的亲切接见。青奥会结束后，学校举办了"我们的青春别样红"青奥会志愿者事迹分享会暨总结表彰大会事迹分享会，对优秀的团队和个人进行了表彰。

【"西部（苏北）计划"和研究生支教团】学校严格落实团中央"六个抓好"的工作要求，结合新闻媒体和传统宣传平台，形成了多渠道、立体化的宣传模式，在校园内营造了良好的志愿服务氛围。学校承办了"奋斗的青春最美丽"2014 年大学生志愿服务"西部计划"优秀志愿者典型事迹宣讲会，举办了"中国梦·西部情""西部计划"新疆生产建设兵团专项宣讲会和"西部计划"优秀志愿者事迹报告会，优秀志愿者的典型事迹分享，加深了学生对到西部去实现自我价值、建功立业的认识。"西部（苏北）计划"和研究生支教团项目吸引了86名学生报名，最终"西部（苏北）计划"14人、研究生支教团10人成行。学校获江苏省大学生志愿者服务"苏北计划"优秀组织奖。

【学校师生无偿献血】 2014年12月，学校组织开展以"每一份献血都是生命的礼物"为主题的全校师生无偿献血活动。学校红十字会积极利用新媒体进行广泛宣传动员，992名师生参与献血活动，累计献血量达215 880毫升。

（撰稿：翟元海　贾媛媛　审稿：王　超）

社 会 实 践

【概况】 2014年，学校各级团组织以"勤学、修德、明辨、笃实"为主题，组织5 000余名师生、189支社会实践服务团队（其中全国重点团队3支，省级重点团队15支），围绕"科教兴村青年接力计划"、"倾听长江大型生态环保公益活动"、"千乡万村环保科普行动"和"青奥志愿"等系列大型实践活动深入全国800多个村镇和社区街道，广泛开展科技支农、政策宣讲、国情考察、社会调研、教育帮扶、环境保护和就业见习等活动。走访农户1万余户，发放资料手册、活动用品2万余份（件），组织开展讲座及宣传活动100余场次。开通微博、微信152个，受到中央电视台等国家级媒体报道25次、省级媒体报道124次、市级媒体报道225次，新建暑期社会实践基地13家。

【深入实施"科教兴村青年接力计划"】 继续深入推进"科教兴村青年接力计划"，发挥学校专业优势和人才优势，校地结对共建，服务地方经济社会发展。研究生院组织"百名博士老区行"和"研究生江苏行"2支团队赴广西百色市、防城港市及江苏等地调研农业产业现状，为服务地提供农业科技帮扶。新农村发展研究院办公室组织射阳"三农"调研服务团，由10多位专业教师带队赴射阳等地开展联耕联作、蛋鸡养殖等调研工作，并为当地大学生"村官"进行专题培训。农学院组织"农学人在路上"淮安科教兴村实践服务团赴淮安金湖县参观现代农业产业园区，与大学生"村官"座谈，开展"大手拉小手"暑期夏令营活动。植物保护学院"科技支农"服务团邀请学院专家为当地农村技术员、种粮大户等开展专业培训讲座，走入田间地头考察作物病虫害情况。资源与环境科学学院组织"千乡万村环保科普行"、"倾听长江"等环保调研团队赴淮安、东台、太仓等地开展水资源调查，挨家挨户推广环保理念。园艺学院组织学生赴常熟董浜镇、梅里镇等参观体验现代农业，感知新型农业。动物医学院开展"教授企业携手兴村计划"，帮助当地养殖户和宠物畜主传播科技养殖知识。生命科学学院组织"青春灌南"科技服务团对灌南县食用菌企业和个体户进行技术帮扶。农村发展学院赴徐州窑湾古镇开展科技考察、政策宣讲、公益支教和文化设施建设等活动。

（撰稿：翟元海　贾媛媛　审稿：王　超）

十一、办学支撑体系

图书情报工作

【概况】2014 年，围绕学校"国际化推进年"，图书馆完成了外籍读者需求的相关调研，"外国留学生信息获取行为与图书馆信息服务对策研究——以南京农业大学为例"获中国图书馆学会高等学校图书馆分会 2013 年项目一等奖；首次开展了外籍读者入馆教育，开通了图书馆英文网站，启动了服务英语 90 句的编印工作。

本年度图书馆将开馆时间提前到早上 7：00，每周开放时间从原来的 94 小时增加到 101 小时；全年接待读者 162 万人次，借阅图书 50 万册；完成读者入馆培训 6 000 余人次，毕业生离校 5 222 人，审核研究生论文电子稿 2 328 篇（附录 1）。

全年订购中文图书 3.5 万余册，订购期刊 1 000 余种，接收捐赠图书近 200 种；签到中外文现刊 15 000 余册，分编中外合订本近刊 3 363 册，电子论文编目 2 214 种，转换 2 573 种，发布 10 107 种，分编纸质论文 2 700 种；中文现采图书 7 次，回溯民国中外文期刊合订本 1 000 多册；参加了 2 次全省资源引进建设专题会议，举办了 4 次城东五馆联合体资源建设专题研讨会，积极推进城东高校图书馆联合体的文献资源联合谈判、共享工作。

参加全国高校图书馆联盟、数据库供应商新产品发布会、数据库专题研讨会等相关会议近 30 场次，调研测试了 Find＋、BOOK＋、EDS、Summon 和学知等新数据库，对目前市场上已知的 3 个数据库后台统计平台进行了深度接触并进行了测试，并测试试用了万方等 2 个较好的学科服务平台。在对文献资源建设工作进行全面摸底的基础上，完成了文献经费预决算报告，明确了下一阶段学校文献资源建设的工作重点和方向（附录 2）。

共组织 40 场读者培训，直接参与读者约 3 000 人，并在培训中首次引入微信签到功能；开展 QQ、E－mail、电话和当面等形式咨询共计 1 500 余次。

全年共完成科技查询 219 项，其中国内 186 项、国外 33 项；制定了查收查引规范，共完成 111 项检索证明，对比文献 10 000 余篇；通过 NTSL、CASHL、CALIS 和国家图书馆等平台共传递文献 1 187 篇（含书籍）；继续做好江苏工程技术文献中心平台宣传和管理工作，学校读者通过此平台获取文献 3 967 篇。

在学科测评与服务方面，为蔬菜学科提供 400 余篇外文文献传递；完成学校 ESI 测评报告 2 份，完成水稻、小麦、猪和生物肥研究论文产出分析报告各 1 份。

全年拍摄制作精品资源共享课程、全英文课程共 110 余节，国家级精品视频公开课 10 节；拍摄制作教学成果奖申报电视片 2 部，国家虚拟实验教学中心申报电视片 1 部，其他宣传介绍片 6 部；完成国家科技进步奖申报多媒体 2 部，国家"长江学者"申报多媒体 5 部；

启动自制教学资源整理与归档工作，完成了 2012—2014 年精品资源共享课程的收集整理与格式转换工作；全面清点与统计视频教学磁带库资源，转换 U-matic 格式素材 100 余盘。

全面记录学校各项活动 50 余次，录制视频 300 余小时。首次自行设计搭建室外高清视频的现场切换与双备份录制系统，并成功完成本科生毕业典礼和博士硕士学位授予仪式、"校长杯"乒乓球比赛、全国畜产品加工研究会 30 周年庆典、第八届省后勤乒乓球比赛等活动的现场切换与录制及视频技术保障。共完成 4 期新教师教育技术培训工作，共培训教师110 余人。

【清查核对近 90 万册图书】 为全面了解近 10 年左右录入到图书馆汇文查询系统中的图书情况，图书馆历时一年多时间，对全馆相关图书进行了彻底清查。共清查核实图书期刊近 90 万册，并对查询结果的各类数据进行了分析，统计处理了各种原因丢失的图书信息，修正了馆藏地点错误的相关数据，使图书馆的实际藏书和账目相符，为广大读者查阅、检索文献提供准确的信息。

本次图书清查工作于 2013 年 7 月启动，是 1979 年复校以来图书馆开展的首次清查。

【建成读者个性化阅览区】 2014 年图书馆利用办公区域调整机会，把图书馆二楼原办公空间腾出，进行符合现代学习、阅览的人性化改造工作，不仅实现了阅览区的无线网络全覆盖，而且还首创了桌面 LED 台灯照明和桌面强电插座设计。新建个性化阅览区面积达 260 米^2，增设阅览桌座位 200 余个，较好地解决了读者阅读照明和常用电器用电、充电安全的问题。

【建成单人耘诗书画展览室】 位于图书馆 3 楼的单人耘诗书画展览室建成，网上展厅同时开通。2012 年，图书馆协同宣传部等部门，在学校的支持下开始筹建"单人耘诗书画展览室"，并在经过 2 年多的规划设计与建设布展后顺利开展。单人耘诗书画展览室收藏并长期展出单人耘先生的涉农诗书画作品 62 幅，这些作品或写实或会意，或浓墨重彩或轻描淡写，均以爱国、爱民、爱农为情感基底，内容广泛、题材多样。

【举办第六届读书月活动】 2014 年以"阅读无国界　筑梦在南农"为主题，联合校团委、资源与环境科学学院成功举办了第六届"腹有诗书气自华"读书月活动。

读书月历时 49 天，共开展 7 大系列、13 个单项主题活动，直接吸引读者参与超过6 800人次，特别是"中国吉祥文化展"、"相机收藏展"、"茶文化讲座"、院士与名家讲座等以及富有南农特色的文化产品，吸引了大批的读者参加，营造了"要读书、爱读书、读好书"的氛围，成为校园文化的特色名片。读书月期间，学校领导左惟、周光宏、盛邦跃和陈利根等亲临活动现场并给予指导。读书月系列活动荣获 2014 年度校园文化建设成果一等奖。

【启动馆员特色学术活动】 图书馆增设了发展研究部，并在传统活动"馆员大讲堂"的基础上，设立"馆员大学堂"。6 月 26 日下午，图书馆邀请副校长董维春为全馆员工做了题为"世界一流农业大学建设研究"的专题报告，作为"馆员大学堂"的"开堂之讲"。此后，图书馆又举办 2 期馆员大学堂活动，分别邀请信息科技学院刘磊教授、EBSCO 大中华区业务副总裁公丕俭先生做"图书馆学课题研究初探"、"图书馆馆藏发展与信息素养的新定义"、"Plum X 对科研服务的新思考与发展动向"等专题报告。

7 月 4 日，在新一轮图书馆馆内课题开题汇报会上，图书馆聘请了人事处处长包平，信息科技学院院长黄水清，信息科技学院教授刘磊、郑德俊等为馆员"学术导师"，全面指导馆员的学术科研工作。

同时，创建图书馆学术沙龙并举办 2 期沙龙活动。

［附录］

附录1　图书馆利用情况

入馆人次	162 万	图书借还总量	50 万
通借通还总量	4 000 册	电子资源点击率	184 万
高校通用证办理	86 个	接待外校通用证读者	526 人次

附录2　资源购置情况

纸本图书总量	229 万册	纸本图书增量	6.202 8 万册
纸本期刊总量	232 371 种	纸本期刊增量	2 083 种
纸本学位论文总量	21 460 册	纸本学位论文增量	5 071 册
电子数据库总量	92 个	中文数据库总量	26 个
外文数据库总量	66 个	中文电子期刊总量	536 061 册
外文电子期刊总量	463 270 册	中文电子图书总量	12 388 722 册
外文电子图书总量	2 201 479 册		
新增数据库或平台	1	EDS/find＋（EBSCO 4 个子数据库，3 500 册电子图书）	
	2	广州奥凯 Dialog 平台	
	3	CADAL 加工中文古籍共享平台	
	4	Elsevier 电子书	
	5	RSC 电子书	
	6	CABI 电子图书	
	7	方正 Apabi 电子图书全库	

（撰稿：辛　闻　审核：查贵庭）

实验室建设与设备管理

【概况】积极组织申报国家、部省级科研平台，新获建 3 个省级科研平台，组织 5 个实验室验收和考核工作。配合完成农业部重点实验室建设项目可行性研究报告和初步设计报告。做好学校农业部重点实验室（农业部动物生理生化重点实验室、农业部畜产品加工重点实验室）农业投资项目绩效考核相关试点工作，认真做好农业部肉及肉制品质量监督检验测试中心（南京）筹建和资质认证准备工作。

完成农作物生物灾害综合治理教育部重点实验室、江苏省杂草防治技术工程技术研究中心、江苏省农业环境污染微生物修复与利用工程技术研究中心建设验收工作；完成江苏省信息农业高技术研究重点实验室、江苏省固体有机废弃物资源化高技术研究重点实验室绩效考核工作，2 个实验室考核良好，各获省科技厅奖励 200 万元/年建设资金。农村土地资源利用与整治国家地方联合工程研究中心、绿色农药创制与应用技术国家地方联合工程研究中心召开管理委员会和技术委员会会议暨学术交流会。江苏省消化道营养与动物健康重点实验室召开了论证会暨第一届学术委员会会议。

规范实验室有毒有害废弃物管理，制定印发《南京农业大学实验室有毒、有害废弃物管理规定》（校科发〔2014〕445 号），与南京汇丰废弃物处理有限公司签订相关合同，定期开展实验室有毒有害废弃物的处理工作，2014 年处理有毒有害废弃物 4 次。

加强对实验室特别是转基因实验室、生物实验室安全管理，不定期多次对学校实验室进行安全检查。在南京青奥会期间，科学研究院对学校实验室安全检查工作进行了部署，以学院为单位进行实验室安全自查，要求每天向科学研究院实验室平台处上报安全检查情况，科学研究院组织有关学院领导分组对全校实验室进行安全检查，确保无任何安全事故发生。

全年完成大宗物资、教学科研设备的公开招标、跟标及谈判共计 300 余项，共计金额 5 400 万元。货物设备招投标完成了新生公寓标准化行李、校服和军训服装的招标；学士服采购招标项目；完成了工学院、体育馆物业管理服务招标采购；完成了白马教学科研基地管理用房基础设施采购招标；完成了图书馆图书采购服务招标；完成了春节、端午和中秋等节日福利品招标等。基建工程招投标方面全年完成委托代理在校内招标金额 1 593.78 万元；完成校内招标 2 301.35 万元；完成跟标 75.25 万元；协助资产管理与后勤保障处在货物交易中心招标金额 1910 万元。

完善《南京农业大学基建工程招投标办法》和《南京农业大学设备采购招投标办法》等相关文件和制度，并起草制定了《南京农业大学评标现场工作纪律》，完善招标程序、简化办事流程，并注重落实，切实规范招投标运作程序。

新增设了基建工程招投标科和货物采购招投标科。

根据《关于调整南京农业大学招投标领导小组成员的通知》（校计财发〔2014〕113 号）和《关于调整南京农业大学招投标领导小组成员的通知》（校计财发〔2014〕447 号），对校招投标领导小组成员进行了调整。

【大型仪器设备共享平台建设】 大型仪器共享平台在原有基础上，完成与新增 7 个院级子平台的所有接口数据对接。

学校大型仪器共享平台经过 3 年多的建设与完善，现已经进入正常的运行阶段，为学校的教学、科研和实验室管理发挥了积极作用。大型仪器设备共享平台的建设和应用增强了学校对实验资源的调配、管理与共享的把控，推进了科研、教学工作的改革与创新，给广大师生提供了更加广阔的实验空间。

（撰稿：陈　俐　陈　荣　朱卢玺　审稿：姜　东　俞建飞
陶书田　周国栋　郑金伟　姜　海　陈明远）

校园信息化建设

【概况】本年度部署了校园网出口缓存设备，在校园网建立一个 15T 存储空间的热门资源缓存服务器平台，将外网热门资源缓存到校园网内，有效提升了用户上网感受；与南京理工大学、南京师范大学、中国药科大学和南京医科大学等 5 所高校，建立了热门资源云联盟，实现热门资源的区域高校共享，有效地提升了平台的服务能力和节省了出口带宽资源。4 月初，信息中心积极争取资源，免费新开通了长城宽带（鹏博士）万兆 IPV4 接入光纤和 IPV6 千兆光纤接入线路并进行试运行，使学校校园网出口线路达到了 7 个，分别是电信 2 个总带宽 1 500 Mbps、联通 2 个 300 Mbps、教育网 1 个 100 Mbps、移动 1 个 100 Mbps、教育 IPV6 1 个 1 000 MBps，校园网总出口带宽理论值达到 14 Gbps，有效降低了学校总出口带宽压力，通过调整网络出口路由策略，针对视频类网站进行分流，学校总出口实际使用最大带宽也达到了 3.5G。在网络基础建设方面，完成了新体育中心楼宇网络规划和接入调试工作，新增校园网有线接入端口 320 个，室内无线 AP42 个，完成了留学生公寓网络规划和接入工作，新增有线接入端口 42 个，室内面板式无线 AP 32 个。截至 2014 年 12 月底，学校有线网络端口数 33 114 个（其中教学区 13 108 个，教师公寓 326 个，研究生宿舍 6 048 个，本科生宿舍 13 632 个），无线在本科生宿舍、教学区图书馆、行政楼和理科楼南楼全面覆盖（附录 1）。

积极推进学校教学区无线网络建设，对全国 60 多个"211"及"985"高校进行无线网络建设调研情况，开展了与中国电信、中国移动运营商之间合作建设的交流，确定了在办公室以面板式 AP 方式部署实现同一个 AP 多个 SSID 信号的部署方式，提出了学校无线网络合作建设思路。并针对无线网建设开展南京高校网络技术交流，对 H3C、锐捷和傲天动联等多个网络设备厂商提供的面板式 AP 进行测试，为学校开展 4G 无线校园网建设做好前期准备工作。

加强了邮件系统的管理，建立了异地容灾备份架构，将用户的邮件空间进行全面升级，教师统一为 2G，学生统一为 200M，截至 2014 年 12 月，邮件账号用户数达到 37 512 个；针对互联网垃圾邮件泛滥的问题，专门制订了具体的垃圾邮件防护实施方案，每日由专人负责查看邮件发送接收日志对邮件系统运行状态进行监控管理等，有效地解决了学校邮件系统被国外反垃圾组织加入黑名单问题。

积极做好用户故障及网络有关的用户服务工作，完成了校医院、逸夫楼和综合楼等楼宇的信息点增补工作及部分单位网络施工的指导工作，完成了理科楼、资环楼和综合楼等楼宇的弱电间及交换机的除尘工作，完成了图书馆、部分毕业生宿舍的信息点普查工作。在邮箱扩容、群发垃圾邮件处理、计费网关升级和校园卡编号规范化等重大事件期间，做好校园 IT 用户服务的提升和宣传工作，调研制作了《外籍学生信息应用指南》，方便留学生对学校信息化快速入门。开展了本科生宿舍现场服务周活动，加强工作亮点的新闻报道，完成了每学期一次的《信息应用指南》培训工作；7 月 19 日至 9 月 1 日，对卫岗校区 149 个弱电间进行了安全检查，对问题突出的生科楼、逸夫楼进行了清理；完善了数据中心机房维护人员核实登记内容；对图书馆数据中心的管理指纹进行了清理。完成图书馆监控系统移机至理科楼工作，提高了对机房环境的检测能力；加强佳建公司驻场服务管理。规范细化数据中心服务器的托管管理工作流程，每台设备进行资料存档，新增 10 台机架式服务器。目前，理科楼机房共托管设备 70 台，机架、刀片和存储等高性能设备共 50 台，占所有设备的 71.4%（附录 2）。

信息应用系统建设方面，完成了人事招聘与注册报到系统的开发，12 月中旬上线试运行；校医院信息管理系统进入测试阶段，同时与数据中心的人员信息集成，数据间的深度集成共享正在建设中；完成了学工系统、民主推荐中层干部系统和研究生宿舍管理系统的验收；完成了移动校园平台新版本控制台升级与手机 APP 应用的发布；完成了 GIS 系统的双机部署、UI 的优化及 GIS 数据的进一步完善；完成了研究生宿舍管理系统中宿舍入住情况的直观展示功能；保证已上线的 8 个应用系统的正常运行；在管理部门业务期内，提供技术支持与咨询服务，协助业务部门顺利完成工作；新建教师综合服务数据库实例，新建 3 台虚拟机，1 台曙光刀片操作系统安装。

【高清电视及视频会议直播】 为方便用户通过校园网络免费收看 2014 年 6 月足球世界杯和 2014 年 8 月在南京举办第二届夏季青年奥林匹克运动会，升级改造了原有卫星直播系统，在理科楼顶新增卫星接收锅，开通 CCTV1、凤凰卫视和凤凰资讯 3 个校内高清直播，并从南京大学转播了 CCTV5＋和 CCTV5 等多路高清信号。同时，为了提升学校的影响力，图书馆积极联系厂家资源，实现南京农业大学 2014 年本科生、研究生学位授予仪式的网络现场直播。

【校园网云存储平台】 4 月，启动了云存储系统调研测试工作，与 EMC ATOMS、MEEPO 等多家厂商交流沟通，形成了相关的测试部署方案；5 月，与南京云创存储科级有限公司开展交流探讨，并在校内部署云创、MEEPO 的网盘软件。最后采购部署了云创云存储平台，云存储空间达到 120T，提供网页、PC 端和移动端等多种客户端登录的方式，开始了系统功能定制和与校园网门户对接工作。

【学校中英文网站开通】 学校新版中英文主站 4 月 6 日上线试运行，6 月 28 日正式上线运行。搭建网站群系统，制定学校网站建设规范，使学校二级网站建设有序进行，目前已完成 47 个二级网站建设，开展学校二级网络评比工作，制订了评比方案。

【教师综合服务平台建设】 2014 年 1 月开始谋划"教师综合服务平台"的建设，6 月基本确定了"教师综合服务平台"的建设方案、内容与建设模式。对与教师相关的人事、科研及研究生等业务进行调研和分析，制定了教师综合服务平台服务需求分析模板，并组织了校内专家团队共同参与。目前，已梳理了与教师相关的服务 60 多个，完成服务需求分析调研表 37 个。同时，完成了"聘期考核"、"岗位应聘"和"人才考核"3 项服务的试点应用。

[附录]

附录 1　校园网基本情况统计表

有线端口（个）	无线 AP（个）	邮件账号（个）	上网用户（个）	出口线路及带宽（Mbps）					
				电信	联通	教育	IPV6	移动	长城宽带
33 114	212	25 752	17 765	1 500	300	100	2 000	100	1 000

附录2 新数据中心使用情况

分　区	机柜规划用途	可用机柜（个）	已用机柜（个）	机柜使用率（%）	托管设备	
					设备数量（个）	设备用途
网络服务	核心网络及数据设备	8	8	100	80	全校核心网络、网络应用
托管服务	重要业务系统托管	13	3	23	6	信息应用系统
	公共信息服务托管	13	0	0		预留
科研服务	零散科研单位设备	17	17	100	82	分散购置与独自使用的生物运算
	校级科研计算平台	11	0	0		预留
合　计		62	28	45	168	

（撰稿：韩丽琴　审核：查贵庭）

档　案　工　作

【概况】2014 年是档案馆独立建制的第一年，档案馆全面接管原人事处、学工处和研究生院 3 个部门的档案工作，装修、调整档案馆办公用房同时，增加人物档案库房，使得全部库房使用面积达 750 米^2，办公面积 250 米^2。

2014 年，全校归档单位实为 44 个，年内接收、整理档案材料计 7 402 卷；接管人事档案 3 572 卷、本科生档案 15 572 卷以及研究生档案 7 804 卷；清洗、分类、归档学校历史办公用章 194 枚；整理、扫描、归档金陵大学农学院、南京农学院等时期照片 2 735 张。至 2014 年年底，馆藏档案总数 82 993 卷。

全年档案馆提供档案利用 2 213 件，1 084 人次；传递人事档案 12 卷，利用 350 卷次；传递学生档案 1 848 卷；配合全国学位与研究生教育发展中心、江苏省高校毕业生就业指导中心及有关用人单位，对 54 位毕业生进行成绩单、毕业证书和学位证书的书面认证工作，查证 2 起假证书。2014 年档案利用重点是学校管理工作查考、离任审计、工程专项审计、基建项目维修及毕业生学籍档案利用服务。

【制度建设】制定《南京农业大学学生档案管理规定》、《南京农业大学人事档案管理规定》、《南京农业大学人物档案管理规定》和《南京农业大学电子文件归档与管理规定》等各项档案管理规定，并修订 2010 年的《南京农业大学档案管理办法》；制作规范化的学生档案袋；加强库房软硬件管理，每间库房配备安全责任人并制作各类档案查阅流程。

【积极开展档案的宣传工作】"6.9 国际档案日"开展"认知档案，感知南农"征文活动。通过举办档案基本知识讲座，校园内悬挂横幅，在橱窗中放置 12 块"走进档案"展板的活动，宣传学校档案工作。征文活动收到全校师生约 200 篇稿件，经认真评选，教工组 11 人获奖，学生组 20 人获奖。11 月，江苏省档案局公布 2014 年"走进档案"征文活动评选结果，作为唯一入选的高校单位，学校获得组织奖。

【加强档案工作队伍的建设】学校对档案工作十分重视，成立南京农业大学档案工作委员会。它是学校档案工作的最高行政管理机构，主任委员为校长周光宏，副主任委员为副校长陈利根。为加强兼职档案员的队伍建设，每个学院和单位配备 1～2 名兼职档案员和分管领导，保证各学院和单位的归档工作。

档案馆积极参加在宁高校档案工作交流会暨档案法律知识竞赛活动并荣获优胜奖；同时，档案馆组织本馆工作人员参加在线江苏省高校档案法律知识竞赛，因组织出色，荣获"江苏省高校档案法律知识竞赛最佳组织奖"。

在 2014 年全国、全省档案工作会议上，学校当选江苏省档案研究会第九届理事单位。

【推进档案的信息化建设】2014 年 6 月下旬，南京农业大学档案馆网站上线，添加了档案馆简介、馆藏分布、机构设置、服务指南、通知公告、工作动态、查档指南和档案编研等数十项栏目信息；8 月初，为方便毕业生查询档案去向，档案馆网站新增毕业生档案查询数据库；12 月，实现 2011 年以来 OA 系统中的电子文件归档；全年完成本科生（1979—2012）、研究生（1980—2012）入学录取名册的扫描工作，并上传挂接至系统。

【年鉴编写工作】档案馆 6 月启动 2013 年年鉴编写工作，经过召开编纂大会、年鉴写作培训、交稿、2 次校稿、封面确定等一系列流程后，12 月正式出版发行《南京农业大学年鉴 2013》，分发到各学院、各单位以及学校各界校友，获得一致好评。

［附录］

附录 1   2014 年档案馆基本情况

面积（米²）		主要设备								人员（编制 12 人）			
总面积	其中库房面积	服务器	计算机	扫描仪	复印机	空调	去湿机	防磁柜	消毒机	馆长	副馆长	综合科	保管利用科
1 000	750	2	20	4	3	18	1	1	1	1	1	3	7

附录 2   2014 年档案进馆情况

类目	行政类	教学类	党群类	基建类	科研类	外事类	出版类	学院类	产品类	财会类	总计（不包含财会类）
数量（卷，件）	103	2 444	69	40	34（251 件）	28	16	12	5	4 651	2 751（251 件）

（撰稿：高　俊　审稿：刘兆磊）

十二、后勤服务与管理

基 建 建 设

【概况】2014 年，完成基本建设投资 1.131 亿元，推进在建工程 8 项，其中卫岗校区 3 项、白马园区 5 项。白马园区在推进 2013 年在建 5 项工程的基础上，根据总体建设计划，新增智能温室工程、东西区支干道路、东区水利、东大门及大门广场、东区主干道路市政管道 6 项基础设施工程建设任务，总建设投资达 6 720 万元，各项工程进展顺利。卫岗校区 1.6 万米^2 的多功能风雨操场顺利启用，改善了学校体育教育教学和师生群体活动条件；1.1 万米^2 的青年教师公寓竣工交付，缓解了青年教师和人才引进周转住房条件；牌楼片区实践和创业指导中心项目于 11 月获得建筑工程规划许可证，目前正进行"三通一平"土方清运工程；2 365 米^2 的白马园区管理用房已通过校内验收；白马园区环湖道路、西区主干道路正式投入使用；一系列在建工程快速推进，将有力改善学校的教学科研、办公和生活条件。

拟建项目取得重大进展，6 万米^2 的第三实验楼项目通过了南京市规划局组织的建设高度专家论证，突破了限高制约，目前正进行方案深化和施工图设计，争取及早完成施工和监理招标；牌楼片区 4 万米^2 的青年教师公寓项目完成总体布局规划，目前正根据规划部门意见调整。

本年度完成维修改造任务 17 项，投资 2 300 余万元，一系列维修与修购工程项目如期交付，有力改善了师生工作学习和生活条件，提升了家属区与教学区环境质量。

【2013—2014 学年第二学期第二次院长联席会在白马园区召开】5 月 27 日，2013—2014 学年第二学期第二次院长联席会在白马园区召开，校长周光宏、副校长陈利根出席会议，各学院院长和相关职能部门主要负责人参加会议，就白马园区建设与管理进行了专题研讨，为白马园区今后建设提出了指导思想和具体要求，指明了发展方向。

【科技部农村科技司司长陈传宏考察学校白马园区】10 月 12 日，科技部农村科技司司长陈传宏一行来学校白马园区考察指导工作，副校长陈利根、丁艳锋接待了陈传宏一行。江苏省科技厅副厅长段雄、农村科技处处长陈洪强，溧水区和白马国家农业科技园区领导谢元、孙绿叶、顾正良和刘人祥等陪同考察。

[附录]

附录 1　南京农业大学 2014 年主要在建工程项目基本情况

项目名称	建设内容	进展状态
多功能风雨操场	16 273 米²	完工交付使用
青年教师公寓	11 000 米²	完工交付使用
实践和创业指导中心	16 000 米²	正进行"三通一平"土方清运
白马园区管理用房	2 365 米²	已竣工验收，正进行决算审计
白马园区环湖道路	3 000 米	已竣工验收，正进行决算审计
白马园区西区主干道路	1 600 米	已竣工验收，正进行决算审计
白马园区水利工程一期	灌溉面积 113 公顷	基本完成河道梳理，开始铺设灌溉管道
白马园区水电工程一期	东区 3 500 米自来水管网、4 800 米强电电力管道	给水管网、电力管道已基本铺设完毕
白马园区智能温室工程	9 200 米²	主体框架结构已完成
白马园区东区支干道路	4 240 米	完成路床建设
白马园区西区支干道路	4 100 米	完成全部沥青铺设
白马园区东区水利工程	水库扩容，东区灌排工程	完成水库清淤
白马园区东大门及大门广场	新建东大门及大门广场	完成大门及广场基础工程
白马园区东区主干道路市政管道	道路排水照明等配套设施	完成部分道路排水设施铺设

附录 2　南京农业大学拟建工程报批及前期工作进展情况

项目名称	建设内容	进展状态
新建第三实验楼	60 000 米²	通过规划局组织的高度可行性专家论证，突破限高制约；已获得教育部可研批复，正在进行施工图设计
牌楼青年教师公寓	40 000 米²	完成总体布局规划，正根据规划部门意见调整
白马园区动物实验基地建设一期	动物人工气候室 800 米²、动物生产性能测定中心 10 000 米²、大动物实验中心 6 200 米²及设备购置	正在进行方案设计
白马园区实验温室加温系统	地源热泵加温系统	正在进行方案设计
白马园区水电工程二期	西区强电电力管道、给水管网、弱电管道和配电所等	正在进行方案设计
白马园区支路修建一期	3 000 米	正在进行方案设计
白马园区教科基地基础设施建设	道路 3 000 米、生态排水沟 3 000 米	正在进行方案设计

（撰稿：张洪源　郭继涛　审稿：钱德洲　桑玉昆）

社区学生管理

【概况】2014 年，学校南苑本科生社区共有 14 栋宿舍楼（男生 7 栋、女生 7 栋），共计住宿人数为 12 054 人（男 4 340 人，女 7 714 人），全部床位数为 12 279 个；目前共配备 13 名管理员老师（女 10 人，男 3 人，缺编 1 人），全部由退休返聘人员组成，平均年龄 56 岁。

2014 年，学校研究生社区共有 13 栋宿舍楼（男生 7 栋、女生 6 栋），住宿人数为 5 693 人（男 2 570 人，女 3 123 人），全部床位数为 5 995 个，扣除本科辅导员房间（60 个床位），剩余空床位数为 242 个；在岗社区辅导员（宿舍管理员）13 人（男 2 人，女 11 人，）全部为退休返聘人员，平均年龄 58 岁。

做好文明创建与奖惩工作，营造学生社区良好育人环境。通过宣传栏对好人好事及时进行公布，对优秀的宿舍提出表扬，激发学生的自豪感和集体荣誉感，为创建和谐健康的社区环境起到了积极作用；对违反管理规定的学生以批评教育为主，对于严重违纪、影响面广的果断查处，一年来共查处迟归学生 120 人次，宿舍违纪事件 11 起，违反通宵供电宿舍 85 个；三是加大对文明宿舍评比宣传力度，营造社区生活的荣誉感和影响力，共评选出 2013—2014 学年度校级文明宿舍 337 个、卫生"免检宿舍"848 个。

加强思想政治宣传力度，社区教育工作力求实效。充分发挥学生社区集中、便利的宣传优势，全方位多角度开展思想政治工作。利用学生党员、学生干部、各类评奖评优获得者的示范和监督作用，在学生社区开展常态化的思想政治工作；通过宣传板、宣传栏、学生工作简报、生活服务网、《社缘》和社委会宣传栏等方式加大宣传，开创学生思想政治工作新领地。

开展各类社区文化活动，建设文明和谐学生社区。一年来，本科生社区分别开展了春季和秋季 2 次"社区文化节"活动，共分为博题多才、大话童年、美服舍计、笑傲南农、"我的南农，我的宿舍我的家"、吉尼斯挑战活动、你的蛋糕你来做、求爱大作战和寻宝南农等内容。整个活动形式多样、内容丰富，为同学们展示各自宿舍的特色和个人才华提供良好平台。研究生社区举办了第四、第五届社区文化节，包含"相聚南农　牵手五洲"国际留学生校园文化沙龙、"IT"医生进社区、"健康'早'点到"倡导早餐文化活动、"一站到底"知识竞赛、趣味运动会、棋牌大赛、"巢"文化设计大赛和文明宿舍评比等精彩活动，丰富了校园文化，激发了同学们的集体荣誉感，陶冶情操、美化居室。

狠抓安全与稳定工作，维护健康向上社区环境。一是加大预防传染病的宣传。通过"让我们一起远离传染病，守护健康"的倡议宣传咨询活动等方式进行现场宣传，邀请校医院内科医生现场接受同学们的咨询。同时，学生宿舍进行持续的开窗通风检查，并发放预防季节性传染病的宣传单，为学校传染病防控工作做出力所能及的贡献。二是开展消防安全宣传教育。进入冬季，组织开展了学生宿舍消防安全教育宣传活动，通过活动提高学生消防安全法制意识和自我防护能力，预防和减少火灾隐患。同时，发动学院组建和完善学院—班级—宿舍三级消防体系，定期开展学生宿舍消防安全检查，重点检查宿舍内使用明火、大功率或劣质电器、乱拉乱接电线和随意放置易燃易爆危险品等行为，消除学生宿舍各种消防安全隐患。三是加强学生宿舍夜间秩序检查。每学期保证南苑学生宿舍夜间检查达到每月 1 次普查、4 次抽查，加大对大学生日常在宿舍内的表现进行记录、评价和相应引导，通过评优和惩差，敦促学生养成良好的学习、生活习惯。研究生工作部修订并颁布了《南京农业大学研究生社区管理暂行规定》，严格按照《规定》要求规范研究生行为，进一步维护了研究生社区健康稳定的良好环境。

着力促进文明养成教育，加强学生自管组织培育。巩固完善了每周一对各宿舍楼进行安全巡查制度、管理员每周例会制度、每周报送《学生宿舍检查结果统计报表》、学生宿舍卫生和安全每周通报等制度，加强了管理员队伍的考核和检查，及时掌握信息，促进管理员队伍向科学化、规范化方向发展。一年来，通过不间断的培训、联谊和活动，学生社区自我管理委员会已拥有 1 个中心 8 个部门、14 个分会、近 500 名成员，已经发展成为一支高效、活泼、专业和高雅的学生自管组织。充分发挥各宿舍楼楼长、层长和宿舍长的自我管理能力，宿舍卫生和文明状况有明显好转，"宿舍是家庭，环境靠自己"的观念获得了绝大多数学生的认同。

（撰稿：闫相伟　王梦璐　审稿：李献斌　姚志友）

后 勤 管 理

【概况】2014 年组织劳动用工知识、岗位技能、消防安全和食品安全等各类培训共 68 场，举办了厨师烹饪技能、窗口服务技能等比赛。

启动了规章制度和突发事件应急预案修订，颁布了《后勤集团公司工资分配办法》、《后勤集团公司考核办法》、《公务接待、出差、用车管理办法》和《后勤集团公司国有资产管理办法》等 9 项制度。

满足饮食多样化需求，教工餐厅增加早点、菜肴和特色小吃品种；学生第一食堂引进"小米姑娘炒菜点"、"曼谷菜吧"和"我爱芒芒"等特色餐饮。落实食品安全责任，与各食堂签订《食品安全责任书》，严格执行食品制作销售管理。继续应对物价上涨，八大类 80 多个原材料品种实行集中统一采购、加强管理实现仓库基本零库存、减少消耗降低伙食原料成本，稳定伙食价格；加强对特色餐饮及社会餐饮企业检查监督，确保与自办餐饮同标准、同要求。

物业服务精细化管理整体推进，加强与学院、学生座谈沟通，倡议宿舍楼"垃圾袋装化，顺手带楼下"，各楼宇卫生安全状况明显改观。会议中心全年承接 165 场会议，完成 46 部电梯、2 台纯水设备、120 台电开水炉和 565 台电热水器的日常管理和维保，学生宿舍零星报修维修 10000 余次，新增道路和广场保洁面积 5 200 米^2。

完成了新体育馆拓荒保洁，先后为 2014 年毕业典礼与学位授予仪式、入学典礼和军训、"校长杯"乒乓球比赛、全国农林高校羽毛球比赛和江苏省第八届高校后勤乒乓球比赛等大型活动提供物业保洁、饮食和饮水服务。

完成家属区、教学区和学生宿舍等零星维修任务 3 040 项，任务量较 2013 年增长 70%；

完成预算 10 万元以内项目 115 项，累计 600 万元；承接预算 10 万～30 万元招标项目 3 项，累计 69 万元。

【设立留学生公寓部，推进服务国际化】撤销北苑招待所，改造为留学生公寓。设立留学生公寓服务部，统一管理 3 幢留学生公寓，服务各类留学生近 200 人，制定留学生公寓管理制度和工作流程，推进后勤服务国际化。

【加强卫生清理，确保青奥安全】青奥会期间，成立"迎青奥安全管理"领导小组，制订《迎青奥安全管理实施方案》，逐级签订"安全管理工作责任书"；加强学生食堂、宿舍、锅炉房、危化品仓库、临工宿舍、空关房和电梯间等场所安全巡查，落实安全信息日报制度；完成校园和家属区公共区域、道路和楼宇卫生死角清理；为集中住宿的 1 000 余名学生志愿者提供物业、饮食和洗浴保障。

【加强硬件建设，改善服务条件】南北苑浴室完成升级改造，更新南苑浴室存衣柜，新装 16 台空气源机组、4 个废热水循环利用机组和 80 吨不锈钢保温水箱；幼儿园小广场、门厅及走廊铺装塑胶地面，并购置 1 组大型幼儿玩具、2 台 60 寸和 12 台 42 寸液晶彩电、2 台空调柜机，办园条件持续改善。

（撰稿：钟玲玲　审稿：姜　岩　孙仁帅）

医 疗 保 健

【概况】南京农业大学医院于 2014 年 1 月独立建制，从原隶属于资产管理与后勤保障处的正科级单位升级为由校领导直接分管的副处级单位，下设院长办公室、大内科、大外科、护理及药房科 4 个科级部门，形成院长总负责，各科主任各司其职的现代分级管理模式。2014 年 12 月，成为江苏省高校卫生保健研究会理事单位。

【建章立制，加强管理】制定第一部完整的《医院工作制度汇编》，包括行政管理工作制度 43 项、业务工作制度 82 项、工作人员职责 51 项、应急预案 17 项等；规范医院执业行为，整改医院在执业方面存在的问题 16 项；实施"处方点评制度"，严格规范处方管理，2014 年平均处方金额下降 8%；公费医疗管理制度公开化，管理过程规范化，外诊报销医疗费总费用下降 8.6%。

【优化医疗资源，提高医疗质量】独立开设中医科、新增全科医疗科；病房收治患轻微传染病的学生患者；开展医院首届"护理之星"评选活动，陈荣彬同志当选；推行首诊负责制；制定处理医疗投诉工作流程。

医院先后选派 9 名医护人员参加长、短期进修；邀请外院专家讲座 6 场，组织本院业务交流 10 余场。组织医护人员参加"三基"知识和急诊急救技能闭卷考试 2 场、心肺复苏操作比赛 1 次。朱华、郁培在"2014 年江苏省高校卫生保健会急诊急救大赛"中荣获二等奖。

2012—2014 年度 6 项医疗专项课题顺利结题，共发表论文 21 篇，其中 9 篇论文在江苏省高等教育学会论文评比中获奖。2 位医务人员通过副高职称评审，获副高级技术职称资格。

医院信息化系统于 2014 年 11 月试运行，实现医院工作各环节的信息化管理。

【公共卫生工作深入扎实】组织教职工体检 2 800 人次，本科生、研究生新生等体检 6 500 人次，新生开学、各项运动赛事等医疗保健 150 人次。

积极应对"埃博拉"疫情防控以及校园公共卫生重大突发事件 6 起，成功干预可能造成大范围传播的消化系统传染病的公共卫生事件 1 例；疫苗接种 7 550 人次。

2014 年发放传染病预防宣传手册等健康宣传材料 28 300 份，制作宣传栏 6 期；传染病防控现场咨询 3 场；发布网络宣传资料 15 期；新增"现场急救"课，大学生健康教育课选读 914 人。组织学生参加由江苏省教育厅主办的"大学生预防艾滋病知识竞赛"荣获二等奖。

独生子女证领证率 98％，计生符合率 100％，举办青春期生殖健康培训达 800 余人次，已婚育龄人群计生基础知识普及率 95％以上，开展"同伴教育"活动 5 场，全校女大学生健康讲座 1 场。

[附录]

附录　2014 年校医院基本情况

项　目	2014 年	较 2013 年增幅（％）
挂号（人次）	66 930	9.8
门诊输液、换药（人次）	11 861	24.4
手术（人次）	251	43.4
血尿粪常规、血生化（人次）	27 830	17.7
彩超（人次）	975	37.9
口腔科治疗（人次）	536	40.7
理疗、针灸、拔罐（人次）	7 150	41.6
大学生参保人数（人次）	17 110	19.94
大学生参保率（％）	97.77	19.0
医保报销金额（万元）	65	8.33
医保返还金额（万元）	119.8	20.04

（撰稿：贺亚玲　审稿：石晓蓉）

十三、学院（部）基本情况

植物科学学部

农学院

【概况】 农学院设有农学系、作物遗传育种系、种业科学系和江浦农学试验站，建有作物遗传与种质创新国家重点实验室、国家大豆改良中心和国家信息农业工程技术中心3个国家级科研平台以及7个省部级重点实验室、4个省部级工程技术中心。

学院拥有作物学国家重点一级学科、2个国家级重点二级学科（作物遗传育种学、作物栽培学与耕作学）、2个江苏省高校优势学科（作物学、农业信息学）、2个江苏省重点交叉学科（农业信息学、生物信息学）。设有作物学一级学科博士后流动站、6个博士学位专业授予点（包括3个自主设置专业）、3个学术型硕士学位授予点、2个全日制专业硕士学位授予点、2个在职农业推广硕士专业学位授予点和3个本科专业。

现有教职工157人，其中专任教师120人。专任教师中教授54人、副教授37人、讲师29人。学院有中国工程院院士2名、"千人计划"专家1名、"长江学者"特聘教授2名、国家杰出青年科学基金获得者4名、"万人计划"专家3名。2014年从海外引进高层次人才3人，选留青年教师7人，新增全国优秀科技工作者1人，科技部中青年科技创新领军人才1人、江苏特聘教授1人、江苏省双创博士1人、江苏省双创人才1人、江苏省"青蓝工程"青年学术带头人1人、优秀青年骨干教师培养对象1人。新增科技部重点领域创新团队1个、江苏省现代农业产业技术创新团队4个，"大豆生物技术育种研究"教育部创新团队顺利通过建设论证。

学院全日制在校学生共1580人，其中本科生815人（留学生5人）、硕士生512人（留学生3人）、博士生253人（留学生8人）。2014级共招生478人，其中博士生81人（留学生6人）、硕士生213人、本科生184人（留学生1人）。毕业生总计455人，其中博士生76人、硕士生189人（留学生1人）、本科生190人（留学生2人）。本科生年终就业率93.6%，升学率51.5%，研究生就业率95.2%。

学院获得科研立项73项，立项经费6 055万元，实际到账经费12 791万元，其中国家自然科学基金20项（面上项目12项、青年基金7项、重点项目1项），省支撑计划3项。发表学术论文226篇，其中SCI论文118篇，累计影响因子357.78，最高影响因子39.08，平均影响因子3.03，影响因子5以上11篇。万建民教授主持的"水稻籼粳杂种优势利用相关基因挖掘与新品种培育"获国家技术发明奖二等奖，曹卫星教授主持的"稻麦生长指标无损监测与精确诊断技术"荣获江苏省科学技术进步奖一等奖。获得植物新品种权 2 项,授权国家发明专利 27 项、实用新型专利 1 项,登记国家计算机软件著作权 7 项。

江苏省现代生产协同创新中心获得认定,建设经费 2 000 万元;作物生理生态与生产管理、农业部华东地区作物基因资源与种质创制 2 个农业部重点实验室设计方案获通过,获批建设经费 1 563 万元;江苏省生态优质稻麦生产工程技术研究中心获批建设;省信息农业高技术重点实验绩效考核良好,获奖励 200 万元;与淮安市农业科学院合作成立盖钧镒院士工作站。

农学专业获批教育部卓越农林人才培养计划改革试点项目,植物生产类"十二五"江苏省高等学校重点专业建设中期检查获评优秀。植物生产类专业导论课程获得国家精品视频公开课立项,作物育种学和试验统计方法获批全国高等农业教育精品课程资源建设项目立项。出版教材 1 本,编纂完成农业部"十二五"规划教材 1 本。《作物栽培学总论(第二版)》和《作物育种学总论(第三版)》获教育部第二批"十二五"普通高等教育国家级规划教材。获批国家大学生科研创新计划 6 项,江苏省高等学校大学生实践创新训练计划 3 项,校级和院级 SRT 计划总计 32 项。

全面启动研究生全英文课程建设,获省级研究生全英文课程建设项目资助 1 门、校级项目资助 4 门,技术推广理论与方法获江苏省优秀研究生课程项目资助。获江苏省优秀博士学位论文 2 篇、优秀专业学位硕士论文 1 篇,29 人获国家奖学金,1 人获校长奖学金。23 项江苏省研究生创新计划获批立项,其中 3 项获省级资助。获批江苏省企业研究生工作站 3 个,获批江苏省创新计划交流中心特色项目资助,举办"第七届长三角作物学博士论坛"。研究生总计发表论文 175 篇,其中,SCI 收录论文 76 篇。

"111"引智基地顺利实施,22 位知名学者先后来访交流;累计接待国外专家 68 人次,举办学术报告 118 场。30 位教师出国访问,6 人在国外开展合作研究一年以上。62 名本科与研究生出国学习和交流,其中,12 名学生到国外攻读硕士、博士学位,25 名学生出国联合培养一年以上。

获校运会教工组第一名,学生组第一名。本科生获国家级表彰 22 项,省、市级表彰 52 项,校级表彰 406 项。

【再获国家级科研奖励】万建民教授团队研究项目"水稻籼粳杂种优势利用相关基因挖掘与新品种培育"荣获国家技术发明奖二等奖。该成果通过 20 余年的系统研究,发掘出水稻广亲和、早熟和显性矮秆基因,开发相应分子标记和育种技术,有效解决了水稻籼粳杂种优势利用难题,培育并推广了籼粳杂交新品种,为保障国家粮食安全和农民增收做出了积极贡献。

【入选 2014 年度"中国科学十大进展"】万建民教授团队研究成果"阐明独脚金内酯调控水稻分蘖和株型的信号途径"入选"中国科学十大进展",并位列榜首。该成果首次在遗传和生化层面上证实了 D53 蛋白作为独脚金内酯信号途径的抑制子参与调控植物分枝(蘖)生长发育,不仅为水稻株型改良提供重要理论基础,也为籼粳交杂种优势利用提供有用的基因和材料。

【江苏省协同创新中心获批建设】2014 年 3 月,由南京农业大学牵头,南京大学、浙江大学、安徽农业大学、江苏省农业科学院和江苏省农业委员会等单位共同参与组建的现代作物生产协同创新中心,获江苏省政府正式立项建设,建设经费 2 000 万元。

【团队建设成果丰硕】"大豆生物技术育种研究"教育部创新团队顺利通过建设论证。丁艳锋教授领衔的"水稻高产优质高效与机械化生产创新团队"入选科技部重点领域创新团队。"小麦抗赤霉病和白粉病种质创新团队"、"耐盐碱棉花生物育种创新团队"、"水稻节肥减排高产技术创新团队"和"机采棉集约化生产技术创新团队"4个团队入选江苏省现代农业产业技术创新团队。

【承办中国作物学会学术年会】10月29～31日，承办"中国作物学会第十次全国会员代表大会暨2014学术年会"，共1532名国内外代表参会，为历年来规模最大。

【召开国际重要学术会议】8月，主办作物生物信息学workshop与生物信息学技能培训；9月，主办作物生长监测国际研讨会（ISCGM 2014）；12月，主办2014年"农业模型比较与改进项目"（The Agriculture Model Intercomparison and Improvement Project，简称Ag-MIP）水稻组年会。

（撰稿：庄　森　解学芬　审稿：戴廷波）

植物保护学院

【概况】植物保护学院设有植物病理学系、昆虫学系、农药科学系和农业气象教研室4个教学单位。建有3个国家和省部级科研平台、2个部属培训中心和1个省部级共建重点实验室。

学院拥有植物保护国家一级重点学科以及3个国家二级重点学科（植物病理学、农业昆虫与害虫防治、农药学）、1个江苏省高校优势学科（植物保护）。植物保护一级学科在新一轮全国同类学科中排名第3名，在江苏省优势学科一期评估中获得优秀。学院设有植物保护一级学科博士后流动站、3个博士学位专业授予点、3个硕士学位专业授予点和1个本科专业。

学院现有教职工103人（2014年新增10人），其中专任教师75人，教授35人（新增3人）、副教授24人（新增2人）、讲师16人（新增3人）。有博士生导师32人（新增1人）、硕士生导师23人（新增6人），在站博士后工作人员6人。2014年引进海外高层次人才3人，其中董莎萌获得国家优秀青年科学基金资助，并入选"青年千人计划"，奚志勇被评为江苏省特聘教授；引进国内外优秀博士5人。洪晓月教授获"江苏省优秀教育工作者"称号，陈法军教授、张海峰副教授分别入选江苏省"青蓝工程"中青年学术带头人、优秀青年骨干教师培养对象。

2014年，学院招收博士研究生53人（含外国留学生5人），硕士研究生187人，本科生114人；毕业博士研究生57人（含外国留学生4人），硕士研究生200人，本科生121人。截至2014年年底，共有在校生1111人，其中博士研究生142人、硕士研究生502人、本科生467人。2014届毕业研究生和本科生年终就业率分别为92.09%、97.52%。

获批立项国家、省部级科研项目41项，立项课题经费2019万元，实际到位经费5400多万元，其中国家自然科学基金项目19项，包括重点项目和优秀青年科学基金项目各1项，青年科学基金项目6项（批准率86%）。发表SCI论文167篇，同比增长53.5%，人均2.2篇，平均影响因子2.73，其中影响因子10以上的论文3篇（全校5篇），5以上的论文10篇，申请、授权发明专利47项。获得高等学校科学研究优秀成果奖自然科学奖一等奖1项。

"绿色农药创制与应用技术国家地方联合工程研究中心"正式启动,"农作物生物灾害综合治理教育部重点实验室"顺利通过教育部验收,获得农业部重点实验室建设项目支持和江苏省优势学科工程二期继续支持。

深化国际交流与合作,全年邀请来学院交流讲学和访问的境外专家80人(次),其中国际知名专家报告33场。"111"项目"农作物生物灾害创新引智基地"聘任的学术大师、美国俄勒冈州立大学 Tyler 教授获得2014年度江苏省国际合作突出贡献奖;吴益东教授受聘为墨尔本大学"荣誉研究员";7人担任国际权威杂志编委或参与组织国际重要学术会议,40人(次)出国访问或参加国际会议。本科生出国交流6人,8位博士研究生申请到联合培养项目。

积极推进本科生教育教学改革,发表教改论文5篇,成功申报"卓越农林人才教育培养计划"拔尖创新型人才培养模式改革试点项目,聘请优秀教授担任"班级发展导师",建立虚拟"学术菁英班"和"职场菁英班"。植物生产类导论课程获得国家视频公开课立项,"昆虫与人类生活"通过国家视频公开课第一阶段遴选。出版《植物化学保护实验》和《气象学实习指导》2部实验教材,《农药概论》开放大学教材1部,《江苏飞虱志》专著1部,《农业螨类学》荣获江苏省高校重点教材。获批国家大学生创新性实验计划4项、江苏省高等学校大学生实践创新训练计划2项、校级大学生创业项目1项、校级和院级SRT项目24项。

大力提升研究生教育,新建2门研究技术类英文课程,加强现有4个江苏省研究生企业工作站和3个南京农业大学研究生企业工作站的管理。获得江苏省优秀博士学位论文2篇、优秀硕士学位论文1篇。金琳获得首届研究生校长奖学金特等奖(全校1人),2人获得校长奖学金一等奖,16位博士研究生入选江苏省科研计划创新工程,30位研究生出国参加会议或合作研究。

学院学生工作获得优秀组织奖等各类集体荣誉14项,学生团队获得"创青春"2014全国大学生创业计划竞赛金奖,学生获得省级以上个人奖励38项。

【科研创新出成果】吴益东教授课题组在 *Nature Biotechnology*(IF=39.1)发表题为 *Large-scale test of the natural refuge strategy for delaying insect resistance to transgenic Bt crops* 的论文,该研究首次发现天然庇护所在治理棉铃虫对 Bt 抗性中具有重要作用。窦道龙教授课题组解析了真菌和卵菌一类非常规分泌途径毒性蛋白的功能与其运出机制,李保平教授课题组首次在寄生蜂中发现了支持"局部资源强化理论"的证据,研究结果均发表于 *Nature Communications*(IF=10.742)。王源超教授主持的"植物疫病菌生长发育与致病机理的研究"获2014年度高等学校科学研究优秀成果奖自然科学奖一等奖。

【"绿色农药创制与应用技术国家地方联合工程研究中心"正式启动】继2013年获得国家发展和改革委员会批复成立后,"绿色农药创制与应用技术国家地方联合工程研究中心"于6月24日正式启动,周光宏校长为中心学术委员会和管理委员会的委员们颁发了聘书。周光宏和钱旭红共同为工程研究中心揭牌。启动会上,委员们对中心的建设提出了明确要求。

【举办首届青年教师论坛】9月4日,召开植物保护科学论坛——青年教师论坛,会议邀请国内外知名专家来学院对青年教师的科研情况和职业发展做全面指导,旨在进一步推动青年教师发展,培养更高层面青年人才,进一步推进"607080"计划。

【召开国家"973"计划植物保护领域"十三五"战略研讨会】10月30～31日，组织召开国家"973"计划植物保护领域"十三五"战略研讨会。国家"973"顾问组专家方荣祥院士、咨询组专家喻子牛教授、周明国教授、万方浩教授和全国10多所高校、研究机构的40多名专家学者参加了研讨会，共同探讨国家"973"计划植物保护领域"十三五"期间的国家重大需求、主要科学问题和重要研究方向。

【教育部重点实验室通过验收】11月25日，农作物生物灾害综合治理教育部重点实验室顺利通过验收。由中国工程院院士、浙江省农业科学院院长陈剑平研究员、贵州大学副校长宋宝安教授等7名国内知名专家组成的专家组充分肯定了实验室的建设成绩，并对实验室在方向凝练、国际化发展、基础研究与应用相结合等方面提出了建议。

（撰稿：张　岩　审核：黄绍华）

园艺学院

【概况】园艺学院设有园艺学博士后流动站1个、6个博士学位授权点（果树学、蔬菜学、茶学、观赏园艺学、药用植物学、设施园艺学）、6个硕士学位授权点（果树学、蔬菜学、园林植物与观赏园艺学、风景园林学、茶学、中药学）和3个专业学位硕士授权点（农业推广硕士、风景园林硕士、中药学）、6个本科专业（园艺学、园林学、景观学、中药学、设施农业科学与工程学、茶学）；设有农业部园艺作物种质创新与利用工程研究中心、农业部华东地区园艺作物生物学与种质创新重点实验室、国家果梅杨梅种质资源圃、国家梨产业技术研发中心和江苏省果树品种改良与种苗繁育中心部省级科研平台5个；1个二级学科为国家重点学科，1个一级学科被认定为江苏省一级学科国家重点学科培育建设点，1个二级学科为江苏省重点学科，1个二级学科被评为江苏省优势学科。

学院有在职教职工125人，其中专任教师106人、管理人员10人、教辅和科辅9人。专任教师中有教授31人（含博士生导师28人）、副教授41人、讲师34人；有"长江学者"特聘教授1人，获得国家杰出青年科学基金资助1人，全国模范教师1人，江苏省教学名师1人，国务院特殊津贴专家19人，教育部跨世纪人才计划1人，教育部新世纪人才计划8人，国家产业体系首席专家1人，"江苏省333高层次人才培养工程"第一层次培养对象1人，"江苏省333高层次人才培养工程"第二层次培养对象2人，入选江苏省"双创人才"计划1人，入选江苏省"青蓝工程"学术带头人培养对象1人，获得中国博士后科学基金第七批特别奖励1人，教育部高等学校植物生产类专业教学指导委员会委员、园艺（含茶学）类教学指导分委员会副主任委员1人，全国性学术组织主要负责人2人，学校"钟山学术新秀"4人。

学院有全日制在校学生1796人，其中本科生1162人、硕士研究生523人、博士研究生111人，有在校在职专业学位研究生101人。毕业学生522人，其中，研究生245人（博士研究生35人，硕士研究生210人）、本科生277人。招生557人，其中，研究生253人（博士研究生34人，硕士研究生219人）、本科生304人。本科生就业率为97.5%，研究生就业率85.2%（不含推迟毕业）。

学院教师发表SCI论文126篇，累计影响因子269.24，其中，影响因子超过5的论文12篇。科研立项50余项，科研总经费4 381.5万元，其中国家自然科学基金24项，累计经费 1 980 万元，立项数和经费额居园艺领域国内高校和科研院所首位；获批国家发明专利 16 项，获授权国家植物新品种 11 个；"国家果梅杨梅种质资源圃"获批国家二期建设，"江苏省花卉种质创新和利用工程中心"获批立项建设，常熟新农村发展研究所、宿迁设施园艺研究院等 7 个基地成为南京农业大学第一批新农村服务基地；陈劲枫教授团队荣获教育部科技成果奖技术发明一等奖；侯喜林教授团队荣获教育部科技成果奖自然科学二等奖；陈发棣教授团队荣获中国园艺学会第三届"华耐园艺科技奖"，同时，该团队培育出的 6 个菊花新品种获世界园艺博览会（青岛）金奖；南京农业大学湖熟菊花基地参观人数超过 90 万人次，推动了菊花品种更新及观光旅游业的发展，受到了中央电视台、新华日报等主流媒体的广泛关注。

学院本科学位授予率 96.7％；有 7 篇毕业论文（设计）被评为校级优秀本科毕业论文（设计）。园艺专业获得教育部第一批卓越农林人才教育培养计划复合应用型改革试点项目立项；景观专业圆满完成了学士学位授权审核工作；通过了茶学新专业论证，并由学校报教育部备案。园林系启动了与美国康涅狄格大学风景园林专业的"3＋2"学习项目；与美国罗格斯大学的风景园林"2＋2"国际班项目正在筹备阶段，预计于 2015 年启动；有 3 本教材入选教育部"十二五"普通高等教育本科国家级规划教材；召开园艺学院第六届教学观摩与研讨会；1 篇博士论文获江苏省优秀博士论文、2 篇硕士论文获江苏省优秀硕士论文。

学院成功举办"2014《园艺研究》国际学术研讨会"，近 40 位外国专家参加会议；由学院主要参加的"中肯作物分子生物学联合实验室"已获教育部批准立项并已开展相关工作；邀请来院交流讲学和访问的境外专家 23 人次，4 名教师赴国外开展合作研究；15 名教师赴境外开会或学术交流；召开国内外重要学术会议 65 场次；有出国留学学生 16 名、外国留学生 5 名。

【农业部牛盾副部长到园艺学院考察】4 月 22 日下午，农业部牛盾副部长一行到园艺学院考察并在学院"勤园厅"与学院师生亲切座谈。随同考察的还有农业部国际合作司屈四喜巡视员、农业部科技教育司杨礼胜副巡视员、农业部办公厅徐玉波副处长、江苏省农业委员会党组成员季辉和江苏省农业委员会外事外经办公室翁为民副主任。校长周光宏、副校长丁艳锋、校办主任闫祥林、副主任刘勇等陪同考察。园艺学院领导班子成员、学科点长、系主任和留学生代表参加了座谈。

【园艺学院隆重举行党员代表大会】4 月 2 日下午，中共南京农业大学园艺学院党员代表大会隆重召开，学院在职教师党员、退休教师党员代表及学生党员代表等 57 人参加了会议。按照选举程序，大会选举陈劲枫、陈素梅、房经贵、房伟民、郭世荣、唐晓清和韩键 7 位同志为中共南京农业大学园艺学院新一届委员会委员。

【园艺学院师资队伍建设获得重大突破】2014 年，陈发棣教授入选教育部"长江学者奖励计划"特聘教授，是园艺学院首个获此殊荣的科学家。2014 年，陈发棣教授获国家杰出青年科学基金资助，是园艺学院首个获此殊荣的科学家。

陈发棣教授长期从事菊花优异种质资源挖掘、创新利用与新品种选育研究。近 5 年来，以通讯作者在 *BMC Biol*、*Scientific Reports*、*Genom Biol Evol*、*Planta* 等学术刊物上发表 SCI 论文 70 余篇，其中 JCR 一区论文 27 篇；以第一发明人获授权国家发明专利 18 项、国家植物新品种权 18 个；获国家科技进步奖二等奖（第三完成人）、省部级一等奖（2 项）、华耐园艺科技奖等奖励，受聘担任江苏省特聘教授和国际学术期刊 *Horticulture Research* 副主编；育成系列抗性观赏性综合改良的自主知识产权菊花新品种，改变了以往我国菊花商业品种花色单调、抗性弱、花期多集中在秋季和依赖进口等状况，推动了我国菊花品种更新和产业升级。

（撰稿：张金平　审稿：陈劲枫）

动物科学学部

动物医学院

【概况】动物医学院设有：基础兽医学系、预防兽医学系、临床兽医学、试验教学中学（国家级示范）、农业部生理化重点实验室、农业部细菌学重点实验室、OIE 猪链菌参考实验室、临床动物医院、实验动物中心、《畜牧与兽医》编辑部、畜牧兽医分馆、动物药厂和 42 个校外教学实习基地。

现有教职工 108 名，其中教授 37 名，副教授、副研究员、高级兽医师和副编审 28 名，讲师、实验师 25 名。具有博士学位者 73 名、硕士学位者 3 名，其中博士生导师 35 名，硕士生导师 24 名。2014 年，学院新增教授 1 名、副教授 2 名，引进国家杰出青年科学基金获得者、"长江学者"、国家"万人计划"特聘教授 1 人。7 人入选教育部新世纪人才培养计划，10 人获得了国家自然科学基金资助，其中 5 人获得了国家自然科学基金青年基金资助，5 人入选"钟山学术新秀"。

有全日制在校学生 1 600 人，其中，本科生 900 人、硕士研究生 448 人、博士研究生 97 人，有专业学位博士和硕士生 155 人，博士后研究人员 10 人。毕业学生 346 人，其中，研究生 176 人（博士研究生 46 人、硕士研究生 130 人，含兽医博士 2 人、兽医硕士 15 人），本科生 170 人。招生 369 人，其中研究生 205 人［博士研究生 32 名（含外籍留学生 11 名），硕士研究生 173 人，含兽医博士研究生 8 人、兽医硕士研究生 34 人）］，本科生 164 人。本科生总就业落实率达 99％，研究生总就业率 98％。全年发展学生党员 39 人（其中，研究生 12 人、本科生 27 人）、转正 60 人（其中，研究生 21 人、本科生 39 人）。

以教师为第一通讯作者的 SCI 论文 124 篇，到位科研经费 4 295 万元，横向合作到位经费 937 万元，授权专利 14 项、实用新型 1 项，学院立项国家大学生创新实验计划项目 7 项、省级大学生实践创新项目 2 项、校级 SRT 项目 16 项，2013 级金善宝实验班立项 SRT 项目 12 项。本科生发表论文 14 篇，其中 1 篇为第一作者、2 篇为第二作者的 SCI 论文，有 11 名本科生免试推荐到北京大学、清华大学等高校读研，2 名本科毕业生成功申请国家留学基金委 DVM 项目，出国留学深造。本年度学院邀请国内外专家学者举办学术讲座 20 场，20 位来自国内外的专家、学者为研究生做了专题学术报告。

本学年，学院以建设国家级动物科学实验教学中心和省级动物医学实践教育中心为契机，购置了先进仪器设备，改善了实验教学条件。同时，建设了智能实验管理系统，完善相关资料，提高了试验中信息化管理水平。学院有 3 本教材批准为教育部"十二五"规划教材，11 本教材批准为农业部"十二五规划"教材；发表教改论文 1 篇。

【举办重要学术会议 1 场】举办了中国畜牧兽医学会动物解剖及组织胚胎学分会第 18 次学术研讨会。有来自世界各地的 40 余名国内外专家、学者参加了会议，进行了广泛而深入的学术交流。

【获教学成果奖】"三结合"协同培养动物科技类人才实践创新能力的研究与实践荣获国家教学成果奖二等奖。

【开展本研共融学术活动 3 场】举办首届"罗清生大讲堂"，第四届"动物健康与卫生"研究生学术论坛等 3 场针对本科生及研究生的学术活动，由获国家奖学金的博士生及硕士生从传染病流行病学、病毒致病基础机理、药物研究开发和中兽医等方面做研究报告，促进学术交流，活跃学术气氛。

（撰稿：盛　馨　审核：范红结）

动物科技学院

【概况】2014 年，按照学校部署，完成动物科技学院基层党组织换届工作，选举产生新一届学院党委委员会和 16 个党支部。获得校园文化建设优秀成果二等奖 1 项、校级最佳党日活动优秀奖 2 项、先进党支部称号 1 个、优秀党员称号 3 人以及学生工作先进单位、工会工作优秀奖。

学院由动物遗传育种与繁殖系、动物营养与饲料科学系、特种经济动物与水产系、实验教学中心（国家级示范）和农业部牛冷冻精液质量监督检验测试中心组成。下设消化道微生物研究室、动物遗传育种研究室、动物营养与饲料研究所、动物繁育研究所、乳牛科学研究所、羊业科学研究所、动物胚胎工程技术中心、《畜牧兽医》编辑部、畜牧兽医分馆和珠江校区畜牧试验站。原草业工程系整建制并入学校新成立的草业学院。在职教职工 101 人，专任教师 75 人。新增教职工 12 人，其中，青年教师 9 人，引进教授人才 1 人。专任教师中，教授 23 名、副教授 22 名、讲师 30 名，博士生导师 21 名、硕士生导师 41 名。拥有国务院政府特殊津贴者 2 人，国家杰出青年科学基金获得者 1 人，国家"973"首席科学家 1 人，国家现代农业产业技术体系岗位科学家 2 人；教育部新世纪人才支持计划获得者 1 人，教育部青年骨干教师资助计划获得者 3 人，江苏省"333"人才工程培养对象 3 人，江苏省高校"青蓝工程"中青年学术带头人 1 人及骨干教师培养计划 2 人，江苏省"六大高峰人才"1 人，江苏省教学名师 1 人，国家优秀教育工作者 1 人，江苏省优秀教育工作者 1 人，江苏省杰出青年科学基金获得者 1 人，南京农业大学"钟山学术新秀"3 人。

学院招收本科生 182 名、硕士 109 名、博士生 27 名。在校本科生 595 名、硕士生 273 名、博士生 82 名。毕业本科生 117 名、硕士生 102 名、博士生 28 名，授予学士学位 115 人、硕士学位 85 人、博士学位 23 人。1 篇博士学位论文入选全国优秀博士学位论文提名论文。本科生获得奖励 36 项，其中国家级 3 项、省级 21 项、市级 12 项。获得专利 1 项；研究生获得校级优秀研究生干部称号 6 人、校长奖学金 1 人、国家奖学金 11 人、金善宝奖学金 1 人、陈裕光奖学金 2 人、大北农励志助学金 4 人、新生学业奖学金硕士 109 人、博士 26

人；教师主持校级教改项目 4 项，发表教改论文 2 篇。动物科学专业本科毕业生读研率 42.76％，就业率 100％。

设有博士后流动站 1 个，畜牧学、水产一级学科博士授权点 2 个，二级学科博士点 5 个、硕士点 5 个，皆为江苏省重点学科。其中，自主设置动物生产学和动物生物工程 2 个二级学科博士点。

在已有动物源食品生产与安全保障、水产动物营养和家畜胚胎工程 3 个省级实验室平台基础上，新增消化道营养与动物健康省级实验室平台。尚建动物科学类国家级实验教学示范中心 1 个、奶牛生殖工程市级首批开放实验室 1 个、肉羊产业省级工程技术研究中心 1 个、校企共建省级工程中心 2 个、农业部动物生理生化重点实验室（与动物医学院共建）1 个。

发表 SCI 论文 137 篇，居全校第二名。到账纵向科研经费 2631 万元，新增科研项目 44 项，其中，国家自然科学基金 11 项（包括重点项目 1 项）、江苏省自然科学基金 9 项（包括杰出青年科学基金项目 1 项）、江苏省科技支撑计划 1 项、江苏省农业三新工程 1 项、江苏省水产三新工程 1 项、江苏省质量技术监督局农业行业标准制定项目 1 项、江苏省农业自主创新项目 1 项、基本科研业务费自主创新项目 3 项、基本科研业务费青年项目 3 项、基本科研业务费人才引进项目 3 项以及横向合作项目 10 项。

获得国家教育教学成果奖二等奖 1 项、实用新型专利 3 项、发明专利 2 项、软件著作权 1 项、北京市科学技术奖 1 项（第二完成单位）、江苏省科学技术奖二等奖 1 项（第二完成单位）、中华农业科技奖 1 项（第二完成单位）、2014 年度日本繁殖生物学会青年科学家奖 1 人。出版 1 本主编国家级规划教材，2 本主编教材获得国家级规划教材立项，建立学院教材专项建设基金。获批卓越农林人才教育培养计划改革试点专业（复合应用型方向），深化动物科学专业人才培养模式改革。

配合南京农业大学 2014 国际化推进年，提出"争取资源，保障有力，强化交流，走向世界"的工作举措和目标，着力推动学院的国际化进程。主办国际研讨会 1 场，参加国际学术会议 55 人次，邀请国内外专家学者学术报告 26 场。出台《动物科技学院国际英语考试激励管理办法（试行）》，每年划拨 5 万元设立专项资金，激励学生通过 GRE、托福和雅思等英语国际考试，资助学生出国学习。共有 10 名学生出国留学和短期修学，14 人次参加国际会议。此外，主办第八届南京农业大学畜牧兽医学术年会暨《畜牧与兽医》创刊 80 周年庆典，举办青年教师学术沙龙 6 期，参加国内学术会议 63 人次。

【获国家教学成果奖】《"三结合"协同培养动物科技类人才实践创新能力的研究与实践》成果获国家教育教学成果奖二等奖，完成单位为南京农业大学动物科技学院和动物医学院，主要完成人为王恬、范红结、雷治海、杜文兴和刘红林等。

该项成果在国家教育体制改革试点项目与 2 个省级教改项目的研究引领下，在 4 个动物科技类专业中通过修订人才培养方案，整合校内外资源，有机链接各实践环节，探索课程教学与科研训练、与社会实践、与产业实训的"三结合"协同培养学生综合实践创新能力。

【主办国际学术会议】10 月 27～30 日，2014 年"消化道分子微生态"国际研讨会暨第二届中国动物消化道微生物学术研讨会在南京农业大学学术交流中心举行。会议由南京农业大学动物科技学院江苏省消化道营养与动物健康重点实验室及中国畜牧兽医学会动物营养学分会动物消化道微生物专题组主办，浙江大学动物科学学院协办，会议得到了国家自然科学基金委员会、国家外国专家局的资助。来自美国、澳大利亚、丹麦等 10 多个国家和地区的 40 多所高校和研究机构的专家学者和师生代表 238 人参加会议。邀请专家报告 13 个、口头报告 21 个，30 多名国内外专家学者围绕肠道微生物功能、微生物基因组学以及生物信息学在肠道微生物功能研究中的应用做了精彩报告。

（撰稿：孟繁星　审稿：高　峰）

草业学院

【概况】2014 年 2 月底，草业学院正式独立运行，聘任教学秘书和学生辅导员各 1 名，学院主要管理人员到位，本科生和研究生的教学与教育管理实现独立运行。分别组建了党总支委员会、教职工党支部、研究生党支部和本科生党支部以及团总支、工会等相应二级群团组织。组建了院学术委员会、教学指导委员会等学术和教学管理组织。逐步建立和完善学院《党政联席会议制度》，制定《草业学院"三重一大"决策制度实施细则（试行）》、《（草学）学科博士、硕士学位授予标准》，组织编写和完善了《草业学院学生手册》、《草业学院团学组织考核制度》和《草业学院学生组织例会制度》等 10 余项管理制度。

学院现有牧草学研究团队、饲草调制加工与高效利用研究团队、草类生理与分子生物学研究团队、草地生态与草地管理研究团队、草业生物技术育种团队。重点建设有 4 个科研实验室：草地环境工程实验室、草类植物生理生化与分子生物学实验室、牧草学实验室（牧草资源和栽培）和饲草调制加工与贮藏实验室。学院建有饲草调制加工与贮藏研究所。

学院草学学科为江苏省重点学科，有草学博士后流动站、草学一级学科博士和硕士授权点、草业科学本科专业。

现有在校本科生 119 人、硕士生 43 人、博士生 13 人。2014 年招收本科生 41 人（含草业国际班 13 人）、硕士生 21 人、博士生 6 人。毕业本科生 26 人、硕士生 10 人。授予学士学位 26 人、硕士学位 8 人。本科毕业生学位授予率 100%，读研率 46.15%，就业率 96.15%，考取公务员 3 人。

现有在职教职工 27 人，其中专任教师 22 人、管理人员 6 人（其中 1 人兼职）。新增教职工 7 人，其中青年教师 3 人、博士后 1 人、引进人才 1 人（4 月引进，11 月离职），管理人员 2 人。在专任教师中，有教授 5 人、副教授 5 人、讲师 9 人、博士后 3 人；有国家"千人计划"特聘教授 1 人，国家牧草产业技术体系首席科学家 1 人；有博士生导师 5 人、硕士生导师 9 人。有南京农业大学"钟山学术新秀" 1 人、"优秀党务工作者" 1 人、"江苏省高校优秀党务工作者" 1 人、江苏省双创团队 1 个和双创人才 1 人。

发表论文 34 篇，其中 SCI 论文 20 篇、核心期刊论文 14 篇，累计影响因子 53.746。出版外文专著 2 本（英文和日文）。学院教师承担各级科研项目 34 项，总经费 1 532 万元，到账科研经费 766.2 万元。主持科研项目 28 项，新增科研项目 15 项，其中主持国家自然科学青年基金 1 项、中国博士后基金项目 2 项、农业部"948"项目 1 项、教育部博士点基金 1 项、中国科学院科技服务网络计划（STS 计划）项目 1 项、江苏省双创人才项目 2 项、江苏省自然科学基金 1 项、江苏省青年基金项目 3 项、江苏省农业三新工程项目 2 项和江苏省基础研究计划项目 1 项。新获授权专利 1 项（参加）、江苏省科技进步三等奖 1 项（参加）、西藏自治区科学技术奖一等奖 1 项（参加）。

教师主持校级教改项目立项重点项目 1 个、一般项目 1 个。本科生主持"大学生创新创业训练计划"项目 8 项，其中国家级 1 项、省级 1 项、校级 3 项、院级 3 项；1 项国家级大学生创新创业训练计划项目获得校级"SRT 优秀项目"表彰。

学院举办学术报告和沙龙 6 次，邀请国外知名专家来校进行学术交流 4 人次。教师参加国内学术会议 27 人次，做报告 3 人次，受众 600 人，教师在国内组织或刊物任职 19 人次。教师参加国际学术会议 7 人次，做报告 3 人次，受众 650 人，教师在国际组织或刊物任职 5 人次。

本年度学院本科生和研究生共有 69 人次获得各类奖学金，3 人次获得省级表彰，4 人次在南京市文体比赛中获奖，24 人次在学校各种学科比赛、文体比赛中获奖。其中，本科生获校级"2014 届优秀毕业生"9 人、"2014 届本科优秀毕业论文（设计）"一等奖 1 人。硕士研究生获"专业实践考核优秀研究生"荣誉 1 人、"中期考核优秀"1 人。博士研究生获国家建设高水平大学公派研究生出国项目 1 人。

2014 年发展学生预备党员 5 人（4 名本科生、1 名研究生），转正党员 6 人。全院共有教师党员 13 人，学生党员 42 人。共有院级领导干部 3 名。

（撰稿：班　宏　何晓芳　邵星源　审稿：景桂英　高务龙）

无锡渔业学院

【概况】南京农业大学无锡渔业学院（以下简称"渔业学院"）有水产学一级学科博士学位授权点和水生生物学二级学科博士学位授权点各 1 个，有全日制水产养殖、水生生物学共 2 个硕士学位授权点，有专业学位渔业领域硕士学位授权点 1 个，有水产养殖博士后科研流动站 1 个。设有全日制水产养殖学本科专业 1 个，另设有包括水产养殖学专升本在内的各类成人高等教育专业。

渔业学院依托中国水产科学研究院淡水渔业研究中心（以下简称"淡水中心"）建有 1 个农业部淡水渔业与种质资源利用重点实验室、1 个农业部水产品质量安全环境因子风险评估实验室、农业部长江下游渔业资源环境科学观测实验站等 11 个省部级公益性科研机构；是农业部淡水渔业与种质资源利用学科群、国家大宗淡水鱼产业技术体系和国家罗非鱼产业技术体系建设技术依托单位。"中美淡水贝类种质资源保护及利用国际联合实验室"、"中匈鱼类免疫药理学国际联合实验室"2 个国际联合实验室工作进展顺利。完成农业部"淡水渔业与种质资源利用"重点实验室 2013 年度工作总结和年报、2013—2014 年度综合实验室开放课题中期考核，经费全部拨付到位。实施综合性实验室和群内 10 个单位创新能力条件建设，7 个实验室完成初步设计，4 个实验站得到农业部批复，建设总经费 7 600 余万元。发挥国家产业技术研发中心和首席科学家办公室的作用，做好国家大宗淡水鱼、罗非鱼 2 个产业技术体系的管理工作，开展产业技术体系产业调研，提交"十三五"体系调整和新增体系建议，开展体系聘任人员科研活动和经费使用情况检查。推进院国家创新平台和野外科学观测台站建设，中国水产科学研究院"长江特色鱼类工程技术中心"获得命名。

"FAO 水产养殖及内陆渔业研究和培训参考中心"正式挂牌成立，这也是目前 FAO 认定的唯一一家"水产养殖及内陆渔业研究培训参考中心"。《科学养鱼》完成了 12 期的出版发行任务，推荐的作品《"长江 1 号"蟹种池塘生态高效培育技术》荣获江苏省优秀科普作品奖。学院顺利通过 ISO 9000 质量体系再认证审核，与南京农业大学合作办学被认定为产学研合作的优秀典范，并被认定为商务部援外培训基地和首批 8 家江苏省省级渔业教育与培训定点机构之一。

有在职教职工 188 人，其中教授 24 人、副教授 35 人（含博士生导师 6 人，硕士生导师 26 人）；有国家、省有突出贡献中青年专家及享受国务院特殊津贴专家 6 人，农业部农业科研杰出人才及其创新团队 2 个，国家现代产业技术体系首席科学家 2 人，岗位科学家 6 人，中国水产科学研究院（以下简称"水科院"）首席科学家 4 人。

有全日制在校学生 266 人，其中本科生 128 人、硕士研究生 118 人、博士研究生 20。毕业学生 93 人，其中研究生 53 人（博士研究生 5 人、硕士研究生 48 人），本科生 40 人，10 名研究生被评为南京农业大学校级优秀研究生，有 24 名本科毕业生被评为校级和院级优秀毕业生。招生 127 人，本科生 47 人，研究生 45 人（博士研究生 8 人、硕士研究生 37 人），招收与上海海洋大学联合培养研究生 4 人；首次将在职推广硕士的招生范围拓展到整个水科院系统，共录取 31 人。本科生一次性就业率达 100%，研究生总就业率达 73.72%。来自塞拉利昂、厄立特里亚和南非的 3 位留学生圆满完成博士和硕士学业。有外国留学生 8 名（含博士 3 名），其中新招 2 名。博士后流动站共有 5 名博士在站工作。

4 月 15 日，渔业学院召开第六届院务委员会第一次全体会议，南京农业大学校长周光宏、副校长徐翔、水科院院长张显良、人才处处长朱雪梅、淡水渔业研究中心主任徐跑、党委书记戈贤平及联合办学双方相关职能部门负责人等全体院务委员会委员出席了会议，调整了南京农业大学无锡渔业学院院务委员会委员，南京农业大学周光宏校长、水科院张显良院长任主任委员。

2014 年获得 3 项国家自然科学基金项目资助。发表学术论文 185 篇，其中 SCI&EI 期刊收录论文 49 篇，核心期刊论文 76 篇；出版专著 1 部；获授权国家专利 46 项，其中发明专利 32 项；承担科研项目 239 项，合同经费 11 175.09 万元（其中年度新上科研项目 75 项，合同经费 2 207.05 万元）；4 项成果通过中国农学会科技成果评价，省部级科技奖励 8 项。

邀请来渔业学院交流讲学和访问的境外专家 21 批次、159 人次；派出 19 批次、37 人次访问了 16 个国家，赴斯里兰卡和巴西成功执行农业部 2 项国际交流合作项目和 1 项商务部"南南合作"项目；承办国家技术援外培训项目 6 项，培训了来自 36 个国家的 101 名高级渔业技术和管理官员；举办国内技术培训（研修）班 16 期，培训渔业科技、推广技术和管理人员 711 名。

发展学生党员 18 名，其中研究生党员 5 名。贾睿获得南京农业大学"金善宝奖学金"，2 名同学获得"大北农励志助学金"，2 名同学荣获"2013—2014 学年南京农业大学优秀研究生干部"，3 名同学获得南京农业大学国家奖学金，10 名同学荣获"校级优秀研究生"称号。2011 级硕士留学生 H. Michael Habtetsion（厄立特里亚籍）荣获南京农业大学 2013 年度优秀留学生之"品学兼优奖"。

【获批建设"国家农业科技创新与集成示范基地"】该基地是以扬中和南泉科研试验基地为基础，以长江珍稀鱼类繁育、资源养护为主要目标，联合江苏省淡水水产研究所、南京农业大学和江苏省中洋集团公司共同创建，被农业部审定为 100 家"国家农业科技创新与集成示范基地"之一。

【成功培育水产新品种吉富罗非鱼"中威1号"】 11月，培育的吉富罗非鱼"中威1号"通过了全国水产原种和良种审定委员会的审定，成为学院培育的第6个水产新品种。该品种是以2006年从世界渔业中心（World Fish Center）引进的60个家系吉富罗非鱼为选育基础群体，以生长和抗逆为选育指标，采用数量遗传学BLUP分析与家系选育相结合的选育方法，经5代选育而成，具有生长速度快、出池规格整齐和抗病力强等特点。

【新增无锡市有突出贡献中青年专家1人】 刘波副研究员入选"无锡市有突出贡献的中青年专家"。刘波，博士，南京农业大学硕士生导师，淡水中心水产病害与饲料研究室副主任，水科院2011年度"百人计划"人选及2013年度中青年拔尖人才。先后主持国家自然科学基金1项、国际科学基金（IFS）科研项目1项、江苏省自然科学基金项目1项、江苏省三新工程项目1项以及中央级研究所基本科研业务费项目3项。公开发表论文75篇，其中SCI 16篇；获得国家授权发明专利14个；获得江苏省科技进步二等奖1项、中华农业科技三等奖1项、水科院科技进步奖二等奖1项、三等奖2项、无锡市科技进步二等奖2项、三等奖1项。2010年被评为水科院优秀共产党员。2011年评为无锡市深入开展"创先争优"活动先进个人。

（撰稿：狄　瑜　审稿：胡海彦）

生物与环境学部

资源与环境科学学院

【概况】 学院现有教职工137人，其中，教授39人、副教授42人，博士生导师38人、硕士生导师76人。拥有"国家千人计划"专家2人、国家杰出青年科学基金获得者、国家教学名师、全国农业科研杰出人才、中青年科技创新领军人才、全国师德标兵以及国务院学位委员会学科（农业资源与环境）评议组召集人等。有入选教育部新世纪优秀人才计划9人、全国优秀博士论文获得者3人、江苏省特聘教授、"333高层次人才工程"学术领军人才、杰出青年科学基金获得者、中青年学术带头人7人、江苏省"青蓝工程"人才9人及国际学术期刊编委7人。

学院设有农业资源与环境、生态学2个一级学科博士后流动站、拥有农业资源与环境国家一级重点学科、江苏高校优势学科（涵盖土壤学、植物营养学2个国家二级重点学科）和1个"985优势学科创新平台"，2个江苏省重点学科（植物营养学、生态学）、2个校级重点学科（环境科学与工程、海洋生物学）；3个博士学科点、2个博士学位授予点、6个硕士学科点、2个专业硕士学位点和4个本科专业。2014年招收研究生251名（其中博士生52名），本科生179名。

农业资源与环境专业为教育部特色专业，环境工程专业为省品牌专业，环境科学专业为校品牌特色专业；学院教学中心被评为"江苏省实验教学省级示范中心"。拥有植物营养学和生态学2个"国家级优秀教学团队"，"教育部科技创新发展团队"1个，农业部和江苏省

"高等学校优秀科技创新团队" 4 个、"江苏省高校优秀学科梯队" 1 个,"国家工程中心(科技部)" 1 个,"国家地方联合工程中心(国家发展和改革委员会)" 1 个。学院独立设有黄瑞采教授奖学金和多个企业奖助学金,2014 年资助在校生 29.1 万元。

2014 年,农业资源与环境专业获批为首批卓越农林人才教育培养计划试点专业。与南京土壤研究所合作的"资源环境科学菁英班"正式启动,现已经进入稳步实施阶段。学院与江苏中宜生物肥料工程中心有限公司新建农业资源与环境农科教合作人才培养基地。所有在研教改项目顺利进行,并进行了年终考核,发表教学类论文 3 篇。

2014 年,学院获得国家级 SRT 6 项、省级 SRT 2 项、校级 SRT 18 项、院级 SRT 34 项,以本科生为第一作者发表核心期刊论文 2 篇。本科生考研录取率 48%(其中出国升学率 4.1%),CET-4 通过率 91.6%,学位率达到 98.7%,4 篇论文被评为校级优秀论文。另有 2 位同学入选赴美国加州大学戴维斯分校寒假短期交流活动。

2014 年度,以学院教师和研究生作为第一作者和通讯作者发表 SCI 论文 140 篇,其中影响因子大于 5 的论文有 8 篇,论文平均影响因子 2.8;此外,学院相关团队与国内外高校和科研机构合作发表多篇高质量论文,如 *PLOS Biology*、*Trends in Plant Science*、*Plant Physiology* 等。国际交流方面,聘任荷兰乌特勒支大学 Alexandre Jousset 博士为学院外籍客座教授。Alexandre Jousset 博士主要从事土壤微生物生态相关工作,在 *Nature Climate Change*(IF 14.5)、*Nature Communications*(IF 10.0)、*Ecology Letters*(IF 17.9)、*ISME Journal*(IF 8.9)等高影响因子期刊发表 28 篇。邀请 40 多名国际知名的同行专家到学院访问、讲学,派遣 4 名青年教师出国进修、6 名研究生赴国外留学、10 余人次参加国际会议。有 10 多位教授应邀参加国际学术大会并做大会口头报告,成功举办了第四届土壤微生物区系与农业可持续发展国际研讨会(International Workshop "Exploiting the Soil Microbiome for Agricultural Sustainability")和第四届国际菊芋研讨会(The 4th International Symposium on Jerusalem Artichoke),举办学术报告 30 多场等。

【科技成果获奖】2014 年作为第一完成单位获得教育部技术进步一等奖、二等奖各 1 项,江苏省科技奖(基础类)一等奖 1 项。承担着一批国家和地方部门的重大科研项目,年到位科研经费(含纵向和横向)近 6 000 万元。沈其荣教授牵头申报的"作物高产高效的土壤微生物区系特征及其调控"获得"973"项目立项资助。

江苏省优势学科"农业资源与环境"建设工程一期项目以优异成绩通过评估验收,并入围二期立项项目连续建设,获得 500 万元/年的 A 等资助。

【人才新创佳绩】胡水金教授长期从事植物—土壤微生物相互作用、土壤碳氮转化生态过程及其对全球环境变化的响应研究,曾获得美国植物病理学会杰出青年科学家奖(William Boright Hewitt & Maybelle Hewitt Award)和中国国家自然科学基金委员会海外杰青等重要奖项,在 *Science*、*Nature* 等国际学术权威期刊发表论文 3 篇。2014 年,胡水金教授入选"千人计划"创新人才长期项目。

徐阳春教授领衔的团队获得江苏省 2014 年度"青蓝工程"科技创新团队称号。李荣获得江苏省 2014 年度"青蓝工程"骨干教师称号。

【教学成果丰硕】沈其荣教授主讲的有机肥与土壤微生物以及胡水金教授主讲的高级生态学入选"2014 年江苏高校省级英语授课精品课程"。

【获教育部高校校园文化建设优秀成果一等奖】学院的"践行生态文明,助力青年成才——

'保护母亲河—秦淮环保行'"社会实践活动获教育部第七届高校校园文化建设优秀成果一等奖，获江苏省大学生志愿者千乡万村环保科普行动优秀组织单位、优秀社团等多项荣誉称号。

（撰稿：巢　玲　审稿：徐国华）

生命科学学院

【概况】生命科学学院现下设生物化学与分子生物学系、微生物学系、植物学系、植物生物学系、动物生物学系和生命科学实验中心。植物学和微生物学为农业部重点学科，植物学同时是江苏省优势学科平台组成学科，生物化学与分子生物学是校级重点学科。现拥有农业部农业环境微生物重点实验室、江苏省农业环境微生物修复与利用工程技术研究中心、江苏省杂草防治工程技术研究中心和国家级农业生物学虚拟仿真实验教学中心。现有生物学一级学科博士、硕士学位授予点，植物学、微生物学、生物化学与分子生物学、动物学、细胞生物学、发育生物学和生物技术7个二级博士授权点。拥有国家理科基础科学研究与教学人才培养基地（生物学专业点）和国家生命科学与技术人才培养基地、生物科学（国家特色专业）和生物技术（江苏省品牌专业）2个本科专业。

现有教职工124人（2014年新增6人），其中，专任教师88人，93%具有博士学位。其中教授32人（2014年新增1人）、副教授及副高职称者33人（2014年新增3人）、讲师28人（2014年新增0人）、博士生导师32人（2014年新增4人）、硕士生导师26人（2014年新增1人）。

目前，学院教师中2人为国家杰出青年科学基金获得者，1人荣获"国家教学名师"称号，1人入选新世纪百万人才工程，1人为教育部高校青年教师奖和江苏省青年科技将获得者，6人为教育部新世纪优秀人才，6人为国家优秀青年基金获得者，1人为国家优秀青年基金获得者，1人为江苏省（杰出）青年岗位能手，11人次入选江苏省高校"青蓝工程"（2014年新增1人），6人次入选江苏省"333高层次培养工程"，6人入选校"钟山学术新秀"。

学院招收博士研究生35人、硕士研究生158人、本科生180人，毕业本科生190人、研究生235人。2014届本科毕业生年终就业率为97.37%，研究生年终就业率94.47%。

国家级农业生物学虚拟仿真实验教学中心已建成农业生物学虚拟仿真实验教学信息管理平台，设有数字大厅、虚拟实验室、教学资源、仪器管理、师生互动、成绩评定、成果展示、选课和考勤等12个子系统，并在植物学、动物学和生物学野外实习等课程中建设系列虚拟仿真教学资源。

2014年新立项国家自然科学基金23项，数量并列全校第一，经费1 348万元；新增省部级以上项目19项，立项总经费847万元。2014年到账科研经费1 808万元。发表SCI论文63篇，其中影响因子5以上的论文8篇。截至2014年11月，学院教师共参与发表了Essential Science Indicators中的Highly Cited Papers（高被引论文）11篇，占全校50篇的22%。

2004—2014年，学院教师参与发表SCI论文900余篇，占全校论文数量的5.5%；被引13 700多次，约占全校被引次数的17%，为学校4个学科群进入ESI前1%做出重要贡献。

开设高级微生物学、细胞生物学、现代生物化学和现代植物生理学 4 门研究生全英文课程。承担农业与生命科学博士生创新中心的博士生技能培训工作。利用国家基础科学人才培养基金人才培养支撑条件建设项目新建生物信息学实验室并完成相关设施配置；利用科研训练及科研能力提高项目设立科研训练项目子课题 37 个。江苏省研究生创新培养工程项目评选中，8 个项目获得科研创新计划立项资助、2 个项目获得科研创新计划立项，2 个项目获得科研实践计划立项，1 篇获江苏省优秀硕士学位论文。本科教学工作突出，连续 7 年获得教学工作先进单位。学院教师发表教育教学论文 9 篇。积极组织各类学术活动，邀请欧美、日本等地著名教授来院访问。全年组织学术报告 35 场。

以"生命科学节"为载体，鼓励学生积极参与科研科普活动，成功举办第三期科普调研计划等活动。与江苏省植物生理学学会合作成功举办"餐桌上的食品安检"第三届国际植物日科普宣传活动，得到南京日报等 10 余家媒体报道。牵头组织南京大学等学校"校园开放日"活动，促进校际交流。举办"四海韵　九州情"班级合唱比赛、主持人大赛等活动。引导学生投身社会实践与志愿服务，参与学生近 1 000 人次，受众达近万人，媒体报道 40 余篇；近 30 人获校"社会实践先进个人"、"优秀志愿者"称号；理科基地党支部获校"先进基层党组织党支部"；本科生二支部获南京农业大学"最佳党日活动"二等奖；刘文华、李佳乐同学荣获校优秀共产党员；生命基地 111 班团支部获学校"优秀团支部标兵"，赵超然、唐瑞敏获学校"优秀团员标兵"。学院连续 4 年获得学生工作先进单位，学院连续 7 年获太极拳比赛一等奖，体育大会总分第一名、男女团体第四名等成绩，校第四十二届运动会优秀组织奖。

【实施"生命科学菁英班"】 全力推进以基地班为依托的"生命科学菁英班建设"，中国科学院上海生命科学研究院的研究员来校完成"生命科学研究进展"课程 24 学时的教学任务。

【学生参与国际交流及比赛】 田蔓楠等 6 名学生，参加 2014 年 2 月 12～22 日在马来西亚召开的 The 4th International Agricultural Students Symposium，6 名学生均做大会报告。首次选派本科生代表赴美国参加国际基因工程机械大赛（iGEM），在 40 多个国家的 245 支队伍的激烈角逐中喜获全球银奖。

（撰稿：赵　静　审稿：李阿特）

理学院

【概况】 理学院现有数学系、物理系和化学系 3 个系，设有学术委员会、教学指导委员会等，建有江苏省农药学重点实验室，设有化学教学实验中心、物理教学实验中心 2 个江苏省基础课实验教学示范中心及 1 个同位素科学研究实验平台。学院拥有 1 个博士学科点：生物物理学；新增 1 个博士学科点：天然产物化学；硕士一级授权点 2 个：数学和化学，二级授权点 3 个：生物物理学、应用化学和化学工程；2 个本科专业：信息与计算科学、应用化学。

2014 年招收本科生 133 人、硕士研究生 25 人；毕业本科生 117 人、硕士研究生 26 人。2014 届本科生一次就业率 83.76%，研究生一次就业率 84.62%。2014 年有 5 人获南京农业大学优秀硕士毕业生。

现有教职工 83 人，其中，教授 9 人、副教授 29 人（2014 年晋升 3 人），博士生导师 5

人、硕士生导师 18 人。2014 年入选江苏省"青蓝工程"学术带头人（第二层次）培养对象 1 人。

2014 年理学院科研经费到账 564 万元，新增国家自然基金项目 4 个、江苏省自然基金项目 3 个。2014 年发表 SCI 收录论文 52 篇。

理学院积极推进国际交流与合作。举办国际学术研讨会 1 次。教师交流出访 2 人次。2014 年 5 月 7～8 日，理学院在教学楼 B410 举办"生物学动力系统的数值方法"国际学术研讨会。

理学院组织了 2014 年"理光杯"化学实验竞赛暨"江苏省第三届大学生化学化工实验竞赛"校内选拔赛。选拔优秀学生参加在南京理工大学举办的"江苏省第三届大学生化学化工实验竞赛"，学校学生取得优异成绩：一等奖 1 人，三等奖 1 人，优胜奖 1 人（南京大学、东南大学等 46 所高校参加，一等奖比例仅为 10%）。理学院组队参加了"江苏省第十二届高等数学竞赛"并取得优异成绩：一等奖 17 人、二等奖 14 人、三等奖 22 人。积极鼓励学生参加全国大学生数学建模竞赛、网络杯数学建模比赛，获得第七届"认证杯"数学中国数学建模网络挑战赛比赛二等奖 3 人次、三等奖 23 人次及优秀奖共计 70 人次。

魏良淑老师在省教育科技工会、省教育厅组织的全省本科高校青年教师教学竞赛中获得二等奖。

（撰稿：柳心安　审稿：程正芳）

食品与工程学部

食品科技学院

【概况】学院目前拥有博士学位食品科学与工程一级学科授予权，1 个博士后流动站，1 个国家重点（培育）学科，1 个江苏省一级学科重点学科，1 个江苏省优势学科，1 个江苏省二级学科重点学科，2 个校级重点学科，4 个博士点，5 个硕士点。拥有 1 个国家工程技术研究中心，1 个中美联合研究中心，1 个农业部重点实验室，1 个农业部农产品风险评估实验室，1 个农业部检测中心，1 个教育部重点开放实验室，1 个江苏省工程技术中心，8 个校级研究室。拥有 1 个省级实验教学示范中心，2 个院级教学实验中心（包括 8 个基础实验室和 3 个食品加工中试工厂）。学院下设食品科学与工程、生物工程、食品质量与安全 3 个系，下设的食品科学与工程、生物工程、食品质量与安全 3 个本科专业，分别是国家级、省级特色专业。

现有教职工 92 名，其中教授 22 人、副教授 21 人，博士生导师 22 人、硕士生导师 40 人，具有博士、硕士学位的教职工占 90% 以上。2014 年，选留国内外优秀博士 5 名，新增教授 1 名、副教授 2 名、硕士生导师 2 人。1 人入选第一批江苏省"外专百人计划"；1 人入选江苏省"青蓝工程"中青年学术带头人培养；1 人入选江苏省"双创博士"，有 2 名教师出国进修，2 名教师获国家公派教师全额奖学金资助出国留学项目；1 名青年教师基层挂职回校，1 名青年教师深入基层挂职锻炼；参加国内外学术交流会议 50 余人次。

全日制在校本科生 747 人，2014 届本科毕业生毕业论文优良率达 98.4%，CET 累计通过率 93.75%，平均 GPA 3.122，学位授予率 94.71%。全年学生共发表论文 15 篇，其中第一作者 5 篇；省级以上各类竞赛获奖 25 项、30 人次。

2014 年，学院在博士生招生工作中试行了"申请审核制"。同时，修订编写了食品科学与工程、轻工技术与工程 2 个学科的博士、硕士学位授予标准，有 3 门课程入选校级一期全英文课程建设项目。

共招收博士生 29 人、全日制硕士生 124 人、在职专业学位研究生 23 人（含工程硕士和推广硕士），留学生 4 名。有 24 人被授予博士学位，72 人被授予硕士学位，44 人被授予专业硕士学位（其中工程硕士 32 人、农业推广硕士 12 人），研究生就业率达到 90% 以上。获江苏省普通高校研究生科研创新计划 7 项、专业学位研究生科研实践计划 3 项，新增江苏省研究生企业工作站 3 个，2 名硕士研究生获校长奖学金。

《畜产品加工学（第二版）》（主编周光宏）教材入选第二批"十二五"普通高等教育本科国家级规划教材；7 部教材入选农业部"十二五"规划教材；此外出版教材 3 部；新增国家级 SRT 项目 5 个、省级 SRT 项目 2 个、校级 SRT 计划 24 个；结题国家级项目 5 个、省级项目 3 个、校级 28 个。学院在研校级教改项目 4 个，其中校级重点项目 1 个、发表教改论文 2 篇、2 个校级创新性实验教学项目顺利结题。

完成了"农业部肉及肉制品质量安全监督检验测试中心（南京）"面积约 3 500 米^2 的实验室土建改造以及仪器设备的安装与调试，新增大型设备 20 余台套，招聘专职检测人员 8 人，同时构建了肉及肉制品质检中心的管理体系。启动"农业部农产品贮藏保鲜质量安全风险评估实验室（南京）"建设工作。

由学院牵头申报的江苏省高校肉类生产及加工质量安全控制协同创新中心获得省级认定。

新增科研项目 30 个，纵向到位科研经费 2 623 万元，横向到位科研经费 246 余万元；在国内外学术期刊上发表论文 230 余篇，其中 SCI 收录 123 篇。授权专利 30 项。荣获中国食品工业协会科学技术奖特等奖 1 项，江苏省科技进步三等奖 1 项；以第二、第三完成单位获部省级科技进步奖 5 项；获中国国际工业博览会高校展区特等奖 1 项；获中国畜产品加工研究会科技进步一等奖 1 项、二等奖 1 项。

组织召开了第十二届中国肉类科技大会、第五届中国乳品科技大会。结合"高等学校学科创新引智计划"接受来自美国、澳大利亚国外学者、合作研究人员 50 余人，举办了 40 余场学术报告会，有 10 多位专家赴国外参加国际学术会议和学术访问，参加国内外学术会议人数 120 余人次。

荣获各项科研奖励 9 项，由屠康教授主持的"典型特色果蔬贮运及加工关键技术开发与应用"项目荣获中国食品工业协会科学技术奖特等奖以及江苏省科技进步三等奖；彭增起教授主持的"传统禽肉制品现代化加工技术研究"项目获中国畜产品加工研究会科技贡献奖一等奖，章建浩教授主持的"蛋制品纳米涂膜保鲜包装新材料新工艺新装备研究及应用开发"项目获中国畜产品加工研究会科技贡献奖二等奖。

荣获各类文体类奖励 6 项，童菲老师代表学校参加在江苏省工委在宁高校"中国梦—劳动美为人师表立德树人"演讲比赛获得一等奖。

【食品科学与工程专业入选卓越农林人才教育培养计划改革试点项目】 2014 年 10 月，食品科学与工程专业入选第一批"复合应用型"卓越农林人才教育培养计划改革试点项目。

【召开中国畜产品加工科技大会暨中国畜产品加工研究会成立 30 周年年会】 2014 年 10 月 24~26 日，中国畜产品加工科技大会暨中国畜产品加工研究会成立 30 周年年会在南京农业大学召开。本次大会由中国畜产品加工研究会和南京农业大学联合主办，国家肉品质量安全控制工程技术研究中心承办，来自全国各地的高校、科研院所和企业代表 600 余人参加了本次会议。

【创业计划竞赛项目获得"创青春"全国大学生创业大赛金银奖】 2014 年 10 月 31 日至 11 月 4 日，由共青团中央、教育部、人力资源和社会保障部、中国科学技术协会、中华全国学生联合会、湖北省人民政府主办，工业和信息化部、国务院国有资产监督管理委员会、中华全国工商业联合会支持的 2014 年"创青春"全国大学生创业大赛在湖北武汉举行。食品科技学院学生参加的 2 个团队全部进入终审决赛并最终获得 1 金 1 银优异成绩。

（撰稿人：童 菲 审稿人：屠 康）

工学院

【概况】 工学院位于南京农业大学浦口校区，北邻老山风景区，南靠长江，占地面积 47.52 公顷，校舍总面积 15.57 万米^2（其中教学科研用房 5.70 万米^2、学生生活用房 5.96 万米^2、教职工宿舍 2.31 万米^2、行政办公用房 1.6 万米^2），图书馆建筑面积 1.13 万米^2，馆藏 36.67 万册。

工学院设有党委办公室、院长办公室、人事处、纪委办公室（监察室）、工会、计划财务处、教务处、学生工作处（团委）、图书馆、总务处、农业机械化系·交通与车辆工程系、机械工程系、管理工程系、电气工程系、基础课部和培训部。

工学院具有博士后、博士、硕士、本科等多层次多规格人才培养体系。设有农业工程一级学科博士学位授予权点；农业工程、机械工程、管理科学与工程 3 个一级学科硕士学位授予权和检测技术与自动化装置等 9 个硕士学位授权点；农业工程、机械工程、物流工程和农业推广 4 个专业学位授予权；农业机械化及其自动化、交通运输、车辆工程、机械设计制造及其自动化、材料成型与控制工程、工业设计、自动化、电子信息科学与技术、农业电气化、工程管理、工业工程和物流工程 12 个本科专业。

在编教职员工 404 人，专任教师 235 人（其专任教师中教授 16 人、副教授 74 人，具有博士学位的 92 人），入选"青蓝工程"1 人，入选青年骨干项目 1 人。出国进修教师 4 人，在职攻读博士学位 4 人。有离退休人员 305 人，其中离休干部 6 人、退休 292 人、内退 2 人、家属工 5 人。

全日制在校本科学生 5 321 人（其中管理学 204 人），硕士研究生 230 人（其中外国留学生 1 人），博士研究生 81 人（其中外国留学生 10 人），专业学位研究生 65 人，成教、网教等学生 863 人。2014 年，招生 1 585 人（其中本科生 1 460 人、硕士研究生 112 人、博士研究生 13 人）；毕业学生 1 356 人（其中本科生 1 242 人、硕士研究生 98 人、博士研究生 16 人），本科生就业率 97.99%（保研 66 人、考研录取 113 人、就业 1 010 人以及出国 28 人）。

学院获得科研经费 1 140.59 万元，其中纵向项目 952.88 万元，含国家科技支撑计划项目 133 万元、国家自然科学基金项目 175.7 万元、江苏省自然科学基金项目 120 万元、江苏省农机三新工程项目 30 万元和江苏省产学研合作项目 105 万元、中央高校基本科研业务费

101.08万元（其中自然类20万元、人文社会科学基金项目81.08万元）等；横向项目187.71万元。

学院专利授权64项，其中发明专利3件，实用新型专利61件；出版科普教材15部；发表学术论文255篇，其中南京农业大学认定的核心及以上217篇，SCI/EI/ISTP/SSCI等收录92篇。

学院立项资助23项学生课外科技竞赛，投入经费70万元，组织学生代表学校参加全国大学生方程式赛车大赛、机器人大赛、嵌入式物联网、模拟沙盘竞赛等国家级、省部级比赛。共获得国家级奖项71项、省级奖项123项，获奖人次335人，其中多恩创业团队获"创青春"全国大学生创业大赛金奖，并在广州股权交易中心青年大学生创业板挂牌。青奥会服务期间，学院61名青奥志愿者获得了校团委和青奥组委会的嘉奖。

【获江苏省科技进步奖三等奖一项】朱思洪教授课题组研究成果"全架式大功率拖拉机关键技术及产业化"获得江苏省科技进步奖三等奖。该项目是由南京农业大学和徐州凯尔农业装备股份有限公司在农业部"948"项目和江苏省重大科技成果转化项目的资助下，从2006年开始进行研究的。项目实施7年多来，先后获得授权专利17项，其中发明专利4项；形成博士论文4篇、硕士论文8篇，发表研究论文60篇，其中EI收录35篇。项目关键技术广泛应用于徐州凯尔农业装备股份有限公司生产的大功率拖拉机KAT1004、KA4354等系列产品。项目关键技术的掌握与应用，打破了发达国家对大功率拖拉机核心技术的长期垄断，实现了我国大功率拖拉机从完全依赖进口到出口参与国际市场竞争的跨越。

【积极开展国际交流合作工作】与英国考文垂大学建立校际合作关系，开展"2+2"、"3+1"本科生以及"4+1"研究生留学项目，落实交换生项目；与法国梅斯国立工程师学院建立校际合作关系，开展"3+1+2"本硕双学位项目，成立了"3+2"中法工程师班，开展了"Digital Farm"交换生项目，9月双方互派2名学生到对方学校交换学习。2014年学院共有32名学生参与学院留学项目。包括美国加州大学戴维斯分校暑期访学项目、哥伦比亚大学英语学分项目、英国考文垂大学联合培养项目、法国梅斯国立工程师学院交换生项目、日本宫崎大学交换生项目、日本同志社大学奖学金项目以及韩国庆北大学交换生项目等。邀请海外高校项目负责人及专家等，开设各类留学讲座20多场，包括留学宣讲会、海外升学就业宣讲会、海外访学经验分享会和签证讲解会等。丁为民教授申报的"基于激光传感器的果园风送式变量喷雾机关键技术的研究"，李骅副教授申报的"农村生物质综合利用途径、技术"2个项目获批2014年度重点聘专项目。

【组织召开《汽车拖拉机学实验指导（第二版）》重点教材审定会】11月6日，经江苏省教育厅授权，学院组织相关专家在图书馆310会议室召开《汽车拖拉机学实验指导（第二版）》重点教材审定会。《汽车拖拉机学实验指导（第二版）》与农业部"十二五"规划教材《汽车拖拉机学》配套使用，以满足现代社会对农业工程类人才较高实践创新能力的要求。

【两部教材被农业部中华农业科教基金会评选为优秀教材】丁为民教授主编的《农业机械学》（第二版）、鲁植雄教授主编的《汽车拖拉机学（第三册：电气与电子设备）》（第二版）被农业部中华农业科教基金会评选为优秀教材。

（撰稿：陈海林　审稿：李　骅）

信息科技学院

【概况】学院设有 2 个系、3 个研究机构和 1 个省级教学实验中心。拥有 1 个二级学科博士学位授予权点（信息资源管理）、2 个一级学科硕士学位授予权点（计算机科学与技术、图书情报与档案管理）。专业学位方面，具有农业硕士农业信息化领域的授权和图书情报专业硕士授予权。3 个本科专业（计算机科学与技术、网络工程、信息管理与信息系统）。二级学科情报学硕士点为校级重点学科，信息管理与信息系统本科专业为省级特色专业。计算机科学与技术本科专业为校级特色专业，同时为江苏省卓越工程师培养计划专业。

现有在职教职工 52 人，其中，专任教师 41 人、管理人员 5 人、教辅人员 6 人。在专任教师中，有教授 7 人（含博士生导师 5 人）、副教授 24 人、讲师 10 人；江苏省"333 工程"培养对象 2 人，江苏省"青蓝工程"培养对象 3 人，南京农业大学"钟山学术新秀"3 人，教育部专业教学指导委员会委员 1 人。外聘教授 5 人、院外兼职硕士生导师 6 人。

全日制在校学生 762 人，其中，本科生 683 人、硕士研究生 75 人（1 名留学硕士生）、博士研究生 4 人。另有研究生学位教育学生 40 人。毕业学生 240 人，其中，硕士研究生 40 人、研究生学位教育学生 1 人、本科生 199 人。招生 208 人，其中，研究生 34 人（博士研究生 2 人、硕士研究生 29 人、研究生学位教育学生 3 人），本科生 174 人。本科生总就业率 97.6%，研究生总就业率 97.5%。

教师发表核心刊论文 52 篇，其中，SSCI 1 篇、SCI 3 篇、EI 4 篇，一类核心刊论文 13 篇，出版专著 1 部。成功申报科研项目 11 个（其中，国家自然科学基金 1 个、国家社会科学基金 2 个），到账科研经费 210 万元，立项科研经费 230 万元。1 项发明专利被国家知识产权局受理。

获第九届江苏省高校哲学社会科学研究优秀成果三等奖、江苏省第十三届哲学社会科学优秀成果三等奖各 1 项，软件著作权 3 项。在研省级教学改革项目 1 个、校级教学改革项目 6 个，校级精品资源共享课程在建 8 门。发表教学研究论文 28 篇，其中教育教学核心类期刊 8 篇。

新增大学生创新创业训练计划国家级项目 3 个、省级项目 2 个、校级创新项目 16 个、校级创业项目 1 个、6 项专业竞赛。创新性研究项目结项 23 个，国家级 SRT 结项 2 个，省级 SRT 结项 3 个。

本科生发表论文 19 篇，获得校级以上奖励 200 余人次，"蓝桥杯"全国软件设计大赛获得二等奖和三等奖各 1 项，全国计算机大赛获得三等奖 1 项。研究生发表核心期刊论文 13 篇。邀请来学院学术交流、讲学的国内外专家 7 人次，举办了东莞图书馆业务骨干培训班。院党委进行了换届选举。

【学校客座教授比利时计量学家 Ronald Rousseau 先生来校讲学】2014 年 11 月 10～19 日，学校客座教授、比利时计量学家、国际科学计量学与信息计量学大会主席 Ronald Rousseau 教授，为我院研究生做了"知识融合与扩散"系列讲座。期间，学院教师与学生就各自的研究主题与 Ronald Rousseau 教授进行了探讨。

【首获省级企业研究生工作站】江苏省教育厅、江苏省科学技术厅联合下发苏教研〔2014〕9 号《省教育厅省科技厅关于公布 2014 年第二批江苏省研究生工作站名单的通知》文件，信息科技学院首获省级企业研究生工作站 1 个，即国睿集团有限公司工作站。

（撰稿：汤亚芬　审核：黄水清）

人文社会科学学部

经济管理学院

【概况】学院有农业经济学系、贸易经济系、管理学系 3 个学系，1 个博士后流动站、2 个一级学科博士学位授权点、3 个一级学科硕士学位授权点、4 个专业学位硕士点、5 个本科专业，其中农业经济管理是国家重点学科，农林经济管理是江苏省一级重点学科、江苏省优势学科，农村发展是江苏省重点学科。

现有教职员工 73 人，其中教授 20 人、副教授 23 人、讲师 17 人，博士生导师 18 人、硕士生导师人 20 人。2014 年学院新增教授 2 人、讲师 1 人，新增省教育厅高校"青蓝工程"中青年学术带头人培养对象 1 人，省教育厅高校"青蓝工程"优秀青年骨干教师培养对象 1 人，省人才工作领导小组"双创人才"资助对象 1 人，教育部海外名师项目 1 人，国家外国专家局高端外国专家项目 1 人。

现有在校本科生 922 人、博士研究生 90 人、学术型硕士研究生 176 人、各类专业学位研究生 482 人、留学生 20 余人。本科生年终就业率达 99%，研究生年终就业率达 97%。

2014 年，学院到账科研总经费 1 248 万元：其中纵向经费 924 万元，横向经费 324 万元。新增国家社会科学基金重大项目 2 项，学院累计获得国家社会科学基金重大项目 9 项。在研国家级项目 33 项，其中国家社会科学重大 7 项、国家自然科学基金 26 项。新增纵向科研项目 48 项，其中国家级 11 项：国家社会科学重大 2 项、国家自然科学基金项目 8 项、国家软科学项目 1 项；国际合作项目 1 项；江苏省社会科学基金项目 2 项；农业部软科学项目 1 项；江苏省软科学项目 1 项；省教育厅项目 4 项；省社科联项目 3 项；校级人文社科基金项目 25 项，纵向立项科研总经费 992.4 万元。新增横向合作签订合同 17 项，合同金额 269.3 万元。

第一作者单位或通讯作者学术论文 107 篇，其中 SCI/SSCI/EI 10 篇，人文社科核心一类 30 篇、二类 30 篇。先后获得各类成果奖励 6 项，其中江苏省哲学社会科学优秀成果一等奖 1 项、二等奖 1 项、三等奖 1 项；江苏高校哲学社会科学优秀成果二等奖 1 项、三等奖 1 项；江苏省"社科应用研究精品工程"奖 1 项；先后有 7 项研究成果获得国家、江苏省领导批示。

2014 年，《农业经济学（第五版）》、《电子商务概论（第三版）》2 部教材入选教育部"十二五"普通高等教育本科国家级规划教材；《电子商务概论（第三版）》教材入选江苏省高等学校重点教材、入选中国农科教基金优秀教材；《中国农业政策案例分析》新编教材按计划完成已交付出版社；"全国高等学校农业经济管理类本科教学改革与质量建设项目"获得教育部农林经济管理教指委一等奖；"农林经济管理"专业获教育部第一批卓越农林人才教育培养改革试点项目——拔尖创新型；"南京鹏岛现代农业发展有限公司八卦洲实践教学基地"获得校级重点基地立项建设；"农业经济管理类"省级重点专业在中期检查中获得优秀；学院荣获 2014 年度考核优秀单位与本科教学管理先进单位。在全校范围内率先启动农业经济管理专业研究生全英文课程体系建设，高级宏观经济学、高级微观经济学、高级计量经济学和应用经济学研究方法论首批 4 门课程已启动校级立项建设。召开农林经济管理本一硕跨学科复合型人才培养模式研讨会，2014 年 7 月 9 日至 9 月 14 日成功举办"农林经济管理跨学科人才培养夏令营"。

获得省级优秀本科优秀论文二等奖 1 人；获得校级优秀本科论文一等奖 3 人、二等奖 3 人；新增大学生创新训练项目 26 项，其中，国家级 8 项、省级 3 项、校级 15 项；全年共有 19 名本科生出国留学深造；获得江苏省优秀硕士论文 1 人；3 位博士生和 3 位硕士生的科研项目入选江苏省 2014 年度普通高校研究生科研创新计划。

学院邀请国内外专家、学者举办 30 场学术报告，报告人包括农业部农村经济体制与经营管理司司长张红宇、国家食品药品监管总局法制司司长徐景和、《农业经济问题》杂志社社长李玉勤、国际食物政策研究所研究员李曼以及来自美国、澳大利亚、丹麦、日本、韩国、巴西等高校的知名专家教授。

2014 年暑期，学院组织策划了"城镇化进程中的农民身份认同"大型社会实践活动，学生奔赴全国 22 个省（直辖市）、95 个县（区）、489 个行政村、3 385 个农户，完成 234 篇调研报告，累计近百万字，选取 50 篇优秀调研报告整理出版报告文集，1 个团队入选团中央圆梦中国百强重点团队。

【设立农村经济与社会管理方向专业硕士学位（大学生"村官"班)】学院积极筹备农业推广农村经济与社会管理方向专业硕士学位（大学生"村官"班）。

【省优势学科一期验收评价优秀】2014 年 5 月 6 日，江苏省人民政府办公厅文件（苏政办发〔2014〕37 号），江苏省优势学科建设工程一期项目《农林经济管理》顺利通过江苏省教育厅考核验收，验收结果为优秀；该学科再次成功申报入选江苏省优势学科建设工程二期项目，有力地助推了该学科的建设与发展。

【举办粮食安全与农村发展国际学术研讨会】2014 年 10 月 18～20 日，2014 年粮食安全与农村发展国际学术研讨会在南京农业大学举行，来自澳大利亚、美国、德国、荷兰、丹麦、日本和韩国等 15 个国家和地区，世界银行、国际食物政策研究所、联合国粮农组织、康奈尔大学、普渡大学、哥廷根大学、瓦赫宁根大学、哥本哈根大学、京都大学、高丽大学、香港科技大学、中国农业大学、中国人民大学、浙江大学、中国科学院、中国社会科学院和中国农业科学院等 40 多所国内外高校和研究机构的专家学者和师生代表 200 余人汇聚南京农业大学，共同探讨粮食安全与农村发展的前沿问题与创新理念。

【参加全国大学生微公益大赛】南京农业大学经济管理学院学生社会实践团队——"圆梦三农"梦想基金团队在由团中央学校部、中国扶贫基金会和新浪微博主办的 2014 年"圆梦中国 公益我先行"暑期社会实践专项活动暨第二届全国大学生微公益大赛评选中，荣获先进团队。

（撰稿：韦雯沁 审稿：胡 浩）

公共管理学院

【概况】学院有公共管理一级学科博士学位授权，设有土地资源管理、行政管理、教育经济与管理、劳动与社会保障 4 个博士点，土地资源管理、行政管理、教育经济与管理、劳动与社会保障、地图学与地理信息系统、人口·资源与环境经济学 6 个硕士点和公共管理专业学位点（MPA），土地资源管理、行政管理、人文地理与城乡规划管理（资源环境与城乡规划管理）、人力资源管理、劳动与社会保障 5 个本科专业。土地资源管理为国家重点学科和国家特色专业，2013 年公共管理学科综合训练中心被立项为省级实验教学与实践教育中心。

设有土地管理、资源环境与城乡规划、行政管理、人力资源与社会保障 4 个系。设有农村土地资源利用与整治国家地方联合工程中心、中国土地问题研究中心·智库、中荷土地规划与地籍发展中心、公共政策研究所、统筹城乡发展与土地管理创新研究基地等研究机构和基地，并与经济管理学院共建江苏省农村发展与土地政策重点研究基地。

在职教职工 81 人，其中专任教师 67 人、管理人员 14 人。在专任教师中，有教授 18 人、副教授 32 人、讲师 17 人，博士生导师 19 人、硕士生导师 31 人，另有国内外荣誉和兼职教授 26 人。学院有 1 人获得国家杰出青年科学基金，1 人获得国家优秀青年科学基金，1 人获教育部青年教师奖，4 人入选教育部"新世纪优秀人才支持计划"。6 人入选江苏省"333"人才培养对象，7 人入选江苏省普通高校"青蓝工程"项目，1 人获得学校"钟山学者"项目资助。

2014 年晋升教授 1 人、晋升副教授 1 人，引进海内外高水平博士 6 人、青年教师 2 人，聘任兼职教授及研究生导师 3 名，全院目前全、兼职教师共 106 名。本年度共派出 5 到美国、英国等国家进修学习，2 名教师回国。目前已有 11 名教师完成或正在参加英语培训，1 名教师通过国家公派的青年骨干计划，2 名博士研究生公派出国留学。

学院有全日制在校学生 1 613 人，其中本科生 1 050 人，研究生 563 人，有专业学位 MPA 研究生 653 人。毕业学生 285 人，其中研究生 87 人（博士研究生 22 人、硕士研究生 65 人），本科生 198 人，全年毕业专业学位 MPA 26 人。招生 388 人，本科生 279 人、研究生 109 人（硕士 81 人、博士 28 人），全年招收专业学位 MPA 研究生 154 人。本科生年终就业率 95％，研究生就业率达 91.8％。

学院 2014 年新增科研项目 60 余个，其中纵向项目 38 个，包括国家自然科学基金项目 4 项和国家社会科学基金项目 2 项，总计立项经费 889.4 万元，到账经费近 860 万元。获得江苏省第十三届哲学社会科学优秀成果奖一等奖 1 项、二等奖 3 项、三等奖 1 项；江苏高校第九届哲学社会科学优秀成果奖三等奖 3 项；江苏省社会科学应用研究精品工程奖二等奖 3 项；江苏省哲学社会科学界第八届学术大会优秀论文奖一等奖 3 项、二等奖 1 项。出版专著 6 部，在核心期刊发表论文 120 多篇，一类期刊论文 40 余篇，其中 SCI/SSCI 论文 7 篇。学院邹伟教授承担研究项目"江苏农民集中居住研究"，其主要研究成果《推进农民集中居住，促进城乡统筹发展》获得副省长徐鸣批示。

本年度开设了 4 门网络课程，《土地经济学》被列为"十二五"国家级规划教材，《资源与环境经济学》获农业部"中华农业科教基金"2014 年度优秀教材资助，13 本教材入选农业部"十二五"规划教材，2 本教材入选江苏省"十二五"规划教材。2014 年共获得省级教学成果一等奖 1 项，校级教学成果奖特等奖 1 项、二等奖 2 项，并有 3 项创新性实验实践项目获学校立项。学院本科生共有 47 个 SRT 项目获得立项，其中国家级 6 个、省级 3 个、校级 28 个、院级 10 个，全年发表论文 47 篇，省级以上各类竞赛获奖 43 人次。学院研究生共参与 100 多项各级、各类科研项目，6 名博士研究生获省立省助的江苏省科研创新计划，1 名博士研究生获省立校助的江苏省科研创新计划，1 篇博士研究生毕业论文入选省级优秀博士论文。完成公共管理和管理学理论研究方法 2 门全英文课程的立项建设。本年度共举办"钟鼎学术沙龙"26 期，"行知学术论坛"举办了 10 期研究生报告、8 期专家讲座，邀请多名外籍教授为学院学生开设学术讲座 10 余场，"行知学术论坛"还获得学校的研究生精品学术活动立项。6 月 19～20 日，《中国土地科学》编辑部在南京农业大学组织召开了土地科学学科体系研究与建设研究报告第一次研讨会。10 月 11 日，由欧盟资助的 Ask Asia 项目研讨会在学院举行。10 月 26 日，比利时根特大学校长 Anne De Paepe 女士率代表团来华访问，与学院石晓平教授签署了合作备忘录及"国际农村发展"双学位硕士项目联合培养框架性协议。

【举办中英土地管理博士生论坛】9 月 14～15 日，中英土地管理博士生论坛在学院举行。来自英国剑桥大学土地经济系的 7 名博士生和学院土地管理专业的 6 名博士生分别汇报了自己的最新研究进展，两校的教授对博士生的汇报进行了点评和提问。剑桥大学的豪尔赫六世教授和迈克尔奥克斯利教授围绕英国的社会保障房政策、外国投资保护与环境政策为学校师生带来了 2 场精彩的学术报告。

【"国土资源保护与生态法治建设研究基地"在学校公共管理学院揭牌】11 月 20 日，最高人民法院中国应用法学研究所、环境司法研究中心与南京农业大学共建的"国土资源保护与生态法治建设研究基地"揭牌仪式及聘任仪式在学校公共管理学院举行。

【设立公共管理学院刘书楷奖学金】12 月 11 日，南京农业大学公共管理学院首届刘书楷奖学金颁奖仪式在逸夫楼 7021 举行。

刘书楷奖学金是公共管理学院历史上自主设立的首个奖学金，由刘书楷教授的弟子、部分关心公共管理教育事业的校友在 2012 年南京农业大学 110 周年校庆和土地管理学院（公共管理学院）成立 20 周年之际联合倡议发起和具体落实到位。刘书楷奖学金主要以奖励公共管理学院品学兼优的本科生、研究生，以更好地推动公共管理教育的进步和发展为目标，每年在公共管理学院内部共评选表彰 20 名本科生、10 名研究生（8 名硕士生、2 名博士生），奖励标准为本科生 1 500 元/年、研究生 3 000 元/年。

（撰稿：张　璐　审稿：张树峰）

人文社会科学学院

【概况】学院设有 5 个系，即旅游管理系、法律系、文化管理系、艺术系和科学技术史系；有旅游管理、公共事业管理、法学、表演 4 个本科专业；1 个一级学科博士后流动站（科学技术史）、1 个一级学科博士学科点（科学技术史）、3 个硕士学科点（科学技术史、专门史、经济法学），2 个专业硕士培养领域（农业推广、法律硕士）。

现有教职工 67 人，其中教授 9 人、副教授 22 人、讲师 22 人。2014 年引进教师 7 人、教授 1 人。聘讲座教授 1 人（美国加州大学长滩分校科洛纳音乐学院院长苏文星，手续待办）、兼职教授 2 人（台湾林雨庄、南京大学高晓康）。学院新增研究生实习室 1 个、舞台表演教室 2 个。

2014 年有全日制在校学生 862 人，其中本科生 740 人、硕士研究生 93 人、博士研究生 29 人。毕业生 266 人，其中研究生 80 人（硕士研究生 67 人、博士研究生 13 人）、本科生 186 人。招生 233 人，其中研究生 43 人（硕士研究生 34 人、博士研究生 9 人）、本科生 190 人。本科生总就业落实率 97.55％、研究生总就业落实率 90％（不含推迟就业）。

2014 年新增主持项目：国家新闻出版署哲学社会科学重点出版基金——中国古农书集成、国家出版基金资助项目——中国农业文化遗产、江苏省社会科学基金后期资助项目——明清时期太湖地区农业与农村变迁研究。申报获批农业部、省教育厅、江苏省社会科学基金等项目 20 余项。新增横向课题 10 余项，合同金额 200 余万元。

学院师生共发表学术论文 98 篇，其中核心一类 19 篇、核心二类 10 篇。研究生论文 *A Survey of Chinese Citizen's Perceptions on Farm Animal Welfare* 被 *plos one* 杂志采用、录用，实现了近年来学院在 SCI 期刊上论文零的突破；季中扬《学海》发表《城乡文化共同体的可能性及建构路径》被《新华文摘》全文转载；出版专著 4 部，参编专著、教材 12 部。11 位教师论文专著获得省级科研成果奖，其中季中扬获江苏省第四届大学生艺术展演活动艺术教育科研论文奖特等奖；崔峰、李明和王思明获江苏高校第九届哲学社会科学研究三等奖。路璐副教授荣获中共江苏省委宣传部首批"江苏青年社科英才"称号。尹燕副教授被聘为"国家旅游局青年专家"，并获课题资助，每年 3 万元，连续 3 年。

表演专业师生参加江苏省大学生艺术展演获得小合唱专业组第一名、舞蹈专业组一等奖、器乐专业组二等奖，完成中央电视台音乐频道春晚"合唱先锋"节目录制；法学专业和旅游专业学生分别获得江苏省大学生模拟法庭大赛和旅游线路设计大赛一等奖。

2014 年，学院学生获得省部级以上奖励 95 项，如江苏省第四届大学生艺术展演活动声乐展演甲组特等奖、江苏省第四届大学生艺术展演活动舞蹈展演甲组特等奖。

【科研平台建设获突破】 获批成为"中国名村变迁与农民发展协同创新基地（2014 年 5 月农业部农村经济研究中心与 5 家单位共建）"、"江苏省首批非物质文化遗产研究基地（2014 年 6 月江苏省文化厅颁发）"；获批"农业文化遗产综合实验教学中心改造"修购项目，启动中华农业文明博物馆二期建设（教育部）；与通州文广新局共建非遗科研教学基地、与盱眙县政府共建休闲农业研究院（完成前期工作，2015 年正式运作）。

【国际教学频频交流】 剑桥大学李约瑟研究所所长梅建军教授、莫菲特馆长，美北亚利桑那大学地理规划与游憩系 Alan A. Lew 教授、加州大学科洛纳音乐学院院长苏文星教授、芬兰圣诞老人国内推广机构总裁（Ilkka Kongas）等来院讲学。法国瓦勒岱等校留学宣讲。10 月，艺术系师生赴美就学生留学、学生参加国际华乐大赛和专业建设等进行考察交流，并达成相关协议。

【期刊建设影响较好】《中国农史》一直位列《全国中文核心期刊》、《中国人文社会科学核心期刊》、《中文社会科学引文索引（CSSCI）来源期刊》三大人文社科核心期刊方阵，在国内外有较大的影响力。

（撰稿：朱志成　审稿：杨旺生）

外国语学院

【概况】 学院设英语系、日语系和公共外语教学部，拥有外国语言文学一级硕士学位授权点、

MTI 翻译专业学位硕士点；有英语和日语 2 个本科专业；2 个研究所：英语语言文化研究所、日本语言文化研究所；1 个研究中心：中外语言比较中心以及 1 个省级外语教学实验中心。

现有教职员工 86 人，其中教授 7 人、副教授 24 人、讲师 40 人，其中硕士生导师 17 人。江苏省"333 工程"培养对象 1 人。常年有 11 位英语和日语外教。

现有全日制在校学生 781 人，其中本科生 698 人、硕士研究生 83 人。2014 年毕业生 185 人，其中硕士研究生 41 人、本科生 144 人。2014 年总计招生 229 人，其中硕士研究生 40 人、本科生 189 人。本科生年终就业率 99%，研究生年终就业率 96%。本科生升学率 30.56%、出国率 15.28%。

学院设有外语图书资料室 1 个，拥有外语专业图书资料 1.3 万多册、中文期刊 50 余种、外文期刊 30 余种。拥有 1 个省级实践教学示范中心——外语综合训练中心。

本科生共获得 20 项大学生 SRT 项目立项，其中国家级 2 项、省级 2 项，发表相关研究论文 10 篇。2 个研究生项目获得 2014 年度"江苏省研究生培养创新工程"实践创新计划项目立项；举办"研究生学术沙龙"4 次。2 名研究生在第九届江苏高校外语专业研究生学术论坛上获得论文三等奖和优胜奖。

舜禹基地成为校级实践教学实习基地重点建设项目；与沪江网签署了教学实习基地协议。另外，建立研究生实习基地 5 个，聘请兼职导师 5 位。联合教学实习基地单位南京睿译菁英翻译有限公司，对英语和日语笔译专业研究生进行译者电子工具普及讲座及计算机辅助翻译软件培训。

《日语泛读 I》（1～4 册）获江苏省高等学校重点教材立项。1 名教师获得 2014"外研社杯"全国英语演讲大赛（网络赛场）指导特等奖；2 位教师参加校级授课竞赛，并分别获得二等奖和优秀奖。

全年项目立项总经费 57.7 万元，新增科研项目 27 个，其中全国教育科学"十二五"规划 2014 年度教育部重点课题 1 项、教育部人文社科重点研究基地中国外语教育基金重点课题 1 项、全国翻译专业研究生教育（MTI）研究项目 1 项。获得江苏省舜禹信息技术有限公司横向项目"中日专利数据加工项目"立项经费 20 万元；"日中における現代農民職業教育についての比較研究——国際科学および文化の交流の立場から"获得日本国际交流基金课题资助 222 万日元。

学院教师全年共发表论文 57 篇，其中 CSSCI 刊论文 8 篇、教育教学论文 21 篇、扩展版论文 1 篇，出版专著 1 部。外教 James Hadley 博士以南京农业大学外国语学院为署名单位撰写的 3 篇论文被翻译领域顶尖期刊 *Perspectives - Studies in Translatology* 接收。

邀请学科知名专家来学院讲学 18 次。派出 74 人次参加国内各类学术会议 45 次；开设"教授讲坛"5 次、"研究生沙龙"1 次。承办教育部和国家语言文字工作委员会课题《公共服务领域英文译写规范》国家标准分则研制统稿组会议，来自翻译、标准化领域的专家 15 人参加了会议。

派出 9 位教师赴美国、英国访学。邀请到英国、美国和日本等国家的 9 位专家来学院讲学。英国伦敦大学李德凤教授被授予南京农业大学客座教授。完成"院长引智项目"的实施，并获得新的立项，资助 10 万元。

省级以上各类竞赛获奖为 61 人次，其中英语专业王玮明同学获省职业规划大赛一等奖，陆孙男同学获"外研社杯"全国大学英语写作比赛一等奖、演讲比赛三等奖；日语专业宋昕剑同学在南京市"民族心·中华情"演讲比赛中获一等奖并代表南京大学生赴澳门参赛，王婷同学获第十届中国人日语作文大赛一等奖，得到日本朝日新闻、NHK 等媒体全程报道，并获得 480 万日元赴日留学奖学金。

学院学生工作队伍 2014 年主持校级课题 1 项、校级以上课题 2 项，发表论文 2 篇，校级表彰 12 项。学生参与出国交流学习共计 31 人，其中短期项目 17 人、长期项目 14 人。

【首次开设教师海外培训】 7~8 月，学院首次组织 19 名公共外语教学部教师赴国外研修，在英国雷丁大学接受为期 3 周的"学术英语"培训。

【成立"论文写作工作坊"】 首次聘请翻译学专家、英国 James Hadley 博士为英语和日语专业研究生开设翻译理论课程，首次为学院教师系统开设"论文写作工作坊"。

【承办"中国日语教学研究会江苏分会 2014 年年会暨日本语言文化研讨会"】 11 月 15 日，承办"中国日语教学研究会江苏分会 2014 年会暨日本语言文化研讨会"，来自全国 40 多所高校的 120 多名日语系负责人及日语教师，围绕日语教育、日语语言文化和日本文学等方面内容展开研讨和交流。

（撰稿：高艳丽　审稿：韩纪琴）

金融学院

【概况】 学院现有金融学、会计学和投资学 3 个本科专业，其中金融学是江苏省品牌专业，会计学是江苏省特色专业，2012 年金融学和会计学又成为江苏省重点建设专业。学院设有金融学系、会计学系、投资学系、1 个金融实验中心等教学机构，设有江苏农村金融发展研究中心、区域经济与金融研究中心、农村金融固定观测站点管理中心、财政金融研究中心 4 个科学研究中心。

截止 2014 年 12 月 31 日学院有教职员工 38 人，其中专任教师 31 人，管理人员 7 人。在专任教师中教授 9 人（含博士生导师 5 人），副教授 11 人，讲师 7 人；江苏省"青蓝工程"中青年学术带头人 1 人，南京农业大学"钟山学术新秀"培养对象 2 人。

2014 年学院全日制在校学生 1 372 人，其中本科生 1 165 人、硕士生 186 人、博士生 21 人。毕业学生 323 人，其中硕士生 70 人，其就业率 100%；本科生 253 人，其就业率 96.44%。

2014 年学院获得立项科研经费 217.7 万元，到账经费 98.7 万元；新增 2 个国家自然科学基金项目、7 个省部级项目、4 个市厅级项目和 3 个高校基本科研业务费项目；在研项目 25 个。全院教师发表核心期刊论文 31 篇，其中 SCI 收录论文 2 篇。

2014 年学院在研教学改革项目共 6 个，其中江苏省课题 1 个，南京农业大学课题 5 个；学院教师发表教学研究论文 4 篇，其中 1 篇论文获得第二届"中国金融教育优秀论文"一等奖。2014 年学院新增国家大学生创新性实验计划项目 4 个，江苏省大学生实践创新训练计划项目 4 个，校级 SRT 项目 34 个。参与 SRT 项目的学生发表论文 6 篇。2014 年组织《金融学》申报江苏省重点教材并通过省教育厅审批；副主编"十二五"全国高等学校规划教材《会计学原理》。

2014 年在教育国际化方面，学院有 1 名教师到俄亥俄州立大学进行学术访问，从英国雷丁大学和日本京都大学引进 2 名青年教师；有 37 名学生前往英国帝国理工大学、悉尼大学、爱丁堡大学等高等学府深造，有 15 名学生参加短期修学旅行。

2014 年金融学院创立金融产品设计与创新学术沙龙、MPAcc 案例院企学术沙龙和金融学院研究生学术论坛，邀请前美国富国银行副总裁高惟德、加拿大联邦住房金融公司政策师刘骏、北京振兴联合会计师事务所所在岑赫教授、宁波大学商学院执行院长熊德平教授等为研究生做报告。

【大学生实践活动屡次获奖】2014 年 4 月，学院学生在 IMA 管理会计案例大赛华东赛区决赛中获优胜奖；在创业创新公益大赛世界杯中国区域赛中获得一等奖。6 月，学院学生在第九届"用友新道杯"全国大学生创业设计暨沙盘模拟经营大赛江苏省总决赛中获二等奖。11 月，学院两组学生获"创业之星"南京市高校新生赛二等奖。12 月，"创青春"全国大学生创业大赛中，学院 3 个团队获得 2 金 1 银的优异成绩。2014 年荣获学生工作先进单位、"五四"红旗团委、优秀研究生分会、"崇学杯"大学生课外科技作品竞赛优秀组织奖、"中国情怀 世界眼光"辩论赛优秀组织奖等；学生获国家级荣誉 25 人次，省级荣誉 55 人次，市级荣誉 19 人次。

（撰稿：潘群星　审稿：罗英姿）

农村发展学院

【概况】农村发展学院现有社会学系和农村发展系，设有农村与区域发展和社会学 2 个本科专业。设有农村社会发展研究中心、社会调查研究中心、社区发展研究中心、农村老年保障研究中心、南京市民意调查中心南农工作站、区域农业研究所、农业规划研究所 7 个研究机构。

学院现有教职工 24 人，其中教授（研究员）2 人，副教授（副研究员）9 人（2014 年新晋升 1 人），硕士生导师 15 人。2014 年外聘教授 1 人，新引进教师 3 人。

2014 年，招收硕士研究生 119 人，本科生 63 人。2014 届毕业研究生一次就业率为 95.24％，本科毕业生一次就业率为 96.55％，2014 届本科生升学及出国率为 15.52％。

学院现有社会学一级学科硕士点、社会工作硕士专业学位学科点和农业推广硕士专业学位学科点。学院组建"社会管理与社会政策"、"农村社会结构变迁"、"区域农业研究"、"农村科技服务与技术推广" 4 个科研团队。2014 年，立项科研经费 420 万元，其中横向经费 254 万元。获批项目 30 余项，其中国家自然科学基金 1 项、国家社科基金一般项目 1 项、国家自科青年基金项目 1 项、教育部青年基金项目 1 项、博士后基金项目 2 项。共发表学术论文 36 篇，其中，SCI 论文 7 篇，CSSCI 论文 15 篇。获得江苏省社科联"社科应用研究精品工程"奖优秀成果二等奖、全国老年学优秀青年学者奖、第一届江苏老年学青年学者奖、江苏省"社科应用研究精品工程"优秀成果奖等奖项。

全年教师参加各类学术会议 31 人次，学生出国交流 6 人次。选派教师前往美国南加州大学进行学术交流，组织教师参加"社会政策国际论坛"、"亚洲区家庭研究联盟第四届研讨会"、"基督教与中国社会文化国际年青学者研讨会"，拓宽教师的国际视野。

研究生获得江苏省 2014 年度普通高校研究生实践创新计划项目立项 3 项，2014 年度江苏省优秀专业学位硕士论文和校级优秀学位论文各1篇，2014年度"江苏省研究生培养创新工程"立项1项。在"江苏省第四届研究生老龄论坛"中，研究生获得特等奖1项、一等奖3项、二等奖10项、优秀奖19项。在安徽省绩溪县上庄镇宅坦村、淮安市楚州区建淮乡张兴村、南京市鼓楼区人间大爱老年服务中心、南京市江宁区悦民社会工作服务中心等地建立10余个研究实习基地，与钟山老年服务人力资源开发园区联合共建"江苏省研究生工作站"，聘请就业创业兼职导师6名。

【首届苏宁班成立】组建首届"苏宁现代农业复合人才班"，实行"定向"培养，学生毕业后直接到苏宁农业公司就业的人才培养模式。项目由我院负责实施，面向我校6个学院的8个专业招聘选拔2011级19名本科生组成首届"苏宁班"。

【研究生创业创新工作有突破】学院研究生获得4项创业项目资助，其中研究生袁迪申报获批南京市民政局公益创业梦工场项目"失独老人精神关爱社工服务项目"，创办了具有独立法人资格的民办非企业——人间大爱服务中心，获得总计南京市各级部门11万元的支持。

（撰稿：赵美芳　审稿：冯绪猛）

思想政治理论课教研部

【概况】思想政治理论课教研部（以下简称"思政部"）设有道德与法教研室、马克思主义原理教研室、近现代史教研室、中国特色社会主义理论教研室、科技哲学（研究生政治理论课）教研室5个基本教学研究机构，承担全校本科生、研究生的思想政治理论课教学与研究工作。现有教职工29人，其中教授3人，副教授15人；博士生导师1人，硕士研究生导师8人。教师中，具有博士学位及博士学位在读者共18人，占教职工总数的64％；具有硕士学位者5人，占总数的17.8％。

在顶层设计和发展目标方面，继续推动"十二五"发展规划的落实。根据学校"1235"发展战略，结合思政部具体实际，提前研究"十三五"发展规划，明确2020年思政部发展目标。

在师资队伍建设方面，全年组织教师外出进行社会调研、参加教学观摩会议等15人次。积极派出教师到国家教育行政学院、江苏省委党校进行专题培训，全年计3人次。选派1位教师出国进修，邀请外籍专家做学术报告1次。引进新教师2名。

召开教学专项工作会议2次，各教研室共召开集体备课会12次，举办教学观摩活动2次。举办思正杯"中国梦"历史知识演讲比赛和思正杯"中国梦·廉洁情"演讲比赛各1次。本年度有1人次参加学校"青年教师授课大赛"，1人次参加"江苏省青年教师授课大赛"，2人次参加全国性教学研讨会议。推进2门校级精品资源共享课建设和提升；思政部教师共发表教改论文10篇，其中有4篇在教研奖励期刊上。

教师全年发表论文29篇，其中校学术榜刊物17篇；出版著作5部；公开出版调研报告1部。获得"第五届全国农林高校哲学社会科学发展论坛"优秀论文一等奖1项；获得"纪念思想政治教育学科设立30周年优秀著作、论文和研究报告"论文类二等奖1项。

【加强过程管理，强化"思正沙龙"精品学术活动】全年举办思正沙龙5场，参加研究生170余人次。面向研究生设立思正基金学术专项3项，资助参加项目研究生6人。

【鼓励学术研究，科研成果取得新突破】2篇论文入选"全国农林高校思想政治理论课建设专题研讨会"文集。本年度成功申请2项江苏省教育厅哲学社会科学项目、1项江苏省社科研究青年精品课题3项校人文社会科学基金项目、1项校教改项目；参与国家社科重大基金项目子项目1项。项目合同经费接近20万元。校人文社科重大招标项目"江苏农村政治文明发展研究"第三期按计划顺利完成。

（撰稿人：姜　姝　审稿人：葛笑如）

十四、新闻媒体看南农

南京农业大学 2014 年重要专题宣传报道统计表

序号	时间 (月/日)	标　题	媒体	版面	作者	类型	级别
1	1/3	超市蔬菜柜台现畸形山药　形似人脚掌	现代快报	B8	张玉洁	报纸	省级
2	1/3	资本进山壮大生态农业	经济导报		周海波 通讯员　魏其宁　苏　兵	报纸	省级
3	1/6	南京农业大学：企业研究生工作站实践"双大纲"	中国教育报		邵刚　许天颖　万　健	报纸	国家
4	1/6	南京 16 台学生自助取票机正式投放	新华日报		吕　妍	报纸	国家
5	1/6	圆豆子是转基因的？网传用水泡泡能鉴别　不靠谱	龙虎网		芦　艳	网站	省级
6	1/6	铁路自助取票机昨起"走进"高校	中国江苏网		李　爽 通讯员　祖　韬	网站	省级
7	1/8	陈锡文：土地和农业经营制度争议最大　三途径突破现有法律框架	农博网		焦　建	网站	国家
8	1/8	南农大校友返校设奖学金　鼓励大学生参加实践	中国江苏网		黄　颖　施雪钢　袁涛	网站	省级
9	1/8	140 多座逸夫楼扎根江苏　感谢你送我们的每一栋楼	东方卫报	A5	许启彬　丁　珊	报纸	市级
10	1/9	南京农业大学举办显微摄影展　百幅作品展神奇微观世界	中国新闻网		泱　波	网站	国家
11	1/9	江苏食品业研讨加强企业社会责任	新华网		金小茜	网站	国家
12	1/10	显微摄影带你进入"看不见的世界"	东方卫报		赵秀蓉	报纸	市级
13	1/10	南农大一项科技成果获 2013 年国家科技进步二等奖	新华网		刘国超 通讯员　农　宣	网站	国家
14	1/10	国家科技奖励大会在京举行　江苏 48 项获奖居全国省份第一	中国江苏网		王　静	网站	省级
15	1/10	南京农大科技成果获得 2013 年国家科技进步二等奖	中国新闻网		邵　刚	网站	国家
16	1/10	南京农大科技成果获得 2013 年国家科技进步二等奖	中国日报网		邵　刚　许天颖　万　健	网站	国家

（续）

序号	时间 （月/日）	标 题	媒体	版面	作者	类型	级别
17	1/10	南农大研发冷却肉品质关键控制点项目成果获国家科技进步二等奖	中国江苏网		袁涛	网站	省级
18	1/10	南京农大支教团开展爱心公益为孩子送温暖	中国青年网		刘桂林	网站	国家
19	1/10	南农大一项科技成果获 2013 年国家科技进步二等奖	新华网		刘国超 通讯员 农 宣	网站	国家
20	1/10	南京农大科技成果获得 2013 年国家科技进步二等奖	中国新闻网		邵 刚 许天颖 万 健	网站	国家
21	1/10	南农大研发冷却肉品质关键控制点项目成果获国家科技进步二等奖	中国江苏网		袁涛	网站	省级
22	1/11	冷却肉品质控制关键技术及装备创新与应用获 2013 年度国家科技进步二等奖	科技日报		李 文	报纸	国家
23	1/11	吴俊：温润若梨，探索无尽	江苏科技报	A3	肖 朋	报纸	省级
24	1/11	地沟油"过关"难 食用植物油将制定安全新标准	江苏科技报		戴鸣阳	报纸	省级
25	1/11	江苏获奖总量居全国第二特等奖杂交稻的"父亲"是扬州稻	现代快报	A6、A7	齐 琦 许启彬 邵 刚 陶 然 张 前 胡玉梅 金 凤	报纸	省级
26	1/11	江苏，创造实力锻造精彩成果	新华日报		蒋廷玉 吴红梅	报纸	国家
27	1/11	江苏 48 个项目获得国家科技奖励总数全国排第二	扬子晚报		通讯员 蒋历军 记者 朱姝	报纸	省级
28	1/11	冷却肉好不好吃有规律可循	科技日报		张 晔	报纸	国家
29	1/12	泰州培育出多胎肉羊新品种	中国农业新闻网		刘 林	网站	国家
30	1/13	国家科技奖励大会江苏获奖数居各省第一	新华日报		蒋廷玉 吴红梅	报纸	国家
31	1/13	冷却肉品质控制关键技术及装备创新与应用获 2013 年度国家科技进步二等奖	科技日报		李 文	报纸	国家
32	1/13	老母鸡献上"小巨蛋"	金陵晚报		徐 赟	报纸	市级
33	1/13	江苏农业现代化的经验与实践	新华日报		周应恒	报纸	国家
34	1/13	徐州一国家级工程中心获批建设	中国江苏网		孙 盈	网站	省级
35	1/13	非水溶性钾矿高效利用技术改善我国钾肥依赖进口现状	光明网		梁 捷	网站	国家

（续）

序号	时间 （月/日）	标　题	媒体	版面	作者	类型	级别
36	1/14	江苏食品行业社会责任论坛成功举办	中国食品室网		李黎	网站	国家
37	1/14	从蓄势到腾飞，溧水产业转型频现大动作	新华日报		赵敬翔　杨长喜　王璐	报纸	国家
38	1/14	嘉祥县形成种子	东方圣城网		通讯员　郭　超 付国涛　杜　杰	网站	市级
39	1/15	打造舌尖上的健康肉	中国教育报		赵烨烨　万　健　邵　刚	报纸	国家
40	1/15	喜鹊攀高枝　新街口筑下80多个"爱巢"	中国江苏网		刘莉	网站	省级
41	1/16	南农大与加州大学共建"全球健康"研究平台	新华网		许天颖	网站	国家
42	1/16	全球健康联合研究中心在宁成立	新华日报		王　拓	报纸	国家
43	1/16	民生优先，援建资金不撒胡椒面	新华日报		宋晓华	报纸	国家
44	1/16	钾硅肥与土壤改良研讨会在京召开	人民政协网		王金晶	网站	国家
45	1/17	南农大与加州大学戴维斯分校共建"全球健康联合研究中心"	中国江苏网		许天颖　罗鹏	网站	省级
46	1/17	全球健康联合研究中心在宁成立	新华日报		王　拓	报纸	国家
47	1/17	牛肉注水横行　南京郊区一非法屠宰点隐身山野多年	中国新闻网		肖　华　郭亚楠	网站	国家
48	1/17	专家研讨新型城镇化建设	新华日报		梅剑飞	报纸	国家
49	1/17	专家研讨新型城镇化建设	中国江苏网		梅剑飞	网站	省级
50	1/17	发行市政债化解地方债务危机	扬子晚报		陈春林	报纸	省级
51	1/20	执法部门彻查注水牛肉	江苏卫视	城市频道	周会峰　朱庆成	电视台	省级
52	1/21	留学生写春联学剪纸过中国年	南京日报		许天颖　徐　琦	报纸	市级
53	1/21	老外体验中国年	新华日报	B8	郎从柳	报纸	国家
54	1/21	南京外国留学生写春联学剪纸过中国年	中国新闻网		泱　波	网站	国家
55	1/22	2013年度省级学会、高校科协和先进个人评出	新华网		刘国超	网站	国家
56	1/24	南农大破解冷却肉技术难题　打造肉制品保质保鲜的"护盾"	江苏科技报	A4	丁伟伟　邵　刚	报纸	省级
57	1/26	江苏新农村发展系列报告（2013）发布	中国社会科学网		许天颖　王　静 韦轶婷　郭　蓓	网站	国家
58	1/27	南农专家献策江苏新农村发展	江苏经济报	A2	葛潇娴　邵　刚　许天颖	报纸	省级
59	1/27	江苏农村网民992万人	新华日报		王　拓	报纸	国家

（续）

序号	时间（月/日）	标 题	媒体	版面	作者	类型	级别
60	1/27	南农大发布《江苏新农村发展系列报告（2013）》	中国江苏网		许天颖 王 静 韦轶婷 郭 蓓	网站	省级
61	1/27	扬子"爱心年夜饭"再度温情开席	扬子晚报		彭 理 王 甜 马 潇 熊 莉 吴 俊	报纸	省级
62	1/29	文理交叉研究分析"三农"问题	中国社会科学报	A2	吴 楠 王广禄	报纸	国家
63	1/29	无论踏上春运归程还是留守城市打工者，乡情如此醇厚	新华日报	A2	吕 研	报纸	国家
64	1/29	连续14年领跑全省 江阴农民去年人均纯收入21 882元	中国江苏网		宋 超	网站	省级
65	1/29	十年助学路 供出准博士	岱山新闻网		董 冬 虞新法 韩江杰	网站	市级
66	2/14	南农"勤仁坡"变身"情人坡"	现代快报		俞月花	报纸	省级
67	2/14	赛百味面包其实没那么毒	江苏科技报	A11	戴鸣阳	报纸	省级
68	2/14	"永不凋谢"的爱情花	江苏科技报	A12	丁伟伟	报纸	省级
69	2/14	南农大谷蛋白研究 助稻谷蛋白质改良	江苏科技报	A3	丁伟伟 邵 刚	报纸	省级
70	2/18	创意农业抢先看：泾河新城秦龙现代生态智能创意农业园	华商报		李俊杰	报纸	省级
71	2/18	南京地区选出1.8万名青奥志愿者	南京日报		许 琴	报纸	市级
72	2/18	陈之政：甘做宿迁农业技术推广的"领路人"	宿迁日报		洪 磊 周克定	报纸	市级
73	3/19	南农大"村官"大学生启动校地联合培养新模式	新华网	江苏频道	许天颖 谷 雨 陈 洁	网站	国家
74	2/11	赛百味含"鞋底"成分？ 专家：合法的食品添加剂	金陵晚报		李 花 刘 蓉	报纸	市级
75	2/12	赛百味含"鞋底"成分？ 专家：合法的食品添加剂	中国网		李 花 刘 蓉	网站	国家
76	2/12	秸秆处理再调查：直接还田处理不当致粮食减产	光明日报		郑晋鸣 柏程伟	报纸	国家
77	2/18	研究显示：相比PM2.5 PM1制造更多灰霾天	金陵晚报		王 君	报纸	市级
78	2/18	南京地区92个项目获省科学技术奖 民生科技"唱主角"	南京日报		毛 庆	报纸	市级
79	2/21	江苏新增一批国家级科技创业基地	新华日报	A2	吴红梅	报纸	国家
80	2/26	1号线新列车将用上更可靠"本土锁"	扬子晚报	A2	梁贵军 朱 姝	报纸	省级

（续）

序号	时间 （月/日）	标 题	媒体	版面	作者	类型	级别
81	3/3	南京农大支教团送"新年新衣"，集"青奥祝福"	龙虎网		许天颖 刘桂林	网站	省级
82	3/3	南航志愿者服务开幕式 南农南理工对接奥体中心	南报网		施团轩 许 琴	网站	市级
83	3/3	南京第十届"十大科技之星"公布	江苏新闻广播		刘 冬	电视台	省级
84	3/3	南农大今年自主招生 面试题又是考"吃饭"	金陵晚报		刘 蓉	报纸	市级
85	3/3	青奥颁奖志愿者进行最后选拔 看重笑容和气质	南京日报		许 琴	报纸	市级
86	3/4	农田重金属污染修复破题 镉米问题有望解决	一财网		章 轲	网站	国家
87	3/4	周应恒 马仁磊：在食品安全监管中确立消费者优先原则	人民日报		周应恒 马仁磊	报纸	国家
88	3/4	初春微风中，民间公益"治水"的热情扑面而来	杭州日报		任 彦 庄 丽	报纸	市级
89	3/4	2012年底江苏省工商登记农民专业合作社总数达57 566家	中国社会科学网		王广禄 吴 楠	网站	国家
90	3/5	从核心期刊反思我国学术评价体系	中国社会科学在线		朱慧劼	网站	国家
91	3/5	南农土管专家陈会广：守住保护土地权益底线，有序推进农民工市民化	中国江苏网		郭 蓓	网站	省级
92	3/5	南农生态专家郑金伟：土壤污染修复工程或将开启	中国江苏网		郭 蓓	网站	省级
93	3/5	江苏干群盛赞政府工作报告：直视现状敢啃硬骨头 对人民高度负责	中国江苏网		王 静	网站	省级
94	3/7	南农举办女生节活动 女生写下愿望男生帮实现	现代快报		泱 波	报纸	省级
95	3/7	南农女生节现"女神"级心愿：求校园"都叫兽"豌豆表情	龙虎网		侯 建 许天颖 王 璐 潘星岑	网站	省级
96	3/7	南京农业大学办生创意水果拼盘大赛	中国新闻网		泱 波	网站	国家
97	3/7	南京农大支教团送"新年新衣"，集"青奥祝福"	东方卫视		许天颖 刘桂林	电视台	省级
98	3/7	食品监管确立消费者优先原则	金陵晚报		李 晨	报纸	市级
99	3/7	往年女生节你是否：举头 今年你必须：蓦然回首	东方卫报		高 蓉 许天颖 李娅娅	报纸	市级

（续）

序号	时间 (月/日)	标　题	媒体	版面	作者	类型	级别
100	3/7	读本科的骚年们　最近有没有被重视的赶脚	东方卫报		许天颖　王快快　李娅娅	报纸	市级
101	3/7	70 米横幅喊女生过节	扬子晚报	A11	许天颖　王璐　潘星岑	报纸	省级
102	3/8	南农女生节	南京晨报		许天颖　王璐　邵丹	报纸	市级
103	3/8	"剩女反过来不就是女神了吗?"	南京晨报	A7	许天颖　王璐	报纸	市级
104	3/12	江苏调整公办高校学费　医学类或涨 2 200 元	现代快报		张瑜　薛涵	报纸	省级
105	3/12	南农技术转移中心成功入选第五批国家技术转移示范机构	江苏科技报		丁伟伟　许天颖	报纸	省级
106	3/13	南农大 6 人支教团：走多远，就把青奥带到多远	南京日报		许琴	报纸	市级
107	3/13	鱼儿大量浮头　秦淮河又见捕鱼大军	现代快报		顾元森	报纸	省级
108	3/13	法国高校 17 名"学霸"将来南京参加学生交流活动	现代快报		俞月花	报纸	省级
109	3/13	村支书吴世豪的科技兴村梦	新华网		李海河	网站	国家
110	3/13	苏南地区农村城镇化水平已达 72.7%	新华网		陈刚	网站	国家
111	3/13	南京农大支教团为山区女教师送新衣	中国青年网		李彦龙　徐一丹	网站	国家
112	3/15	诚信责任缺失，食品安全焉存?	人民日报海外		周应恒	报纸	国家
113	3/17	紫砂点燃创业梦　方圆之间话诗情	龙虎网		许天颖　潘星岑	网站	省级
114	3/17	南京农业大学发布 2013 新农村发展系列报告	江苏电视台	教育频道	李子祥　朱恒生	电视台	省级
115	3/17	南农自主招生：话题太灵活　考生有点懵	江苏电视台	教育频道	李子祥　朱恒生	电视台	省级
116	3/18	吴国清：大学生"村官"如何"促农村发展"	中国教育报		吴国清	报纸	国家
117	3/19	南农大探索社会服务新模式	中国社会科学网		王广禄　吴楠　许天颖 谷雨　陈洁	网站	国家
118	3/19	南农大"村官"大学生启动校地联合培养新模式	新华网		许天颖　谷雨　陈洁	网站	国家
119	3/19	姜平：伪狂犬、口蹄疫等五大病如何免疫	南方农村报		林远康	报纸	省级

（续）

序号	时间 （月/日）	标　题	媒体	版面	作者	类型	级别
120	3/20	南农大启动校地联合培养新模式 "村官"大学生走进课堂	中国江苏网		许天颖　谷　雨 陈　洁　袁　涛	网站	省级
121	3/20	秦淮河上现螺蛳"捕捞客"	中国江苏网		徐　赟	网站	省级
122	3/24	南农学子提出"新五行"说　多彩 活动助力公益环保	龙虎网		许天颖　孙笑逸	网站	省级
123	3/28	北大双胞胎"男神"来南农分享成 长经历　"努力做最好的自己"	现代快报	B9	俞月花	报纸	省级
124	3/28	南农学子提出"新五行"说	东方卫报		许天颖　孙笑逸	报纸	市级
125	3/28	增与撤折射人才需求变化	新华日报		王　拓	报纸	国家
126	3/29	精耕实践教学"土壤"——南京农 业大学创新人才培养改革纪实	中国教育报	头版头条	万玉凤　许天颖 邵　刚　万　健	报纸	国家
127	4/1	大三学生创办紫砂艺坊工作室"自 我少一点，自在多一点"	现代快报		俞月花	报纸	省级
128	4/2	南农学子牵手外来务工子女共筑青 奥梦	凤凰网		王逸男	网站	国家
129	4/2	大手牵小手　共享文体乐趣	江苏电视台	教育频道	李子祥　朱恒生	电视台	省级
130	4/2	市民嗅到"初夏"的味道，气象专 家：南京入春未久，夏天还慢慢地走 在路上呢	江南时报		王梦然	报纸	市级
131	4/2	南京大学生牵手小学生"对话青奥"	中新网		泱　波	网站	国家
132	4/2	南农大志愿者走进小学校园传播青 奥文化	新华网		刘国超	网站	国家
133	4/3	青奥大手牵小手　共享文体乐趣会 小众运动你会玩吗	金陵晚报		通讯员　许天颖 记　者　刘　蓉	报纸	市级
134	4/3	南农学子牵手外来务工子女共筑青 奥梦	中国江苏网		王逸男	网站	省级
135	4/3	南京大学生牵手小学生"对话青奥"	中新社		泱　波	网站	国家
136	4/3	牵手外来工子弟	扬子晚报		宋　峤	报纸	省级
137	4/3	志愿者与民工子弟共迎青奥	南京日报	民生	通讯员　许天颖 记　者　谈　洁　徐　琦	报纸	市级
138	4/3	青奥会小众运动你会玩吗？	金陵晚报		刘　蓉	报纸	市级
139	4/3	一堂生动的"青奥体育课"	新华日报		王　拓　万鹏程	报纸	国家
140	4/9	南农大开班培养"村官"大学生	南京日报		许天颖　谈　洁	报纸	市级

（续）

序号	时间(月/日)	标题	媒体	版面	作者	类型	级别
141	4/9	南农大培养"村官"大学生	新华日报		许天颖 谈洁	报纸	国家
142	4/11	香蕉面临灭顶之灾夸大其词——南农大专家已找到防控"香蕉艾滋"药方	南京日报		毛庆	报纸	市级
143	4/11	香蕉"艾滋病"全球蔓延？我们可能永远吃不到香蕉？	金陵晚报		王君	报纸	市级
144	4/13	你知道么？纸巾原来不可回收 走野道对山体伤害最大	中国江苏网		青环 程远	网站	省级
145	4/14	百岁老人雨中分享家风故事 满是正能量	中国江苏网		施向辉	网站	省级
146	4/16	南农大专家已经找到防控"香蕉艾滋"药方	南京日报		毛庆	报纸	市级
147	4/17	调查 农民家门口，有一帮"泥腿子"教授，还有一帮"企业家"教授	南京日报	A4	李冀 韦铭	报纸	市级
148	4/17	科技"金锄头"的秘密	南京日报		李冀 韦铭	报纸	市级
149	4/17	一个个青奥故事 讲述他们的中国梦	南京日报		朱凯 冯兴 金玲	报纸	市级
150	4/18	青奥马术馆改造完成 38匹德国赛马将住空调单间	南京日报		冯兴 马道军 王婧	报纸	市级
151	4/19	南农大学生玩转cosplay践行中国梦	南报网		冯芃	网站	市级
152	4/21	我校周应恒教授就我国农村金融改革话题接受《新闻联播》采访	新闻联播		施韶宇	电视台	国家
153	4/21	迎接地球日 南农学子用花叶种子拼出"人类的家园"	中国江苏网		王逸男 许天颖 孙笑逸	网站	省级
154	4/23	文化名人 大学校长为你荐书	现代快报		俞月花 金凤 胡玉梅	报纸	省级
155	4/23	生鲜食品网购缺监管 相关的规范即将出台	南京日报		顾小萍 周颖	报纸	市级
156	4/24	"请给我一个早期的指点" 南农发放"早餐券"	江苏网络电视台		许天颖	电视台	省级
157	4/25	南京玄武打造生物"硅谷" 今年将引进500余项目	中国江苏网		戚阜生	网站	省级
158	4/27	农业文化遗产：中国科学家"超前"保护	科技日报		李大庆	报纸	国家
159	4/28	绿色制造技术 让肉类产品更安全	中国食品报		李松	报纸	国家

（续）

序号	时间 （月/日）	标　　题	媒体	版面	作者	类型	级别
160	4/29	江苏高校首个家长委员会在南农大成立	中国江苏网		许天颖　李长钦　王　静	网站	省级
161	4/29	江苏高校首个家长委员会在南农大成立	新华网		许天颖　李长钦	网站	国家
162	4/29	江苏高校首个家长委员会在南农大成立	龙虎网		许天颖　李长钦	网站	省级
163	4/29	南京农业大学领导赴铜梁县慰问支教团	中国青年网		李彦龙	网站	国家
164	4/29	溧水石湫300亩玫瑰园花期到	南报网		韦　铭	网站	市级
165	4/29	南京农大支教团举办奋斗最美丽励志分享会	中国青年网		李彦龙	网站	国家
166	4/30	南农首届"八卦洲杯"研究生科技创新计划大赛圆满落幕	南京日报		蒋静蓉	报纸	市级
167	5/5	CCTV4《中国新闻》聚焦我校研究生模拟招聘	央视		徐大为　毛成坤	电视台	国家
168	5/6	失之亚青收之青奥最大的优势是热情	东方卫视		黄　楠	电视台	省级
169	5/7	南京农大支教团荣获"最美志愿者"称号	中国青年网		李彦龙　刘桂林	网站	国家
170	5/8	"五中路"上，毛絮纷飞迷人眼　珠江路法桐"绝育"后毛絮少了	现代快报		刘伟伟　余乐	报纸	省级
171	5/8	新药悬铃散试制治梧桐"毛毛雨"	扬子晚报		贾晓玲	报纸	省级
172	5/9	南京农业大学校长周光宏一行来西电调研考察交流	西电电视台		黄军荣　张东峰	电视台	省级
173	5/11	"集中宰杀冷鲜销售"成共识	新华日报		李先昭	报纸	国家
174	5/12	你在网上这么孝顺　你妈妈知道么？	金陵晚报		杨珊珊	报纸	市级
175	5/13	顶天立地　实现大学与区域的共生发展	中国教育报	头条	左　惟	报纸	国家
176	5/13	苹果最"黑"	江南时报		王梦然	报纸	市级
177	5/13	我国鸡肉生产规模居世界第二	扬子晚报		沈春宁	报纸	省级
178	5/14	南农举办中国传统文化宣传周活动	江苏省教育厅网站		陈宇豪	网站	省级
179	5/16	路边野花你不要采　南农大教授为您安全食用植物支招	中国江苏网		王逸男	网站	省级
180	5/16	请学生家长当好"智囊团"——南农大成立我省首家高校家长委员会	江苏教育报		梁　早	报纸	省级

（续）

序号	时间 （月/日）	标　题	媒体	版面	作者	类型	级别
181	5/17	有虫眼的蔬菜说明农药未必少？未必	现代快报	新都市	金　凤	报纸	省级
182	5/17	南农专家辟谣：有虫眼的蔬菜农药未必少	人民网	江苏视窗	许天颖　戴苏越　金　凤	网站	国家
183	5/17	金箔到底能入口吗？	扬子晚报	A5	焦　哲	报纸	省级
184	5/17	南农大国际植物日主题活动专家辟谣：有虫眼的蔬菜说明农药少？未必	现代快报		许天颖　金　凤	报纸	省级
185	5/17	南农专家：路边野菜重金属含量高尽量别采	金陵晚报		许天颖　刘　蓉	报纸	市级
186	5/18	南农专家教您选购食品确保舌尖安全	南报网	南京社会新闻	许天颖　谈　洁	网站	市级
187	5/18	南京千名高校学生赛太极	南报网		徐　琦	网站	市级
188	5/19	南农专家教您选购食品确保舌尖安全　有虫眼的蔬菜并非没有打过农药	南京日报	评论·资讯	许天颖　谈　洁	网站	市级
189	5/18	南农大 MBA 八卦洲科创教学实践基地揭牌	新华网	江苏频道	杨　春	网站	国家
190	5/18	百公里油耗仅 1 公升，这车可真节能	南京晨报		王　晟　刘莉	报纸	市级
191	5/18	童话之城	重庆商报		饶方婧	报纸	省级
192	5/19	南理工有个男"红娘"为两校小伙伴开发"牵手"软件	现代快报	B12	王颖菲	报纸	省级
193	5/19	南农八卦洲科创和教学实践基地揭牌	扬子晚报	A34	谢　尧	报纸	省级
194	5/19	南京农业大学开展实用类植物科普活动	新华社	江苏频道	刘少石　孙　彬	网站	国家
195	5/21	南京高校蹭饭地图	龙虎网		许天颖	网站	省级
196	5/21	判断蔬菜好坏	江苏科技报		许天颖　丁伟伟	报纸	省级
197	5/23	大学生心理热线越来越热　90 后学子"想不通"了能主动寻求帮助	中国江苏网		许天颖	网站	省级
198	5/23	仙林大学城学生心理热线 1 年半接了 800 个电话	南京日报		谈　洁	报纸	市级
199	5/26	南农大老教授收藏 250 多部古董相机	江南时报		刘浩浩	报纸	市级
200	5/26	"国际植物日"南农大广场食品科普	科技日报		张　晔	报纸	国家

（续）

序号	时间 （月/日）	标　题	媒体	版面	作者	类型	级别
201	5/27	南京大学生税收话题巅峰对决	中国江苏网		商春锋　金富卫　牛坤杰 张文文　李易崇	网站	省级
202	5/27	南农大推进张家港挂县强农富民工程项目实施	江苏农业网	典型交流	王克其	网站	省级
203	5/27	南农大推进2014年挂县强农富民工程项目	江苏农业网	典型交流	王明峰	网站	省级
204	5/28	南京大学生牵手小学生共筑"禾苗梦"	中新网		邵　刚	网站	国家
205	5/28	南农大老教授近30年收藏250多部古董相机	现代快报		金　凤　许天颖	报纸	省级
206	5/30	资阳签约南京农大　为现代农业注入新活力	中国经济网		雷　彬	网站	国家
207	5/30	南京农业大学专家赴东海对接挂县强农富民工程工作	江苏农业网	典型交流	王克其	网站	省级
208	6/2	"杂草科学与农业可持续发展"国际学术研讨会在南京农业大学召开	中国高校之窗		许天颖　丁晓蕾　强　胜	网站	国家
209	6/2	南京浦口检察院参与校园活动做好文化建设	法制网	江苏频道	湛　军	网站	国家
210	6/2	南农大甜瓜属栽培黄瓜与野生酸黄瓜种间杂交成果属国际首创	新华网		通讯员　许天颖　娄群峰 记者　刘北洋	网站	国家
211	6/2	南京农业大学一行到泗洪开展科技指导	中国泗洪		赵彬彬	网站	市级
212	6/2	《总理陵园小志》再版发行纪念孙中山奉安中山陵85周年	中国新闻网		泱　波	网站	国家
213	6/2	高校食品科技论坛　大学生拼智慧	扬子晚报		周晶晶　张　琳	报纸	省级
214	6/3	"倾听长江"环保公益行动启动	新华日报		王　拓	网站	国家
215	6/3	南农志愿者牵手特殊家庭子女欢庆六一	中国江苏网		孙笑逸　陈晓春	网站	省级
216	6/3	南农"6·5"世界环境日主题宣传月活动精彩纷呈	中国江苏网		许天颖	网站	省级
217	6/3	南农志愿者和小学生举办趣味活动迎"六一"	南报网		徐　琦	网站	市级
218	6/3	南农志愿者与外来务工人员子女相守青奥喜迎六一	中国江苏网		王逸男	网站	省级

（续）

序号	时间 （月/日）	标 题	媒体	版面	作者	类型	级别
219	6/4	"倾听长江"大型环保公益行动在南农启动	新华网		许天颖　刘国超	网站	国家
220	6/4	南京启动"倾听长江"大型环保公益行动	江苏科技报	A3	丁伟伟　许天颖	报纸	省级
221	6/9	著名螨类学家、南京农业大学匡海源教授向博览园捐赠一批瘿螨玻片标本	西北农林科技大学新闻网		魏永平	网站	省级
222	6/9	西部、苏北志愿者面试援藏项目受捧	南京日报	A2	孙若男　许琴	报纸	市级
223	6/9	南农—张家港挂县强农富民工程项目启动	张家港日报		王会信　李蓁	报纸	市级
224	6/9	南京"城市志愿者日"活动在阅江楼街道举行	人民网	江苏频道	王石磊	网站	国家
225	6/9	张继科领衔各国选手参与网络火炬传递	南京日报		冯兴	报纸	市级
226	6/9	张继科领衔各国选手参与网络火炬传递	龙虎网		冯兴	网站	省级
227	6/10	南京农大支教团：爱的背包　益路同行	中国青年网		李彦龙　刘桂林	网站	国家
228	6/10	南京城管联合6高校学生志愿者开展城市环境整治行动	中国江苏网		罗鹏	网站	省级
229	6/10	南京百余名大学生上街发纸巾　呼吁不要随地吐痰	现代快报		鹿伟	报纸	省级
230	6/10	"职通未来"大学生职业辅导计划走进南京高校	南报网		李思颖	网站	市级
231	6/10	青奥志愿者里有位钢琴达人	东方卫报		黄楠　丁亮	报纸	市级
232	6/11	南农改善制作工艺——让糖尿病人也能喝青梅酒	江苏科技报	A9	刘伟伟　许天颖	报纸	省级
233	6/12	鼠标点一点，盐水鸭生产每道工序都可控	南京日报	A2	张昊	报纸	市级
234	6/12	南京首条物联网卤肉生产线：手机一扫生产信息全知道	南报网		张昊	网站	市级
235	6/13	你知道吗？常吃的话梅多半是杏子李子加工的	中国江苏网		许天颖　陈晓春	网站	省级
236	6/14	让绿色农场变透明	扬子晚报	A5	王素娟　蔡蕴琦	报纸	省级

（续）

序号	时间 （月/日）	标　题	媒体	版面	作者	类型	级别
237	6/16	大学毕业了，学校给你留点啥？	南京日报		谈洁	报纸	市级
238	6/16	3岁患先天性耳聋　南艺大三女孩成"超级演说家"	现代快报		金凤	报纸	省级
239	6/17	爱足球的博士球痴	新华日报	B8	孙庆	报纸	国家
240	6/17	南京农业大学范晓荣：农民说我好，才是真的好	中国科学报		朱孔苍	报纸	国家
241	6/19	"南农元素"水果品鉴会拟在港城举办	江苏农业网	典型交流	王克其	网站	省级
242	6/20	紫砂印章、学号银吊牌、太空校旗……南京高校的毕业礼物也各有各的范儿	东方卫报		赵秀蓉	报纸	市级
243	6/20	送学生印章，每个都刻着姓名和学号	现代快报	B9	许天颖　马宝妹　杨萍 金　凤　俞月花	报纸	省级
244	6/23	本报高考名校见面会25日举行	扬子晚报	A11	王雪瑞	报纸	省级
245	6/24	扬子晚报"2014高考名校推荐榜"揭晓	扬子晚报	A6	王雪瑞	报纸	省级
246	6/24	网友晒700多个高冷专业	扬子晚报	B	张　楠	报纸	省级
247	6/25	国家重点专项"中国木霉菌资源收集、全息化鉴与多功能评价"在交大启动	上海交通大学新闻网	学术动态	李雅乾　陈捷	网站	省级
248	6/25	南农毕业典礼校长与3 000多学子一一握手　收获毕业生32个赞	中国江苏网		许天颖　陈晓春	网站	省级
249	6/25	南师大计划在江苏招2 400人　南农增投资学专业	人民网		金　凤　俞月花　徐　洋	网站	国家
250	6/25	南京毕业大学生告别校园留影青春	中新网		泱波	网站	国家
251	6/25	我省启动千名专家进千企活动	中国江苏网		杨树立	网站	省级
252	6/25	南农农药3药剂防治小麦赤霉病现场会在如皋东台举行	中国农药网		柏亚罗	网站	国家
253	6/25	南京农大支教团走进铜梁职教畅想青春之歌	中国青年网		彦　龙　徐一丹	网站	国家
254	6/25	南农大教授：自住小产权房可考虑转为保障房	人民网		朱殿平	网站	国家
255	6/26	最后的班会课　让班主任哭红了眼	金陵晚报		邹佳瑶　许天颖　刘蓉	报纸	市级
256	6/26	在南京高校种草、做"吃货"都可以拿学位	南京日报		谈洁	报纸	市级

（续）

序号	时间 （月/日）	标　题	媒体	版面	作者	类型	级别
257	6/29	志愿的青春最美丽　青奥志愿者迎接倒计时 50 天	新华网		陈莹　薛念念	网站	国家
258	6/29	名字很相似内容差别大　盘点 6 组大学易混淆专业	现代快报		金凤	报纸	省级
259	6/29	南农和江苏农垦集团合作打造数字化农业基地	南京日报		许天颖　谈洁	报纸	市级
260	6/30	省农垦农业科学研究院成立	新华日报		王拓	报纸	国家
261	6/30	南农大与江苏农垦集团共建苏垦农科院	中国江苏网		陈晓春　许天颖	网站	省级
262	6/30	南农大牵手省农垦集团共建江苏农垦农科院	新华网		许天颖　刘国超	网站	国家
263	7/1	智慧平台种出绿色食品	人民网		徐丽莉　闫艳	网站	国家
264	7/1	在青春的单行道上奋力逐梦	江苏教育报		吕玉婷　糜晏嵩	报纸	省级
265	7/2	上课当"吃货"还有班级在练易筋经	金陵晚报	A6	刘蓉　陈蕴萱	报纸	市级
266	7/9	南农大学生暑期下乡宣传农药安全使用	江苏农业科技报	第一版	李艳丹	报纸	省级
267	7/9	为了"舌尖上的安全"省政协委员视察食品安全监管情况侧记	新华日报		刘影	报纸	国家
268	7/9	南京大学生情系留守儿童自筹费用赴湖南支教	中新网		王苏毅	网站	国家
269	7/9	南农侦探迷一路追踪逮住小偷　被赞正能量	人民网		孙玉春	网站	国家
270	7/10	打造数字化农业基地　实时监控农作物生长	南京日报		许天颖　谈洁	报纸	市级
271	7/10	苏州农村改革与发展研究院成立发挥先行者优势	中国新闻网		周建琳	网站	国家
272	7/10	江苏首批非物质文化遗产研究基地 12 个在苏南	人民网		禾一	网站	国家
273	7/11	大学生驾酷炫节能车驶上南京街头倡导绿色出行	中国新闻网	图片新闻	泱波	网站	国家
274	7/11	南农大志愿者驾自主研发节能车为"青奥"代言	新华网	江苏频道	董至谊	网站	国家
275	7/11	大学生驾酷炫节能车驶上南京街头倡导绿色出行	人民网	江苏	泱波	网站	国家

（续）

序号	时间 （月/日）	标 题	媒体	版面	作者	类型	级别
276	7/12	南农大学生走向街头为"绿色青奥"代言	南京日报		袁 涛	电视台	市级
277	7/12	南京结对肯尼亚中学 获挪威驻上海领事馆赠书	龙虎网		冯 兴	网站	省级
278	7/14	南农挂县强农富民专家组到东海传农技、送物资	江苏为民服务网	科技动态	王克其	网站	省级
279	7/14	南农大蔬菜专家赴东海深入开展挂县强农富民工程工作	江苏为民服务网	"送科技、比服务、促增收"活动	王克其	网站	省级
280	7/15	南京农业大学"和弦农村"团队来我县开展社会实践活动	如东日报	综合新闻	董 方	报纸	市级
281	7/15	南农大学生自主研发节能车1升油150公里	江广新闻	国内	袁方茹	网站	市级
282	7/15	南农大学生设计赛车 150公里省油6升	现代快报网	社会	金 凤	网站	省级
283	7/16	南农大学生服务"三农"	南通日报	民生	杨新民	报纸	市级
284	7/16	南农学子积极参加青奥志愿服务	新闻联播		许天颖	电视台	国家
285	7/16	南农大—东海县畜牧"挂县强农富民工程项目推进会召开"	江苏为民服务网	"送科技、比服务、促增收"活动	王克其	网站	省级
286	7/16	南农大蔬菜专家赴东海深入开展挂县强农富民工程工作	江苏农业网	典型交流	王克其	网站	省级
287	7/16	南农挂县强农富民专家组到东海传农技、送物资并现场调研、解惑	江苏农业网	典型交流	王克其 王明峰	网站	省级
288	7/19	社区里来了大学生保洁员	江苏电视台	教育频道	蒋海涛	电视台	省级
289	7/21	李学勇与南京青奥会志愿者代表座谈学习总书记回信体会	江苏卫视		许天颖	电视台	省级
290	7/22	协同助力挂县强农 南农大开展学生暑期社会实践活动	江苏为民服务网	"送科技、比服务、促增收"活动	王明峰	网站	省级
291	7/22	实践练青春 服务新农村	大学生新闻网	社会实践	董 方	网站	国家
292	7/23	南京农业大学师生来广开展暑假帮扶支教	广德电视台	广德新闻	曾晓闻	电视台	市级
293	7/24	海南开展大学生鹦哥岭社会实践活动	中青在线		王玉洁 任明超	电视台	国家

（续）

序号	时间 （月/日）	标　题	媒体	版面	作者	类型	级别
294	7/25	传技术、育产业、出精品　南农大—张家港举办挂县强农富民工程果品品鉴会	江苏为民服务网	"送科技、比服务、促增收"活动	江苏省农业委员会	网站	省级
295	7/25	秘境贵南——中石器时代遗址	新华网青海频道		肖瑞娜　桑卓	电视台	国家
296	7/26	2万青奥志愿者：一定不辜负总书记的期望	南京日报		许琴	报纸	市级
297	7/27	选专业听听他们怎么说	现代快报		金凤	报纸	省级
298	7/19	南农大纪委新任副处级干部廉政谈话	玄武职务犯罪预防第7期	工作动态	南京农业大学	电视台	市级
299	7/20	解读"微"生活	南报网		刘全民	网站	市级
300	7/21	南农大学子兴华垛田农业文化遗产调研行	龙虎网		施大尉	网站	省级
301	7/21	南农大学生暑期实践　为市民科普微生物知识	南京日报		吴彬	报纸	市级
302	7/21	南农大学生暑期实践　为市民科普微生物知识	人民网	江苏	吴彬	网站	国家
303	7/21	大学生为市民解读"微"生活	南京日报	民生	吴彬	报纸	市级
304	7/21	大学生倡导低碳骑行	新南京门户网	青奥	南京日报	网站	市级
305	7/22	南京高校食堂"防暑菜"物美价廉绿豆汤免费喝	中国江苏网		马道军	网站	省级
306	7/23	低碳骑行中山陵	中国江苏网	低碳生活	崇曰盛	网站	省级
307	7/23	南京将助青奥完成	中国青年网		王恒志　孙彬	网站	国家
308	7/23	南京本一高校热门专业录取分数线堪比清华北大	中国江苏网		刘蓉	网站	省级
309	7/28	南农开展三下乡社会实践活动	龙虎网		赖盛健　梁立宽	网站	市级
310	7/28	南京农业大学的学生用一幅幅南京地标建筑表达了他们对蓝天白云的渴望	东方卫报	青奥	刘雨馨	报纸	市级
311	7/28	30个志愿团队进驻奥体中心　进行实训	南京日报		许琴	报纸	市级
312	7/29	南农助青奥：低碳骑行中山陵	新华日报		崇曰盛	报纸	国家
313	7/30	南农大学生为市民解读"微"生活	南报网		吴彬	网站	市级
314	7/30	30多个志愿者团队进驻南京奥体中心实训	南报网		许琴　虞慧静	网站	市级

（续）

序号	时间 (月/日)	标　题	媒体	版面	作者	类型	级别
315	7/30	南京青奥志愿者高淳"过招"正宗陈氏太极传人	人民网		冯芃	网站	国家
316	7/30	志愿者高淳"过招"正宗陈氏太极传人	南京日报		冯芃	报纸	市级
317	7/30	高校食堂"防暑菜"物美价廉"蹭饭"的看过来	龙虎网		张帆 刘颖	网站	市级
318	7/30	青奥志愿者将设计习总书记回信漫画	南京晨报		钟晓璐 范杰逊	报纸	市级
319	7/30	再热也要在一起	东方卫报		丁亮 黄楠	报纸	市级
320	8/1	明孝陵指示牌五种英文翻译　老外咋找	金陵晚报	A7	王昆 王震宇	报纸	市级
321	8/1	开奥迪用苹果 加微信忙电商　新型农民，渴望用知识"种田"	中国江苏网		吴琼	网站	省级
322	8/1	各地大学生参与鹦哥岭社会实践助灾民重建家园	中国经济网		陈建峰	网站	国家
323	8/1	武进、南农齐携手，助力武进农业发展	武进新闻网		余佳	网站	市级
324	8/2	迎青奥　传爱心	皖南晨报	3版	邵春妍	报纸	省级
325	8/2	南京一烧烤店滥用亚硝酸盐撂倒14人店老板被捕	新华日报		顾敏	报纸	国家
326	8/4	妹子拍冰城21景为好友庆生　闺蜜感动得泪奔	新晚报	A8	张磊	报纸	省级
327	8/5	我校"挂县强农富民工程"在江苏城市频道报道	江苏电视台	城市频道	王克其	电视台	省级
328	8/6	炎炎夏日谱写青春之歌——江苏大学生2014年暑期社会实践活动纪实	江苏政教育频道		陈宇豪	电视台	省级
329	8/11	首支留学生青奥志愿者服务对成立	人民网		丁超 马道军	网站	国家
330	8/11	和大熊猫一样珍贵的雪豹南京学者一个多月拍到10次	现代快报	封16	许天颖 金凤	报纸	省级
331	8/11	中国日报等媒体宣传我校经管院社会实践活动	光明网		周昊坤	网站	国家
332	8/11	青奥志愿者：我们为自己为南京为中国代言	国务院新闻办公室门户网站		朱君	网站	国家
333	8/11	黄昌澍：参与《辞海》编写的畜牧兽医学家	《发现》周刊		白雁	报刊	省级

（续）

序号	时间 （月/日）	标　题	媒体	版面	作者	类型	级别
334	8/11	南农大学生调研农村土地流转	汇能网		李璐璐	网站	国家
335	8/11	苏疆少先队员欢聚一堂	中国江苏网		高爱平	网站	省级
336	8/11	南京百万志愿者服务青奥　专业队伍提升水准	新华日报		顾星欣　颜　芳	报纸	国家
337	8/11	赞！大学生自发组织去支教	南京市浦口广播电视台	浦口新闻	刘　静　吴　蓉	电视台	市级
338	8/12	南农师生大开展普法活动助理平安青奥	江苏省教育报		张　莹	报纸	省级
339	8/14	高校风采：南京农业大学	中国青年网		金文燕	网站	国家
340	8/14	南农更名"东海市公安局"？拍戏呢！	中国江苏网		钱　鸣	网站	省级
341	8/14	南农更名"东海市公安局"了？盘点南京为剧情"换脸"的学校	现代快报		欧阳丽蓉　俞月花　金凤	报纸	省级
342	8/14	姜价创十年新高"再姜一军"凸显信息不对称	新华网		聂　可	网站	国家
343	8/14	中国肉类屠宰设备转型正当时	搜猪		钱　涛	网站	国家
344	8/14	土壤遭农药污染　微生物来"对付"	中国生物技术信息网		李　勤	网站	国家
345	8/14	全国农村改革试验区实验项目评估专家组到开远市调研	新广网		于学康	网站	市级
346	8/14	江苏求解高校成果转化率低难题体制机制瓶颈亟待打破	中国高新技术产业导报		吴红梅　秦继东	网站	国家
347	8/18	南农"大学生法律援助志愿服务团"开展社会实践	南报网		赖盛健　梁立宽	网站	市级
348	8/19	南京农业大学召开严肃财经纪律和"小金库"专项治理工作会议	玄武职务犯罪预防第8期	工作动态	南京农业大学	报纸	市级
349	8/19	今年"利群阳光"可助355名学子圆梦　助学金总额和资助人数均创新高	扬子晚报		薄云峰　冯　可	报纸	省级
350	8/20	本网策划"最美身影"引发网友共鸣	龙虎网	本网原创	丁　劼	网站	市级
351	8/20	强化两大动力　主攻三个重点	南京日报		戴六华　张小川 张　露　王　馨	报纸	市级
352	8/21	值得尊敬的青春	光明日报	3	侯珂珂	报纸	国家

（续）

序号	时间（月/日）	标　题	媒体	版面	作者	类型	级别
353	8/21	真"假"巴赫奥体中心相遇　巴赫向小青柠赠送徽章	人民网		许　琴	网站	国家
354	8/21	这个夏天，"小青柠"在路上	中国青年报		王　玥	报纸	国家
355	8/21	新技术解决香樟虫害	苏州日报		黄　亮　徐力维	报纸	市级
356	8/21	青奥志愿者之李丹：用青春演绎花样年华	搜狐		月　亮	网站	国家
357	8/21	辽源市农业秸秆膨化应用技术领跑全国	国际在线		李志民	网站	国家
358	8/22	青奥会一人一岗位志愿者：一个人的志愿路同样精彩	新华网江苏频道		陆星辰　曾木子一支昊川　隋　坤	网站	国家
359	8/22	南京探索新常态下的治本之策	龙虎网		戴六华　张小川张　璐　王　馨	网站	市级
360	8/22	"姜你军"来袭姜价创十年新高	中国经济网		聂　可	网站	国家
361	8/22	"是否犯规，拿我们拍的录像做依据"	南京日报		马道军	报纸	市级
362	8/22	大学生了　你的"模式"调整好了吗	扬子晚报		喻贤璐　笪　越	报纸	省级
363	8/22	青奥礼仪志愿者有位扬州姑娘卢熠将手托奖牌亮相颁奖礼	中国江苏网		束　亮	网站	省级
364	8/22	苦练礼仪卢熠展扬州古典美	光明网		王　鹏　孔　茜	网站	国家
365	8/22	田径场上扬州话最亲切	扬州晚报		张卓君	报纸	省级
366	8/23	青奥田径赛场迎来第一个全赛日和颁奖日	南报网		杨　增　张　璐	网站	市级
367	8/23	青奥情侣志愿者同场馆不能见面终于深情一吻	扬子晚报		刘　浏	报纸	省级
368	8/23	张晶，安藤梦：南农小青柠与日本运动员的美丽约定	新华网	江苏频道	车碧宁　陈森蔚　张　晶	网站	国家
369	8/25	青奥让南京外文标识更地道	光明日报		郑晋鸣　南　琼	报纸	国家
370	8/26	中国科学家Nature子刊揭示病原体致病机制	生物通	今日新闻	何　嫱	网站	国家
371	8/26	南京青奥田径场志愿者绽放笑容青春永不散场	人民网	体育频道	是钟寅	网站	国家
372	8/26	814名南农小青柠：聚青春力，圆青奥梦	中国青年网		陈森蔚	网站	国家
373	8/26	这一吻，就是我给你的金牌	扬子晚报	A4	柳　杨	报纸	省级

（续）

序号	时间 （月/日）	标　题	媒体	版面	作者	类型	级别
374	8/26	小青柠的青春永不散场	中国江苏网		邵　丹	网站	省级
375	8/26	生活见证下的青奥会志愿者集体生日会	新华网	江苏频道	武文丽　杨　增	网站	国家
376	8/27	三种语言服务青奥会	江南时报	A3	鹿　琳	报纸	市级
377	8/27	外籍"小青柠"青奥靓风景	新华报业网		鹿　琳	网站	省级
378	9/1	LED生物照明起步艰难	中国科学报		李　勤	报纸	国家
379	9/1	告别之夜	中央电视台		王　斌　胡　玥	电视台	国家
380	9/2	值得尊敬的青春	新华报业网		王　娣	网站	省级
381	9/2	小青柠的"百变方巾"	中国青年网		黄　威	网站	国家
382	9/2	小青柠们演最后狂欢　互相道别流泪不说再见	现代快报	封7	赵丹丹　顾　炜	报纸	省级
383	9/2	与跑到器材相伴的南农小青柠	新华网		杨　增　陈森蔚 缪　颖　丁　欢	网站	国家
384	9/2	南农大350名志愿者率先完成青奥服务　流着泪不想说再见	现代快报		赵丹丹　顾　炜　马晶晶	报纸	省级
385	9/2	青奥会上的外国"熊孩子"志愿者	中国青年网		郑　昕　朱　翃	网站	国家
386	9/2	田径赛场"小青柠"欢乐告别青奥会	河北日报		张　晶	报纸	省级
387	9/3	运动员献花志愿者	南京晨报	A6	吴小荣	报纸	市级
388	9/3	汉语专业40人中只有4个男生　大学再现"公主班"	现代快报	封9	赵书伶　张希为 金　凤　俞月花	报纸	省级
389	9/3	喜见军训"老三样"终于改了样	南京日报	F2	根　生	报纸	市级
390	9/3	没有事先张扬的告别	东方卫报	A9	赵秀蓉　丁　亮	报纸	市级
391	9/6	开学季遇到"中秋节"	江苏新闻广播		沈　杨　许天颖　王秀良	电台	省级
392	9/6	南京农业大学迎新生　安全防范贴士做提醒	中国新闻网		泱　波	网站	国家
393	9/6	南农大开学迎来可爱水族女生	江南时报		刘浩浩　许天颖	报纸	市级
394	9/6	南农大迎来开学季　迎新style"萌萌哒"	中国江苏网		程　远　许天颖	网站	省级
395	9/7	从"60后"到"90后"　看校园里的正步走	现代快报		黄　艳　俞月花　金　凤	报纸	省级
396	9/7	南农大学生做12寸月饼迎中秋	新华报业网		万程鹏	网站	省级
397	9/7	2014版《大学，我来了》今天闪亮登场	中国江苏网		罗　可	网站	省级
398	9/7	南农学姐　捧巨型月饼迎新生	扬子晚报	A7	蔡蕴琦	报纸	省级

（续）

序号	时间（月/日）	标　题	媒体	版面	作者	类型	级别
399	9/7	南农大女学生做超大月饼迎新生	江南时报		刘浩浩	报纸	市级
400	9/7	南农大："超级月饼"迎接新生	南京晨报	A3	许天颖　王晶卉	报纸	市级
401	9/7	新生里有个学水产养殖的水族女孩	金陵晚报	A27	许天颖　刘　蓉	报纸	市级
402	9/7	南农迎来少数民族新生	南京新闻广播		杨　洋	电台	市级
403	9/7	"另类新生"引关注　退学男生重振雄风考上师大	新华日报		王　拓　蒋廷玉	报纸	国家
404	9/9	学费涨了，贫困生拎"包"入学	新华日报		蒋廷玉　倪方方　王　拓	报纸	国家
405	9/10	"教育世家"一家三代13人薪火相传	泉州晚报	7	李凯龙　谢宜萱　许文龙	报纸	市级
406	9/10	学姐做月饼迎新	南京日报		许天颖　徐　琦	报纸	市级
407	9/10	中秋佳节　别样团圆	南京网络电视台		金　嫣　叶　海上官苏隽　姚　翔	电视台	市级
408	9/10	南农学姐捧巨型月饼迎新　不只有"南农烧鸡"	龙虎网		蔡蕴琦	网站	市级
409	9/10	停车超3分钟熄火，听证代表全赞成	现代快报	封6	安　莹	报纸	省级
410	9/10	停车3分钟要熄火？监控难执法难，建议作为倡导性举措	南京日报	A2	毛　庆　张　昊	报纸	市级
411	9/10	重污染天限行一致认可	金陵晚报	A3	于　飞	报纸	市级
412	9/10	开学恰逢中秋　南农以"家"迎新	南京广播网		杨　洋	网站	市级
413	9/10	自制超级月饼带新生过中秋	现代快报	A6	金　凤　俞月花　许天颖王秀良　谌桃红孙　韵　饶雨夏	报纸	省级
414	9/10	水族姑娘学水产养殖，这也太巧了吧	现代快报	A6	金　凤　俞月花　许天颖王秀良　谌桃红孙　韵　饶雨夏	报纸	省级
415	9/10	教育部表彰78名全国教育系统先进工作者	人民网		郝孟佳	网站	国家
416	9/10	南京空气污染防治听证会激辩　停车超3分钟应熄火想法好难实施	扬子晚报		王　娟	报纸	省级
417	9/11	泉州"教育世家"一家三代13人薪火相传	闽南日报	16	李凯龙　谢宜萱　许文龙	报纸	省级
418	9/11	高校迎新各种想不到	东方卫报	A4	姜　晨　寇晓洁　许天颖饶雨夏　赵秀蓉	报纸	市级
419	9/11	南农大果树栽培专家滁州授技	南京日报	B8	李晓村　杨　枫	报纸	市级

（续）

序号	时间（月/日）	标　题	媒体	版面	作者	类型	级别
420	9/11	冷鲜禽加工卫生有了地方标准新标准下月起实施	中国食品科技网		林　莉　陈　娜　黄淼君	网站	国家
421	9/11	南京农大支教团启动"腾爱有'＋'"计划	中国青年网		李彦龙　封　睿	网站	国家
422	9/11	胃病反复发作？"三分治"后还需"七分养"	中华财经网		袁　浩	网站	国家
423	9/12	南农女生为妈妈绘手机说明书	现代快报	封16	金　凤	报纸	省级
424	9/13	抗水稻"癌症"基因成功克隆	科技日报		张　晔　许天颖	报纸	国家
425	9/13	南农大支教团中秋佳节收到爱心包裹	中国青年网		李彦龙　封　睿	网站	国家
426	9/13	南京农业大学 Nature 子刊发表水稻新文章	中国农业科技信息网		何　嫱	网站	国家
427	9/13	南京农大调研组来南昌县调研	南昌县新闻网		罗根弟	网站	市级
428	9/15	南农大"科技小院"打造农技推广新模式	农民日报	1	陈　兵	报纸	国家
429	9/16	南京农业大学李保平教授 Nature 子刊发表科研新成果	中国生物技术信息网	每周快讯	何　嫱	网站	国家
430	9/16	南京萌妹子吹响大学军训"集结号"	中国新闻网		泱　波	网站	国家
431	9/18	娘家在国外，不是圆明园？南农大一对石狮子要寻根	现代快报	封10	余　乐	报纸	省级
432	9/20	世界农业奖在宁揭晓　土壤学家保罗·弗莱克获殊荣	新华网	江苏频道	刘国超　许天颖	网站	国家
433	9/20	GCHERA 世界农业奖在南京农业大学颁发　土壤学家保罗·弗莱克获殊荣	中国江苏网		郭　蓓　天　颖	网站	省级
434	9/21	世界农业奖得主保罗弗莱克在宁表示：土地修复越早成本越小	新华日报		杨频萍	报纸	国家
435	9/21	世界农业奖在南京农业大学揭晓	光明日报	4	郑晋鸣　谌苏芬	报纸	国家
436	9/21	"世界农业奖"颁奖典礼在南京举行　德国科学家获奖	新华网		孙　彬	网站	国家
437	9/21	"世界农业奖"颁奖典礼在宁举行	南京日报	A3	钱红艳	报纸	市级
438	9/21	世界农业奖昨在南农大颁出	扬子晚报	A6	杨　彦	报纸	省级
439	9/21	2014 世界农业奖在南京揭晓	中国新闻网		盛　捷	网站	国家
440	9/22	推进公示语翻译研究应关注三个维度	中国社会科学网		郝日红	网站	国家

（续）

序号	时间 （月/日）	标　题	媒体	版面	作者	类型	级别
441	9/22	GCHERA 世界农业奖颁奖典礼在南京举行	中国社会科学网		王广禄　吴　楠	网站	国家
442	9/22	2014 年世界农业奖在南京揭晓	江苏教育新闻网		沈大雷	网站	省级
443	9/23	南京农业大学着力推进学术委员会改革	教育部简报	第 48 期	南京农业大学	报纸	国家
444	9/23	南京农大支教团参加《弟子规图说》捐赠仪式	中国青年网		李彦龙　封　睿 范　震　张寿明	网站	国家
445	9/23	南农学子自制节能赛车　1 升汽油能跑 180 公里	南报网		张源源	网站	市级
446	9/24	泗洪与南农大签署全面战略合作协议	宿迁日报	B	夏莉莉	报纸	市级
447	9/24	90 后小伙手绘校园画册	南京晨报	A12	孙奕程 记者 周晶	报纸	市级
448	9/24	南京打造"公益梦工场"	中国江苏网		唐　悦	网站	省级
449	9/25	南京大学生自制节能赛车　1 升汽油能跑 250 公里	中新社	中新视频	王苏毅	网站	国家
450	9/25	2014 年世界农业奖揭晓	中国教育报		沈大雷	报纸	国家
451	9/25	世界农业奖在宁揭晓德国土壤学家获殊荣	中国日报		王　昕　王　玮	报纸	国家
452	9/25	World　Agriculture　Prize　given in Nanjing	中国日报		王　昕　王　玮	报纸	国家
453	9/25	农药残留遇"克星"	中国农药网		芷　芹	网站	国家
454	9/25	疾病"凶"结构"变"　多重因素引发鸡蛋价格创历史新高	新华网		聂　可	网站	国家
455	9/26	南农与泗洪全面开展"挂县强农富民工程"	江苏为民服务网	"送科技、比服务、促增收"活动	王克其	网站	省级
456	9/27	德国科学家获世界农业奖	中国青年报	3	吴　琰　李润文	报纸	国家
457	9/27	南农大与绿汇宿动校企合作项目正式签约	宿迁日报	A2	马丽萍　沈　韬	报纸	市级
458	9/29	中山植物园展出绿色菊花	中国江苏网		徐　昇　田松沪	网站	省级
459	9/29	南农大参加 2014 中国大学生方程式大赛新车亮相	新华网	江苏频道	董至谊	网站	国家
460	9/29	南农大新款方程式赛车亮相　将参加全国大赛	中国江苏网	苏网原创	王逸男	网站	省级
461	9/30	大学生方程式新赛车亮相	南京日报	民生	徐　琦	报纸	市级

（续）

序号	时间 （月/日）	标　　题	媒体	版面	作者	类型	级别
462	9/30	南农大方程式新赛车亮相　官方美女海报似大片	人民网	滚动新闻	赵育卉	网站	国家
463	9/30	南京高校方程式赛车亮相　美女助阵	凤凰网	新闻客户端	赵育卉	网站	国家
464	9/30	南京农业大学宁远车队 2014 赛季新车 29 日正式亮相	新华日报	10	万程鹏	报纸	国家
465	10/7	长假，他们忙并快乐着　别人度假旅游，有一群人却从未离开工作岗位	新华日报		蒋廷玉　杨频萍　仲崇山 吴红梅　秦继东	报纸	国家
466	10/7	母亲外出务工会对留守儿童产生消极影响	人口导报		刘梦婷　许天颖	报纸	国家
467	10/7	南京农业大学贯彻"11 号文件"提升科研管理水平	教育部网站		刘梦婷　许天颖	网站	国家
468	10/12	南京农大支教团"扬帆计划"正式启动	中国青年网		李彦龙 通讯员　陈宏强	网站	国家
469	10/12	南农大支教团开展科普日活动激发学科学热情	中国青年网		王诗含　张　静 通讯员　陈宏强	网站	国家
470	10/12	南京农业大学丁艳锋副校长考察海安雅周现代稻作科技园	科技日报		唐　进	报纸	国家
471	10/12	海安县与南京农业大学签订全面战略合作协议	新华网		丁志云　陈志勇　王爱冬	网站	国家
472	10/15	无人机瞄一眼就知明年咋种田	科技日报		张　晖 通讯员　许天颖　刘正辉	报纸	国家
473	10/16	科技日报头版报道我校作物生长监测技术	科技日报		张　晖 通讯员　许天颖　刘正辉	报纸	国家
474	10/16	江苏教育频道专题报道我校高层次人才培养改革	江苏卫视	教育频道	许天颖　丁晓蕾	网站	省级
475	10/20	CCTV-1 报道南农菊花基地品种展览	中央电视台		宋爱萍	网站	国家
476	10/20	今秋来湖熟　赏 400 亩彩色"菊花海"	金陵晚报	B3	沈忱　姚媛媛	报纸	市级
477	10/20	湖熟 400 亩彩色"菊花海"可以看了	中国江苏网		陈康　娄静	网站	省级
478	10/20	南京农业大学举办国际文化节　留学生舞动异国风情	中新网		张越　泆波	网站	国家

（续）

序号	时间 （月/日）	标　题	媒体	版面	作者	类型	级别
479	10/20	中国创办四年制农业本科教育百年座谈会举行	新华网		董至谊 通讯员　许天颖	网站	国家
480	10/20	中国创四年制农业本科100周年座谈会在南农举行	中国新闻网		盛　捷 通讯员　许天颖	网站	国家
481	10/20	南京：校园里的国际文化节	新华报业网		郎从柳	网站	省级
482	10/21	中国创办四年制农业本科教育100周年座谈会在南京农业大学举行	中国江苏网		郭　蓓 通讯员　许天颖	网站	省级
483	10/21	南京农业大学举办国际文化节　留学生舞动异国风情	江苏新闻网		寒　单　泱　波	网站	省级
484	10/21	国际文化节异域风情秀	新华日报		郎从柳　万程鹏	报纸	国家
485	10/22	南农大国际文化节洋溢异国风情	南京日报		徐　琦	报纸	市级
486	10/22	南农大留学生捧出民族美食	扬子晚报		蔡蕴琦	报纸	省级
487	10/22	南京"绿肺"源于美国传教士的建议	现代快报		许天颖	报纸	省级
488	10/22	2014南京农业大学首届研究生国际学术研讨会召开——聚焦农业经济与农村资源	中国社会科学网		王广禄　吴　楠	网站	国家
489	10/23	无缝对接校内外资源协同育人　南农大入选国家农林人才培养计划	中国江苏网		郭　蓓 通讯员　许天颖	网站	省级
490	10/23	90多年前，农学生要调查100户以上农家	现代快报网		金　凤 通讯员　许天颖	网站	省级
491	10/23	泰兴"百企百校（院所）"协同创新结硕果	中国江苏网		余长江　陆爱平	网站	省级
492	10/23	今秋来湖熟赏400亩彩色"菊花海"	金陵晚报	B3	姚媛媛 通讯员　戴晶若　陈忱	报纸	市级
493	10/23	江苏建立智慧农业"智库"	南报网		毛　庆	网站	市级
494	10/24	江苏法学专家：全民法律素养提升依法治国的步伐就会更快	中国江苏网		袁涛罗鹏	网站	省级
495	10/24	深化农业改革推进农业现代化	中国社会科学网		王广禄　吴　楠	网站	国家
496	10/24	江苏省农村专业技术协会成立大会在宁召开	江苏公众科技网		费梦雅　范银宏	网站	省级
497	10/24	发展农业适度规模经营既要积极又要稳妥	中国农业信息网		周应恒　严斌剑	网站	国家

（续）

序号	时间(月/日)	标　题	媒体	版面	作者	类型	级别
498	10/25	南农大支教团开展讲座提高教师课件制作	中国青年网		李彦龙　通讯员　陈宏强	网站	国家
499	10/25	南京生物农业规模2020年达600亿	江苏经济报		杜颖梅	报纸	省级
500	10/25	互联网思维建赛制　国内首个大学生选秀走进南京	新华网江苏频道		魏薇	网站	国家
501	10/25	宣威中学生为南京农大建校112周年送祝福	中国青年网		李彦龙　通讯员　封睿	网站	国家
502	10/26	江西省首届公共管理论坛举行	江西日报	2	宋茜	报纸	省级
503	10/26	全国校园歌手大赛南京开战　快男吉杰助阵	扬子晚报网		徐晓风	网站	省级
504	10/26	"天价"科研苹果失窃的背后	文汇报		赵征南	报纸	省级
505	10/27	不用一滴油　照样烹烧鸡	新华日报	6	许天颖　杨频萍	报纸	国家
506	10/27	中国畜产品加工科技大会暨中国畜产品加工研究会成立三十周年年会在南农大举行	中国江苏网		郭蓓　通讯员　天颖春保	网站	省级
507	10/28	给蛋涂层"膜"　环保又美味	江苏科技报		费梦雅	报纸	省级
508	10/29	南京农业大学创新蛋制品加工保鲜技术	江苏农业科技报	头版	顾磊　许天颖　严文静	报纸	省级
509	10/31	作物学专家在宁共谋粮食安全	新华日报		许天颖　杨频萍	报纸	国家
510	10/31	建国后文革前南京经典建筑你知道多少　东大五四楼其实跟"五四运动"没啥关系	江南时报	A3	黄勇	报纸	市级
511	11/3	经济学专业被评"坑爹指数五颗星"	现代快报	封12	金凤	报纸	省级
512	11/3	江苏"省花"是野茉莉，不是茉莉花？	现代快报	封9	余乐	报纸	省级
513	11/3	张家港市科技挂县强农富民工程项目活动成效	江苏公众科技网		李蓁	网站	省级
514	11/3	微生物技术有望进入土壤修复市场	中国联合商报		邓昕睿	报纸	国家
515	11/3	南京最缺小学语数外教师	中国江苏网		刘浩浩　秦怀珠	网站	省级
516	11/3	农民怎样参与市场？	农民日报	2	张凤云	报纸	国家
517	11/3	中国畜产品加工界热议新型人造食物	科技日报	6	张晔	报纸	国家
518	11/6	南京高校最火的自媒体都在聊些啥	金陵晚报	B20	刘蓉	报纸	市级
519	11/7	深秋赏菊　来植物园看"星空""点点"	金陵晚报	B2	通讯员　田松沪　记者　许军	报纸	市级

（续）

序号	时间 （月/日）	标 题	媒体	版面	作者	类型	级别
520	11/7	土壤污染危及18亿亩耕地红线 国家将启动修复工程	中国青年网		黄倩殷 黄冲	网站	国家
521	11/8	南农学子在全国大学生创业大赛上斩获两金一银	中国青年网		朱玥璇	网站	国家
522	11/8	植物园来了菊花切花新品种	扬子晚报	A26	杨 娟 田松沪	报纸	省级
523	11/8	江苏畜牧兽医毕业生"喂不饱"企业人才匮乏亟待重视	新华报业网		张 晨	网站	省级
524	11/11	"花果山风鹅"国家地理标志申报获受理公示	中国江苏网		席亚文	网站	省级
525	11/11	"科技九条"鼓励高校师生创业击破障碍容易吗？	人民日报	20	王伟健	报纸	国家
526	11/11	女"粉丝"为南航小鲜肉疯狂	金陵晚报	B20	葛 倩	报纸	市级
527	11/11	乳品"身份证"你了解多少？	现代快报		笪 颖 马晶晶	报纸	省级
528	11/11	刚杀好的鸡和冻过的鸡，哪个更美味？	现代快报		王 凡	报纸	省级
529	11/11	南京大学南京师范大学入选"全国最美校园"前15	人民网		孙奕程 范杰逊	网站	国家
530	11/14	张家港市农委举办与南农大挂县强农富民工程对接启动活动	江苏公众科技网		郭平芳	网站	省级
531	11/14	精准种水稻 增产更高效	江西日报	头版	宋 茜	报纸	省级
532	11/14	上海松江仓桥水晶梨保护示范区通过国家级验收	东方城乡报	A3	通讯员 钱培华 记者 张树良	报纸	省级
533	11/14	淮安土地使用制度改革再获支持	中国江苏网		周 洋 周一峰	网站	省级
534	11/17	江阴市农林局组织2014年基层农技指导员开展现代农业发展专题培训	江苏公众科技网		强静霞	网站	省级
535	11/18	博士还没毕业，就发了6篇国际论文 南农学霸获10万元奖学金	现代快报	B6	金 凤	报纸	省级
536	11/18	红豆合作社南农大研究生工作站揭牌	光明网		记者 苏 雁 通讯员 陈 敏	网站	国家
537	11/18	中分带挤了8种绿植 过度绿化受关注	南京日报	A4	王 馨	报纸	市级
538	11/18	我县农技人员能力提升培训在南京农业大学开班	霍邱网		陆跃华	网站	县级
539	11/19	中国作物学会学术年会探讨粮食安全与科技创新	农民日报	2	陈 兵	报纸	国家

（续）

序号	时间（月/日）	标　题	媒体	版面	作者	类型	级别
540	11/19	中国作物学会学术年会探讨粮食安全与科技创新	科技日报	6	张　晔　朱文杰	报纸	国家
541	11/20	南农大支教团启动"阳光黔行"爱心捐赠活动	中国青年网		李彦龙　陈宏强	网站	国家
542	11/20	江苏："丹阳食用菌专家工作站"正式挂牌成立	中国食用菌商务网		姬丹丹	网站	国家
543	11/20	建设具有国际水准全球影响的食品安全中心	中国日报		李　栋	报纸	国家
544	11/22	进一步完善特别扶助金制度	现代快报	B2	顾元森　邱稚真	报纸	省级
545	11/23	南京农业大学左惟书记一行来新疆农业大学考察	中国高校之窗		宋文杰	网站	国家
546	11/23	中国气象局与农业部门商谈科技人才合作	中国气象局		李一鹏　苗艳丽　庄白羽	网站	国家
547	11/23	江苏研究草鸡养殖首个研究生工作站在上海揭牌	中国江苏网		孙云云	网站	省级
548	11/23	专家详解农村土地流转及农业适度规模经营	中国农业信息网		于文静　王　宇	网站	国家
549	11/23	上海生科院科研人员克隆棉纤维伸长关键基因可为棉纤维品质改良提供靶标	人民网		姜泓冰	网站	国家
550	11/25	江南生物牵手南农大共建食用菌专家工作站	中国江苏网		史惠铭　蒋须俊	网站	省级
551	11/25	第八届江苏省哲学社会科学界学术大会管理学专场在河海大学举行	中国高校之窗		孟　伦　曹海林　朱昊	网站	国家
552	11/25	杜鹃、绿萝、风信子"争奇斗艳"你没走错，这是四个男生的宿舍	现代快报	B6	金　凤	报纸	省级
553	11/25	南京日报头版焦点图刊发我校落叶美景	南京日报	头版	徐琦文　宋　越	报纸	市级
554	11/26	南农：从绿意匆匆步入金色年华	新华日报	12	宋　越	报纸	国家
555	11/28	国家公祭新闻行动走进南农	新华日报		杨频萍	报纸	国家
556	11/28	感恩之初缅怀历史　"国家公祭新闻行动进校园"走进南农大	中国江苏网		郭　蓓　许特达	网站	省级
557	11/28	喧嚣闹市中的古典情　南农茶艺协会秋菊茶艺展	腾讯大苏网		裴莉莎	网站	国家
558	11/28	100 万块"爱国砖"筑起"城墙"	中国江苏网		郭　蓓　许特达　杨丽	网站	省级

（续）

序号	时间（月/日）	标　题	媒体	版面	作者	类型	级别
559	11/28	南京农业大学第十六届研究生支教团演绎爱心接力	黔东南信息港		封　睿　彭德华	网站	省级
560	11/28	南京农大支教团启动"黔馨悦读"图书计划	中国青年网		李彦龙	网站	国家
561	11/28	公祭日"捐砖"数已突破百万	扬子晚报	A4	金　秋　蔡蕴琦	报纸	省级
562	11/29	贵州麻江宣威中学举办快易典学习机捐赠仪式	中国青年网		李彦龙	网站	国家
563	11/29	国家公祭"捐砖"总数突破百万	江南时报	A4	刘浩浩	报纸	市级
564	11/29	从田间到舌尖的安全　首届江苏食品安全论坛在宁举行	南报网		许　琴　崔娇娇	网站	市级
565	11/29	南京大学生"茶香艺馨"吁快节奏慢生活	中国新闻网		许天颖　王　爽	网站	国家
566	11/30	尝菊花　品茶韵	新华日报		万程鹏	报纸	国家
567	11/30	南京大学生走上街头"爱的抱抱"宣传防治艾滋病	中国新闻网		泱　波	网站	国家
568	12/1	江苏省"十大科技之星"近日揭晓	江南时报		程岚岚	报纸	市级
569	12/1	播撒创新火种　深耕"三农"沃土——来自南京农业大学新农村发展研究院新型农技服务体系的调查	科技日报	5	张　晔	报纸	国家
570	12/2	你所不知道的土壤微生物	农民日报	8	吴　佩	报纸	国家
571	12/2	"周杰伦"和大家玩自拍!	金陵晚报	B31	葛　倩	报纸	市级
572	12/5	大三男生任志栋志愿做起献血牵头人	江南时报	A14	吕晶晶	报纸	市级
573	12/6	第八届江苏省社科界学术大会管理学专场召开	中国社会科学网		吴　楠	网站	国家
574	12/6	野生动物保护　宣传进校园	南京日报	A9	许天颖　徐　琦	报纸	市级
575	12/6	无动物福利之虑必有食品安全之忧	中国畜牧网		章　勇	网站	国家
576	12/6	南京农业大学研究生支教团演绎爱心接力	新华网		封　睿　彭德华	网站	国家
577	12/6	国际志愿者日:志愿服务让爱心传递	南京电视台		高　凌　叶海	电视台	市级
578	12/8	南农大在常熟召开基地建设大会	中国江苏网		袁　鼎	网站	省级
579	12/8	国土部副部长王世元:审慎稳妥推进土地制度改革	人民网		朱　阳	网站	国家

（续）

序号	时间 （月/日）	标　题	媒体	版面	作者	类型	级别
580	12/8	重要农林有害生物检测技术体系建立	科技日报	3	马爱平	报纸	国家
581	12/8	南京湖山村祭奠被侵华日军屠杀的死难者	中国青年报	7	袁　支	报纸	国家
582	12/8	南京校园摇滚乐队南财大"比拼"人气乐队可获 10 万元奖励	中国江苏网		程　远	网站	省级
583	12/9	2014 年"我的青春故事"江苏省大学生成长体验报告会在钟山职业技术学院举行	中国高校之窗		史玉祥	网站	国家
584	12/9	南京农业大学两千学子共制公祭菊铭记历史	中国新闻网		王　爽	网站	国家
585	12/9	千人共制公祭菊　南京高校学子铭记"12·13"	南京日报		徐　琦	报纸	市级
586	12/9	千手折菊悼国殇	新华日报		万程鹏	报纸	国家
587	12/10	南农大"千人共制公祭菊"活动	中国青年网		万程鹏	网站	国家
588	12/10	南京农业大学两千学子制公祭菊铭记历史	腾讯大苏网		王　爽	网站	国家
589	12/10	南京校园同迎国家公祭日	扬子晚报网		王　拓　葛灵丹　万鹏程	网站	省级
590	12/11	南京近两千大学生折纸菊悼念南京大屠杀遇难同胞	中国新闻网		盛　捷 通讯员 许天颖 朱媛媛	网站	国家
591	12/11	青年励志筑国梦	中国日报网		许天颖 朱媛媛	网站	国家
592	12/11	千手折菊悼国殇	中国日报网		许天颖 朱媛媛	网站	国家
593	12/11	南京农业大学两千学子共制公祭菊铭记历史	中国社会科学网		王　爽	网站	国家
594	12/12	"新常态"下南京作为：创新驱动内生增长　绿色发展	南京日报		戴六华 张　璐	报纸	市级
595	12/12	专家澄清"巴西疯牛肉""问题牛肉"不等于疯牛肉	中国江苏网		邵生余	网站	省级
596	12/12	从国际软实力竞争看外宣新闻翻译的重要性	人民网		范萍萍 王银泉	网站	国家
597	12/12	南京推进土地综合整治　维护农民土地权益，严守耕地红线	扬子晚报		杨丁丁	报纸	省级
598	12/13	南京留学生自发参与南京大屠杀悼念	中国新闻网		孙　茜	网站	国家
599	12/15	江苏群众以各种形式悼念遇难同胞	新华报业网		王　拓	网站	省级

（续）

序号	时间（月/日）	标　题	媒体	版面	作者	类型	级别
600	12/15	南京农业 400 师生："祭奠历史，永不遗忘"	南报网		张源源	网站	市级
601	12/15	南京农业大学组织师生观看南京大屠杀死难同胞公祭仪式	中国日报网		通讯员 许天颖	网站	国家
602	12/15	江苏高校师生学习习总书记国家公祭日讲话精神	人民网		姚媛	网站	国家
603	12/15	"第十届中国人日语作文大赛"颁奖典礼在北京举行	人民网		陈建军	网站	国家
604	12/15	上海科学团队"揪出"植物砷含量"操盘手"	新民晚报		董纯蕾	报纸	省级
605	12/16	南京农大支教团发放物资用爱助学生温暖过冬	中国青年网		李彦龙	网站	国家
606	12/16	全国专家齐聚资阳研讨猪链球菌病防控	资阳日报		胡佳音	报纸	市级
607	12/16	高校师生座谈学习习总书记在国家公祭仪式上重要讲话精神	新华日报		蒋廷玉 余萍	报纸	国家
608	12/17	灌南县分类系统培训新型职业农民	农民日报		赵从文	报纸	国家
609	12/17	南农大教授研发"糙米胚芽养生饮料" 起步两年即获天使投资 230 万	扬子晚报		徐兢	报纸	省级
610	12/18	中国学者：转基因与传统农业可以共存	中国生物技术信息网		王楠	网站	国家
611	12/20	我国农村土地流转进程加速 农业步入规模经营新常态	新华网		记者 王宇 潘林青 吴涛	网站	国家
612	12/20	江苏物联网协同创新中心打造全国性公共平台	新华网		洪黎明	网站	国家
613	12/21	专家：食品监管应确立"消费者优先"原则	南京日报		许琴 崔娇娇	报纸	市级
614	12/22	江苏：让农民种出专家田	农民日报	头版	李文博	报纸	国家
615	12/22	菊花好看更好吃	南京日报		许天颖 孙笑逸 徐琦	报纸	市级
616	12/22	农业规模经营要遵循规律	经济日报		周应恒	报纸	国家
617	12/22	市场风险保障渐成惠农新趋势	新华日报		孙溥 邹建丰	报纸	国家
618	12/22	江苏物联网协同创新中心打造全国性公共平台	新华网		洪黎明	网站	国家
619	12/22	我国商业银行操作风险管理的对策	青海日报		殷浩文	报纸	省级
620	12/23	少施肥三分之一，蔬菜水稻不减产	南京日报		毛庆 赵修丽	报纸	市级

（续）

序号	时间 （月/日）	标　题	媒体	版面	作者	类型	级别
621	12/24	南农科研项目入"中国高等学校十大科技进展"	新华网		许天颖	网站	国家
622	12/26	把最美好的自己展示给大自然——访"江苏省十大青年科技之星"熊正琴教授	新华网		张　洁	网站	国家
623	12/26	南京：水质达标，国标不检抗生素	现代快报		安　莹　刘伟伟 朱　蓓　付瑞利	报纸	省级
624	12/26	延展"哭墙"　铭记民族之痛	中国国防报		丘淮平　仓　晓　练红宁	报纸	国家
625	12/26	个人照片改成奥特曼拿到六级准考证傻眼了	东方卫报		赵秀蓉	报纸	市级
626	12/26	2014 年中国大学国际化水平排行榜江苏 11 所高校入选	现代快报		俞月花	报纸	省级
627	12/28	南京农业大学打造全球首个农业特色孔子学院	新华网		孙　彬	网站	国家
628	12/29	他们梦想让爱洒满每个角落	金陵晚报		朱菁菁　李　军	报纸	市级

（撰稿：许天颖　审稿：夏镇波）

十五、2014 年大事记

1 月

1月10日　2013年度国家科学技术奖励大会上，周光宏教授课题组科研成果"冷却肉品质控制关键技术及装备创新与应用"获国家科学技术进步二等奖。

1月24日　教育部办公厅公布直属高校2013年国家百千万人才工程入选人员名单，王源超教授入选，并被授予国家"有突出贡献中青年专家"荣誉称号。

1月16日　学校召开2013年总结表彰大会。大会对2013年取得突出成绩的团队、个人和先进单位进行了表彰。校长周光宏代表学校党委和行政对2013年全校的工作进行总结，一是深入开展党的群众路线教育实践活动，切实增强学校事业科学发展的整体活力。二是加快高水平师资队伍和现代大学制度建设，进一步提升学校科学发展的能力。三是以世界一流农业大学建设目标为引领，学校各项事业发展再上新台阶。党委书记左惟对今后的工作提出了三点要求，一是要始终保持发展意识和忧患意识。二是要牢固树立改革意识和创新意识。三是要巩固并不断深化教育实践活动取得的成果。

2 月

2月7日　据汤森路透公司公布的最新版基本科学指标数据库ESI（Essential Science Indicators）显示，南京农业大学生物与生物化学学科进入世界排名前1%行列，这是学校继植物与动物学、农业科学、环境生态学之后，第四个进入ESI世界排名前1%的学科。

2月19日　南京农业大学召开全体中层干部大会。党委书记左惟部署新学期党委工作：一是认真总结党的群众路线教育实践活动的举措和经验，进一步巩固活动成效。二是做好三级党组织的换届工作，确保学校第十一次党代会的顺利召开。三是完善院系党政联席会议的议事规则和"三重一大"事项的决策程序。四是调研试行党代会代表常任制。校长周光宏围绕如何发挥学院在实现世界一流农业大学建设目标中的作用、推进学校国际化进程、人事制度改革、农业大学科技工作以及国际视野下的教育教学改革等问题做大会总结。

2月21日　教育部公布首批国家级100个虚拟仿真实验教学中心建设遴选结果，南京农业大学"农业生物学虚拟仿真实验教学中心"成功入选。

3 月

3月14日　学校举行人文社科研究生全英文课程体系建设论证暨推进会。经济管理学院副院长朱晶从国际化与研究生教育、经济管理学院研究生教育及国际化目标、人文社科研究生全英文课程体系建设方案、可能面临的困难和问题 4 个方面做了汇报。与会专家对建设方案予以肯定，建议突出南农专业特色和比较优势，使得建设方案具有示范性和借鉴意义。

4 月

4 月 2 日　科技部公布 2013 年创新人才推进计划入选名单，姜东教授当选为中青年科技创新领军人才。

4 月 9 日　学校举行第五届教职工代表大会暨第十届工会会员代表大会三次会议第一次全体会议。校长周光宏做题为《深化改革　乘势而上　全面加快世界一流农业大学建设》的 2013 年学校工作报告，校党委书记左惟在会上做重要讲话，重点从 3 个方面对进一步加强教职工代表大会制度建设，推进民主办学提出要求。

4 月 14 日　学校召开首次院长联席会。校长周光宏，副校长沈其荣、丁艳锋，校长助理董维春出席会议，各学院院长和相关职能部门主要负责人参加会议，会议的主题是学院建设与发展。

4 月 30 日　南京农业大学第七届学术委员会成立大会暨第一次会议召开。会议对学术委员会结构框架、秘书长人选、学部负责人调整和章程修订等 7 个议题进行了审议和讨论。会议决定学术委员会下设教育教学指导委员会、学术规范委员会、职称评定与教师学术评价委员会 3 个专门委员会，学位委员会独立建制。

5 月

5 月 2～6 日　校长周光宏率团访问美国加州大学戴维斯分校（University of California Davis，UCDavis）和康涅狄格大学（University of Connecticut，UCONN）。访问期间，与康涅狄格大学签署了校际合作备忘录，与加州大学戴维斯分校签署了"全球健康联合中心实施协议"。

5 月 7 日　共青团江苏省委、江苏省人力资源和社会保障厅公布了江苏省（杰出）青年岗位能手表彰名单，生命科学学院蒋建东教授荣获"江苏省杰出青年岗位能手"称号。

5 月 10 日　国务院总理李克强在内罗毕与肯尼亚总统肯雅塔共同出席双边合作文件签字仪式。签署的合作文件之一为《中华人民共和国科学技术部与肯尼亚共和国教育科学技术部关于共建中肯作物分子生物学联合实验室的谅解备忘录》，南京农业大学为该项目中方执行机构。

5 月 27 日　南京农业大学与江苏省农业科学院举行全面战略合作框架协议签署仪式。校长周光宏和江苏省农业科学院院长易中懿分别代表双方签署了战略合作框架协议。

6 月

6 月 3 日　学校举行中共中央组织部第十批"千人计划"专家胡水金教授聘任仪式。

6 月 12 日　中共南京农业大学第十一次代表大会隆重开幕。教育部高等教育司司长张大良代表教育部党组做重要讲话。胡金波代表中共江苏省委组织部做重要讲话。左惟同志代表南京农业大学第十届党委做题为《坚定信心、凝聚力量、深化改革、攻坚克难，努力开创世界一流农业大学建设新局面》的工作报告。盛邦跃同志代表纪委做题为《围绕中心、服务大局，深入推进党风廉政建设和反腐败工作》的工作报告。大会听取并审议工作报告，选举产生新一届党委和新一届纪委。

6 月 16 日　江苏省"现代作物生产协同创新中心"建设启动会在学校召开。中心由南京农业大学牵头，联合南京大学、浙江大学、安徽农业大学和江苏省农业科学院等 22 家单位共同组建，于 2014 年 3 月正式获得江苏省人民政府立项建设。

6 月 19～20 日　南京农业大学 2014 届本科生毕业典礼暨学位授予仪式分别在浦口校区、卫岗校区举行。近 4 000 名毕业生参加了典礼仪式，并从校长周光宏手中接过学士学位证书。

6 月 29 日　南京农业大学与江苏省农垦集团有限公司举行校企合作框架协议签约仪式。签署了《南京农业大学—江苏省农垦集团校企合作框架协议》、《南京农业大学—江苏省农垦集团共建苏垦农业科学研究院协议》、《南京农业大学—江苏省农垦农业发展股份有限公司联合组建"现代作物生产协同创新中心"协议》、《南京农业大学—江苏省农垦农业发展股份有限公司共建数字化农业示范基地协议》。

7　　月

7 月 17 日　国务院学位委员会下达 2014 年审核增列的硕士专业学位授权点及撤销的硕士学位授权点名单，学校新增法律、图书情报和中药学 3 个硕士专业学位授权点，撤销林学一级学科硕士学位授权点，新增的学位授权点将于 2015 年开始招生。

8　　月

8 月 21 日　学校召开新学期工作会议。党委书记左惟、校长周光宏分别做主题为《把握机遇，深化改革，推动学校事业跨越发展》和《世界一流农业大学建设核心任务：建设世界一流学科》的大会报告。

9　　月

9 月 7 日　学校针对研究生培养机制改革出台《南京农业大学研究生奖助体系改革实施方案》。改革后的研究生奖助体系呈现两大特点：① 覆盖面广：国家助学金、学校助学金和学业奖学金基本覆盖全体全日制在校研究生，一等学业奖学金覆盖面达 30%；② 奖助额度高：博士生校长奖学金一等奖达 5 万元，优秀博士生一年最高奖助金可达 9.1 万元，硕士生最高可达 4.3 万元，研究生获得的奖助收入最低可保障基本生活需求。

9 月 9 日　"庆祝第 30 个教师节暨全国教育系统先进集体和先进个人表彰大会"在北京举行。中共中央总书记、国家主席、中央军委主席习近平在人民大会堂亲切会见受表彰代表，王恬教授作为"全国教育系统先进工作者"受到接见。

9 月 20～22 日　全球农业与生命科学高等教育协会联盟（GCHERA）2014 年世界对话

暨世界农业奖颁奖典礼在学校举行。来自美国、法国和加拿大等 12 个国家的近百位专家参会，共同探讨全球农业及生命科学的教育与创新。德国土壤学家保罗·弗莱克（Paul L. G. Vlek）教授凭借 40 年来在自然资源可持续利用方面的杰出成就获得 2014 年度世界农业奖。

10　月

10 月　台湾大学公布了 2014 年世界大学科研论文质量评比结果（NTU Ranking），学校位居农业领域第 94 位，比 2013 年位次（109 位）前移了 15 位。农业领域由 3 个次领域组成，分别为农业科学、生态/环境学、植物与动物科学。

10 月 13 日　教育部下发《教育部　农业部　国家林业局关于批准第一批卓越农林人才教育培养计划改革试点项目的通知》，南京农业大学成为第一批卓越农林人才教育培养计划项目试点高校，学校申报的拔尖创新型及复合应用型农林人才培养模式改革试点项目申请获得批准。

10 月 24～26 日　中国畜产品加工科技大会暨中国畜产品加工研究会成立 30 周年年会在学校召开。全国高校、科研院所、企业代表 600 余人参会。以"凝聚行业智慧、共谋未来发展"为主题，15 位国内外知名专家学者围绕国内外产业发展动态、基础理论研究、畜产品与人类健康、加工技术与装备以及副产物综合利用方向做大会报告。

10 月　《美国新闻与世界报道》（U. S. News & World Report）在其网站上公布了"全球最佳大学排行榜"及其分国家、区域和学科领域排行榜。在"全球最佳农业科学大学"排名中，南京农业大学居第 36 位。U. S. News 是美国著名的综合性报道评论周刊，是目前最具权威和影响力的"美国大学排名榜"。

10 月 27～30 日　2014"消化道分子微生态"国际研讨会暨第二届中国动物消化道微生物学术研讨会在学校举行。美国、澳大利亚、丹麦和英国等 10 多个国家和地区的 40 多所高校和研究机构的专家学者和师生代表 230 余人参会，就当前动物消化道微生物领域的热点问题开展学术交流与研讨。

10 月 30～31 日　由中国作物学会主办、南京农业大学承办的中国作物学会第十次全国会员代表大会暨 2014 学术年会在南京召开，1 500 多名国内外专家学者共同研讨国家"粮食安全与科技创新"。70 余位作物科学领域的专家从宏观与微观、国内与国外、品种与作物、基础与前沿、生态与安全、高产与优质等不同层面做了学术报告，并进行深入交流。

10 月 31 日　2014 年"创青春"全国大学生创业大赛在武汉举行。南京农业大学 3 个学生团队全部进入决赛并获优异成绩。其中，创业计划竞赛项目"南京维润食品科技有限责任公司"和"南京多恩环保科技有限公司"2 件作品获得大赛金奖；公益创业赛项目"莆田计划"获得大赛银奖。

11　月

11 月 4～8 日　2014 年（第 16 届）中国国际工业博览会在上海举办。由食品科技学院黄明教授牵头，南京农业大学和南农肉类食品有限公司联合申报的科技成果项目"采用绿色加工保鲜技术的传统肉制品"获本届工博会高校展区特等奖。

11 月 20 日　最高人民法院中国应用法学研究所、环境司法研究中心与南京农业大学共建的"国土资源保护与生态法治建设研究基地"揭牌仪式及聘任仪式在学校举行。

11 月 26 日　第五届全国高校社科期刊评优活动获奖名单揭晓,《南京农业大学学报》(社会科学版)荣获"全国高校精品社科期刊奖"。《南京农业大学学报》(社会科学版)是全国农业高校社科学报中唯一入选刊物。

11 月 28 日　国家自然科学基金委员会 2014 年度国家杰出青年科学基金资助结果公布,园艺学院陈发棣教授获 2014 年度国家杰出青年科学基金资助。

11 月　江苏省教育厅公布 2014 年江苏特聘教授名单。学校奚志勇、程涛两位教授入选。至此,学校的江苏特聘教授人数增至 8 人。江苏特聘教授评审始于 2010 年,旨在通过引进一批海内外高层次人才,加强江苏省高校高层次人才队伍建设。

12　月

12 月 6 日　南京农业大学山西校友会成立大会在太原市召开,来自山西各地的 40 余位校友代表参加了会议。会上宣读了《关于南京农业大学山西校友会组成人员及分工的批复》,副校长陈利根代表南京农业大学对山西校友会的成立表示祝贺。

12 月　国际权威刊物《自然生物技术》(*Nature Biotechnology*,IF＝39.1)在线发表吴益东教授课题组和万建民教授课题组的 2 项最新研究成果,分别为棉铃虫对 Bt 棉花抗性研究方面的论文,题为《自然庇护所延缓昆虫对转基因 Bt 作物抗性的大规模数据检测》(*Large - scale test of the natural refuge strategy for delaying insect resistance to transgenic Bt crops*)以及有关水稻抗褐飞虱研究的论文,题为《一个编码植物凝集素受体激酶的基因簇赋予水稻广谱、持久的抗虫性》(*A gene cluster encoding lectin receptor kinases confers broad - spectrum and durable insect resistance in rice*)。

(撰稿:吴　玥　审稿:刘　勇)

十六、规章制度

【校党委发布的管理文件】

序号	文件标题	文号	发文时间
1	关于印发《南京农业大学校园突发事件应急处置预案（修订）》的通知	党发〔2014〕30号	2014-4-28
2	关于印发《南京农业大学关心下一代工作委员会工作规则》的通知	党发〔2014〕32号	2014-5-21
3	关于印发《关于对处级以上领导干部因私出国（境）证件实行集中管理的暂行规定》的通知	党发〔2014〕40号	2014-6-7
4	关于实施《南京农业大学学院"三重一大"决策制度实施办法（试行）》的通知	党发〔2014〕51号	2014-7-5

（撰稿：文习成　审稿：全思懋）

【校行政发布的管理文件】

序号	文件标题	文号	发文时间
1	关于印发《南京农业大学大型仪器设备共用平台管理办法》的通知	校科发〔2014〕5号	2014-1-6
2	关于修订《南京农业大学金善宝实验班（经济管理方向）管理办法》通知	校教发〔2014〕83号	2014-3-25
3	关于印发《南京农业大学教师公派留学绩效考核办法（试行）》的通知	校外发〔2014〕90号	2014-3-30
4	关于印发《南京农业大学因公临时出国（境）审批管理暂行规定》的通知	校外发〔2014〕135号	2014-5-6
5	关于修订《南京农业大学教职工大病医疗互助基金管理办法（试行）》的通知	校发〔2014〕138号	2014-5-6
6	关于印发《南京农业大学师资博士后管理暂行办法》的通知	校人发〔2014〕152号	2014-5-21
7	关于印发《南京农业大学办公设备、家具配置管理办法（试行）》的通知	校资发〔2014〕176号	2014-6-5

（续）

序号	文件标题	文号	发文时间
8	关于印发《南京农业大学境外专家短期来访管理规定（暂行）》的通知	校外发〔2014〕225 号	2014 - 7 - 1
9	关于印发《南京农业大学研究生奖助体系改革实施方案（试行）》的通知	校研发〔2014〕234 号	2014 - 7 - 2
10	关于印发《南京农业大学公务活动管理办法》、《南京农业大学公务活动用车管理暂行办法》、《南京农业大学三公经费使用监督办法》的通知	校发〔2014〕248 号	2014 - 7 - 9
11	关于印发《南京农业大学差旅费报销规定》、《南京农业大学会议费报销规定》、《南京农业大学培训费报销规定》的通知	校计财发〔2014〕254 号	2014 - 7 - 12
12	关于印发《南京农业大学深化研究生教育综合改革方案（试行）》的通知	校研发〔2014〕255 号	2014 - 7 - 15
13	关于修订《南京农业大学本科生学分制学籍管理规定》的通知	校教发〔2014〕309 号	2014 - 9 - 1
14	关于印发《南京农业大学埃博拉疫情防控工作方案》的通知	校发〔2014〕310 号	2014 - 9 - 1
15	关于制定《南京农业大学本科生学分制收费管理暂行办法》的通知	校教发〔2014〕312 号	2014 - 9 - 4
16	关于印发《南京农业大学校长奖学金管理暂行办法》的通知	校研发〔2014〕364 号	2014 - 9 - 30
17	关于修订《南京农业大学高水平运动员学籍管理暂行办法》的通知	校教发〔2014〕378 号	2014 - 10 - 17
18	关于印发《南京农业大学研究生全英文课程建设项目附加课程建设经费申请办法（试行）》的通知	校研发〔2014〕434 号	2014 - 11 - 19
19	关于印发《南京农业大学实验室有毒、有害废弃物管理规定》的通知	校科发〔2014〕445 号	2014 - 12 - 01
20	关于印发《南京农业大学信息安全管理暂行办法》的通知	校图发〔2014〕469 号	2014 - 12 - 18

（撰稿：吴 玥 审稿：刘 勇）